U0375267

"十四五"国家重点出版物出版规划重大工程

磁流变智能材料

上篇 磁流变液

龚兴龙　邓华夏　王　宇　著

中国科学技术大学出版社

内容简介

本书是作者及其团队近20年来在磁流变领域研究工作的系统总结．磁流变材料是一种由磁性微粒与基体复合的智能材料，具有响应迅速、可控性好、反应可逆等优点，在航空航天、土木建筑、交通运输等领域应用广泛．本书针对磁流变液、磁流变弹性体和磁流变塑性体，系统介绍了各类磁流变智能材料的基本概念、制备方法，以及在不同加载方式下的流变学特性表征和力学模型，特别介绍了由不同磁流变材料所制备的磁流变器件在不同领域中的应用，并对磁流变智能材料的未来发展进行了展望．

本书可作为磁流变智能材料研究者的参考用书，也可作为高等院校力学类、材料类、机械类、控制类等专业高年级本科生和研究生的教学用书及参考资料．

图书在版编目(CIP)数据

磁流变智能材料 / 龚兴龙，邓华夏，王宇著．-- 合肥 ：中国科学技术大学出版社，2025. 3. --（前沿科技关键技术研究）. -- ISBN 978-7-312-06252-0

Ⅰ. TB381

中国国家版本馆CIP数据核字第2025RE6282号

磁流变智能材料

CILIUBIAN ZHINENG CAILIAO

出版 中国科学技术大学出版社
安徽省合肥市金寨路96号，230026
http://press.ustc.edu.cn
https://zgkxjsdxcbs.tmall.com

印刷 合肥华苑印刷包装有限公司

发行 中国科学技术大学出版社

开本 787 mm×1092 mm 1/16

印张 62.5

字数 1254千

版次 2025年3月第1版

印次 2025年3月第1次印刷

定价 298.00元（全三册）

序　一

2023 年，龚兴龙找到我说，他想写本书，总结一下他回国 20 年来在磁流变智能材料领域的研究工作．我很高兴，也很欣慰来作序．

1992 年钱学森先生给中国科学技术大学写信问："中国科学技术大学有材料设计吗？"卞祖和副校长要我们近代力学系学习研究钱老的信．我们对"材料设计"似乎不太熟悉，于是我们开始组织学习，发动大家从各种途径去调研．经过一段时间的讨论，我们开始对材料设计有了一些共识．

第一个共识是：力学作为一门工程科学，要为研究各种工程中有关材料或结构的强度、刚度、稳定性等普遍的科学规律服务．以往对结构关注得多一些，对材料关注得少一些．随着科学和技术的发展，材料的种类琳琅满目．工程上对材料的力学性质有明确的要求．如何研制出符合要求的材料，往往要从众多不同配方的产品中挑选力学性质好的进行定型．而"材料设计"就是要在科学规律的基础上，按照要求的力学性质，设计材料的元素组成、架构形貌、工艺流程等．这些科学规律现在还没成系统，钱老高瞻远瞩，要培养人才队伍，建立材料设计的理论体系，最终能够设计出符合需求的材料．在纤维增强型复合材料、磁流变材料、3D 打印材料等研究方向，我们一边积累着制备的经验，一边探索建立理论体系，开始了"材料设计"的征途．

第二个共识就是：建设队伍．1994 年钱学森先生在给力学系写的信中，鼓励我们"……预见到 21 世纪，开创新学科、新专业——材料设计"．当时我们国家几乎没有相关的研究队伍，而且也没有像现在这样吸引海外学子回国的政策举措．要组建新方向的队伍，只能从各种学科专业的队伍中找．建设新的材料设计专业，在招本科生的同时，合作培养研究生，以研究工作推动学科建设．我们学校当时在磁流变材料方面已开始了一些研究工作，这种智能材料有广泛的应用需求，考虑以磁流变材料问题作为切入点之一．

磁流变材料是一种在磁场下其流变学行为可控的智能材料，在航空、航天等诸多领域都有着潜在的应用可能. 据知,美国航空航天局 (NASA) 和国防部对这种材料的应用都很重视. 磁流变材料是一种介乎"液体"和"固体"之间的材料,其非线性力学行为十分复杂,还受到外界磁场的耦合作用,不管是从力学还是从材料方面都是十分棘手的. 我是研究光测实验力学的,建设一个研究材料力学行为和材料设计的实验室是很困难的任务. 于是,我想到了龚兴龙,我的学生. 他当时已经是日本一个大公司的部门主任,既有丰富的科研经验,又有公司的管理经验,是不可多得的复合型人才. 我试着表达了希望他回国帮助筹建实验室的想法,本不抱什么希望. 没想到,他毅然带着夫人和三个小孩,辞去了日本的工作,回国后一头扎入了新的研究方向——磁流变智能材料的力学行为与设计.

龚兴龙带着满腔的热情,联合力学系张培强老师和化学系的陈祖耀、江万权老师,改组了"智能材料与振动控制"实验室. 开始时经费很少,他善于支配经费,用有限的经费配备了必需的系列设备. 从无到有、从小到大,从磁流变材料的设计与制备,到磁流变材料的力学行为与表征,最后到磁流变材料的应用. 经过 20 年的发展,龚兴龙课题组已经成为中国科学技术大学非常活跃的、不断出成果的实验室之一. 已经培养了 58 名博士、32 名硕士,弟子中有 3 人成为国家级青年人才. 他本人获得了国家杰出青年基金、国家技术发明奖二等奖、中华人民共和国成立七十周年纪念奖章等学术荣誉;曾任中国力学学会实验力学专业委员会主任,现任《实验力学》主编、中科院材料力学行为和设计重点实验室主任. 在国际流变学研究中也有重要影响,多次受邀在国际电磁流变会议上做主题报告.

在材料制备方面,他的团队研发了一系列磁流变材料,包括磁流变液、磁流变弹性体和磁流变塑性体等,完成了从颗粒制备到多功能性能复合的材料制备全链条研究,开发了具有产业化规模的磁流变材料生产工艺. 在材料表征方面,研发了磁流变表征平台,研究了材料的多场耦合性能,建立了微观—细观—宏观的跨尺度磁流变材料力磁耦合模型. 在材料应用方面,研发了一系列磁流变智能减振器件,包括世界首台磁流变弹性体频率调谐式动力吸振器和变刚度磁流变阻尼器等,承担了总装备部、铁道部等多个部门的研发任务,目前正在积极实现磁流变技术的产业化,推进汽车悬架系统的升级换代.

这本书几乎总结了他回国后和他的团队在磁流变智能材料领域所做的主要工作,是他的团队 20 年心血的总结. 希望他的团队不断做出更多的成果. 也希望大家能够从他的这本书里得到点启发,不忘钱老的嘱托,为中华民族的伟大复兴而努力奋斗.

中国科学院院士
中国科学技术大学教授

序　二

当今世界正经历百年未有之大变局,科技创新已成为推动人类文明进步的核心动力.在材料科学领域,智能材料作为连接物理、化学、工程与信息科学的桥梁,正以前所未有的速度重塑现代工业体系.其中,磁流变材料以其独特的力电耦合特性与快速响应能力,成为智能材料领域的一颗璀璨明珠.值此《磁流变智能材料》专著付梓之际,我深感荣幸为之作序,以期为读者揭示这一领域的科学魅力与应用前景.

磁流变材料的核心特性在于其流变行为可随外磁场的变化而实时调控.这种“智能响应”能力源于材料内部磁性颗粒在外磁场作用下的有序排列与动态重构.自20世纪40年代发现磁流变现象以来,历经数十年探索,该领域研究已实现从基础理论解析向工程实践转化的阶段性跨越.从汽车悬架的主动减振系统到精密光学器件的无痕加工,从航空航天领域的自适应结构到医疗康复中的柔性执行器,磁流变材料正逐步突破传统材料的性能边界,展现出“一材多用、按需定制”的广阔应用前景.该书作者深耕磁流变领域研究二十余载,以深厚的学术积淀与工程经验,系统梳理了该领域的基础理论、制备技术与应用实践,涵盖材料制备工艺、力学行为与力学表征、器件设计和工程应用.从磁流变效应的物理本质出发,该书系统研究了磁流变材料的非线性力学行为,深入探讨磁场-微结构-宏观性能的构效关系;从传统复合体系到新型仿生结构的创新设计,剖析磁流变材料在机械、土木、生物医学等领域的突破性应用.这种“理论—技术—应用”三位一体的架构,既体现了科学研究的严谨性,又彰显了工程转化的务实精神.尤为可贵的是,该书并未局限于既有成果的总结,而是以“问题导向”的视角,揭示了磁流变材料发展中的关键瓶颈.例如,磁性颗粒的长期沉降稳定性、极端工况下的材料耐久性、多物理场耦合建模的复杂性等问题,仍制约着其大规模产业化进程.这些挑战的提出,恰为青年学者指明了未来研究方向.作者更以独到见解指出,磁流变材料的未来发展需与人工智能、物联网深度融合,通过构建“材料—传感—控制”一体化系统,实现从被动响应到主动预测的跨越.

作为智能材料领域的早期研究者之一,我深切体会到,任何新材料的推广都需经历“基础研究—技术开发—标准建立—产业生态”的完整链条. 磁流变材料虽已展现出革命性潜力,但其产业化之路仍需学术界与工业界的深度协作.

该书的问世,不仅填补了该领域系统性专著的空白,更为产学研协同创新提供了重要参考. 期待读者能从中汲取灵感,共同推动智能材料技术走向更广阔的应用舞台. 最后,愿该书成为一盏明灯,照亮探索者的前行之路;更愿磁流变材料的研究如江河奔涌,在科技强国的征程中激荡出新的浪花.

中国科学院院士
哈尔滨工业大学教授
冷劲松

前言

磁流变智能材料作为一种新兴的智能材料,近年来在工程、医学、航空航天等领域展现出了巨大的应用潜力.其独特的流变特性,即在外磁场作用下能够快速、可逆地改变其力学性能,使其成为智能材料研究的热点之一.本书旨在系统地介绍磁流变智能材料的基础理论、制备方法、性能表征及其在实际工程中的应用,以期为相关领域的研究人员和工程技术人员提供参考.随着智能材料技术的快速发展,磁流变材料的研究逐渐从实验室走向实际应用.然而,目前国内外关于磁流变材料的系统性专著较少,且相关研究分散于各类期刊和会议论文中.本书的撰写初衷正是为了填补这一空白,为读者提供一份全面、深入的参考资料.本书涵盖了作者团队近20年来在磁流变领域发表的逾百篇科学论文和数十篇博士论文的成果,是作者团队深耕磁流变领域的心血结晶.不同于市面上大部分只介绍磁流变领域部分关键技术的书,本书从材料制备、性能表征出发,围绕磁流变液、磁流变弹性体、磁流变塑性体三种不同类型的磁流变材料,既深入地阐述了磁流变材料的力学模型和作用机制,又图文并茂地介绍了磁流变器件及其关键应用,系统地讲述了磁流变材料的前沿发展和应用关键技术.本书共分为三篇,分别为磁流变液、磁流变弹性体和磁流变塑性体.每篇一册,分别系统地介绍了相应类型磁流变智能材料的基本概念及其制备方法,分析了磁流变智能材料在不同加载方式下的流变学特性表征及其力学模型,特别讲述了由磁流变材料所制备的磁流变器件及其在不同领域的应用,并对磁流变智能材料的未来发展进行展望.

本书主要面向材料科学、机械工程、自动化控制等领域的研究人员、工程师以及高校教师和学生.对于从事智能材料研究与开发的读者,本书将提供理论支持和技术指导;对于相关专业的学生,本书可作为研究生或高年级本科生的参考教材.在本书的撰写过程中,我们得到了许多同行和机构的支持与帮助.特别感谢伍小平院士和冷劲松院士在百忙之中为本书作序.感谢智能材料与振动控制实验室的老师和同学为本书所付出的心血. 感谢国家出版基金的资助. 此外,还要感谢中国科学技术大学出版社编辑团队的辛勤工作,使本书得以顺利出版. 磁流变智能材料的研究仍处于快速发展阶段,未来在材料性能优化、应用领域拓展等方面有着广阔的发展空间. 希望本书能够为相关领域的研究者提供启发,以推动磁流变材料的进一步发展和应用. 由于作者水平有限,书中存在疏漏在所难免,敬请广大读者批评指正.

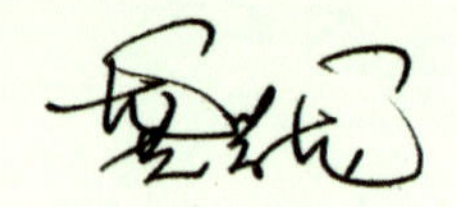

目　　录

上篇　磁 流 变 液

中篇 磁流变弹性体

下篇 磁流变塑性体

第 1 章

磁流变液制备

磁流变液 (Magnetorheological Fluids, MRF) 是一类由纳米至微米尺度的磁性微粒分散在无磁性载液中制得的磁流变材料. 在磁场作用下, 磁性颗粒相互吸引, 迅速形成链状或片状细观结构, 限制基体流动, 因而样品的剪切流变性能会在极短的时间内增大 2~3 个量级, 称之为磁流变效应.[1] 由于力学性能变化显著且受磁场调控、响应迅速、撤去磁场后可回复至初始状态, 磁流变液在设备减振、建筑抗震、抛光等工业领域以及靶向药物、磁热疗等医学领域得到了大量应用.[2-3] 近年来, 为了进一步提高磁流变效应、改善沉降问题, 通过改进颗粒形貌、内部微结构、表面粗糙度, 科研人员对基于纳米结构磁性颗粒的新型磁流变液进行了深入探索. 然而, 磁性颗粒的形貌、微结构和表面粗糙度与磁流变效应的相互关系仍然比较模糊, 新型颗粒的磁流变效应增强机制亟须进一步阐述. 基于此, 我们制备了不同种类的磁流变液, 并对其流变性能进行了测试. 流变测试结果表明, 所制备的磁流变液具有良好的稳定性, 并且具有很好的磁流变效应. 与四氧化三铁纳米颗粒相比, 四氧化三铁空心球颗粒表现出更好的磁流变效应和抗沉降性. 我们提出了一种机制来解释和分析试验结果, 用颗粒动力学模拟方法分析含有不同类型磁性颗粒的磁流变液的剪切应力变化情况和结构演化过程.

1.1 CI-PMMA 颗粒的制备和表征

1.1.1 CI-PMMA 颗粒制备的实验方法

试剂包括甲基丙烯酸甲酯 (Methyl Methacrylate, MMA,化学纯)、氢氧化钠 (分析纯)、过硫酸铵 (分析纯)、冰乙酸 (分析纯)、十二烷基磺酸钠 (Sodium Dodecyl Sulfate, SDS, 化学纯)、甲基硅油 (H201-500), 均购自国药集团化学试剂有限公司. 羰基铁粉 (Carbonyl Iron Powder, CIP;购自德国巴斯夫公司, 型号:CN). 除特别指明外,所有试剂均未经过任何前处理,直接用于实验.

(1) 所得产物的物相分析在日本理学 D/MAX-γA 型多晶 X 射线衍射仪上进行,X 射线源为 Cu 靶,K_α 谱线 λ 为 0.151 478 nm,石墨单色器,扫描速度为 0.02°/s,测试 2θ 角范围为 10°~90° 内的晶体衍射花样.

(2) 表面形貌观察采用 JSM-6700F(JEOL) 场发射扫描电子显微镜 (Scanning Electron Microscope,SEM),加速电压为 15 kV.

(3) 热重分析采用 TGA-50H 型 (SHIMADZU) 热分析仪,保持氮气气氛,升温速率 10 ℃/min,测试范围为 0~800 ℃ .

(4) 红外谱图由 EQUINOX 55(Bruker)FTIR 红外光谱仪测得.

(5) XPS 谱图通过 X 射线光电子能谱仪 (Thermo-VG Scientific ESCALAB250) 获得.

(6) 材料的磁流变性能通过奥地利安东帕公司生产的 Physica MCR 301 型流变仪测试获得. 使用其中的磁流变平行版测试附件 PS-DC-MR/5A 及 PP20 测试探头 (直径约 20 mm),测量间距为 1 mm,测试原理是将需要测试的磁流变液样品放在两个直径为 20 mm 的平行盘片之间,测试过程中保持上、下两个平行盘片之间的距离为 1 mm,各种应力应变载荷通过动片上盘片施加到样品上,通过与上盘片相连的传感器采集实时的数据信号,下盘片主要用于支撑样品并将温度载荷施加于样品上. 测试过程中采用电场控制内置线圈产生均匀的磁场,再经由导磁骨架将磁场垂直加到样品上,形成一个闭合的磁路系统. 该测试系统自附温度调节装置,可以将测试温度控制在 10~90 ℃.

Fe/PMMA 复合颗粒的典型制备方法如下:将适当体积蒸馏水通氮气除氧,将用一定量冰乙酸活化处理后的羰基铁粉均匀分散其中，加入适量十二烷基磺酸钠和用氢氧化钠精制的甲基丙烯酸甲酯，保持水浴温度 80 ℃，缓慢滴加引发剂过硫酸铵引发反应. 反应过程中一直通氮气保护，聚合反应 10 h，用蒸馏水洗涤产物数次. 在 50 ℃ 干燥箱中干燥，即可得到聚甲基丙烯酸甲酯为表面层的 Fe/PMMA 复合颗粒. [4] 具体制备步骤如下：

(1) 由于蒸馏水中含有一定量的溶解氧，可能引起活化后的羰基铁粉在高温条件下被氧化，故鼓泡通氮气一定时间以除去其中溶解的氧气；

(2) 称取羰基铁粉 10 g，用 5 mL 冰乙酸活化 2 min，再用二次蒸馏水多次洗涤至中性；

(3) 对甲基丙烯酸甲酯事先用质量分数 20% 的 NaOH 溶液萃取分离，弃去黄棕色水相层，以除去其中可能引起聚合反应终止的杂质；

(4) 在整个羰基铁粉表面 MMA 原位乳液聚合的过程中，用水浴控制反应温度保持在 80 ℃ 左右；

(5) 将前述经过处理的甲基丙烯酸甲酯、羰基铁粉、十二烷基磺酸钠及蒸馏水按 10 mL:10 g:0.1 g:100 mL 的比例加入三只烧瓶中，同时开始搅拌，开启冷凝水开关，将蒸发的甲基丙烯酸甲酯冷凝回流至反应体系中，在实验过程中一直保持一定流速的氮气作为保护气通入体系；

(6) 待搅拌速度稳定，氮气流速恒定后，将引发剂过硫酸铵缓慢滴加到反应体系中引发反应，聚合反应持续 10 h；

(7) 产物用蒸馏水、乙醇洗涤数次，磁分离，经 50 ℃ 真空干燥得 CI/PMMA 复合颗粒.

以制得的 CI/PMMA 复合颗粒为基础制备磁流变液，选择二甲基硅油为分散介质，按照磁性颗粒体积分数为 30%、硅油体积分数为 70%，将磁性颗粒均匀分散在载液中，制成基于 CI/PMMA 复合颗粒的磁流变液. 同样，以二甲基硅油为分散介质，按照羰基铁粉体积分数为 30%、硅油体积分数为 70% 制备基于纯羰基铁粉的磁流变液.

1.1.2 CI-PMMA 颗粒的表征

上述制备方法成功地实现了在羰基铁粉表面进行的原位 MMA 自由基聚合反应，制备出 CI-PMMA 复合颗粒，并得到 SEM，FTIR 和 TG 分析的证实. 再以该复合粒子作为分散相颗粒制备磁流变液，其磁流变性能优良. 当外磁场为 0.6 T 时，剪切应力可达

60 kPa. 基于该复合粒子的磁流变液的沉降性能大为提高,达到了较为理想的效果,磁流变液静置 6 个月后仍未见明显分层,而不添加表面活性剂的纯羰基铁粉基磁流变液 24 h 内就出现沉降分层.

图 1.1 为羰基铁粉和所制备的 CI-PMMA 复合颗粒的 SEM 图. 图 1.1(a) 为纯羰基铁粉的 SEM 图,可见其表面较为光滑. 而由图 1.1(b) 明显可以看出,用 PMMA 修饰包覆后,复合颗粒表面基本上已完全被聚合物覆盖. 聚合物较均匀地分布在羰基铁粉的表面,聚合后溶液中未见大块聚合物存在,可见聚合反应进行得较为完全,同时也按照预期包裹在羰基铁粉表面,即所制备的目标物主要是 CI/PMMA 复合颗粒. 为验证产物确实为预期的复合颗粒,还采用其他分析手段进行进一步的表征.

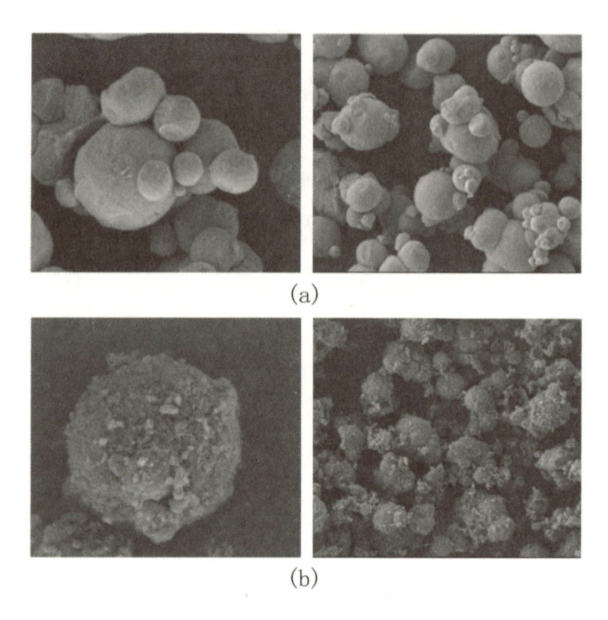

图 1.1　纯羰基铁粉和 CI-PMMA 复合颗粒的 SEM 图

在表面包裹了一层 PMMA 高聚物后, CI-PMMA 复合颗粒的直径 (4.3 μm) 相对于纯羰基铁粉颗粒的直径 (约 3.5 μm) 明显增大. 在完全相同的实验条件下, 用双比重瓶法测得所使用纯羰基铁粉的真密度为 7.2 g/cm^3, CI-PMMA 复合颗粒的真密度为 5.6 g/cm^3. 可见复合颗粒的密度明显减小, 因此 CI-PMMA 复合颗粒与载液的密度差相对于纯羰基铁粉与载液的密度差也随之减小,这是 CI-PMMA 复合颗粒改善磁流变液沉降稳定性的原因之一. 同时,由于纯羰基铁粉具有较高的表面能,特别是磁性颗粒间的作用很容易导致其在载液中加速沉降,而表面包裹了 PMMA 高聚物后磁性表面的接触被阻隔,颗粒自身的排斥作用也显著地降低了这种 CI-PMMA 复合颗粒的沉降速率. 而且,CI-PMMA 复合颗粒的表面聚合物层与载液的相容性比纯羰基铁粉与载液的相容性更好,也增加了悬浮体系的沉降稳定性.

图 1.2 为羰基铁粉和 CI-PMMA 复合颗粒的 XRD 谱图. 图 1.2(a) 下部红色曲线为羰基铁粉的衍射曲线,上部为 CI-PMMA 复合颗粒的衍射曲线. 从图中可见,在羰基铁粉的衍射曲线上出现的 2θ 角为 45°, 65°, 82° 的三条较强的特征谱线证明了羰基铁粉与 α-Fe 的晶体曲线完全吻合,对应标准 PCPDF 卡号 87-0721. 因而在羰基铁粉表面的原位聚合反应并没有改变羰基铁粉颗粒原有的晶体形貌特征. 图 1.2(b) 为 CI-PMMA 复合颗粒的 XRD 谱图,该谱图对应标准 PCPDF 卡号 89-4186. 在高温环境中,尽管已经鼓泡通入氮气作为保护气体,但是仍然不可避免部分氧气的渗入,从而导致 Fe 与 O_2 反应生成 Fe 的氧化物 $Fe_{1.966}O_{2.963}$.

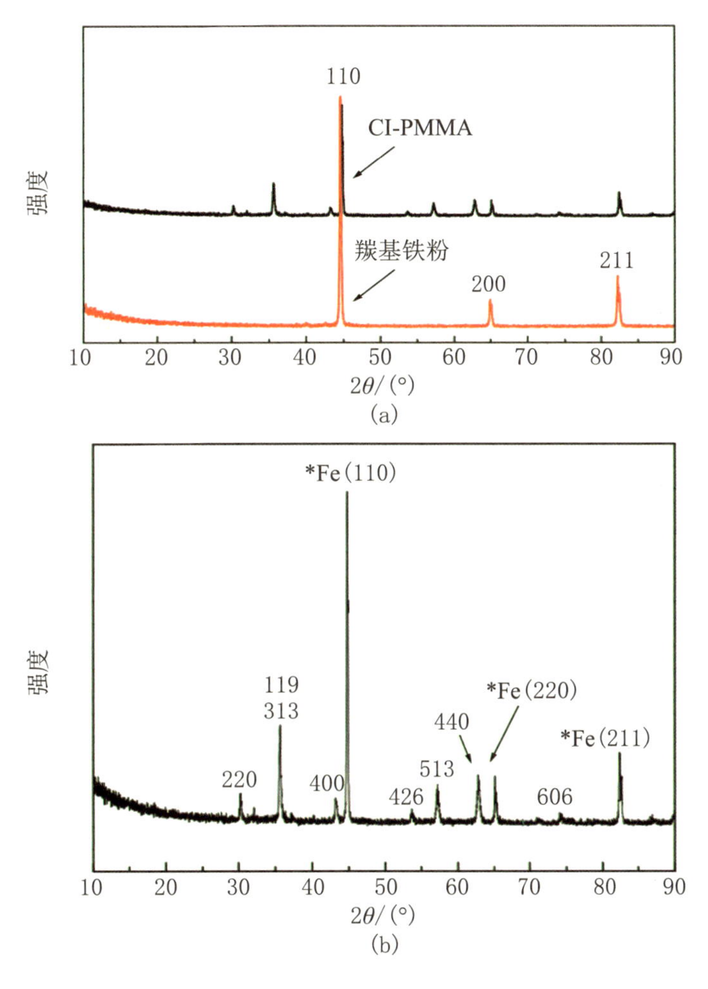

图 1.2 羰基铁粉和 CI-PMMA 的 XRD 谱图

CI-PMMA 复合颗粒内核为无机物,外层为高聚物的复合颗粒. 为分析其表面高聚物层,并检验高聚物层是否成功包覆在无机物羰基铁粉表面,我们进行了以下一系列测试,如 FTIR 分析表面层物质种类、XPS 分析对比表面修饰前后颗粒表面元素含量、TGA 分析表面高聚物层含量及颗粒的热稳定性等.

从图 1.3 可见,波数 1 730 cm^{-1} 处的强吸收峰对应酯羰基的振动吸收峰 $\upsilon_{C=O}$,1 330~1 000 cm^{-1} 处的两个吸收谱带是 C—O—C 的不对称伸缩振动 $\upsilon_{asC-O-C}$,这就证明了—COO—的存在. 波数 580 cm^{-1} 处较宽的吸收峰对应 Fe—O 键的振动吸收 υ_{Fe-O}. 在该谱图中没有出现 3 100~3 000 cm^{-1} 处的 $\upsilon_{=C-H}$,也没有 1 000~650 cm^{-1} 处的 $\delta_{=C-H}$ 和 1 680~1 600 cm^{-1} 处的 $\upsilon_{-C=C}$,可见该化合物中已经没有—C═C—存在,说明粒子表面产物为聚甲基丙烯酸甲酯,同时证明聚合反应进行得比较充分.

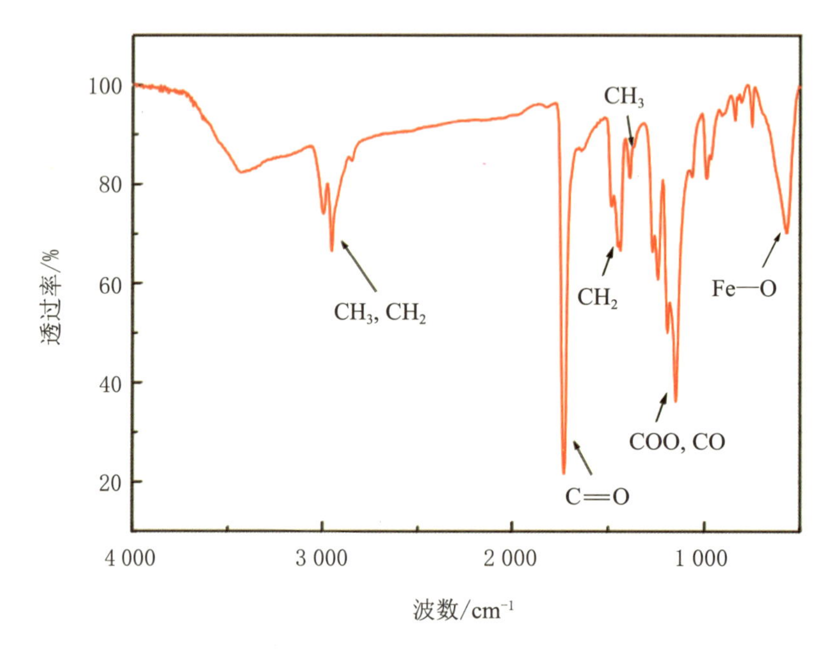

图 1.3　CI-PMMA 红外吸收光谱

为考察羰基铁粉表面原位乳液聚合是否成功将 PMMA 高聚物包裹在羰基铁粉上,对比分析了纯羰基铁和表面修饰后的 CI-PMMA 复合颗粒的表面光电子能谱. 在图 1.4 中,红色曲线为羰基铁粉的 XPS 谱线,黑色曲线为 CI-PMMA 复合颗粒的 XPS 谱线. 分析其中 Fe 元素在表面修饰作用前后的含量变化,羰基铁粉表面 Fe 元素含量为 31.44%,而 CI-PMMA 颗粒表面 Fe 元素含量仅为 6.2%,明显降低;对于其中的 C 元素,发现 CI-PMMA 表面 C 元素含量明显高于羰基铁粉表面 C 元素含量. 可见,通过在羰基铁粉上进行的原位乳液聚合过程,羰基铁粉表面形成了一层主要成分为 C,H,O 元素的

PMMA 高聚物，从而导致裸露在表面的 Fe 元素含量骤减. 由于纯羰基铁粉表面 C 元素形式主要由吸附在其表面的 CO_2 决定，而表面修饰制得的 CI-PMMA 颗粒表面不仅有 PMMA 中的 C 元素，同样存在吸附 CO_2 引入的 C 元素，因此 CI-PMMA 相比于羰基铁粉暴露在外面的 C 元素含量增加，从而也就验证了 PMMA 被成功修饰在羰基铁粉表面.

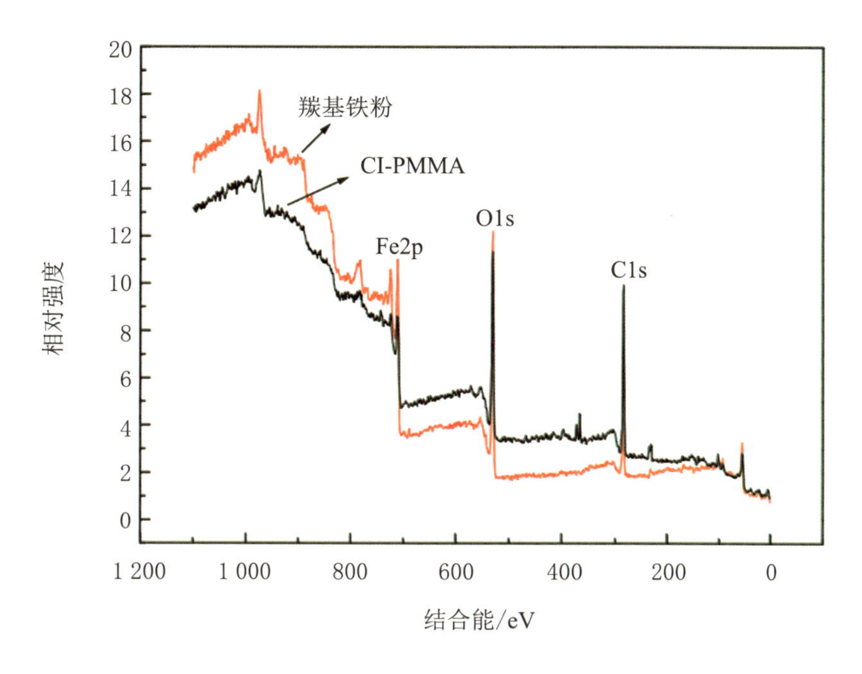

图 1.4 羰基铁粉和 CI-PMMA 复合颗粒的 XPS 谱图

一方面为了考察 CI-PMMA 复合颗粒的热稳定性，另一方面为了估算复合颗粒中高聚物的含量，我们进行了热重分析，图 1.5 为 PMMA、羰基铁粉、CI-PMMA 颗粒的 TGA(热分析) 曲线. 图 1.5(a) 中的曲线显示了纯 PMMA 颗粒随着温度升高的降解过程，其降解的温度范围为 250~400 ℃；图 1.5(b) 显示了羰基铁粉和 CI-PMMA 颗粒在 0~800 ℃ 温度范围内的热力学行为，其中红色的 CI-PMMA 曲线在温度区间 200~300 ℃ 内的失重部分便是复合颗粒表面高聚物层降解部分. 在 CI-PMMA 的 TGA 曲线上的这一失重部分也从另一个侧面验证了 PMMA 高聚物已经成功包覆在羰基铁粉表面上. 通过计算这部分失重占所测 CI-PMMA 样品的总量，发现 PMMA 在复合颗粒中的质量分数约为 0.4%. 同时，在羰基铁粉和 CI-PMMA 曲线中都发现了一段明显的增重部分，这是由于 Fe 元素在高温下与测试系统中微量的氧作用形成氧化物，而 Fe 的氧化物质量明显大于 Fe 的摩尔质量. 另外，在 200~300 ℃ 温度范围内，复合颗粒表面的高聚物分解对羰基铁粉起到了一定的保护作用. 很明显，CI-PMMA 复合颗粒表现出更优的高温稳定性.

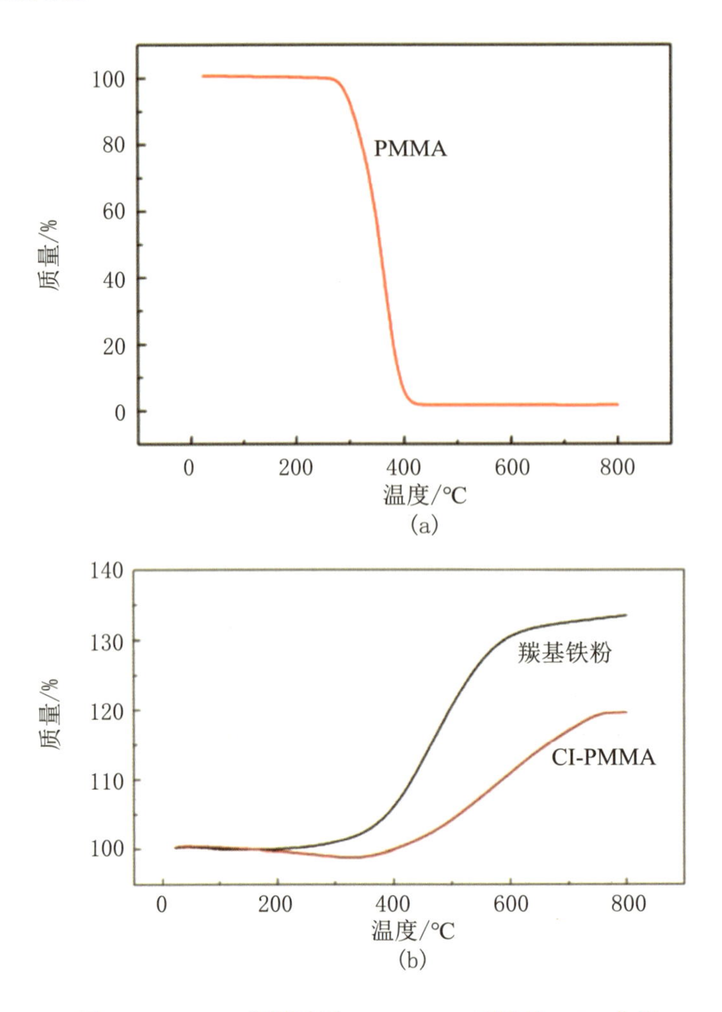

图 1.5 PMMA、羰基铁粉、CI-PMMA 颗粒的 TGA 曲线

将制备的 CI-PMMA 复合颗粒按 30% 的体积分数均匀分散到硅油中制成磁流变液,同时配制了体积分数同样为 30% 的羰基铁粉基磁流变液以做比较. 大量研究结果表明,磁流变液的流变学性能与其在外磁场条件下的微观结构密切相关,当无外磁场时,磁性颗粒均匀地分散在载液中,整个体系呈悬浮体状态,而随着外磁场强度增加,体系中的磁性颗粒瞬间被极化,迅速聚集成链、成柱、成类固体,对外表现为一定强度的屈服应力,而且随着外磁场强度的变化,这个力能够发生相应的改变. 图 1.6 是在光学显微镜下拍摄的磁流变液在有无磁场状态下的照片,其中图 1.6(a) 是无外磁场时磁流变液的内部结构,图 1.6(b)~(d) 为在外磁场作用下内部磁性颗粒已经成链状排列的内部结构. 可见,随外磁场强度增加,磁流变液体系内部磁性颗粒链状结构不断增大.

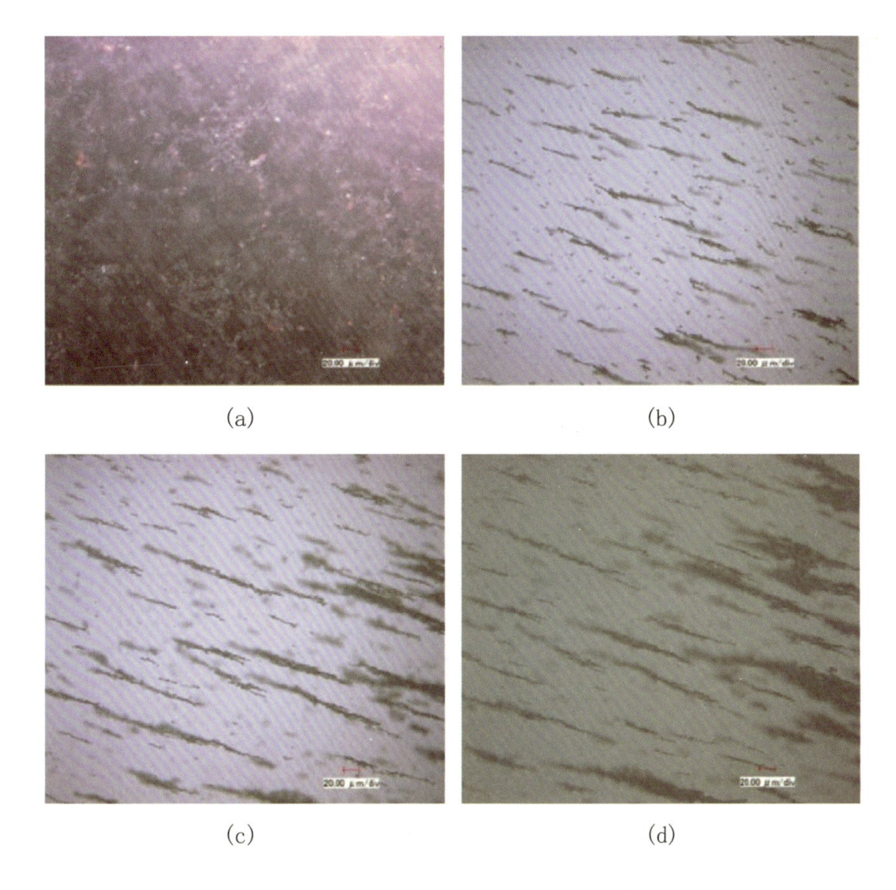

图 1.6　磁场施加前后磁流变液内部变化

我们测试了基于 CI-PMMA 复合颗粒的体积分数为 30% 的磁流变液的剪切应力 (图 1.7(a)),还将它与纯 CI 基磁流变液做了对比,见图 1.7(b). 整个测试是在附有温控系统、用电流变化来实现磁场变化的流变仪上进行的. 如图 1.7 所示,在剪切速率一定的条件 (200 s^{-1}) 下,随着外磁场强度增加,该磁流变液所能达到的剪切应力不断增加,当磁场为 0.6 T 时,剪切应力可达到 60 kPa. 相对于相同体积分数 (30%) 的纯 CI 基磁流变液所能达到约 90 kPa 的剪切应力,CI-PMMA 基磁流变液的剪切应力较小,这是因为:(1) 包裹在羰基铁粉表面的 PMMA 高聚物层减少了其内核磁性颗粒之间的有效接触;(2) 在同样的体积分数下,高聚物层同样占有一定的质量分数,磁性物质的含量有所减少. 尽管如此,60 kPa 的剪切应力已经可以满足工程应用的需要,并且显著地高于类似的研究工作所取得的 2 kPa(体积分数 25%)、10 kPa(体积分数 30%)、15 kPa(体积分数 30%). 而且,如图 1.7(b) 所示,CI-PMMA 基磁流变液的剪切应力,由于目前测试技术的限制,并未达到饱和.

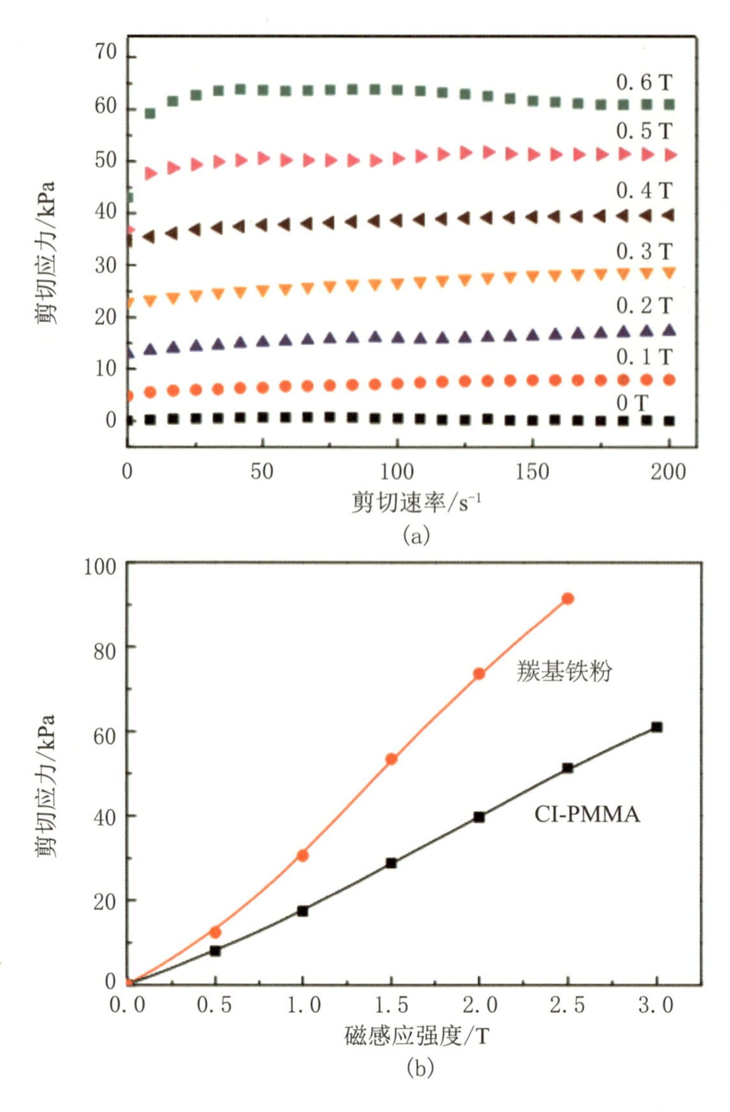

图 1.7　CI-PMMA 基磁流变液剪切应力与剪切速率和磁感应强度的关系

为了更好地观察磁流变液的沉降性能，将体积分数均为 30% 的两种磁流变液 (CI 基磁流变液和 CI-PMMA 基磁流变液) 都稀释 10 倍，再转入透明的 10 mL 量筒 (顶端用橡皮塞防止引入杂质)，将样品置于水平的大理石桌面上，观察其在室温下的沉降行为. 在整个过程中，由于磁流变液中密度较大的磁性颗粒的沉降，在体系表面形成一透明的溶剂层. 通过观测该透明层体积随时间的变化，便可以计算出磁流变体系的沉降速率. 沉降速率的计算公式如下：

$$q\,(\%) = \frac{V_0 - V_i}{V_0} \times 100 \tag{1.1}$$

其中 V_0 是体系的初始体积，V_i 是随时间变化的透明层的体积.

图 1.8 展示了两种磁流变液的沉降过程,其中图 1.8(b) 给出了沉降速率随时间的变化关系,图 1.8(c) 是体积分数均为 30% 的两种磁流变液的沉降达到平衡后的照片,纯 CI 基磁流变液 (左) 在 10 d 后就已经完全沉降,而 CI-PMMA 基磁流变液 (右) 在放置 6 个月后仍无明显分层. 整个沉降过程证明了 CI-PMMA 基磁流变液比纯 CI 基磁流变液具有更加优异的抗沉降性能,CI-PMMA 复合颗粒在硅油中可以长期保持稳定性.

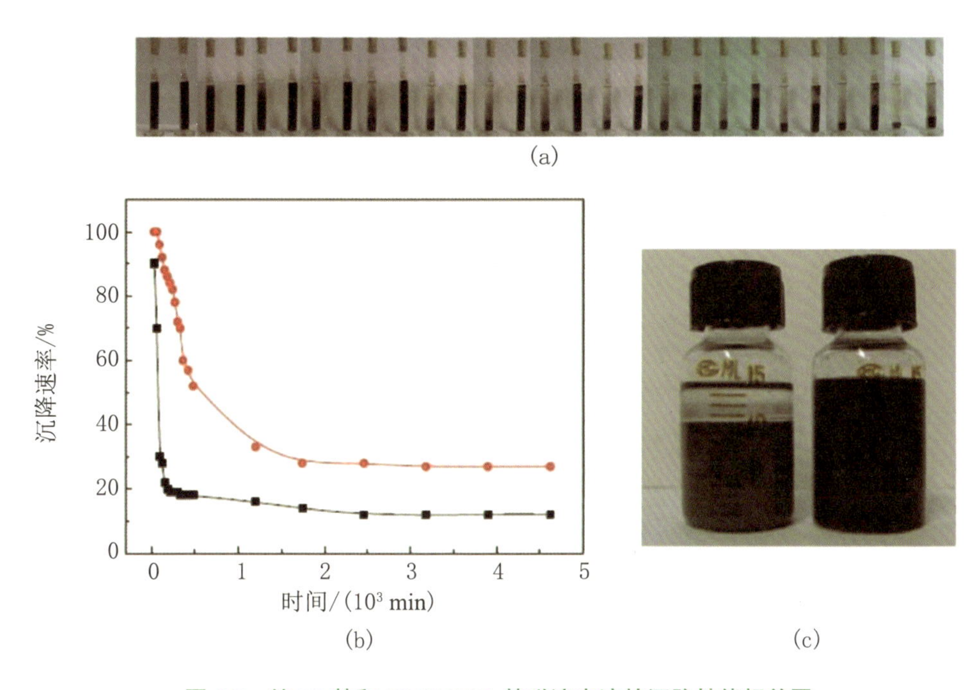

图 1.8 纯 CI 基和 CI-PMMA 基磁流变液的沉降性能相关图

1.2 CI-$CoFe_2O_4$ 颗粒的制备和表征

1.2.1 CI-$CoFe_2O_4$ 颗粒制备的实验方法

试剂硝酸铁 (分析纯)、硝酸钴 (分析纯)、氢氧化钠 (分析纯)、十二烷基苯磺酸钠 (化学纯)、甲基硅油 (H201-10/20) 均购自国药集团化学试剂有限公司. 羰基铁粉 (型号: CN) 购自德国巴斯夫公司. 所有试剂均未经过任何前处理,直接用于实验.

(1) 所得产物的物相分析在日本理学 D/MAX-γA 型多晶 X 射线衍射仪上进行,测试 2θ 角范围为 10°~70° 的晶体衍射谱图;

(2) 表面形貌观察采用 JSM-6700F(JEOL) 场发射扫描电子显微镜, 加速电压为 15 kV;

(3) 材料的磁流变性能通过奥地利安东帕公司的 Physica MCR 301 型流变仪测试获得,使用其中的磁流变平行版测试附件 PS-DC-MR/5A 及 PP20 测试探头 (直径约为 20 mm),测量间距为 1 mm. [5]

将 20 g 羰基铁粉与 0.2 mol/L 的 $Fe(NO_3)_3$ 和 0.1 mol/L 的 $Co(NO_3)_2$ 溶液各 50 mL 一起加入三只烧瓶中,再加入 0.1 g 表面活性剂 (SDS). 在 95 ℃ 水浴条件下,机械搅拌,控制溶液 pH 为 12 左右,反应 10 h,静置陈化 24 h 后,用二次水洗涤至中性,通过磁分离弃去上清液后得黑色产物,50 ℃ 下真空干燥. 将上述所得 CI-$CoFe_2O_4$ 复合颗粒均匀分散到甲基硅油中,按体积分数 30% 制成磁流变液 (记作 MRF1#). 所涉及的化学反应的方程式如下:

$$2Fe^{3+}+Co^{2+}+8OH^- \longrightarrow CoFe_2O_4+4H_2O$$

1.2.2 CI-$CoFe_2O_4$ 颗粒的表征

图 1.9 为纯羰基铁粉和所制备的 CI/$CoFe_2O_4$ 复合磁性颗粒的 SEM 图. 图 1.9(a) 为纯羰基铁粉的 SEM 图,可见其表面较为光滑. 而由图 1.9(b) 明显可以看出,经过与纳米 $CoFe_2O_4$ 磁性颗粒的共沉淀表面修饰后,羰基铁粉表面基本上已经被纳米 $CoFe_2O_4$ 覆盖. 而且基于磁流变液的组分中也可以加入纳米磁性颗粒以提高剪切屈服应力的原理,即使共沉淀产生的纳米 $CoFe_2O_4$ 颗粒没有包覆在羰基铁粉表面而是单独分散在产物中,也不会影响设计该实验的预期思路——提高磁流变液力学屈服应力. 不过,为了进一步验证产物成分,还需要其他分析手段.

通过 XRD 分析了产物的晶体形态,如图 1.10 所示,图中标 * 的晶面对应羰基铁粉的晶体形貌 α-Fe,可以参见标准图谱 PCPDF 标准卡号 87-0721;图中另一部分角度标示的晶面可对应标准图谱 PCPDF 标准卡号 22-1086,属于尖晶石型 $CoFe_2O_4$. 而且图中 XRD 峰形尖锐,强度较高,可见在这个共沉淀过程中,$CoFe_2O_4$ 纳米颗粒的生长过程较为完善且晶体结构比较完整,达到了实验预期.

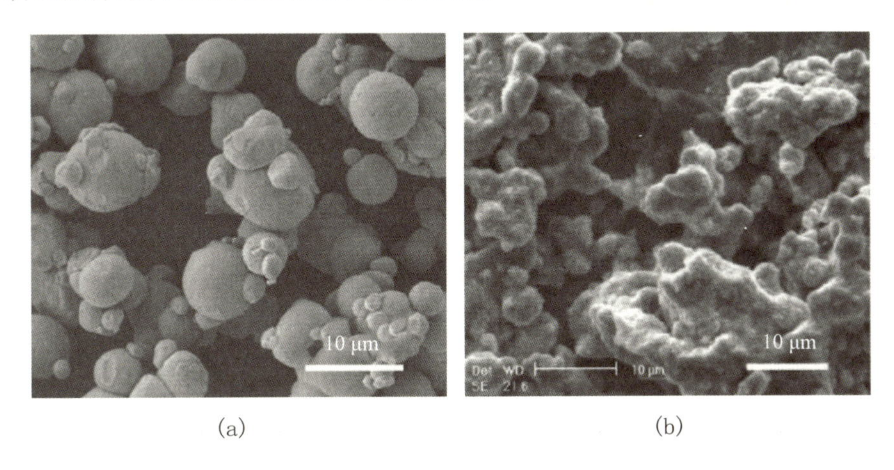

(a) (b)

图 1.9 纯羰基铁粉和 CI/$CoFe_2O_4$ 复合磁性颗粒的 SEM 图

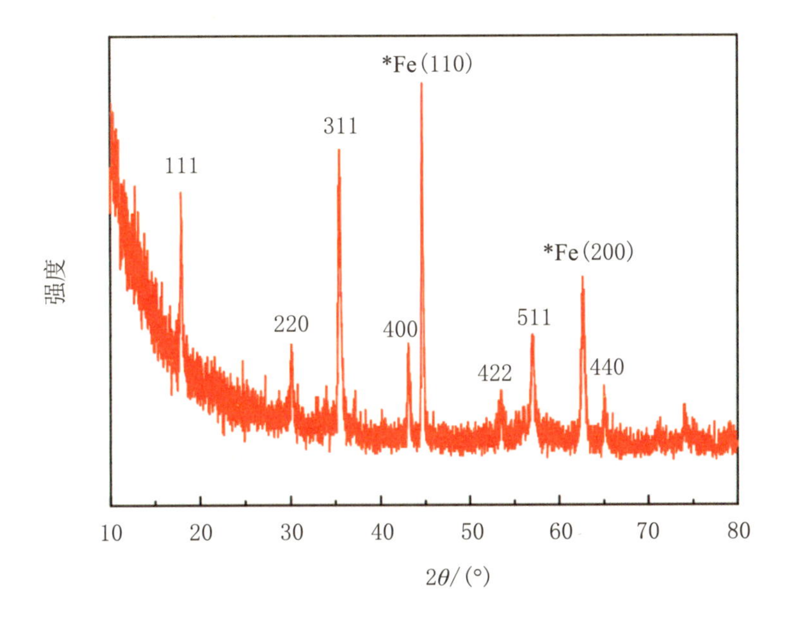

图 1.10 CI/$CoFe_2O_4$ 颗粒的 XRD 谱图

为考察基于 CI/$CoFe_2O_4$ 复合磁性颗粒的流变行为,将该颗粒以 30% 的体积分数均匀弥散在二甲基硅油中,并加入一定量表面活性剂和触变剂,以制备成磁流变液,并测试其磁流变性能. 测试在 Physica MCR 301 型流变仪上进行,控制温度为 25 °C,用所加电流的变化来实现施加在测试样品上的磁场变化,其剪切应力随外磁场的变化情况如图 1.11 所示,可见在剪切速率一定的条件 (200 s^{-1}) 下,随着外磁场增强,该磁流变液所能达到的剪切应力不断增加,当磁场为 0.7 T 时,剪切应力可达到 90 kPa,大大优于现行多种磁流变液．由于所用测试系统扭矩的限制，当扭矩达到一定值时，便不能再对磁流变液施加更高强度的磁场，因此并未测出该磁流变液的饱和剪切应力值．

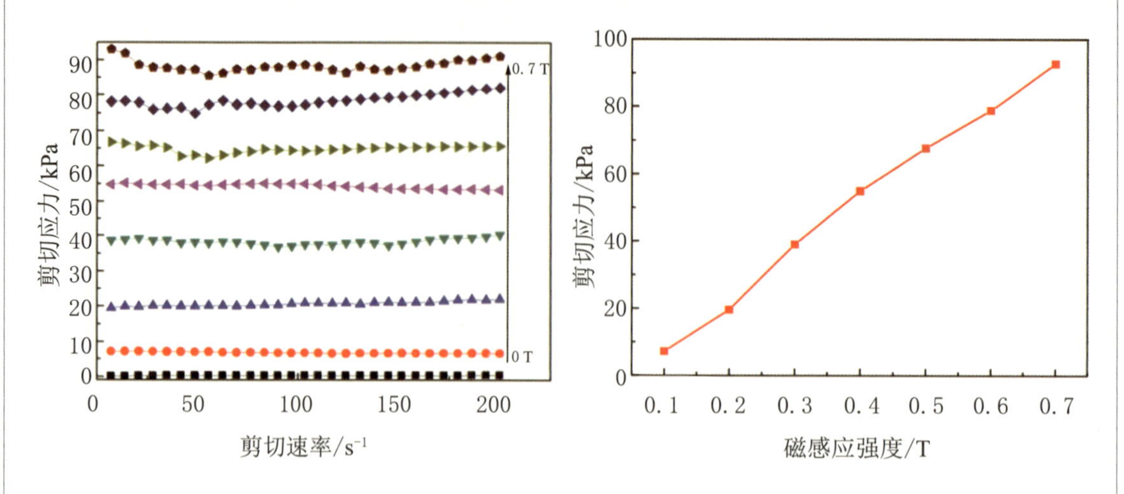

图 1.11 CI/$CoFe_2O_4$ 基磁流变液的磁流变性能

1.3 多组分复配磁流变液

1.3.1 多组分复配磁流变液的实验制备

试剂硬脂酸 (分析纯)、吐温 20 (化学纯)、二氧化硅、甲基硅油 (H201-10/20)，均购自国药集团化学试剂有限公司．二硫化钼粉末购自宝嘉钼业有限公司，羰基铁粉 (型号：CN) 购自德国巴斯夫公司．所有试剂均未经过任何前处理，直接用于实验．

在制备多组分添加剂复配磁流变液的过程中，首先将表面活性剂与羰基铁粉经热处理混合均匀，再将混合物转入球磨罐中低速球磨 2 h．接着，逐次加入吐温 20、二氧化硅等添加剂，使其均匀分散在载液中，最后经低速球磨处理 22 h 即制得所需磁流变液 (记作 MRF2#)．其主要成分为羰基铁粉 30%(vol)、硅油 65%(vol)，其余组分为添加剂．同时制备了 MRF3#，其成分具体如下：羰基铁粉 30%(vol)，硅油 60%(vol)，Fe_3O_4 5%(vol)，其他为添加剂．

1.3.2 多组分复配磁流变液的测试表征

为验证上述制备工艺的可行性，需对磁流变液进行系统表征与性能测试．首先分析制备该多组分复配磁流变液所用的软磁性颗粒，观察其尺寸大小及形状，利用 SEM 对该羰基铁粉进行观测，然后对其进行 XRD 分析．该羰基铁粉的 SEM 图和 XRD 谱图分别如图 1.12 和图 1.13 所示．

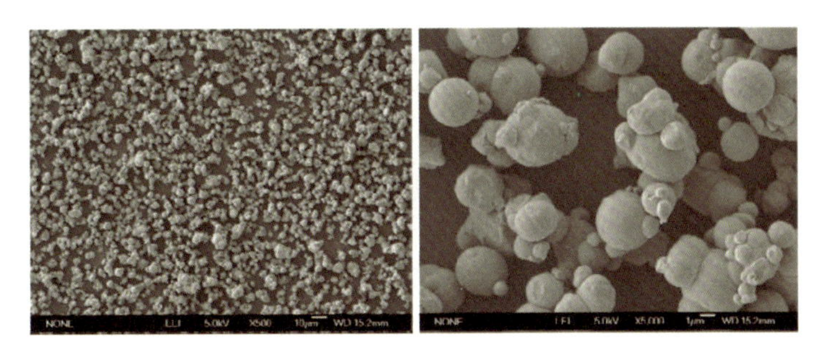

图 1.12　羰基铁粉的 SEM 图

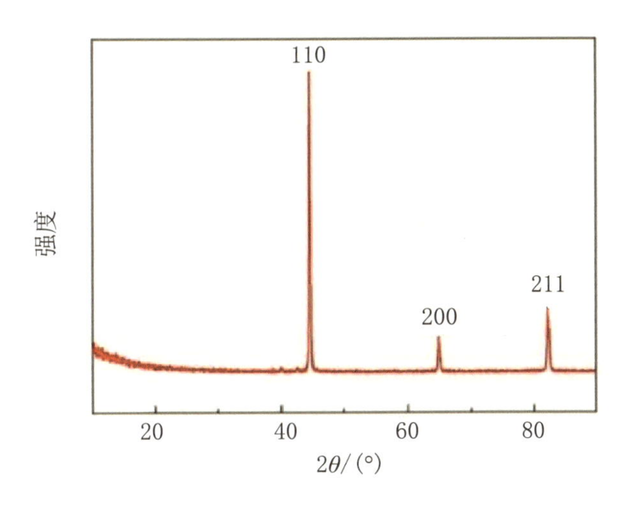

图 1.13　羰基铁粉的 XRD 谱图

由图 1.12 可见，该羰基铁粉表面呈较为光滑的球形，粒径约为 3.5 μm，用双比重瓶法测得其真密度为 7.2 g/cm^3．铁与 CO 在高温高压下反应生成 $Fe(CO)_5$ 油状物，经低压分离制得羰基铁粉，但是此时的颗粒活性较高，很容易被空气中的氧气氧化，还需进一步进行退火防氧化处理和 H_2 还原处理，以得到表面具有化学惰性的深灰色粉末状产物．因此对羰基铁粉的表面修饰过程相对比较困难，而且由于羰基铁粉的化学活性高且表面能大,其制备的磁流变液在磁场作用下易因颗粒间强磁吸引力发生快速团聚和板结,导致再分散性差、使用寿命缩短. 所以,为了制备出满足工程应用实际所需的磁流变液,在制备过程中必须加入一定量的表面活性剂、添加剂、触变剂等,以减少或防止羰基铁粉在载液中的团聚、板结和沉降. 从图 1.13 可见,在羰基铁衍射曲线上出现 2θ 角为 45°, 65°, 82° 三条较强的特征谱线证明了羰基铁粒子与纯相 α-Fe 的晶体 XRD 衍射角度完全吻合,对应于标准 PCPDF 卡号 87-0721,证明羰基铁粉内铁元素晶型呈 α 相.

该磁流变液的动态剪切强度与磁感应强度的关系如图 1.14 所示. 在室温 (25 ℃) 下该材料的零场黏度为 0.5 Pa · s,剪切应力达到 60 kPa, 对比美国 Lord 公司产品 MRF-140CG,该产品的零场黏度为 0.3 Pa · s,剪切应力达到 58 kPa,可见 MRF2# 的性能达到了与国外商用磁流变液相近的性能. MRF2# 磁流变液较低的零场黏度可以降低磁流变液阻尼器阻尼力的最小值,使得可控范围更大.

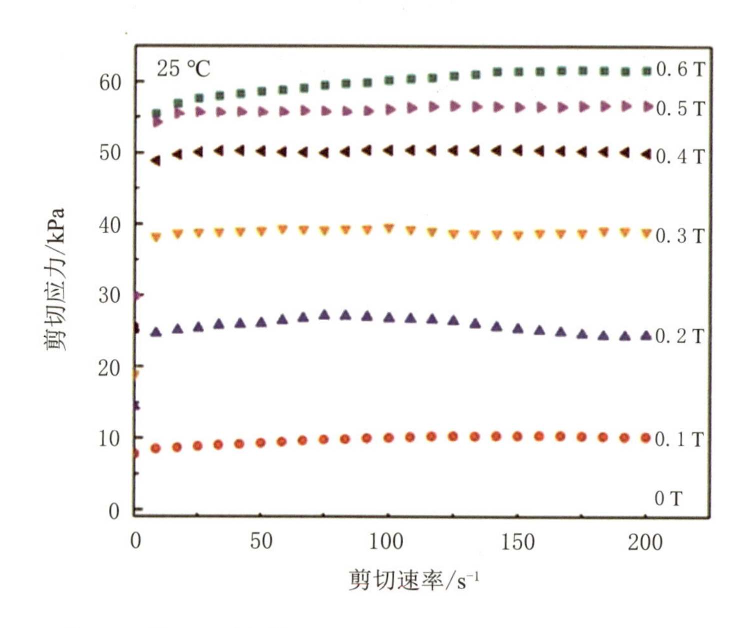

图 1.14　在不同磁场作用下 MRF2# 的剪切应力–剪切速率曲线

对于磁流变液材料温度适应性的考察在国内外鲜有报道. 随着温度升高,磁流变液内部颗粒热运动加剧,直接导致其在磁场作用下所成链段强度减小、产生的剪切屈服应力减小,同时分散介质液稀化对磁性颗粒的支撑力减小还会导致磁流变液稳定性降低、易沉降. 而磁流变液使用条件大多相对恶劣,并不总是在恒温环境中,因此研究高温条件下磁流变液的力学行为和稳定性很有必要. 为了考察所研制的磁流变液在大幅度温度范围内磁流变性能受温度变化的影响,在实验条件允许的温度范围内,在安东帕公司生产的磁流变测试系统中测试了该磁流变液在 25~85 ℃ 温度范围内的力学性能，结果如图 1.14 和图 1.15 所示.

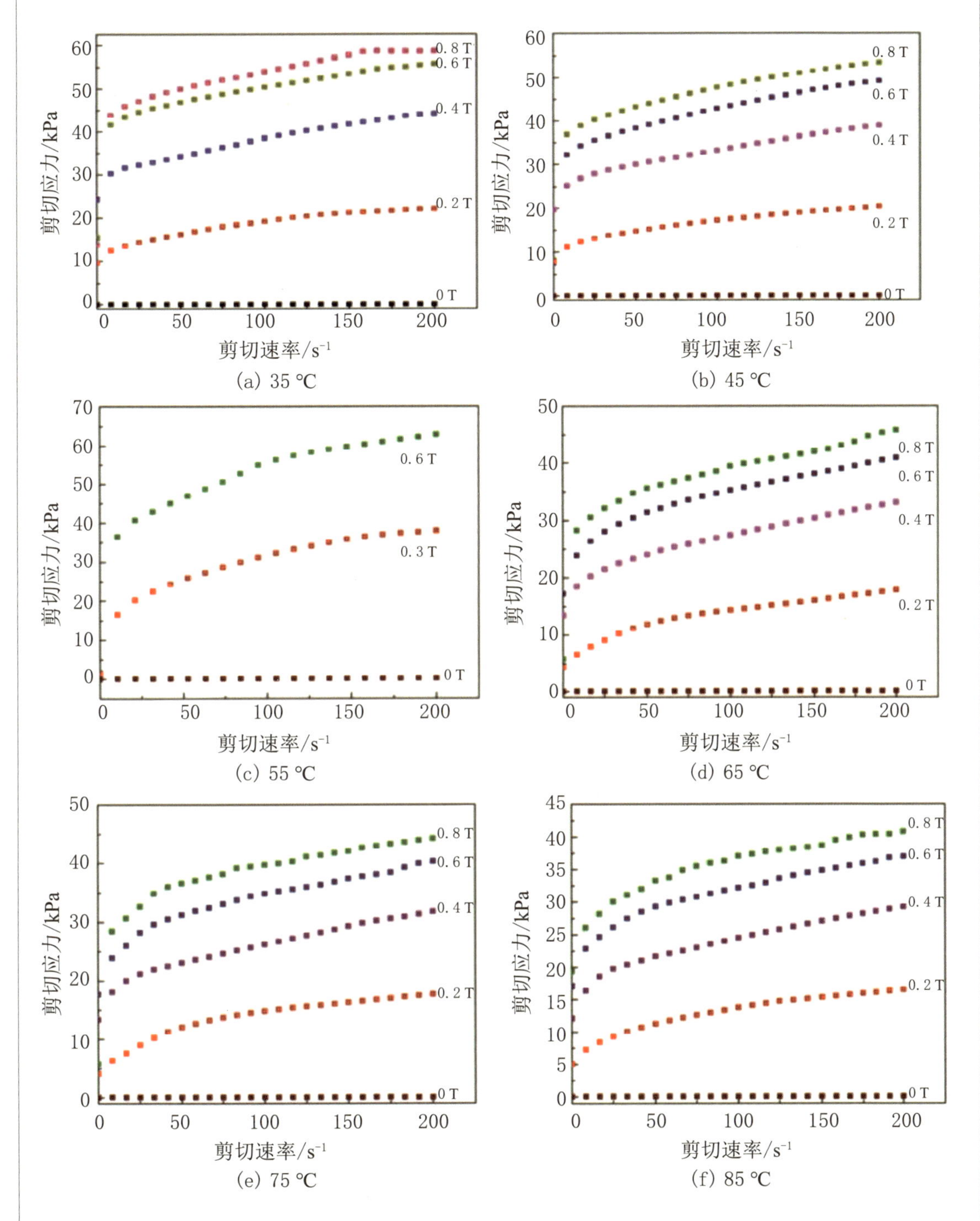

图 1.15　不同温度下 MRF2# 的磁流变性能

由图 1.15 可见，随着温度升高，MRF2# 所呈现出的剪切应力随着材料内部热运动加剧表现出一定程度的下降，不过仍然能够满足工程应用对智能材料的需求．在 35 ℃ 时，MRF2# 表现出来的最大剪切应力为 62 kPa；在 45 ℃ 时，最大剪切应力为 53 kPa；在 55 ℃ 时，最大剪切应力为 64 kPa；在 65 ℃ 时，最大剪切应力为 46 kPa；在 75 ℃ 时，最大剪切应力为 44 kPa；在 85 ℃ 时，最大剪切应力为 41 kPa．即使在 85 ℃ 高温条件下，MRF2# 也能呈现数万帕的剪切应力，可见 MRF2# 的温度适应性良好．综上，该磁流变液在所测试的 25~85 ℃ 温度范围内表现出优良的力学性能，满足工程应用的需求．

磁流变液的可逆性是实现工程应用中 "On/Off" 控制的前提条件．MRF2# 具有良好的可逆性，即磁流变液在外磁场作用下凝结成簇，并呈现出一定的剪切应力以满足工程应用的需求；而撤去磁场后，该磁流变液即可恢复其原始的流体状态．如图 1.16 所示，随着外磁场从 0 T 增加到 0.6 T，该磁流变液的剪切应力从 0 kPa 左右增加到 60 kPa，而当外磁场从 0.6 T 降到 0 T 时，该磁流变液的剪切应力从 60 kPa 降到 0 kPa 左右．在这一外磁场加载和撤去的过程中，该磁流变液呈现出良好的可逆性，满足工程应用灵活控制的需求．

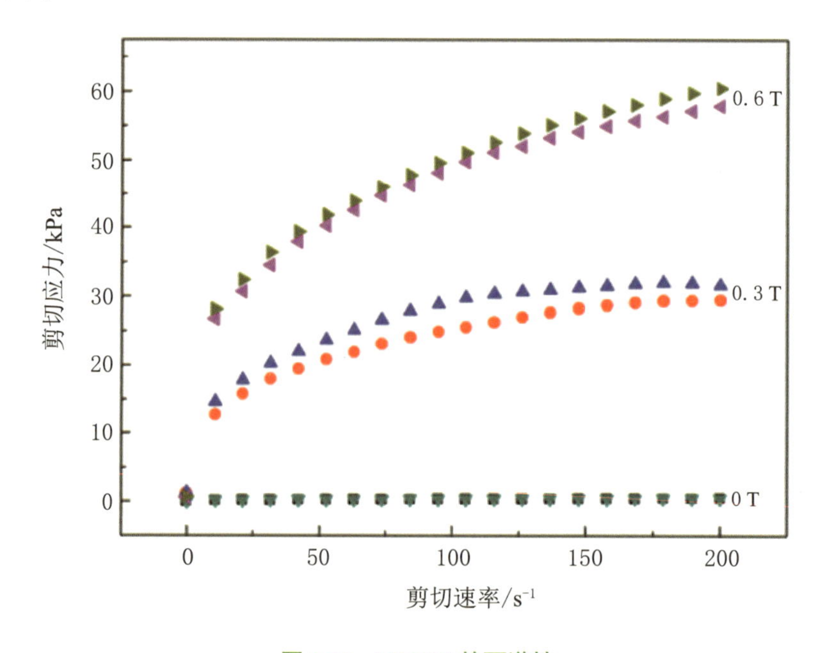

图 1.16　MRF2# 的可逆性

MRF3# 突出的优点是剪切应力大和沉降性能优良．该磁流变液在室温下可达到的剪切应力为 75 kPa，沉降率在 8% 左右，相比于美国 Lord 公司的 MRF-122CG(35 kPa)、MRF-132DG(48 kPa) 和 MRF-140CG(58 kPa) 商用磁流变液，该产品更好地满足了大剪切应力的工程应用要求．图 1.17 显示了室温 (25 ℃) 下 MRF3# 的力学性能．

如图 1.17 和图 1.18 所示，MRF3# 在 10 ℃ 时，表现出来的最大剪切应力为 82 kPa；在 25 ℃ 时，最大剪切应力为 75 kPa；在 40 ℃ 时，最大剪切应力为 69 kPa；在 55 ℃ 时，最大剪切应力为 63 kPa；在 70 ℃ 时，最大剪切应力为 60 kPa；在 85 ℃ 时，最大剪切应力为 60 kPa. 随着温度升高，磁流变液内部各种粒子的热运动加剧，致使磁流变效应有一定程度的降低，不过即使在 85 ℃ 时，剪切应力仍然能达到 60 kPa. 同 MRF2# 一样，MRF3# 在所测试的 10~85 ℃ 温度范围内表现出优良的力学性能，满足工程应用的要求.

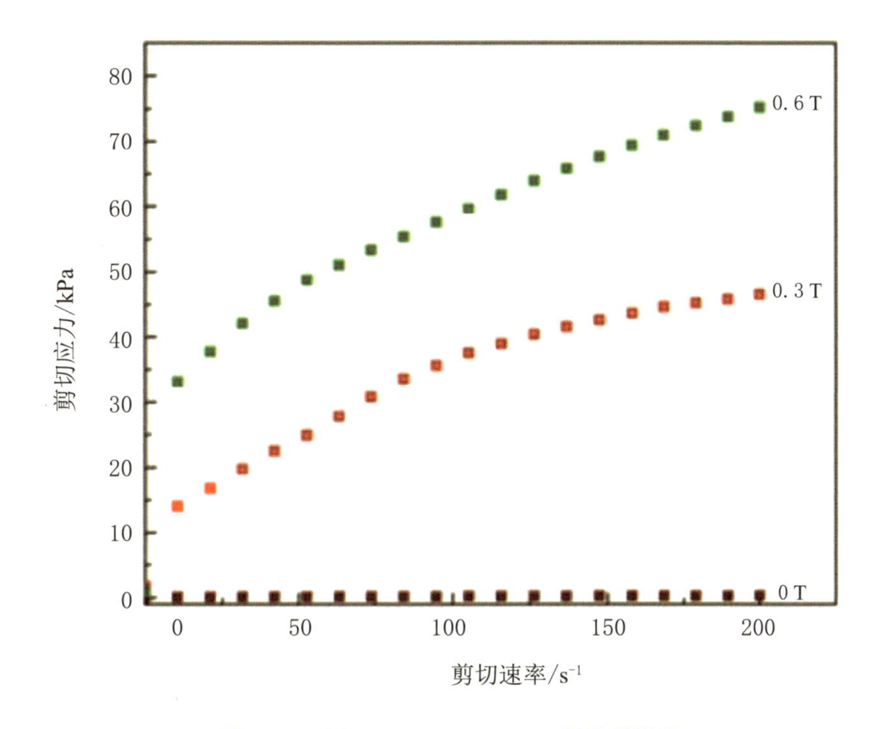

图 1.17　室温 (25 ℃) 下 MRF3# 的力学性能

MRF3# 还表现出显著优异的沉降稳定性. 图 1.19 详细地描述了 MRF3# 的沉降稳定性. 从图 1.19 和图 1.20 可见，在经过 4 d 以后，该磁流变液达到沉降平衡，析出的上清液约占 8%，这就保证了磁流变液产品在减振器中的均匀性.

MRF3# 同样具有良好的可逆性，即磁流变液在外磁场作用下成簇成链，而撤去磁场后，该磁流变液即可恢复其原始的流体状态. 如图 1.21 所示，随着外磁场从 0 T 增加到 0.6 T，该磁流变液的剪切应力从 0 kPa 左右增加到 75 kPa，而当外磁场从 0.6 T 降到 0 T 时，剪切应力从 75 kPa 降到 0 kPa 左右. 在外磁场加载和撤去的过程中，该磁流变液呈现出优良的可逆性.

综上，MRF2# 和 MRF3# 的制备及性能研究表明，通过组分优化可显著提升磁流变液的综合性能,为其工程化应用奠定基础.

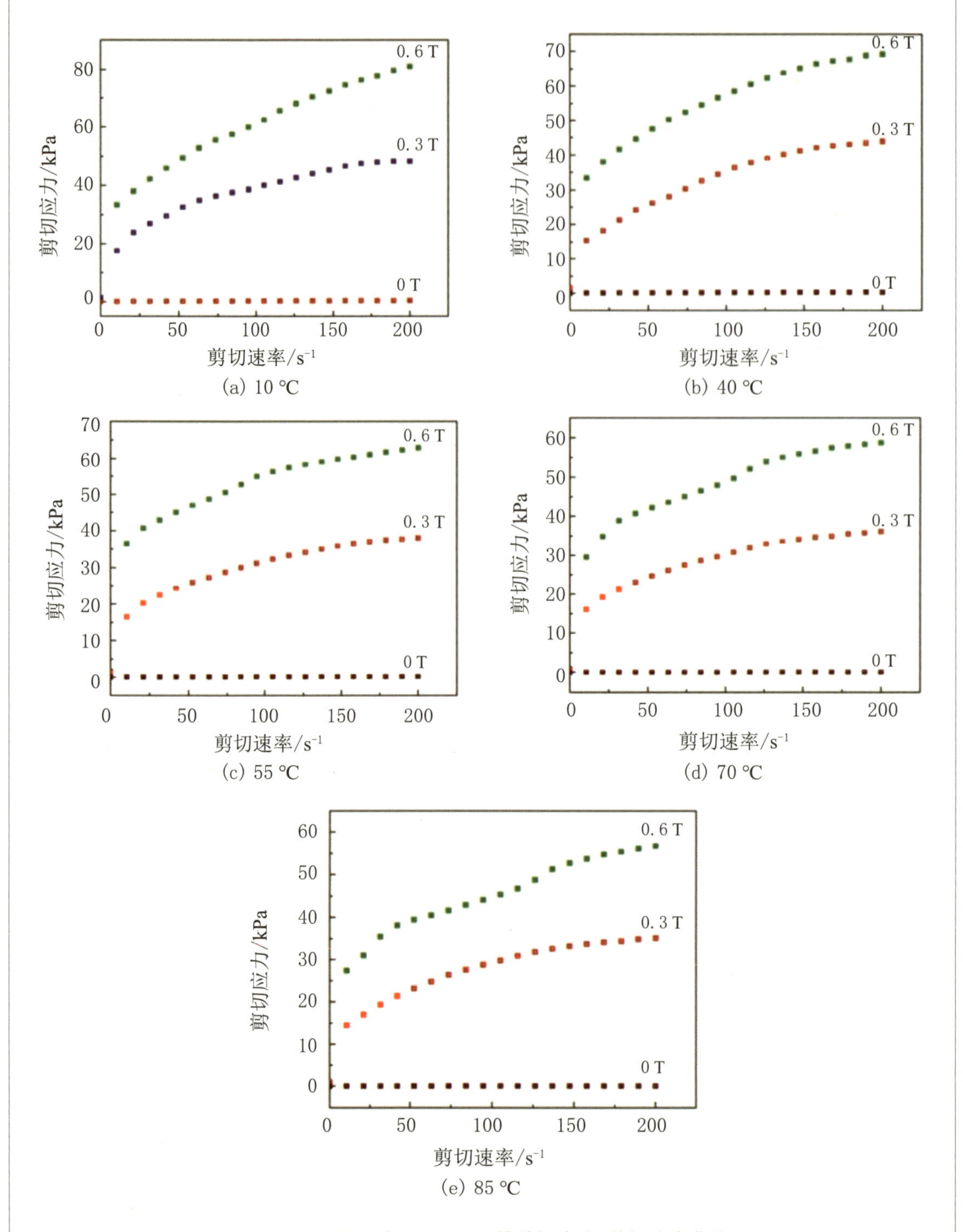

图 1.18　不同温度下 MRF3# 的剪切应力–剪切速率曲线

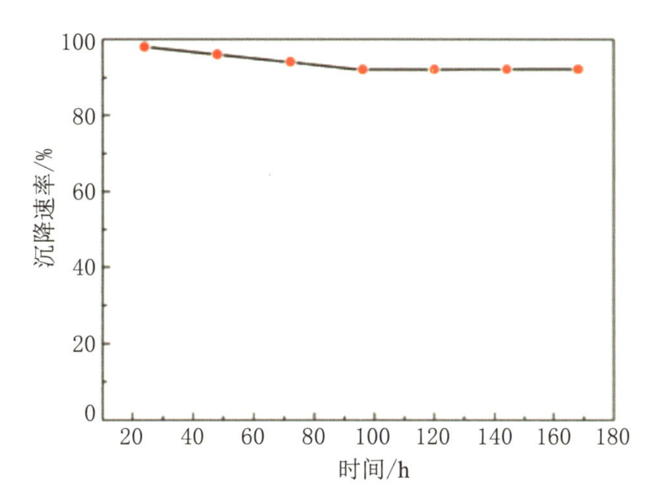

图 1.19　MRF3# 的沉降稳定性

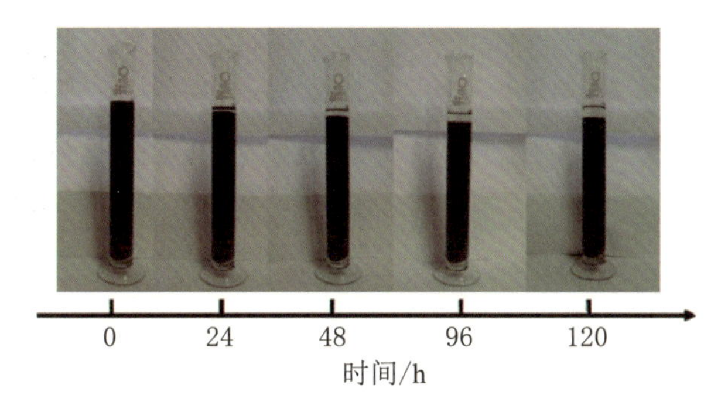

图 1.20　MRF3# 随时间的沉降情况

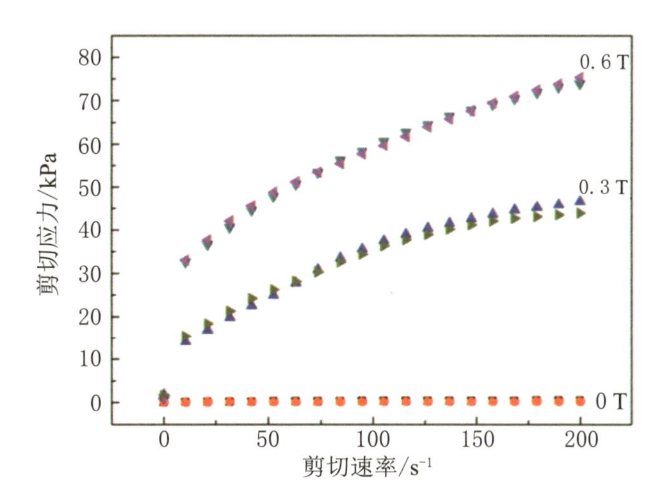

图 1.21　MRF3# 的可逆性

1.4 $Fe@SiO_2$ 磁流变液的优化制备

1.4.1 $Fe@SiO_2$ 磁流变液的研制

本小节从单分散橄榄形 α-Fe_2O_3 粒子出发，采用“硬模板”合成单分散二组分 α-Fe_2O_3@SiO_2 椭球形复合颗粒[1,6]，通过改变反应试剂的用量可得到还原后不同二氧化硅壳层厚度的微粒. 具体的制备流程 (图 1.22) 如下：

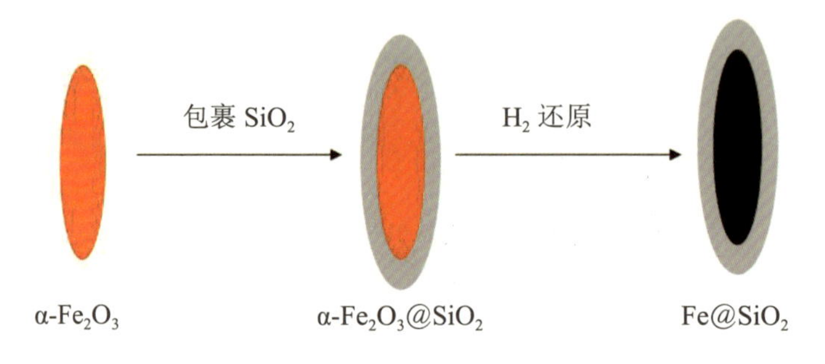

图 1.22 $Fe@SiO_2$ 的制备流程

(1) α-Fe_2O_3 的制备：称取 0.031 2 g NaH_2PO_4 置于 500 mL 容量瓶中，并用蒸馏水配制成 500 mL 溶液，再加入 2.7 g $FeCl_3 \cdot 6H_2O$，充分搅拌使其溶解，放入高压釜中，将其置于 98 ℃ 的烘箱中反应 3 d. 之后将高压釜中的溶液离心，得到的沉淀用乙醇洗涤两次，干燥之后得到 α-Fe_2O_3.

(2) α-Fe_2O_3-PVP 的制备：使用聚乙烯吡咯烷酮 (PVP) 修饰 α-Fe_2O_3. 称取 0.1 g α-Fe_2O_3、3.3 g PVP，加入 100 mL 正丁醇中，将混合液搅拌均匀，并将其超声分散几小时，再静置一夜. 之后将溶液离心，分别用乙醇和蒸馏水洗涤沉淀，干燥后得到修饰后的产物 α-Fe_2O_3-PVP.

(3) α-Fe_2O_3@SiO_2 的制备：称取 0.033 g α-Fe_2O_3-PVP 粒子，加入到一只盛有 200 mL 乙醇试剂的烧瓶中，将其搅拌均匀并经超声分散 1 h 以上. 之后在 5 ℃ 左右的冰水浴中使用磁力搅拌器将溶液搅拌 30 min. 然后往溶液中加入 10 mL 二次蒸馏水和 5.76 mL 浓度为 25%的氨水，继续搅拌 30 min 后，用注射器滴入 0.64 mL 正硅酸乙酯 (TEOS). 用冰水浴保持反应装置温度在 5 ℃ 左右，持续搅拌使其反应 1~2 h. 待反应容器的温度升到室温后，再把温度调至 40 ℃，恒温搅拌反应 12 h，之后再在室温下反应 12 h. 停止反应，离心溶液后得到沉淀，再分别用蒸馏水和乙醇洗涤，干燥后得到产物 α-Fe_2O_3@SiO_2.

(4) Fe@SiO_2 的制备：将制备得到的 α-Fe_2O_3@SiO_2 置于石英舟内，通入纯氢气，在 500 ℃ 下恒温 6 h 进行反应；待还原反应完成后继续保持氢气气氛，直到装置自然冷却至室温，得到 Fe@SiO_2 粒子.

本小节实验使用的试剂有 $FeCl_3 \cdot 6H_2O$(分析纯)、NaOH、NaH_2PO_4、聚乙烯吡咯烷酮、正丁醇、无水乙醇、氨水、正硅酸乙酯 (TEOS)、二次蒸馏水. 实验中所用到的 $FeCl_3 \cdot 6H_2O$ 和 NaH_2PO_4 均为上海化学药品公司生产的分析纯试剂. 聚乙烯吡咯烷酮 (K30) 由国药集团化学试剂有限公司进口分装. 试验中的溶剂是二次蒸馏水和无水乙醇. Fe@SiO_2 磁性微粒的结构和表面形貌采用 JEOL2000 型高分辨电镜和 Sirion 200 型扫描电子显微镜分别观察得到. 微粒的磁性采用 MPMSXL5 型超导量子干涉仪测量. $FeSiO_2$ 磁流变液中的磁性微粒在磁场作用下形成的链状结构由 Keyence 公司生产的型号为 VHX-100 的高景深三维数码显微镜观察得到.

图 1.23 展示了 Fe@SiO_2 微粒的透射电镜图，可以看出，纳米核壳微粒有着相对明亮的二氧化硅壳层和颜色较暗的铁内核. 内核卵形空腔的长短轴平均值分别为 450 和 100 nm. 内核由氧化铁转变为铁后，结构发生坍缩而变成短棒或碎粒. 空心结构会导致颗粒具有较低的密度，使其能够克服在基液中的沉降作用.

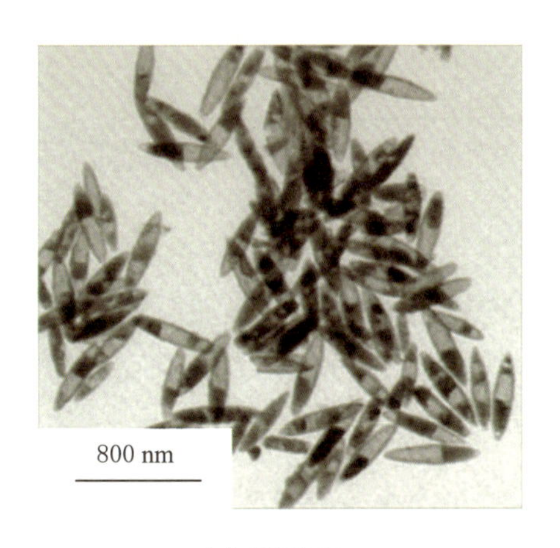

(a) 厚度 10 nm

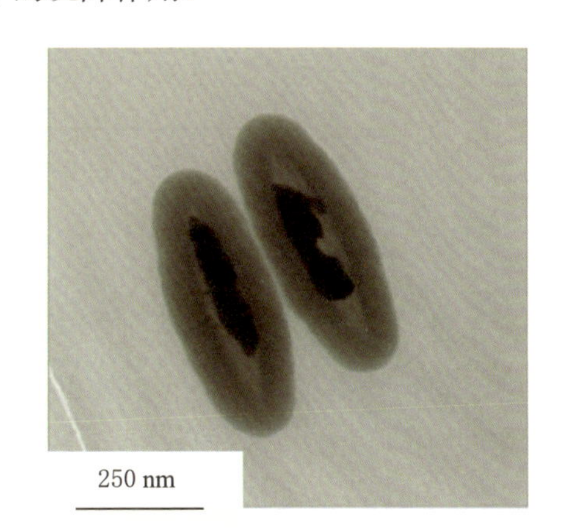

(b) 厚度 35 nm

图 1.23　Fe@ SiO_2 微粒的透射电镜图

纳米磁性颗粒的磁学特性由胶囊中的铁内核决定. 磁性内核的形状和壳层二氧化硅的厚度会影响到微粒磁滞回线的形状. 如图 1.24 所示，两种 Fe@SiO_2 微粒在磁场强度为 12 000 Oe 时的饱和磁化强度测得为 48.56 和 32.16 emu/g; ① 的矫顽力与剩余磁化强度值分别为 311.55 Oe 和 4.45 emu/g, ② 的分别为 289.23 Oe 和 3.88 emu/g. 数据说明，磁各向异性会强烈影响磁滞回线的形状和矫顽力的大小，非球形短棒磁微粒中较大的磁各向异性导致产生较大的矫顽力. 此外，表面壳层的厚度会影响材料的磁性能，壳层的厚度越大，材料的磁性能就越弱，在磁场作用下的响应也越小. 因此，在合成磁性核壳微粒的时候，应该按照材料的应用需求，控制合适的条件以便生成性能优越的核壳微粒. 如图 1.25 所示，XRD 谱图上三尖锐的衍射峰对应 α-Fe 的 (110), (200), (211) 晶面的衍射峰，同时在 26° 附近出现了非晶态的 SiO_2 特征衍射波包. 而且，磁性核壳颗粒的红外谱图 (图 1.26) 上 1 096.70 cm^{-1} 附近的红外吸收峰，表征其含有硅氧键.

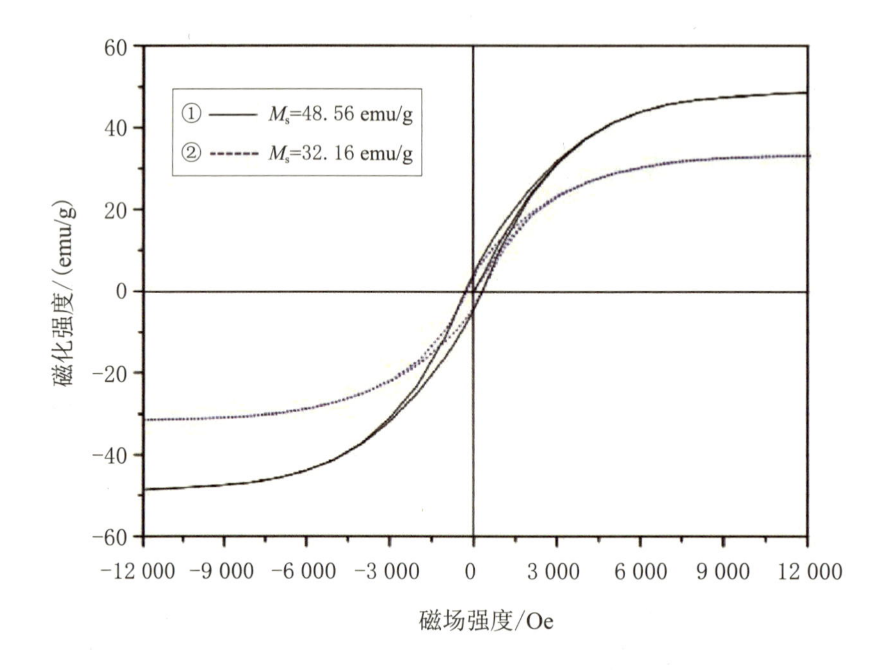

图 1.24　两种 Fe@SiO_2 微粒在室温下的磁滞回线

选用二氧化硅壳层厚度为 10 和 30 nm 的 Fe@SiO_2 磁性颗粒，分别加入到一定量的聚乙二醇 (PEG)400 和二甲基硅油 (SO) 溶液中. 为使纳米颗粒能够均匀地分散在硅油中，应在硅油基的磁流变液中加入少量的吐温 20 作为表面活性剂. 二氧化硅材料置于中性或碱性的亲水性溶液中，由于电离作用表面会带有负电荷，故聚乙二醇基磁流变液中不需要添加表面活性剂，其磁性微粒也能很好地分散在溶液中. 将混合液搅拌均匀并使用超声波清洗器分散一段时间，使得磁性微粒能充分与基液混合. 采用该方法，我们制得聚乙二醇基和硅油基 Fe@SiO_2 磁流变液，分别记作 PEG-Fe@SiO_2 和 SO-Fe@SiO_2. 两种磁流变液中的磁性微粒的质量分数分别为 10% 和 13%.

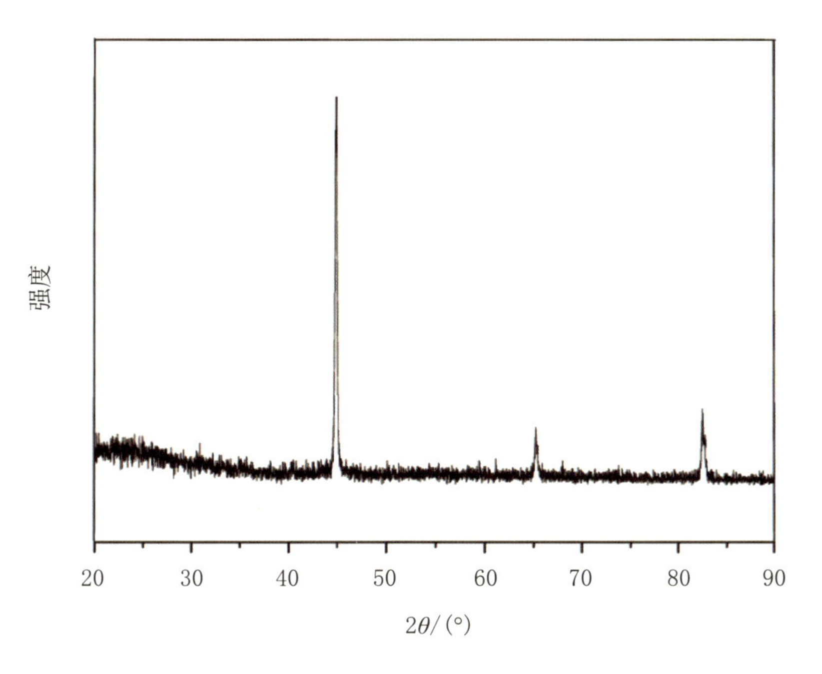

图 1.25　$Fe@SiO_2$ 的 XRD 谱图

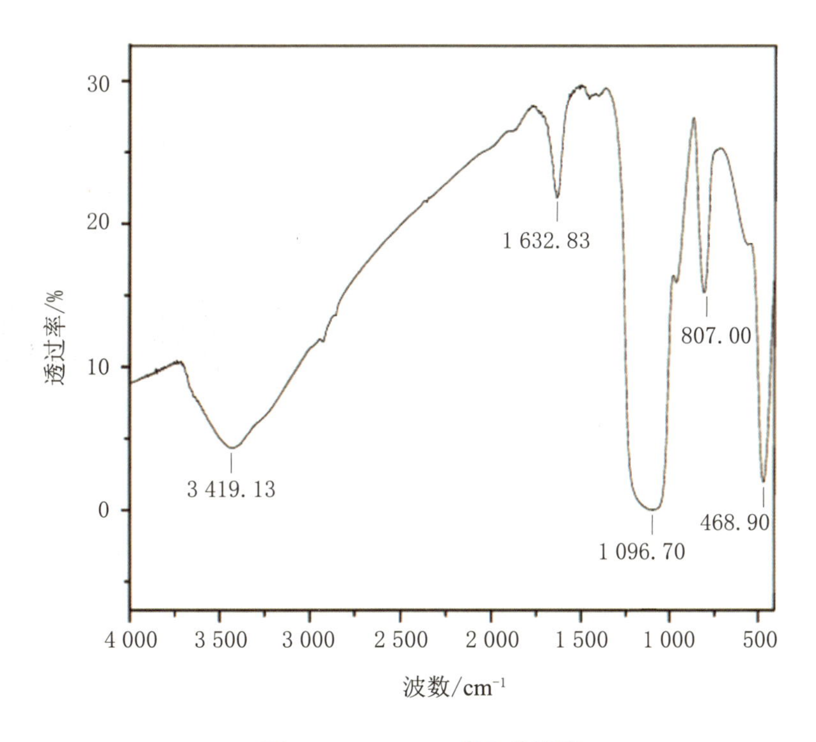

图 1.26　$Fe@SiO_2$ 的红外谱图

1.4.2 Fe@SiO_2 磁流变液的微观结构

图 1.27 是用数码光学显微镜观察到的 SO-Fe@SiO_2 磁流变液中磁性粒子形成的链状聚集结构. 在外磁场作用下,磁流体中的纳米磁性颗粒会沿外磁场方向生成链状或团簇状的等大尺度的凝聚结构. 这些微观结构对磁流变液的力学性能有着重要的影响.

为了表征磁流变液的力学性能, 并由此分析中等纳米颗粒在复杂流场的流变学特征,我们使用奥地利安东帕公司生产的 Physica MCR 301 型平板式流变仪对其力学性能进行测试. 图 1.28 是流变仪、磁流变附件 PS-DC-MR/5A 及 PP20 测量头的实物图. 其中上盘片是非导磁材料加工成的旋转盘片,下盘片为导磁材料做的定片. 测试样品置于两盘片的中央. 内置线圈产生垂直通过样品的闭合磁路. 可认为磁场是均匀的,磁场强度可通过调节线圈电流的大小来控制. 样品测试时应力应变等载荷通过上盘片施加到样品上,同时通过与上盘片相连的传感器采集上盘片收到的扭矩信号,温度载荷则由下盘片施加到样品上. 测试过程是在 25 ℃ 恒温环境中进行的.

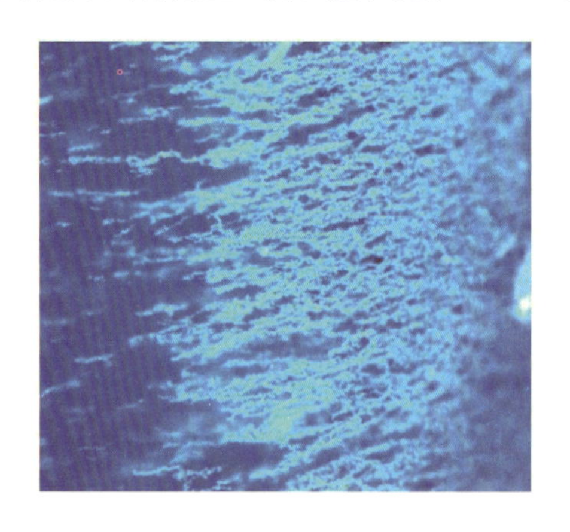

图 1.27 磁场作用下 SO-Fe@SiO_2 磁流变液内部链状聚集结构 (500×)

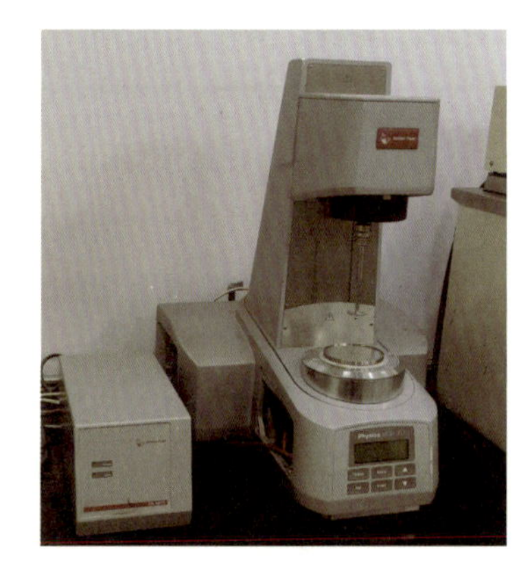

图 1.28 Physica MCR 301 型平板式流变仪

假设测试系统中平板半径为 R,板间距为 h,转子的角速度为 n,那么测试流体的剪切速率可以表示为 $\dot{\gamma} = \Omega R/h$,其中 $\Omega = 2\pi n/60$ 表示转速. 这里需要说明的是,剪切速率是由外板半径决定的. 测试流体的剪切形变为 $\gamma = \varphi \cdot R/h$,这里 φ 为偏转角. 板外缘的剪切应力与扭矩 M_d 及几何因子 A 成正比,即 $\tau = M_d \cdot A$,而 $A = 2/(\pi R^3)$. 对于非 Newton 流体,剪切应力必须按 Weissenberg 公式校正.

磁性纳米颗粒的运动方式及其相互作用形成的微观结构将对实际流体的流变性能

产生重要影响. 通过分析实际液体的流变性能特征,还可以得到磁性纳米颗粒在复杂流场中的动力学性能. 图 1.29 是在不同剪切速率 $\dot{\gamma}$ 情况下,磁流变液的黏度与磁感应强度的变化关系,可以观察到明显的磁黏性效应. 当剪切速率较低时,黏度随磁感应强度增加而变大;而当剪切速率较高 ($\dot{\gamma}>25\ s^{-1}$) 时黏度的变化不再明显. 这是因为磁流变液内部的磁微粒沿外磁场方向排布形成的链状结构会受到不与磁场方向平行的剪切流的影响,使链的方向与磁场方向有所偏离,与此同时,外磁场将产生一个磁扭矩来抵抗这个效应;当剪切速率增大到一定程度时,磁流变液内的链状结构遭到破坏,因而磁流变液的黏度受外磁场的影响就变得很小.

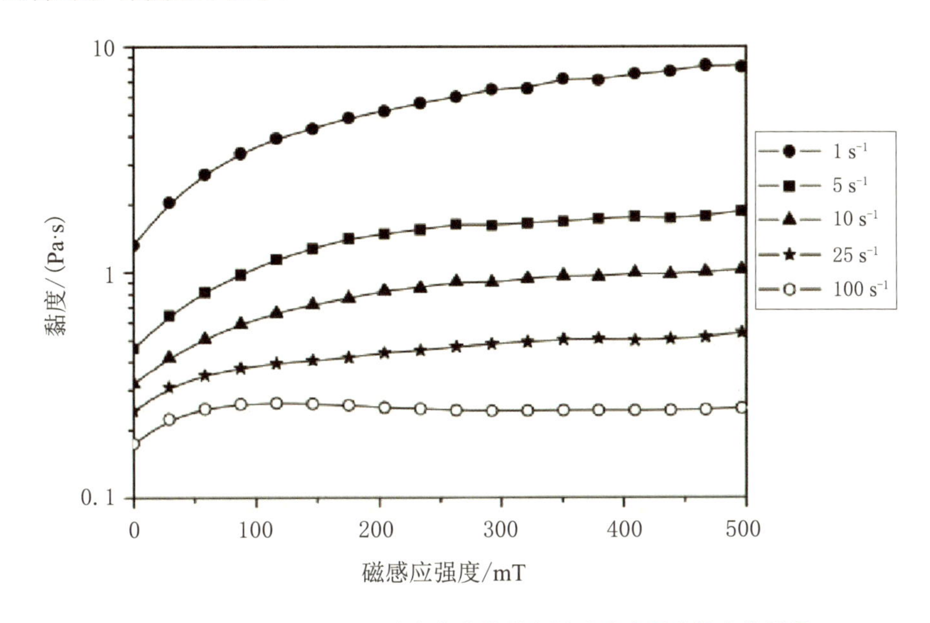

图 1.29　PEG-Fe@SiO$_2$ 磁流变液的黏度随磁感应强度的变化情况

图 1.30 是这种磁流变液在不同磁场条件下的流动曲线. 当无外磁场,即 $B=0$ T 时,剪切应力随剪切速率线性增加,并且在剪切速率 $\dot{\gamma}$ 等于零时,屈服应力值不等于零,表明这种液体此刻不能简单地当作 Newton 流体. 当加上一个外磁场,即 $B>0$ T 时, 流动曲线不再是一条直线,整个过程可近似用 Herschel-Bulkley 模型来描述. 通过延长图 1.30 中流动曲线至剪切速率等于零,可以得到这种磁流变液的动态屈服应力的值 τ_y. 图 1.31 给出了动态屈服应力随磁感应强度的变化情况,可见 τ_y 按 $B^{1.12}$ 线性增加,这与普通磁流变液的屈服应力 τ_y 按 B^2 增加有所不同.

为进一步研究 PEG-Fe@SiO$_2$ 磁流变液的流变性能,我们考察其受小幅振荡剪切载荷时储能模量的变化情况. 实验中固定磁流体的切应变 γ 幅值为 0.001%,确保其在整个变形过程中处于线性黏弹性阶段. 由图 1.32 可见,当磁感应强度 $B>0$ T 时,磁流变

液的储能模量 G' 在整个测试范围内随剪切角频率线性增加;然而当 $B=0$ T 时,储能模量 G' 并不为零而近似等于一个常数,表明此时它是非 Newton 流体,颗粒间存在相互作用. 可见其黏弹性特征与传统磁流变液有很大差别,这主要是由于磁性微粒具备一维形貌、粒径较大、粒子间相互作用较强的缘故. 同时,从图中还能观察到储能模量随磁感应强度的增加而变大,即磁流变液内部因磁场作用生成新的结构而使其复模量中的弹性成分增加.

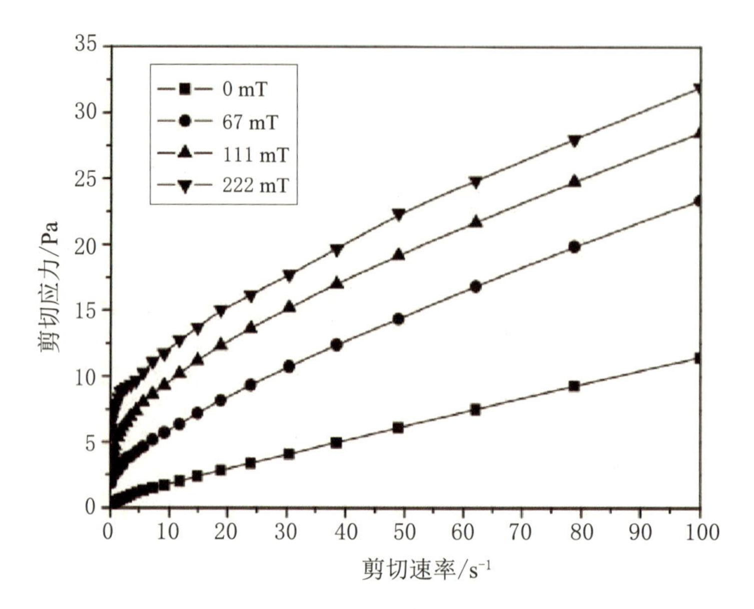

图 1.30　PEG-Fe@SiO_2 磁流变液的剪切应力随剪切速率的变化情况

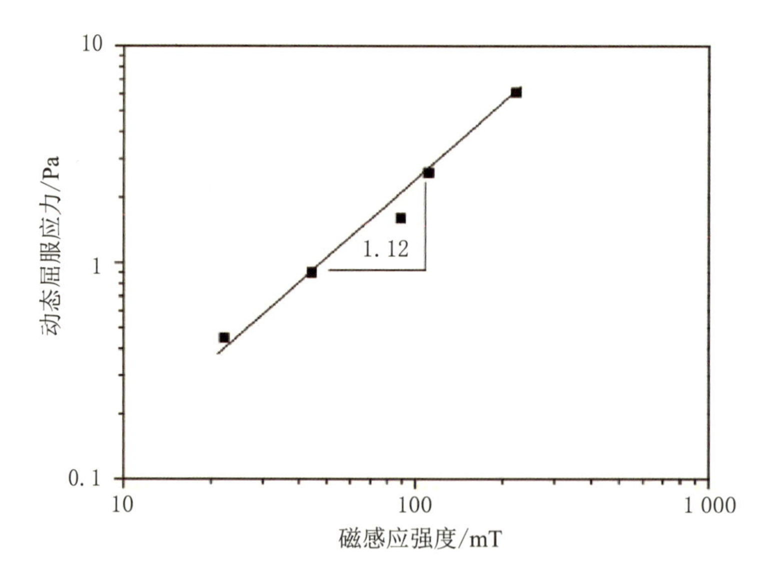

图 1.31　PEG-Fe@SiO_2 磁流变液的动态屈服应力随磁感应强度的变化情况

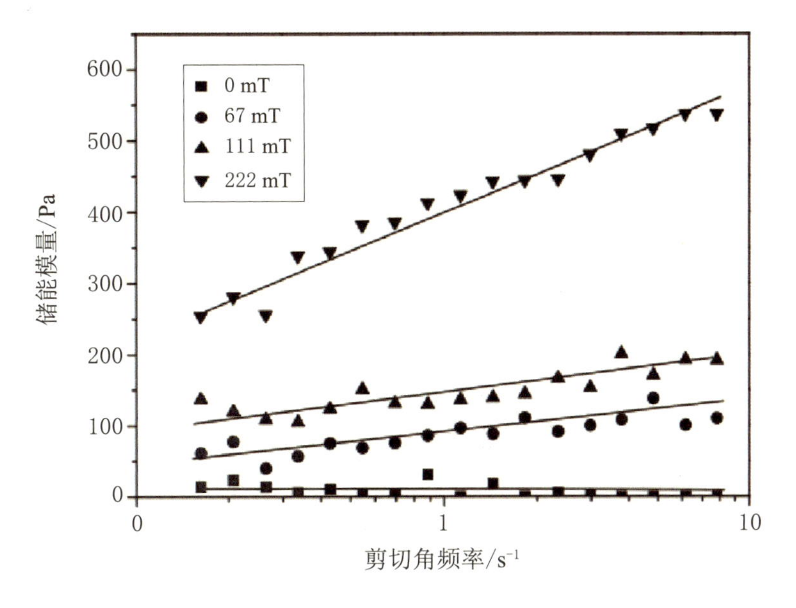

图 1.32 PEG-Fe@SiO_2 磁流变液受小振幅振荡剪切载荷时储能模量随剪切角频率的变化情况

图 1.33 是在几组不同剪切速率 $\dot{\gamma}$ 下, SO-Fe@SiO_2 磁流变液的黏度随磁感应强度的变化情况. 当剪切速率较低 ($\dot{\gamma}<10\ s^{-1}$) 时, 黏度随磁感应强度增加而变大; 而当剪切速率较高时, 磁黏性效应不再明显.

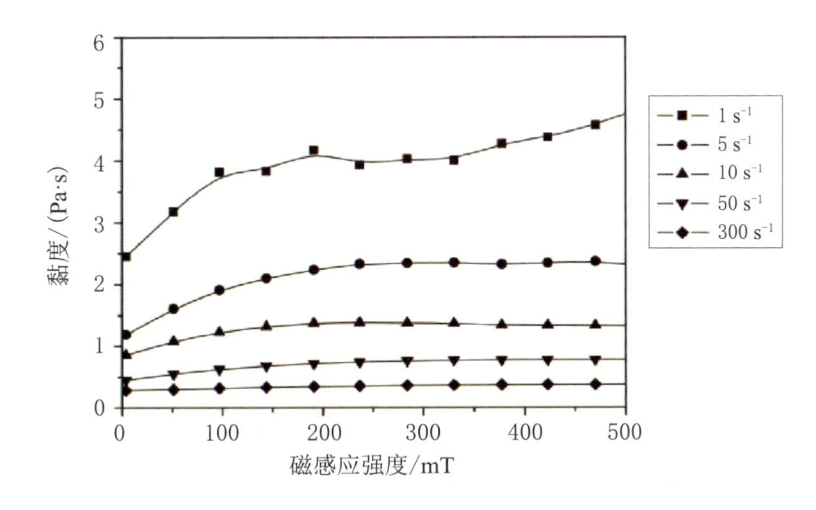

图 1.33 SO-Fe@SiO_2 磁流变液的黏度随磁感应强度的变化情况

图 1.34 是在强磁场条件 (310 mT) 下, SO-Fe@SiO_2 磁流变液的剪切应力和黏度随剪切速率的变化情况. 在剪切速率较小 ($\dot{\gamma}<25\ s^{-1}$) 的范围内可观察到明显的剪切稀化现象, 即黏度随剪切速率的增加而减小; 在 $\dot{\gamma}$ 增加到一定程度后, 剪切应力与屈服应力呈

线性比例增加，此时的黏度为一恒定值，约为 0.5 Pa·s. 在测试范围内，整个过程的流动曲线可近似用 Bingham 模型来描述.

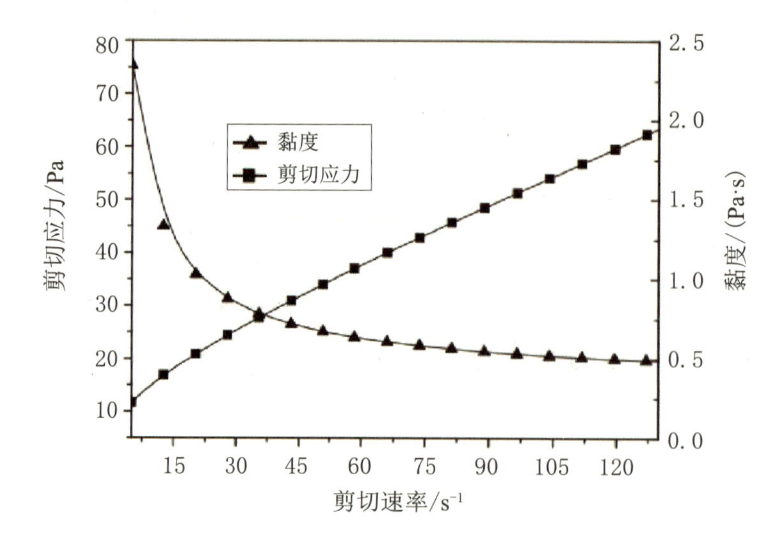

图 1.34 SO-Fe@SiO$_2$ 磁流变液的剪切应力和黏度随剪切速率的变化情况

图 1.35 是在几组不同磁感应强度条件下，SO-Fe@SiO$_2$ 磁流变液受小振幅振荡剪切载荷 (切应变 γ 幅值为 0.005%) 时储能模量随剪切角频率的变化情况，可见储能模量随剪切角频率线性增加，磁感应强度为零时储能模量非零，并且与 PEG-Fe@SiO$_2$ 磁流变液类似，储能模量随磁感应强度的增加而变大.

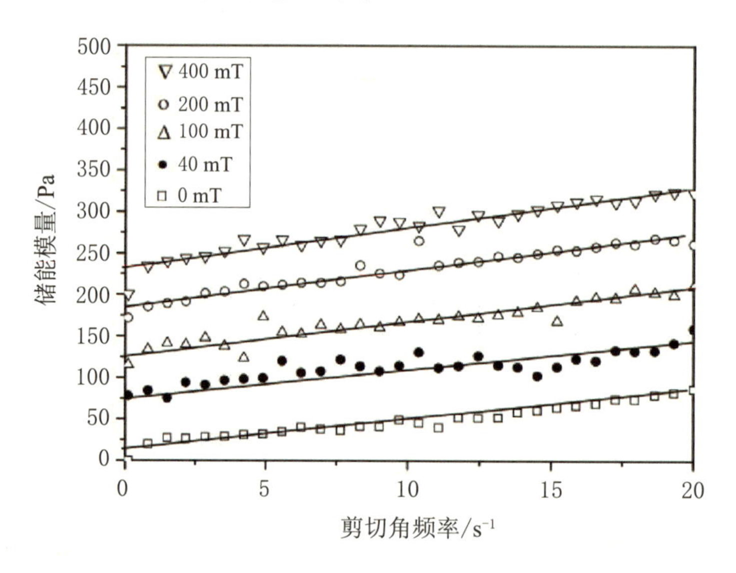

图 1.35 SO-Fe@SiO$_2$ 磁流变液受小振幅振荡剪切载荷时储能模量随剪切角频率的变化情况

第2章

磁流变液的力学行为与测试

2.1 颗粒间摩擦力对磁流变效应的影响

近期研究指出，对于某些片状、多孔及花状磁性颗粒，其表面粗糙度的增加能够显著提升颗粒间的摩擦力，进而增强磁流变液的剪切流变性能. 颗粒间的非磁性微观作用力，尤其是摩擦力，对磁流变效应具有显著影响. 然而，过高的摩擦系数可能会阻碍片状颗粒沿外磁场方向旋转，从而限制其微观结构的演化. 向微米级片状羰基铁粉中添加少量 Fe_3O_4 纳米微球，小颗粒会填充在大颗粒表面的缝隙中，减小细观摩擦力，削弱有害的摩擦效应，从而提高磁流变效应. 摩擦力对磁流变液细观结构和宏观力学行为的影响十分复杂，稳态剪切流动中剪切应力随摩擦系数的变化趋势尚未被系统地研究过，最佳的摩擦系数尚不明确.

鉴于实验制备具有特定摩擦系数的磁性颗粒存在较大复杂性，引入数值模拟以研究颗粒间摩擦力在磁流变效应中的作用显得尤为必要. 本节将研究重点从颗粒间的磁场力拓展至非磁性相互作用，并将研究对象从特定的新型磁性颗粒扩展至一般粗糙磁性微球，采用改进的颗粒动力学方法进行研究．首先模拟摩擦力作用下磁流变液典型的细观结构与剪切应力演化，建立颗粒聚合过程与摩擦系数的联系；进而比较不同杨氏模量下的剪切应力–时间曲线，排除了颗粒刚度对流变性能的影响；随后大范围改变摩擦系数，系统地模拟剪切应力随摩擦力的变化趋势，确定最佳摩擦系数；分别分析颗粒间电磁力、法向力和摩擦力对剪切应力的贡献，提出摩擦力提升磁流变效应的细观机制；分别选取不同的饱和磁化强度、外磁场、剪切速率和颗粒体积分数，全面讨论最佳摩擦系数的变化趋势，为高性能磁性颗粒的研制提供重要参考；最后根据文献中报道的 Fe_3O_4@SiO_2 磁流变液在磁场扫描下的模拟剪切应力与实验相符，验证了本节工作的正确性．

2.1.1 摩擦力作用下细观结构与剪切应力的演化

本小节主要研究具有不同饱和磁化强度的一般粗糙磁性微球，其表面粗糙度可用颗粒表面大量微小凸起表征．我们首先验证计算方法的准确性，因此模拟了 Chae 等人制备的 Fe_3O_4@SiO_2 磁流变液在磁场扫描下的剪切应力，并与实验结果对比．根据文献中测得的材料参数，设置了两种颗粒的物理性质与模拟参数．

其中杨氏模量和泊松比根据前人的实验确定，200～366 kA/m 是文献中报道的基于 Fe_3O_4 磁性颗粒的典型饱和磁化强度．对于实际的磁性颗粒，表面的微小凸起可以由不同材料构成，无法一一测定它们之间的滑动摩擦系数．在非磁性颗粒悬浮液的数值模拟中，根据文献中的做法，摩擦系数在 0.1～1.0 范围内选取．宏观光滑金属之间的摩擦系数一般在 0.1～0.3 范围内，铝和铝之间可达到 1 以上．对于一些特殊形貌 (例如花状) 的磁性颗粒，表面凸起较大，当两个花状颗粒互相接触且具有相对速度时，花瓣互相卡住，会产生强烈的切向相互作用，等效为表面粗糙度极高、摩擦系数较大的情况．根据球体的弹塑性挤压理论，动摩擦系数是法向相互作用的函数，随着法向力的减弱，摩擦系数 μ 可从 0.27 增大到 1 以上．本小节针对一般粗糙磁性微球开展了原理性研究，为了解耦法向力和摩擦力对磁流变效应的影响，数值模拟中摩擦系数 μ 设为不同的常数，取值范围为 0.2～3.75，载液黏度统一设为 0.1 Pa·s．

为了得到一般粗糙磁性微球在外磁场作用下的聚合过程与摩擦系数的关系，首先模拟剪切流动中典型的细观结构和剪切应力演化．其中颗粒体积分数、饱和磁化强度、外磁场强度和剪切速率分别设为 10%，200 kA/m，34 kA/m 和 100 s^{-1}．根据接触理论，摩擦系数设为 0.27,颗粒数 $N \approx 2\,000$.

图 2.1 是用 OVITO 软件绘制的不同时刻下一般粗糙磁性微球的微观结构演变. 颗粒表面的粗糙凸起是如此之小,以至于在微米尺度观察,颗粒依然呈球形. 图 2.2 给出了剪切应力、单位颗粒的磁势能和径向分布函数 (RDF) 随时间的演化关系.

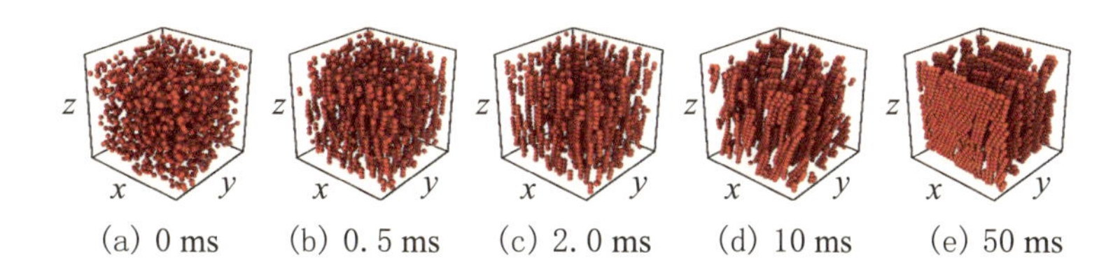

图 2.1　不同时刻下一般粗糙磁性微球的微观结构演变

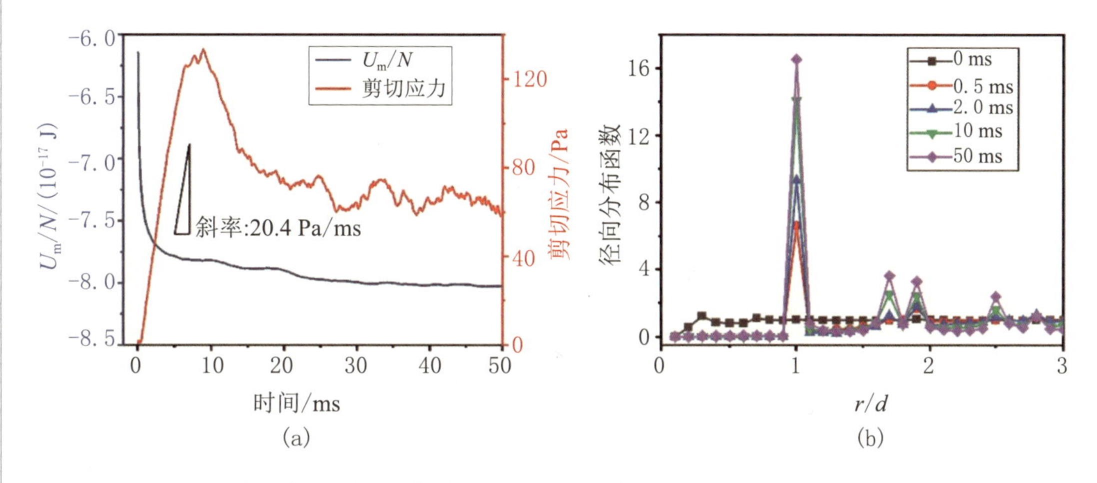

图 2.2　剪切应力、单位颗粒的磁势能随时间的演化和不同时刻的径向分布函数

引入匀强磁场和剪切流动后,由于颗粒–外磁场的磁化效应,每个颗粒瞬间获得一个负的磁势能 -6.3×10^{-17} J. 此时,系统还表现出具有均匀径向分布函数 $g(r) \approx 1$ 的杂乱无章状态. 随后,颗粒在 0.5 ms 内迅速沿 z 轴方向聚合,形成较短的单颗粒宽的链状结构. 单位颗粒的磁势能迅速减小,径向分布函数曲线上在 $r/d = 1$ 处出现了一个主峰,在 $r/d = 1.7, 1.9$ 和 2.5 处出现了三个较小的峰,曲线的其余部分约等于 0. 主峰反映颗粒沿外磁场方向首尾相接排列,其余的峰值代表了颗粒在 xy 平面内的聚合. 模拟开始 2 ms 后,短链合并为长链并向剪切流动方向旋转. 单位颗粒磁势能随时间的衰减速度从 -1.3×10^{-14} J/s 降至 7.1×10^{-16} J/s. 剪切应力随时间线性增加直至达到最大值,类似于弹性材料准静态拉伸中达到屈服点之前的应力–应变曲线. 通过线性拟合可得到剪切应力的增长速度为 20.4 Pa/ms. 这一现象表明当前磁流变液还表现出类似固体的性质,稳态剪切流动还没有充分发展. 颗粒链的倾角对剪切应力有显著影响,当与外磁场的夹

角 θ 达到 25° 时，颗粒间磁偶极子力对剪切应力有最大贡献. 长链整体在稳态剪切中受到来自载液的力矩作用而朝 x 轴方向旋转，细观结构的倾角逐渐增大，导致剪切应力线性增加. 在这之后，颗粒链被载液流动破坏并在磁偶极子力的作用下重组，10 ms 时形成较粗的倾斜链状结构. 剪切应力开始回落并在特定值附近上下振荡. 剪切应力–时间曲线的转折点代表细观结构开始被破坏，同时也是磁流变液的屈服点. 径向分布函数也因细观结构的破坏和重组而往复振荡. 随着剪切流动的不断发展，RDF 曲线的峰值逐渐增加，表明细观结构变得越来越致密. 在 50 ms 时，粗壮的颗粒链进一步演化为互相平行的片状结构，意味着磁流变液已达到动态平衡. 从图 2.3(a) 可以确定，25~50 ms 这段时间内的平均剪切应力可代表磁流变液的宏观力学性能.

图 2.3 是不同法向力上限与颗粒杨氏模量下磁流变液的剪切应力–时间曲线，排除了两者对模拟结果的影响. 其中磁流变液的体积分数、饱和磁化强度、磁场强度和剪切速率分别设为 10%，200 kA/m，34 kA/m 和 100 s^{-1}，$\mu = 0.27$.

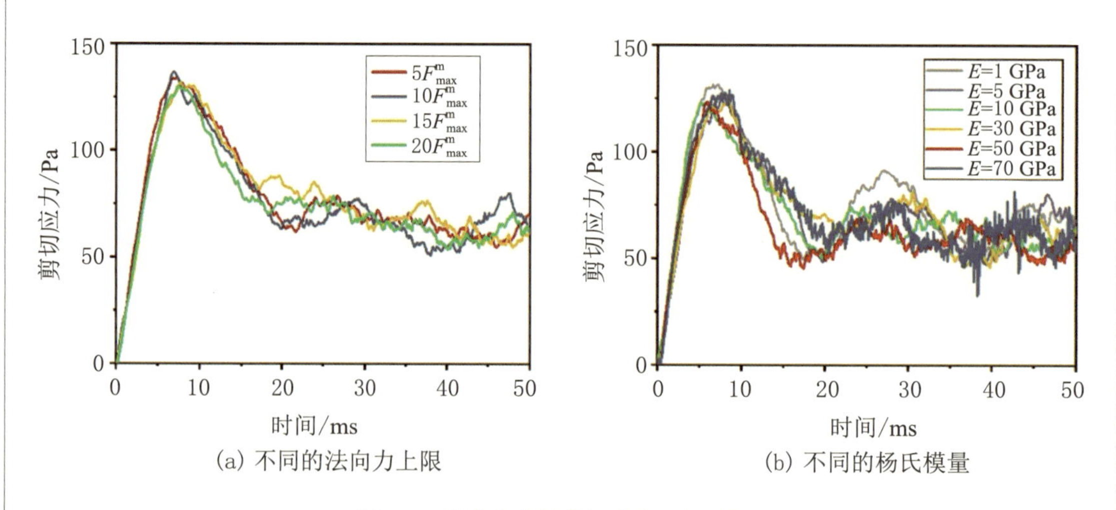

(a) 不同的法向力上限　　(b) 不同的杨氏模量

图 2.3　磁流变液的剪切应力–时间曲线

根据相关公式，弹性挤压力与颗粒表面变形的 1.5 次方成正比. 虽然粗糙颗粒表面微小凸起的高度仅为 $h/d \approx 10^{-3}$~10^{-1}，但是当相邻颗粒发生大变形时，仍会产生一个很大的挤压法向力，有可能导致计算发散. 根据文献中的常见处理方法，将法向力上限设为 $F^{n}_{max} = 10F^{m}_{max}$ 来避免此问题，这里 F^{m}_{max} 代表一对颗粒间最大的磁偶极子力. 法向力达到这一上限后，即使颗粒进一步挤压，法向力也不会继续增大. 在传统的颗粒动力学模拟中，通常用指数排斥力简化近似弹性挤压力，为保证程序的鲁棒性，也设置了类似的上限. 法向力上限对剪切应力的影响如图 2.3(a) 所示. 分别将法向力上限设为最大磁偶极子力的 5，10，15 和 20 倍，发现它们的剪切应力–时间曲线十分接近，最大剪切应力和平均剪切应力几乎没有变化. 法向力上限的选取基本不影响模拟结果,为了提高程序效率,将上限设置为 $F^{n}_{max} = 10F^{m}_{max}$. 不同杨氏模量下的剪切应力–时间曲线如图 2.3(b) 所示,范围设为 1~70 GPa,颗粒饱和磁化强度仍为 200 kA/m. 曲线没有明显的差异,表明杨氏模量的选取也不会影响计算结果. 因此,本书中 Fe_3O_4@SiO_2 核壳颗粒的杨氏模量与 SiO_2 一致,设为 70 GPa;一般磁性颗粒的设为 1 GPa. Shahrivar 等人在对 Fe_3O_4 磁流变液的数值模拟中将杨氏模量设为 1 GPa. 对于具有 PS 或 PMMA 有机物外壳的核壳颗粒,杨氏模量在 1.8~3 GPa 范围. 虽然 1 GPa 不是实验测得的具体值,但这样的参数设置位于合理区间之内,并可加快计算速度.

2.1.2 摩擦系数对磁流变效应的影响

在研究了不同饱和磁化强度下磁流变液的细观结构与剪切应力演化之后,我们进一步从基础研究的角度探讨颗粒间摩擦系数与磁流变效应的关系. 参考已有文献的做法,将磁性颗粒的摩擦系数 μ 选为 0.2,0.3,0.4 和 0.5. 颗粒体积分数、饱和磁化强度、磁场强度和剪切速率分别设为 10%,200 kA/m,34 kA/m 和 100 s^{-1}. 图 2.4 比较了细观摩擦力对磁流变液剪切应力演化的影响. 在中等摩擦系数 ($0.2 \leqslant \mu \leqslant 0.5$) 下,剪切应力几乎不受颗粒间摩擦力的影响. 然而,对于相同摩擦系数的非磁性颗粒悬浮液,摩擦力会显著提高其剪切应力. 对于非磁性颗粒悬浮液,其剪切增稠液的体积分数可以达到 50% 以上,而工程应用中磁流变液的体积分数通常为 10%~20%. 较低的体积分数导致了颗粒间挤压作用变弱,也削弱了摩擦力对磁流变效应的影响.

为了深入理解剪切应力的来源,我们分别分析了电磁力、弹性法向力和切向摩擦力对剪切应力的贡献度,结果如图 2.4(b) 所示. 剪切应力主要源于三类颗粒间的相互作用:电磁力 (包括 van der Waals 力)、弹性法向力和切向摩擦力. 分别画出这三部分对剪切应力的贡献度,如图 2.4(b) 所示. 由电磁力产生的剪切应力在模拟开始后 10 ms 内线性增加,随后开始回落. 在 30 ms 之前,弹性法向力始终产生反向的剪切应力. 这是由于倾斜链状结构的形成导致颗粒间剧烈挤压,颗粒所受力主要是磁偶极子力和法向力,法向力的方向近似与磁偶极子力相反,因此产生负的剪切应力. 30 ms 之后,法向力产生的剪切应力在零附近上下波动,不再影响磁流变效应. 而摩擦力对剪切应力的贡献比电磁力小 2 个数量级,这一现象与图 2.4(a) 一致. 颗粒间摩擦力的大小与法向力相当,但是相对速度即摩擦力的方向随机分布. 从统计平均的角度来看,摩擦力对剪切应力几乎没有贡献.

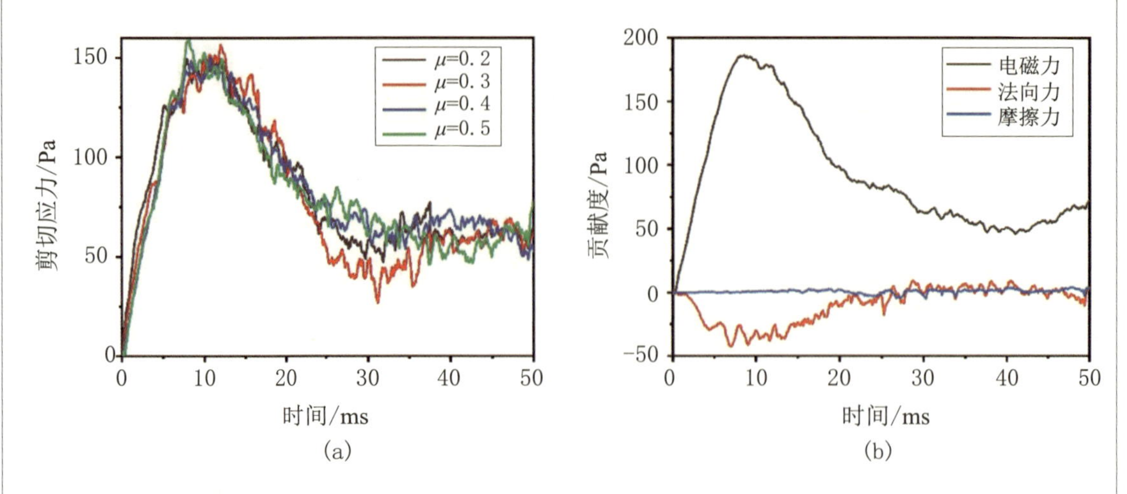

图 2.4　中等摩擦系数下剪切应力–时间曲线以及 $\mu=0.5$ 时颗粒间电磁力、法向力和摩擦力对剪切应力的贡献度

本小节模拟了高摩擦系数下磁流变液介观结构和剪切应力的演化,颗粒体积分数、饱和磁化强度和剪切速率仍分别设为 10%, 200 kA/m 和 100 s^{-1}, 图 2.5 给出了两个代表性磁场强度 34 和 171 kA/m 下磁流变液的剪切应力–时间与剪切应力–摩擦系数曲线. 一般来说, 饱和磁化强度越低, 达到饱和所需的磁场越小, 对于饱和磁化强度为 200 kA/m 的磁性颗粒,在 171 kA/m 磁场作用下可达到饱和. 在强磁场作用下,摩擦系数 $\mu\leqslant1.5$ 时摩擦力仍对剪切应力没有影响. 一旦 μ 进入 (1.5, 2.75) 区间,剪切应力–时间曲线在屈服点后高位振荡,与图 2.2 和图 2.3 的结果明显不同,如图 2.5(a) 所示. 从图 2.5(b) 可知,剪切应力最多可提高约 102% (从 124 Pa 到 251 Pa). 在弱磁场作用下,剪切应力最多只能提升为 24% (从 66 Pa 到 82 Pa),但最佳的摩擦系数 μ=2.5 不受外磁场强度的影响.

剪切应力的大幅变化源于磁性颗粒独特的聚合过程,图 2.6 给出了中等摩擦系数和高摩擦系数下模拟结束时磁流变液的细观结构,其中磁流变液的颗粒体积分数、饱和磁化强度、磁场强度和剪切速率分别设为 10%,200 kA/m,171 kA/m 和 100 s^{-1}.

当 μ= 0.5 时,颗粒最终形成互相平行的片状结构,与图 2.1 中 μ= 0.27 的情况相比,片与片之间的缝隙更大. 然而当 μ= 2.5 时,颗粒始终形成倾斜的粗壮链状结构. 从俯视图可以明显观察到细观结构厚度的差别. 一旦磁流变液达到屈服点,单颗粒宽的链状结构就被破坏并重组为粗壮的颗粒链. 沿剪切方向的磁偶极子力弱于外磁场方向的,并且无法克服强大的摩擦力. 在高摩擦系数下,颗粒沿 x 轴的聚合受到限制,阻碍了片状结构的形成. 所有粗壮的链状结构几乎具有相同的倾角,而片状结构不同部分的倾角不同,并且细观结构较大的平均倾角产生了较大的剪切应力. 粗壮颗粒链的破坏和重组对应剪切应力的高位振荡. 当摩擦系数超过 2.5 时,摩擦力也会阻碍沿外磁场方向的聚合,颗粒聚合成短链而不是长链,剪切应力因此下降.

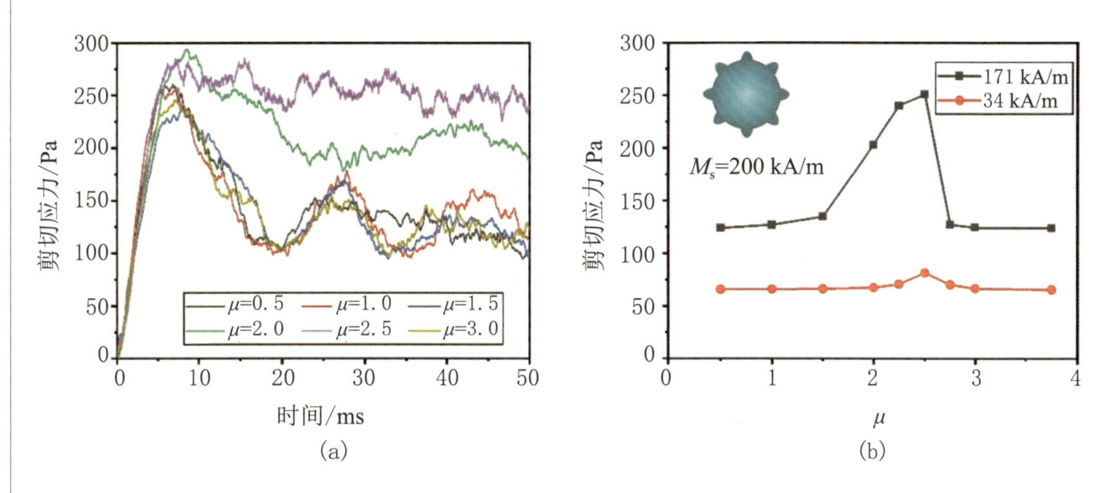

图 2.5　高摩擦系数下磁流变液的剪切应力演化和不同磁场作用下平均剪切应力随摩擦系数的变化

(b) 中小图:粗糙颗粒示意图,表面凸起未按真实比例绘制.

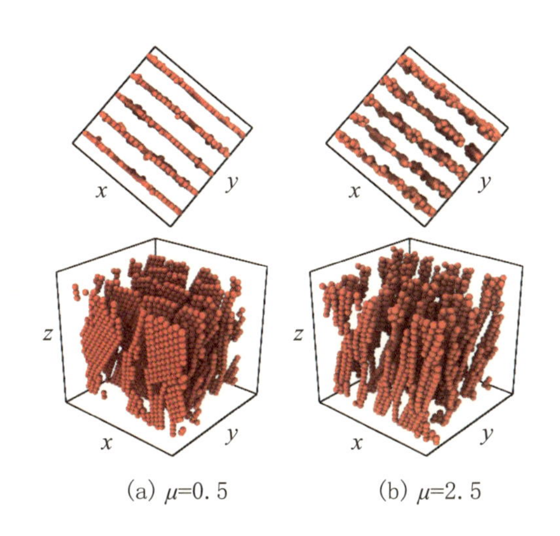

图 2.6　不同摩擦系数下模拟结束时的细观结构图

在高摩擦系数下,为了探究剪切应力大幅变化的原因,我们进一步分析了当 $\mu = 2.5$ 时,颗粒间电磁力、法向力、摩擦力对剪切应力的贡献度,如图 2.7 所示,其余模拟参数与图 2.6 一致. 电磁力所产生的剪切应力首先线性增大,在达到屈服点 (6.2 ms) 后开始高位振荡,均值为 315 Pa. 弹性法向力始终产生负的剪切应力,并在屈服之后达到一个平台，均值为 −58.6 Pa. 在整个模拟过程中，始终存在强大的电磁吸引力和方向相反的挤压力. 摩擦力对剪切应力的贡献度在 −6.5~5.0 Pa 范围内波动，依然比电磁力小 2 个数量级，与图 2.4(b) 相同. 颗粒间的摩擦作用极大地改变了颗粒聚合过程，但是对剪切应力没有直接贡献. 在这种情况下，颗粒间的磁偶极子力产生了较大的剪切应力，从而提高了磁流变效应. 换句话说，摩擦力间接地增强了磁流变效应.

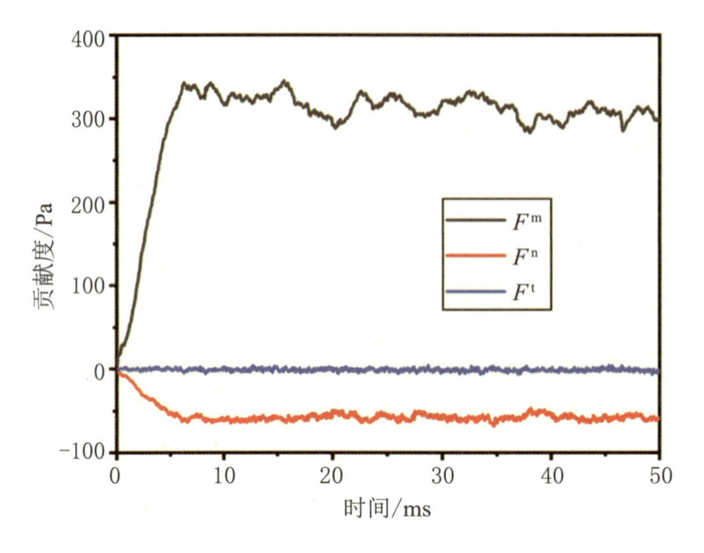

图 2.7　当 $\mu = 2.5$ 时颗粒间电磁力、法向力和摩擦力对剪切应力的贡献度

图 2.8 模拟了饱和磁化强度提升至 366 kA/m 时，磁流变液剪切应力随摩擦系数的变化趋势. 此时，外磁场分别设为 34，171 和 400 kA/m. 通常，饱和磁化强度越高，达到饱和所需磁场强度越大，400 kA/m 可确保粗糙磁性颗粒处于饱和状态. 磁流变液的体积分数和剪切速率分别为 10% 和 100 s^{-1}. 图 2.8 表明外磁场越强，摩擦力对磁流变效应的提升作用越大，不同摩擦系数下剪切应力均随外磁场的增强而单调增加. 最佳摩擦系数从 34 kA/m 时的 2.0 增加到 171 kA/m 时的 2.75，达到饱和磁化后不再增大. 最佳摩擦系数与磁偶极子力和摩擦力的相对大小有关. 对于 M_s=366 kA/m 的粗糙颗粒，在粒径不变的前提下，颗粒间磁偶极子力与磁化强度的平方成正比，需要更大的摩擦系数才能影响颗粒聚合过程.

本小节研究了不同剪切速率和颗粒体积分数下，颗粒间细观摩擦力对磁流变液剪切流变性能的影响，如图 2.9 所示，其中饱和磁化强度和外磁场强度分别设为 366 和 171 kA/m，体积分数与剪切速率分别固定为 10% 和 60 s^{-1}. 当摩擦系数从 0.5 增大至 2.0 时，磁流变液剪切应力由 357 Pa 缓慢增加至 418 Pa，当摩擦系数进一步增加至 2.75 时，剪切应力骤然增加至 714 Pa. 对于应变率为 80 和 100 s^{-1} 的情况，当 μ=0.5 时剪切应力分别为 427 和 460 Pa，最大剪切应力分别为 760 和 778 Pa. 随着应变率的提升，剪切应力的增强效应从 105% 变为 78%，最终减小至 69%，这是由于初始剪切应力逐渐增大. 最佳摩擦系数 $\mu=2.75$ 保持不变，如图 2.9(a) 所示. 载液流速不改变颗粒间细观相互作用的强度，剪切应力–摩擦系数曲线的趋势不受剪切速率的影响.

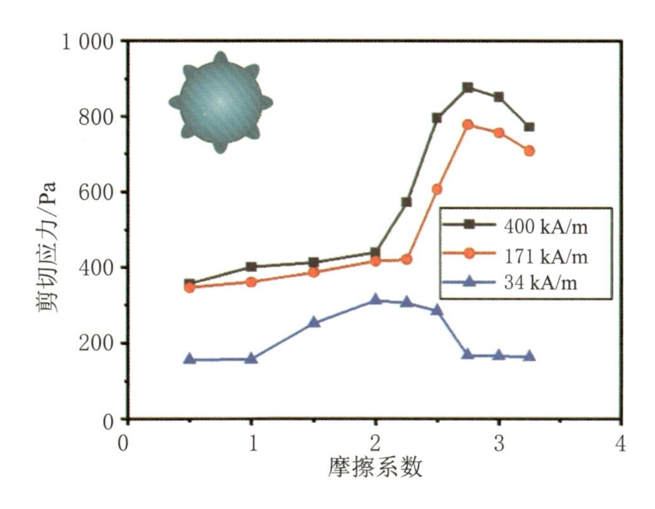

图 2.8　不同磁场作用下磁流变液的平均剪切应力–摩擦系数曲线

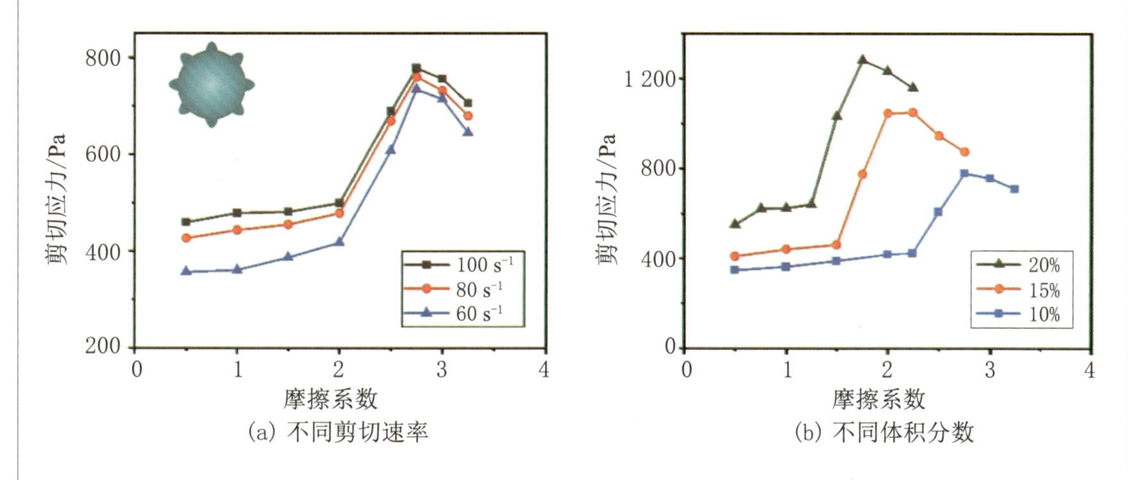

图 2.9　磁流变液的平均剪切应力–摩擦系数曲线

当剪切速率保持在 100 s^{-1}，颗粒体积含量分别为 10%，15% 和 20% 时，若 $\mu=0.5$，则剪切应力分别为 347，409 和 550 Pa，最大剪切应力分别为 778，1 049 和 1 281 Pa，最佳摩擦系数分别为 2.75，2.25 和 1.75，磁流变效应分别提升了 124%，156% 和 132%，如图 2.9(b) 所示. 对于 15% 体积分数的磁流变液，颗粒间摩擦力对磁流变效应有最佳提升效果. 虽然作用在单个粗糙颗粒上的总磁场力随体积分数的增加而增大，但大体积分数为颗粒创造了大量接触机会，极大地提高了挤压力和摩擦力，仅需较小的摩擦系数就可以提升磁流变效应.

2.1.3 磁流变效应的数值模拟和实验验证

在深入研究了摩擦系数对磁流变效应的影响之后，为了确保数值模拟结果的可靠性，我们对一种现有的 Fe_3O_4@SiO_2 磁流变液在磁场扫描下的剪切应力进行了模拟，并与文献中的实验结果进行对比. 直径、饱和磁化强度、表层杨氏模量和摩擦系数分别为 280 nm，200 kA/m，70 GPa 和 0.17. 实验与数值模拟中的载液黏度和剪切速率分别设为 100 mPa·s 和 100 s^{-1}，外磁场强度为 34~171 kA/m，颗粒体积分数为 10%. 图 2.10 为磁场扫描下稳态剪切流动中磁流变液的磁致剪切应力曲线. 核壳颗粒磁流变液的磁致剪切应力随磁场强度近似线性增长，在 171 kA/m 磁场作用下达到 257 Pa，比例系数为 1.6 Pa·m/kA，在 100 kA/m 左右时剪切应力与线性关系有一定偏差. 模拟结果与实验非常接近，误差最大为 18.3%，最小为 9.2%. 实验数据采用 Origin 软件得到，软件的图像识别过程给实验剪切应力带来了一定误差. 数值模拟普遍低估了实验剪切应力，误差主要源自计算规模的限制. 由于服务器性能有限，没有考虑大尺度颗粒聚合对磁流变效应的影响.

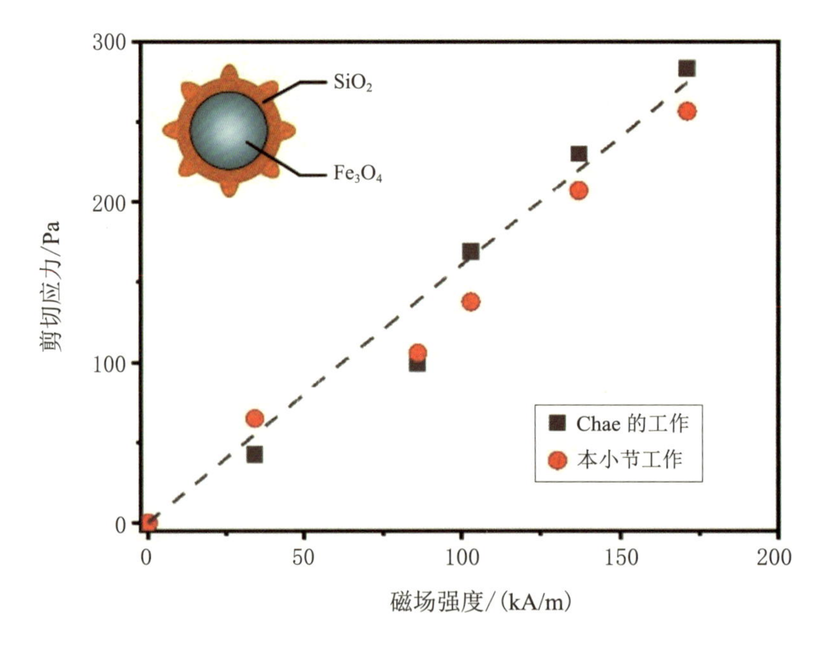

图 2.10　Fe_3O_4@SiO_2 磁流变液在磁场扫描下的磁致剪切应力曲线

2.2 剪切模式下磁流变液的法向力

2.2.1 实验测试条件

根据流变力学一般理论，对于理想的 Newton 流体，在剪切作用下，其应力关系可表示为

$$\sigma_{21}=\eta\dot{\gamma},\quad \sigma_{13}=\sigma_{23}=0,\quad \sigma_{11}-\sigma_{22}=0,\quad \sigma_{22}-\sigma_{33}=0 \tag{2.1}$$

而对于非 Newton 流体，其应力关系可表示为

$$\sigma_{21}=\eta\left(\dot{\gamma}\right)\dot{\gamma},\quad \sigma_{13}=\sigma_{23}=0,\quad \sigma_{11}-\sigma_{22}=N_1\left(\dot{\gamma}\right),\quad \sigma_{22}-\sigma_{33}=N_2\left(\dot{\gamma}\right) \tag{2.2}$$

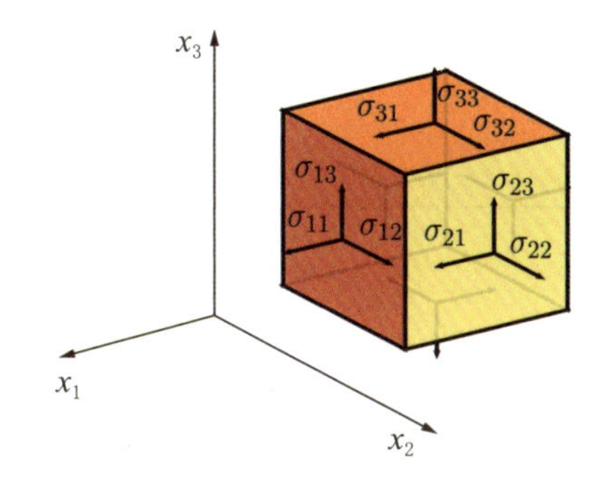

图 2.11 应力分量示意图

其中 N_1 和 N_2 分别为第一和第二法向力，σ_{ii} $(i=1,2,3)$ 为法向应力，σ_{ij} $(i\neq j=1,2,3)$ 是剪切应力 (图 2.11)，η 为物质表观黏度，$\dot{\gamma}$ 为剪切速率. 磁流变液作为一种典型的各向异性的非 Newton 流体，在磁场作用下表现出法向应力特性.

人们过去对磁流变液的研究都集中在其剪切性能上，对于磁流变液在剪切模式下法向力的研究并不透彻，仅仅进行了磁流变液静态法向力和稳态剪切法向力的研究，并出现了许多矛盾的结果. 尽管大多数磁流变器械工作于振荡剪切模式之下，但是对于振荡剪切模式下法向力的研究还没有出现. 法向力作为磁流变液黏弹性表征方面的重要特征，对认识磁流变液具有极其重要的作用，并且对磁流变液法向力的研究也可以拓展磁流变液的应用范围.

在本小节中，不仅通过实验手段系统地测试了剪切模式下磁流变液的法向力，还通过数值模拟方法计算了剪切模式下法向应力的变化趋势，以得到对剪切模式下磁流变液法向力的全面认识，为磁流变液法向力的应用奠定坚实基础.

本小节所用的磁流变液材料为自行研制所得，其主要组分为羰基铁粉、甲基硅油和添加剂 (包括硬脂酸、吐温、二氧化硅、二硫化钼等). 羰基铁粉购买自巴斯夫公司，型号为

CN,化学成分为 Fe(>99.5%),C(<0.04%),N(<0.01%),O(<0.2%),颗粒直径约为 6 μm. 硬脂酸、吐温、二氧化硅以及甲基硅油等均购自国药集团化学试剂有限公司,其中甲基硅油型号为 H201,黏度为 10 cSt. 二硫化钼粉末购自宝嘉钼业有限公司. 所有试剂均未经过任何前处理,直接用于磁流变液的配制.

磁流变液材料的制备过程具体如下:将适量的表面活性剂硬脂酸与羰基铁粉混合,加入硅油中,加热后至硬脂酸完全融化,保持 0.5 h 左右,然后将该悬浊液静置冷凝固化,使硬脂酸均匀涂覆在羰基铁粉表面. 接着将经过热处理的磁性材料转入球磨罐中,低速球磨 2 h 后,该冷凝固化物被研磨成均一液体,随后逐次加入吐温、二氧化硅和二硫化钼,使之均匀分散在载液中,经低速球磨处理 22 h 左右得到所需磁流变液. 分别制备了铁粉体积分数为 10%,20%,30% 和 40% 的磁流变液样品. 添加剂的质量分数均为铁粉的 2%,添加剂是为了改善因铁粉和硅油巨大的密度差引起的沉降性. 在每次测试样品前都充分搅拌以保证测试样品的均匀性.

图 2.12 为制备的四种磁流变液样品的剪切屈服应力随磁场的变化情况. 随着磁场的增加,磁流变液的剪切屈服应力增大,并且大体积分数样品的剪切屈服应力大于小体积分数样品的剪切屈服应力,这表明了所制备的磁流变液材料的可靠性,可以用于磁流变液法向力的实验研究.

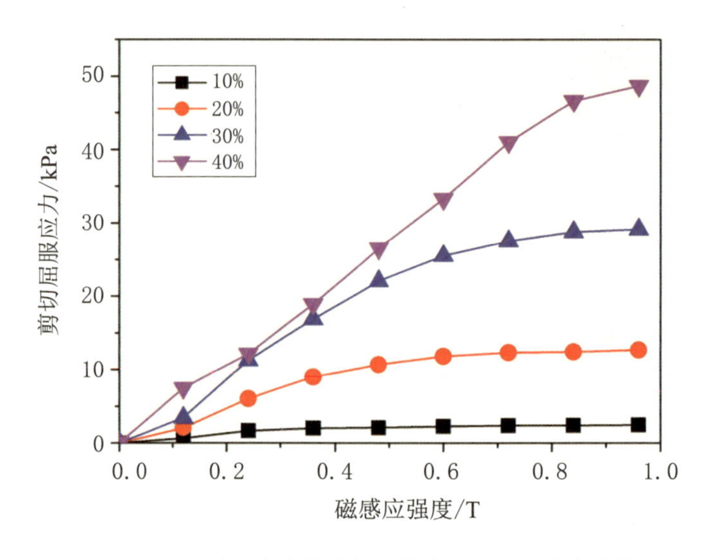

图 2.12 不同磁流变液的剪切屈服应力随磁场的变化情况

本小节所使用的测试仪器为奥地利安东帕公司生产的 Physica MCR 301 型平板式流变仪,如图 2.13 所示,它将空气轴承和同步马达结合在一起,具有很高的瞬时响应能力,可以在同一台流变仪上实现真实的应力控制和应变控制. 空气轴承内置了具有专利技术的法向应力传感器, 采用电容测试原理, 可以精确检测到轴承因法向应力产生的自然移动. 该空气轴承还可以保证传动过程中的摩擦力趋向于零. 当进行实验测试时, 计算机将设定的信号传输给马达, 马达驱动平板旋转, 使样品的剪切应力或应变等于设定值, 并将形变或应力值传给计算机, 完全实现自动化和智能化.

在测试过程中, 磁流变液放置在上、下平板 (PP20) 之间, 平板直径为 20 mm. 值得注意的是, 为了防止磁流变液在测试过程中的爬杆效应 (即 Weissenberg 效应), 平板的边缘设有防护圆环. 与常规流变仪不同的是, 该平板式流变仪在测试过程中可以施加磁场, 通过磁场发生附件 (Physica MRD 180) 使样品处于一个相对均匀的磁场环境中. 该附件通过一个电流控制的内置线圈产生均匀的磁场, 再经由导磁骨架将磁场垂直施加到样品上, 形成一个闭合的磁路系统. 测试的平板下端与一个水浴装置相连接, 控制测试过程中样品的温度变化. 测试法向力传感器的范围为 $-50 \sim 50$ N, 精确度为 0.03 N.

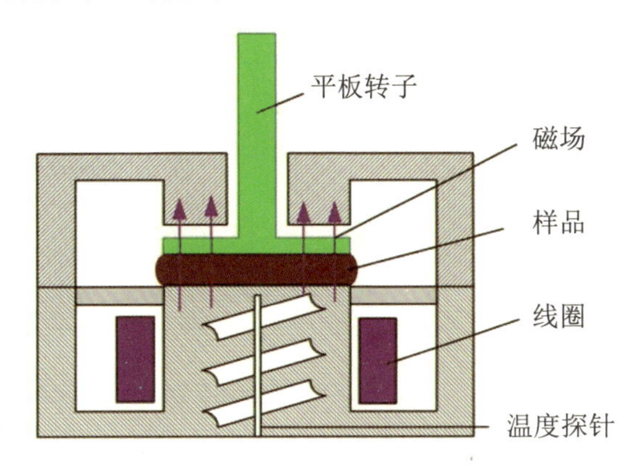

图 2.13　平板式流变仪示意图

对于静态或稳态剪切状态, 可以通过流变仪自身的软件系统得到所需要的瞬态法向力数值, 但在振荡剪切情况下, 在每个周期内的瞬态法向力数值并不能通过系统自身软件得到, 因此利用一个动态信号分析仪 (SignalCalc ACE, 美国迪飞公司生产) 得到需要的瞬态法向力, 如图 2.14 所示, 在运行流变仪后, 我们通过动态信号分析仪提供一个直流电压信号, 而不是软件自身系统, 供给磁流变附件 (Physica MRD 180), 以产生样品需要的磁场环境, 然后通过流变仪的输出端口 M1 和 M2 得到法向力和振荡位移的电压信号, 再通过与系统软件采集到的数据进行比较, 对得到的电压信号进行校正, 从而得到真实的法向力数据.

如图 2.15 所示, 平板测试仪器由上、下两个同轴同半径的圆板构成, 样品放在上、下平板之间. 平板测试装置中的样品并不是均匀变化的, 其剪切速率从中心到边缘呈线性变化, 在中心处其应变率为零, 在边缘处其应变率为 $\dot{\gamma} = R\Omega/h$, 其中 R 为平板半径, Ω 为角速度, h 为平板间距. 在稳态转动过程中, 一般下平板保持静止, 上平板匀速转动, 通过转子的扭矩 M_p 和转动角速度 Ω 得到应力和应变率数值:

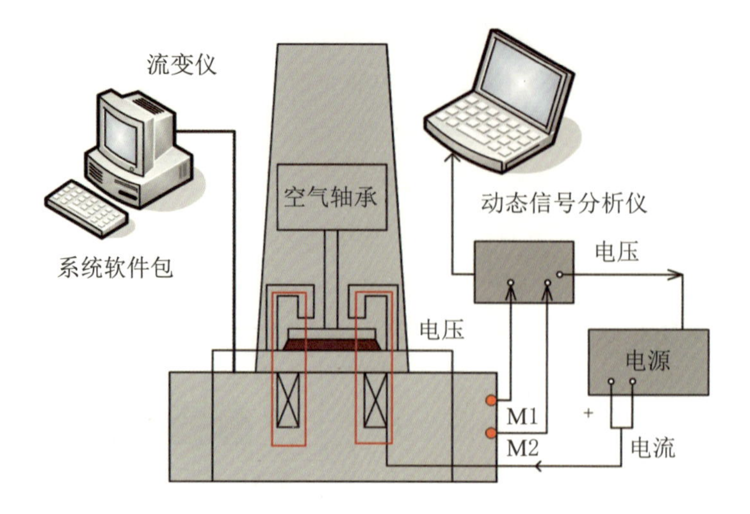

图 2.14　流变仪及添加的数据采集系统

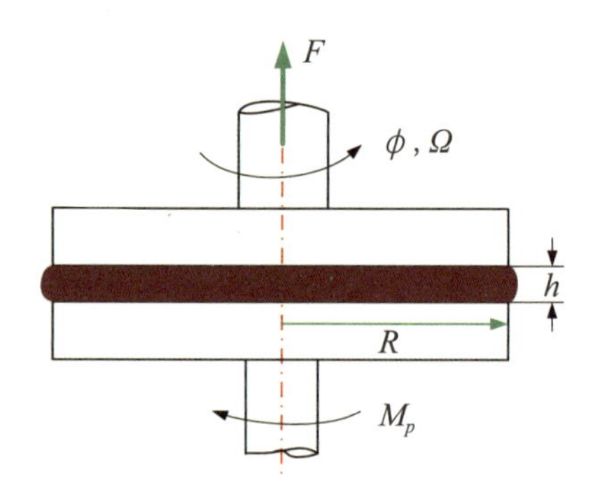

图 2.15　平板测试结构示意图

$$\tau=\frac{M_{\mathrm{p}}}{2\pi R^{3}}\left(3+\frac{\mathrm{d}\ln M}{\mathrm{d}\ln\dot{\gamma}}\right),\quad \dot{\gamma}=\frac{r\Omega}{h} \tag{2.3}$$

其中 τ 为剪切应力，从而得到第一和第二法向力的关系为

$$N_{1}-N_{2}=\frac{F}{\pi R^{2}}\left(2+\frac{\mathrm{d}\ln F}{\mathrm{d}\ln\dot{\gamma}}\right) \tag{2.4}$$

这里 F 为通过上平板测试得到的法向力. 一般法向应力差的测试，需要联合使用锥板结构和平板结构装置才能完全得到第一、第二法向应力差. 但对于磁流变液材料来说，其为典型的各向异性材料，磁性颗粒沿着磁场方向呈链状排列，在近似的情况下，$\sigma_{22}=\sigma_{33}=0$，则式 (2.4) 可近似表示为 $2F=AN_{1}=A\sigma_{11}$，其中 1 方向为磁场方向，$A=\pi R^{2}$ 为平板面积.

测试了三种剪切条件下磁流变液的法向力：静态法向力、稳态剪切法向力和振荡剪切法向力. 在所有的情况下，样品先在无磁场的条件下以 50 s^{-1} 的剪切速率剪切 150 s，以保证样品的良好分散性，然后停止剪切，施加 30 s 的磁场使样品形成稳定结构，最后实验测试不同状态下的这三类法向力.

(1) 静态法向力的测试. 不施加任何剪切，只施加稳态磁场或者扫描磁场，研究该法向力与时间、磁场以及温度的关系.

(2) 稳态剪切法向力的测试. 对样品施加稳定剪切速率和恒定磁场, 或者对其进行剪切速率扫描,研究在恒定磁场作用下该法向力与剪切速率、磁场、时间和温度等因素的关系.

(3) 振荡剪切法向力的测试. 在恒定磁场作用下,对样品施加正弦剪切振荡,研究每个振荡周期内法向力的变化趋势,以及施加频率扫描和振幅扫描时的法向力变化情况.

2.2.2 磁流变液的静态法向力测试

首先研究磁流变液的静态法向力, 通过简单地施加和撤去磁场, 发现静态法向力对磁场呈现开关特性. 如图 2.16 所示,在无磁场时,磁流变液的静态法向力为零,即磁流变液对上平板无力的作用;施加磁场后,磁流变液的静态法向力瞬间增大到一个稳定值 (比如 0.36 T 时为 19 N),即表现为推开上平板,一旦撤去磁场,磁流变液的静态法向力就重新变为零,该过程是瞬态的. 此开关特性为典型的磁流变效应,在无外磁场时,磁流变液表现为 Newton 流体特性,法向力为零,对磁流变液施加磁场后,磁流变液中的磁性颗粒排列成链状结构,正是这种微观结构导致了磁流变液法向力的产生. 如图 2.17 所示,颗粒链中颗粒之间相互挤压,产生一个推动上平板的正法向力.

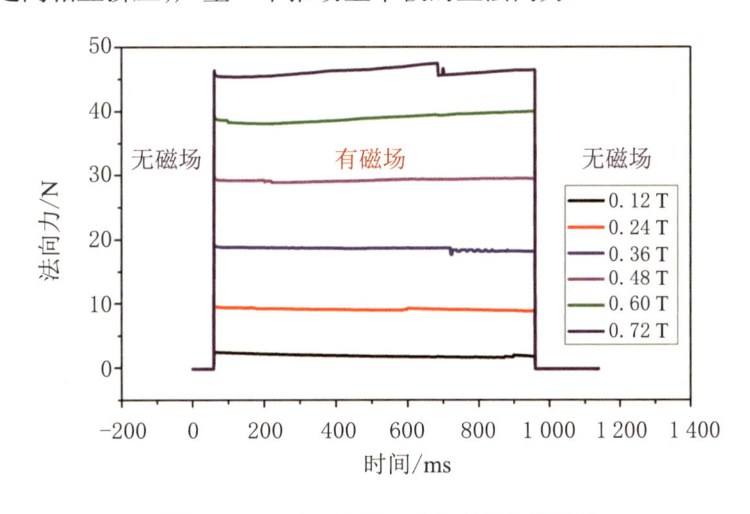

图 2.16　磁流变液静态法向力的开关特性

对此 30% 的磁流变液 (图 2.16),在恒定的弱磁场作用下,静态法向力随着测试时间的增加而有所减小, 在恒定的强磁场作用下, 静态法向力随着测试时间的增加而略有升高,并且在恒定的磁场作用下,法向力的数值还会略有抖动,这均与磁流变液颗粒链的突然断裂和重组有关. 在相当长的一段时间 (15 min) 内法向力数值都可以看作一个恒定值, 对于更长的测试时间 (1 h), 也没有发现磁流变液静态法向力数据的明显改变, 因此静态法向力在恒定磁场作用下可认为保持为常值, 这与静态下磁流变液的微观结构没有发生大的改变有关.

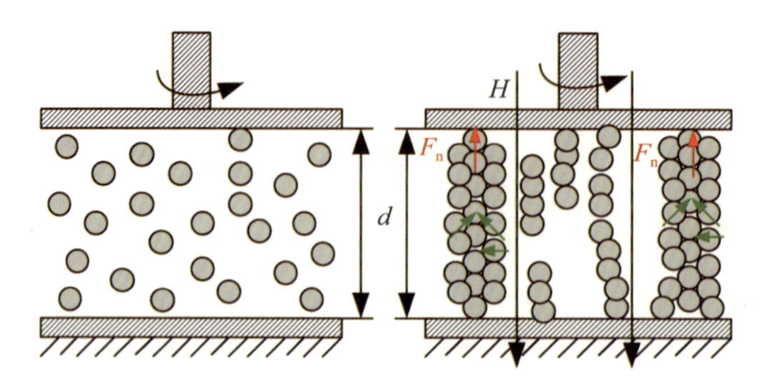

图 2.17 颗粒间挤压作用产生法向力的微观结构示意图

在恒定的磁场作用下, 磁流变液的静态法向力为常值, 则可以对静态法向力进行磁场扫描测试. 图 2.18 为四种不同磁流变液样品的静态法向力随磁场的变化曲线. 磁流变液的静态法向力随着磁场的增加而逐渐增大, 并且磁场到达一定数值后磁流变液法向力逐渐趋于饱和. 静态法向力与磁场的关系与图 2.12 所示的磁流变液剪切屈服应力与磁场关系曲线类似, 这是典型的磁流变效应, 磁场的增加使颗粒之间的静磁能增大, 使颗粒之间的挤压作用更加显著, 则法向力会逐渐增大, 磁场达到一定程度后, 磁性颗粒磁化强度开始趋于饱和, 颗粒之间的挤压作用力趋于稳定值, 故静态法向力也不再增加. 对于小体积分数的样品, 比如 10% 和 20% 的磁流变液, 当外磁场超过 0.6 T 时, 静态法向力开始趋于稳定, 其稳定值分别约为 3 和 14 N. 然而对于 40% 的磁流变液样品, 即使施加的磁场超过 1.1 T, 静态法向力也没有达到饱和值, 在这种情况下, 需要施加更大的磁场 (超过仪器量程) 才能使磁流变液的静态法向力数值趋于饱和.

在强磁场作用下, 当磁流变液的体积分数从 10% 增加到 40% 时, 静态法向力随之增大. 在弱磁场 (<0.6 T) 作用下, 当样品的体积分数从 10% 增大到 30% 时, 法向力随之增大, 但当体积分数从 30% 增加到 40% 时, 静态法向力反而减小, 这是因为此时的磁场强度为无样品时流变仪平板间隙的数值, 并不是磁性颗粒处的有效磁场, 磁流变液法向力实际上依赖于样品中有效磁场的变化. 有效磁场 H_{eff} 定义为 $H_{\text{eff}} = H - 4\pi M$, 这里 $M = \chi H_{\text{eff}}$ 是磁化强度, χ 为磁化率, 则有效磁场可表示为 $H_{\text{eff}} = H/\mu(H_{\text{eff}})$, 其中 $H_{\text{eff}} = 1 + 4\pi\chi(H_{\text{eff}})$ 是样品的磁导率. 一方面, 样品的磁导率随着体积分数的增加而增大, 这就使颗粒处的有效磁场减小, 因此造成颗粒之间的静态法向力随着体积分数的增

加而减小；另一方面，体积分数的增加又增大了颗粒链的数目，使颗粒链的排斥力增大，进而造成静态法向力的增大．因此静态法向力随体积分数的变化情况依赖于体积分数相关的磁导率和颗粒链数目之间的关系，这就造成了静态法向力在不同的磁场作用下随体积分数的升高而增大或减小的现象．[7]

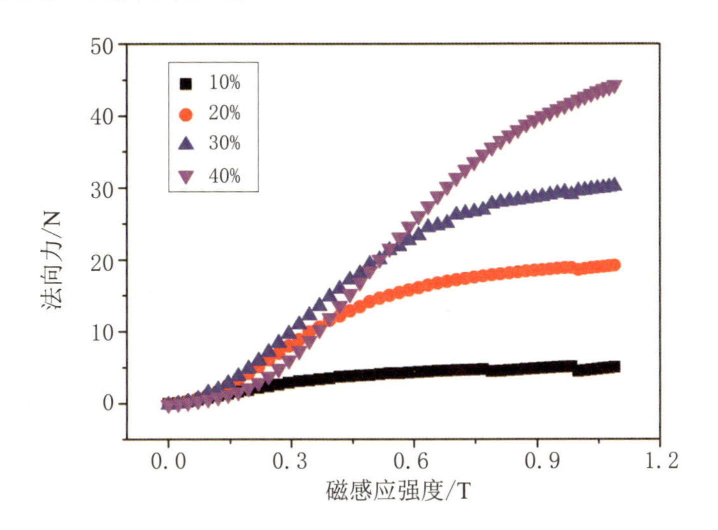

图 2.18　不同样品的静态法向力随磁场的变化曲线

值得注意的是，在零磁场作用下磁流变液的法向力并不为零，而是一个负值，这意味着磁流变液样品吸引上平板向下．本小节对零场下的磁流变液法向力进行了仔细的测试，每次测试前对法向力进行清零，发现初始法向力的数值为 −0.2∼−0.1 N，远远大于系统的误差 (0.03 N)．在弱磁场作用下，对体积分数 30% 的磁流变液样品进行磁场扫描测试，发现只有当磁场的强度大于临界值 (0.028 T) 时，法向力才由负值转变为正值 (图 2.19)，不同的样品具有不同的临界磁场强度．只有当施加的磁场大于临界数值时，磁流变液才会由液态转变为固态，即磁流变液颗粒才会从杂乱无章的状态变为排列有序的链状结构，此时静磁场能大于布朗热运动的动能．因此在临界磁场以下，磁流变液的表面张力或者吸附到平板的颗粒重量造成平板向下的吸引力，也就是产生一个负的法向力，只有当施加的磁场超过临界磁场时，颗粒链的正向排斥作用才大于负向吸引作用，从而产生正的法向力．

在磁流变液静态法向力测试过程中，虽然设定平板间的初始间距为 1 mm，但是随着磁场的增加，平板间距也会随着变化，图 2.20 为体积分数 30% 的磁流变液静态法向力测试过程中平板间距随磁场的变化关系曲线，随着磁场的增加，平板的间距也增大，由初始时的 1 mm 增加到 1.018 mm，其变化趋势与静态法向力随磁场的变化趋势相一致，因为法向力数值即通过间距的变化得到的．在一般情况下，可忽略间距变化对实验结果造成的误差．测试过程中平板间距的增加表明磁流变液材料在磁场的作用下会沿着磁场方向伸长，即所谓的磁滞伸缩效应．

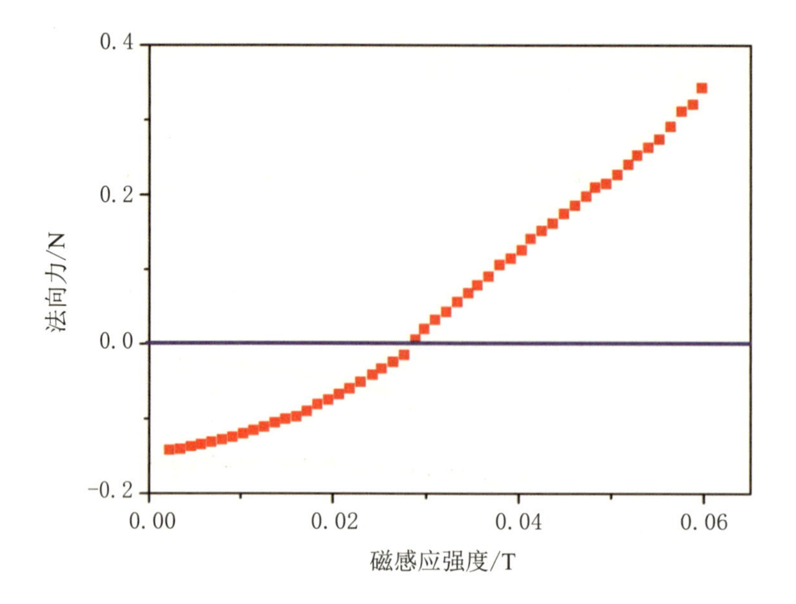

图 2.19　体积分数 30% 的磁流变液静态法向力在弱磁场作用下的变化情况

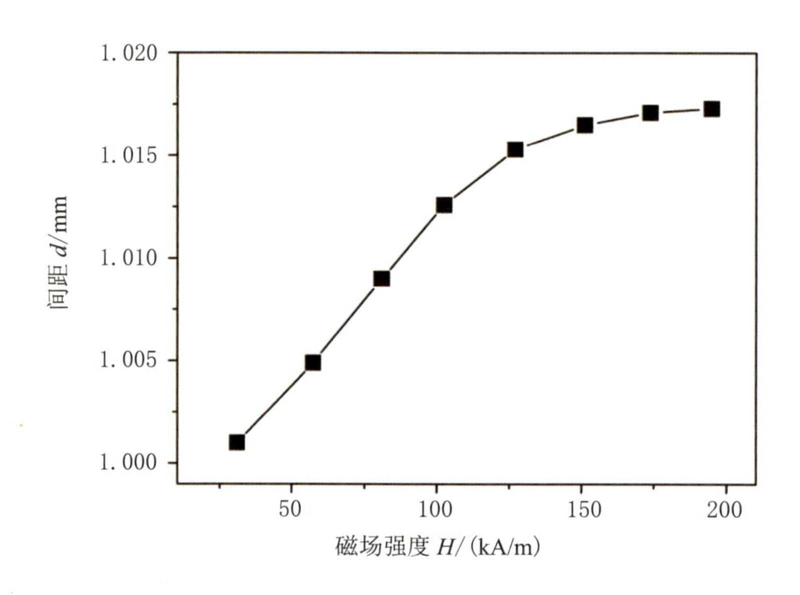

图 2.20　平板间距随磁场的变化曲线

在静态条件情况下，将磁流变液看作线性、均匀和具备各向异性磁导率的连续介质，法向应力或法向力与磁场的关系可以表示为 $F_{\mathrm{n}} \propto \sigma_{11} \propto k_p B^p$，其中 k_p 是与材料的磁致伸缩系数和磁导率相关的常数，p 为常数，其理论值为 2．在这里我们提出了一种磁化模

型来拟合磁流变液法向力和磁场之间的关系,具体为

$$F_{\mathrm{n}}=F_{\infty}+\left(F_{\mathrm{n}0}-F_{\mathrm{n}\infty}\right)\left(2\mathrm{e}^{-\kappa B}-\mathrm{e}^{-2\kappa B}\right) \tag{2.5}$$

其中 F_{n} 代表随磁场变化的静态法向力,F_{n} 从零场数值 $F_{\mathrm{n}0}$ 变化至饱和数值 $F_{\mathrm{n}\infty}$,B 为磁场强度,κ 是法向力的饱和系数. 如图 2.21 所示,分别用幂律模型和磁化模型来拟合体积分数 30% 的磁流变液的静态法向力,其中 $F_{\mathrm{n}0}=-0.97$, $F_{\mathrm{n}\infty}=33.56$, $\kappa=2.92$, $k_p=81.3$, $p=1.73$. 可以看出,磁化模型比幂律模型能更好地反映随磁场变化的法向力,尤其是包含强磁场作用下的磁饱和现象,而幂律模型只能在低磁场作用下准确地描述静态法向力的变化趋势.

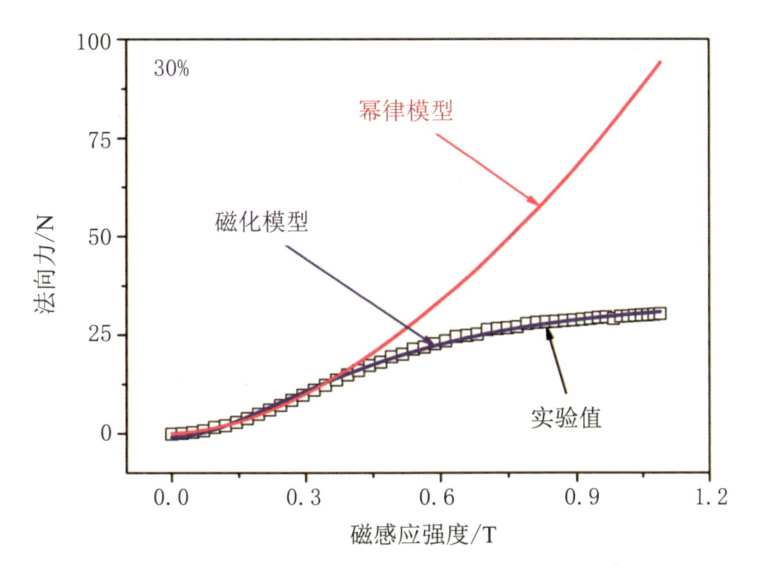

图 2.21　平板间距随磁场的变化曲线

对幂律模型而言,其指数 p 略小于或大于 2,与理论值略有差异,与测试磁场的不均匀性和磁流变液并不完全是理想的各向异性材料有关,并且幂律模型指数随着样品体积分数的增加而增大,这是由于在大体积分数样品中,不仅仅存在颗粒形成的链状结构,更存在一些稠密的网络结构,该结构的多体效应能够极大地增加颗粒链间的强度,从而极大地提高静态法向力. 对静态法向力的磁化模型来讲,不同样品的饱和法向力分别为 5, 20,34 和 70 N,饱和数值 $F_{\mathrm{n}\infty}$ 随着体积分数的增加而增大,这是由于大体积分数的磁流变液能够产生更多的链或聚集体,进而增大静态法向力,饱和系数 κ 随着体积分数的增加而降低,意味着大体积分数需要更大的饱和磁场强度,即饱和系数与饱和磁场强度变化趋势是相反的.

利用流变仪的水浴温控系统,对温度相关的磁流变液静态法向力进行研究. 法向力

随温度的变化曲线如图 2.22 所示,测试了不同温度 (10, 40, 75, 85 ℃) 下法向力随磁场的变化曲线. 在弱磁场作用下,静态法向力随温度变化不大;在强磁场作用下,静态法向力随温度的升高而升高. 这与磁流变液的剪切屈服应力随温度的变化趋势正好相反,剪切屈服应力随着温度的升高而降低,这是由于温度升高造成载液膨胀,使样品的体积分数降低. 但是对于静态法向力而言,随着温度的升高,载液的黏度降低,则可在磁流变液中形成更多完整的颗粒链,将增强颗粒链结构的排斥作用,从而使静态法向力随温度的升高而增大.

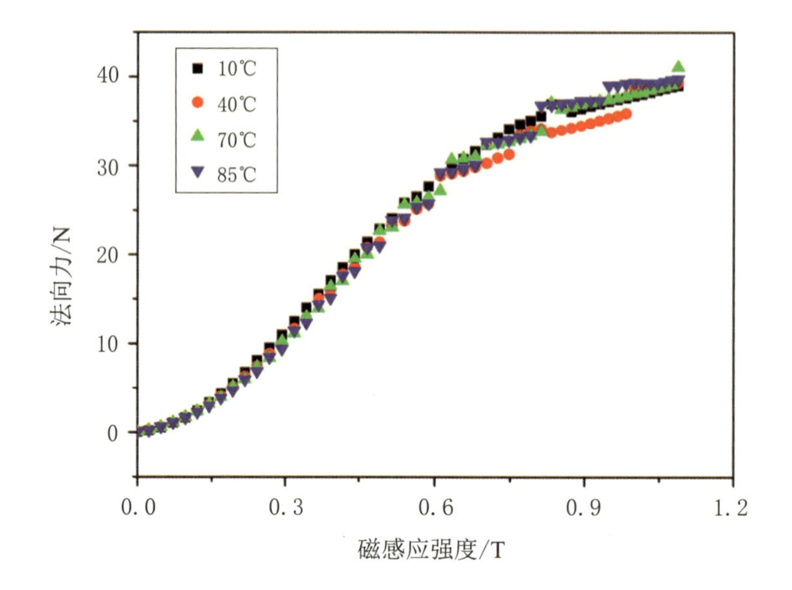

图 2.22　体积分数 30% 的磁流变液的静态法向力在不同温度下的变化曲线

2.2.3　稳态剪切下的法向力

与静态法向力不同,稳态剪切法向力需要在测试过程中对磁流变液施加一个稳态剪切. 图 2.23 为体积分数 30% 的磁流变液在不同剪切速率下法向力随时间的变化曲线. 在无外磁场时,磁流变液的法向力为零,施加外磁场 (0.24 T) 后,磁流变液的法向力瞬间增大到一定数值,一旦撤去磁场,磁流变液的法向力就迅速趋于零. 与静态法向力类似,磁流变液的动态法向力也对磁场的施加和撤去呈现开关特性,即典型的磁流变效应. 值得注意的是,在施加磁场的过程中,稳态剪切法向力也会在一定程度上增加或者降低,但并不是一个稳定值,而是呈现出一定的周期变化趋势.

图 2.24(a) 更为清楚地刻画了在稳定的剪切速率 ($10\ s^{-1}$) 下磁流变液的法向力随测试时间的变化趋势，可以很明显地发现，稳态剪切法向力表现出随测试时间的振荡变化特性，该稳态剪切法向力具有周期 2π，即与流变仪的平板转子旋转的周期相同. 这种振荡的法向力与磁场强度相关，即大的磁场强度将产生一个更加明显的振荡特性. 类似地，在固定的磁场强度 (0.48 T) 和不同的剪切速率下，磁流变液的法向力呈现相同的周期性振荡变化特性 (图 2.24(b)).

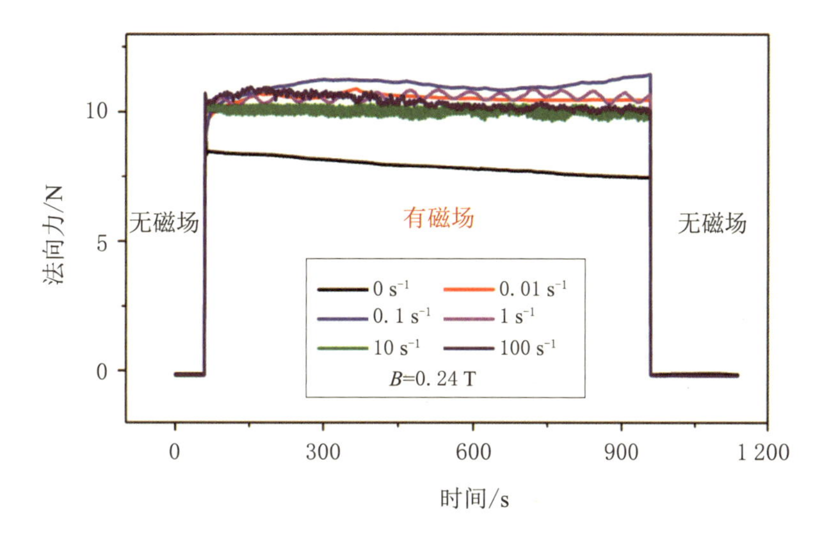

图 2.23　不同剪切速率下磁流变液的法向力随时间的变化曲线

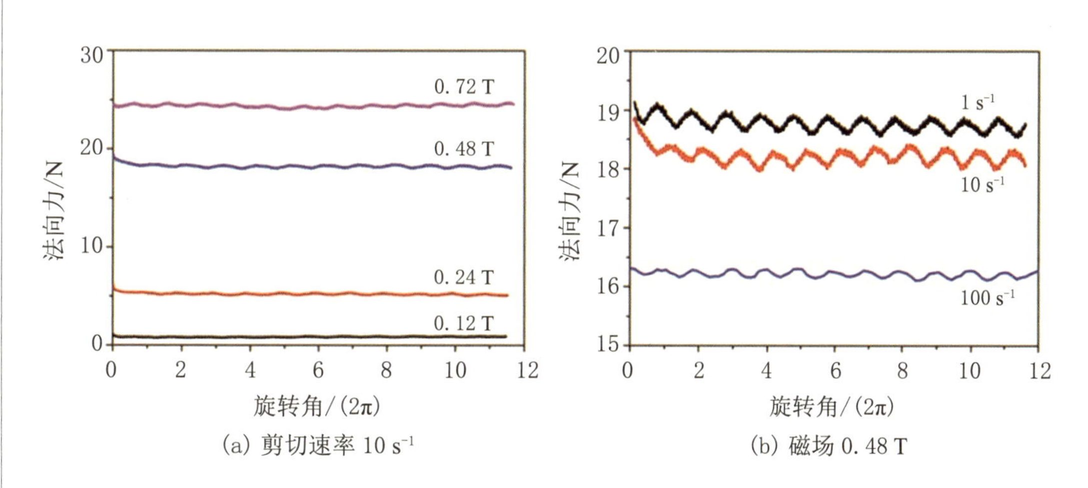

图 2.24　稳态剪切下磁流变液的法向力

为了研究体积分数的影响，测试了不同体积分数的磁流变液样品，与体积分数 30% 的样品相似，在恒定的剪切速率 ($10\ s^{-1}$) 下，很明显地观察到一个周期为 2π 的振荡法向力，并且随着体积分数的增加，法向力的振荡变化特性更加明显 (图 2.25). 在上述实验中，我们设定平板的初始间距为 1 mm，为了充分了解测试条件对法向力的影响，还在不同的初始间距 (d=0.3，0.5，0.8 mm) 条件下进行了测试. 结果表明，初始间距对实验结果影响不大 (图 2.26)，在所有的初始间距下，都能观察到周期为 2π 的振荡法向力，并且 0.3 mm 初始间距下的振荡法向力峰值要大于 0.5 mm 和 0.8 mm 下的. 通过改变线圈中电流的方向，可以改变外磁场的方向，与没有改变磁场方向的情况类似，施加逆向磁场后，磁流变液样品也产生正的法向力 (图 2.27)，并且得到周期为 2π 的振荡特性，表明振荡法向力并不依赖于磁场的方向. 以上实验结果表明，初始间距、颗粒浓度、磁场方向都不是稳态剪切下磁流变液的法向力振荡特性出现的影响因素.

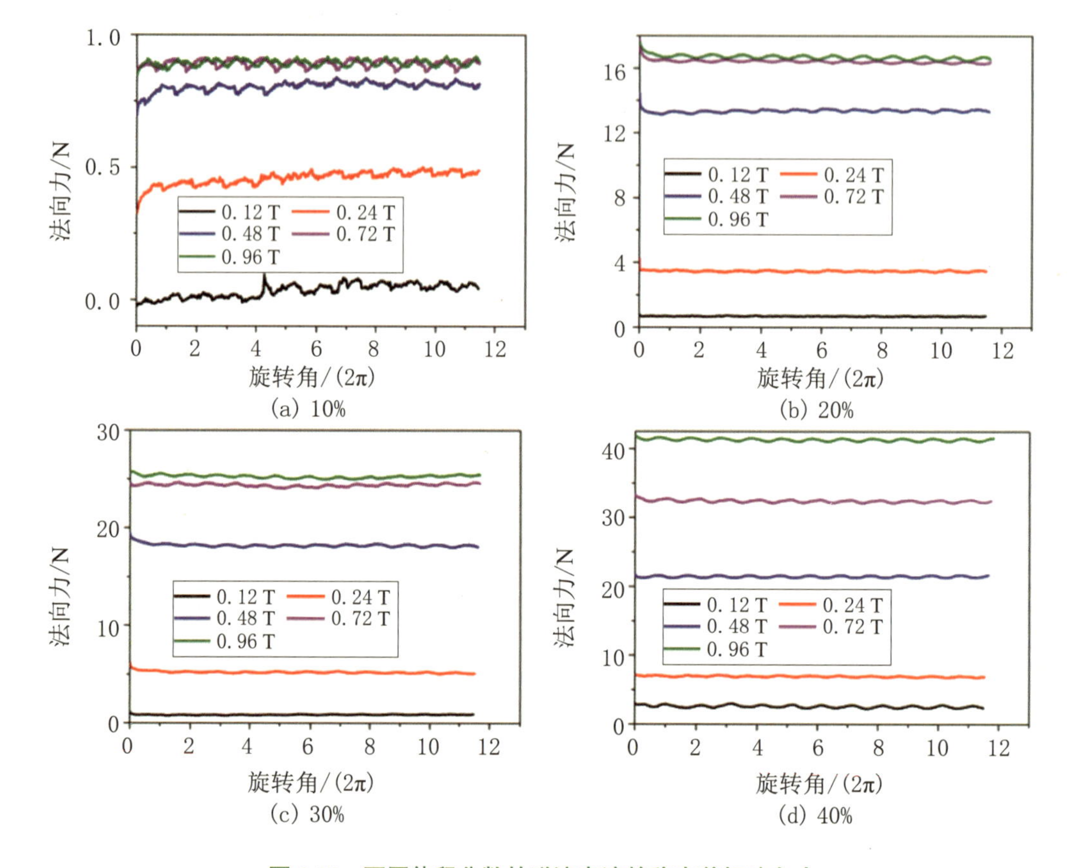

图 2.25　不同体积分数的磁流变液的稳态剪切法向力

对体积分数 30% 的磁流变液样品，振荡法向力峰值大约为 0.4 N(约占总量的 2%). 流变仪法向力的测试精确度为 0.03 N，远远小于该振荡峰值，因此该振荡法向力不可能是由测量误差引起的. 由上文可知，在给定的磁场强度下，静态条件下的法向力随时间保持为常值 (图 2.16). 如果测试的平板是理想平行的，López-López 等计算指出稳态剪切下的法向力是一个常值，与平行平板的旋转是无关的，因此该振荡特性的法向力来自于旋转轴的旋转,也就是说,测试平板的不完全平行性 (平板不是精确垂直于旋转轴的,而是有一个倾斜角度 α) 导致了稳态剪切下磁流变液法向力的振荡特性.

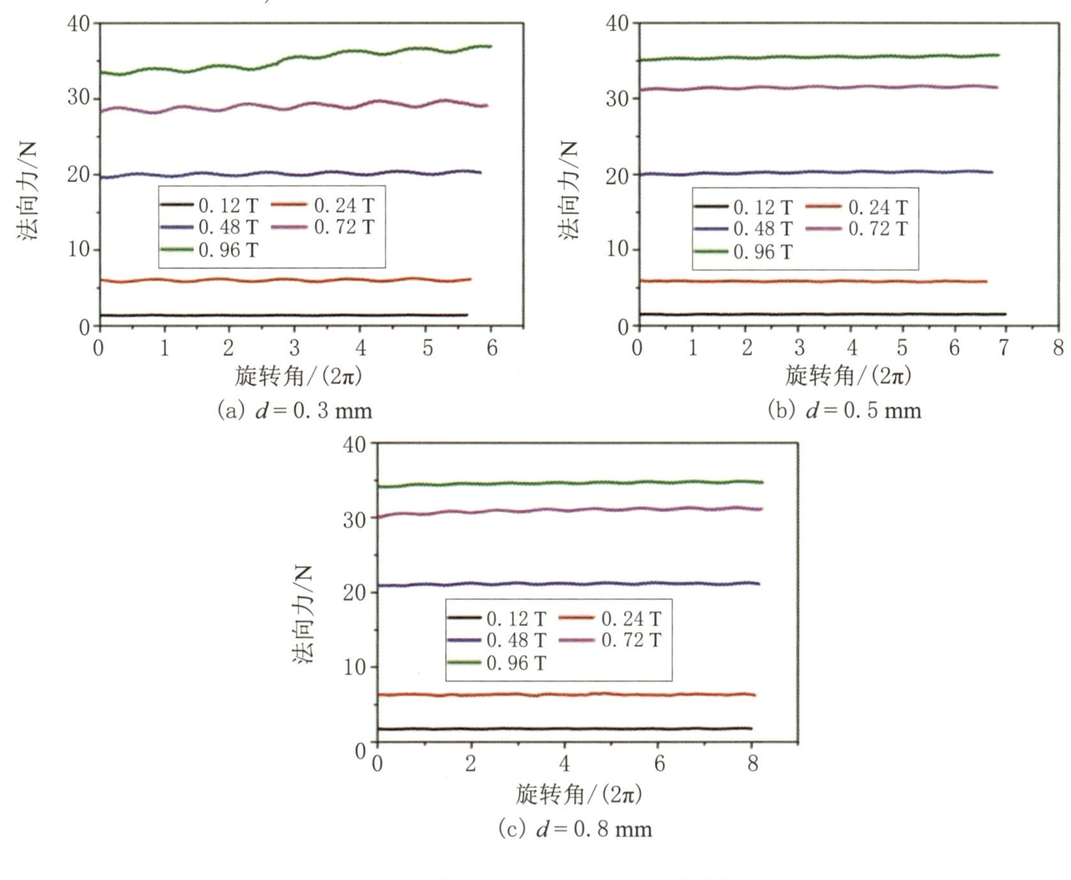

(a) $d=0.3$ mm

(b) $d=0.5$ mm

(c) $d=0.8$ mm

图 2.26　不同初始间距下磁流变液的稳态剪切法向力

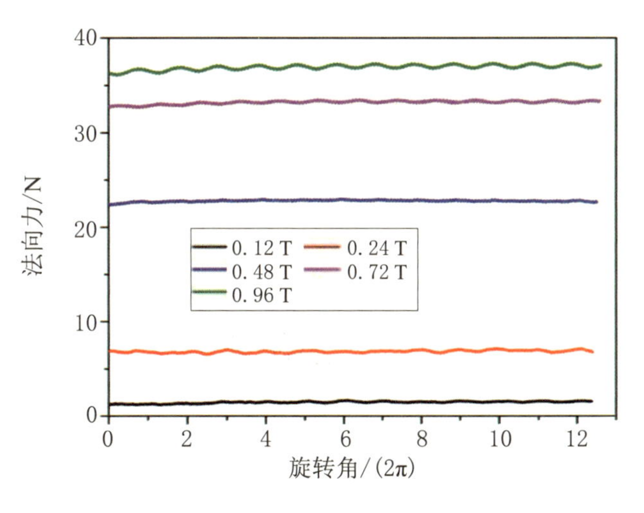

图 2.27　逆向磁场作用下磁流变液的稳态剪切法向力

磁流变液表观法向应力 N_d 随剪切速率 $\dot{\gamma}$ 的变化可以用线性方程 $N_\mathrm{d}=N_\mathrm{ds}+K_1\dot{\gamma}$ 进行拟合,其中 N_ds 是静态表观法向力,K_1 为黏度系数,是一个负值. 该模型与黏塑性 Bingham 模型类似. 如图 2.28 所示,上平板以固定的角速度 ω 旋转,下平板保持静止,上、下平板在相对的方位角上以周期 2π 旋转. 在上平板的正下方存在一个剪切带 (类似于液态区域),其高度为 h_0 (平板充分平行时剪切带的数值),在剪切带的下部,磁流变液表现为固体材料,对于不平行的平板,剪切带的高度存在几何关系

$$h\left(\rho,\theta,\bar{\varphi}\right)=h_0+\Delta h\left(1-\frac{\rho}{D}\left(\cos\left(\theta-\bar{\varphi}\right)+\cos\theta\right)\right) \tag{2.6}$$

其中 ρ 和 θ 是极坐标参数,$\bar{\varphi}$ 是旋转角,$\Delta h=D\tan\alpha$ 为平板旋转一周过程中剪切带的最大高度. 对于给定的 $\bar{\varphi}$,面元 $\mathrm{d}A=\rho\mathrm{d}\rho\mathrm{d}\theta$ 承受的法向力为

$$\mathrm{d}F=\frac{N_\mathrm{d}}{2\mathrm{d}A}=\left(\frac{N_\mathrm{ds}+K_1\omega\rho}{h\left(\rho,\theta,\bar{\varphi}\right)}\right)\frac{\rho\mathrm{d}\rho\mathrm{d}\theta}{2} \tag{2.7}$$

对整个上平板平面进行积分,得到总的法向力为

$$\begin{aligned}F_\mathrm{n}&=\frac{1}{2}\int_0^{2\pi}\int_0^{R}\left(N_\mathrm{ds}+\frac{K_1\omega\rho}{h_0+\Delta h\left(1-\dfrac{\rho}{D}\left(\cos\left(\theta-\bar{\varphi}\right)+\cos\theta\right)\right)}\right)\rho\mathrm{d}\rho\mathrm{d}\theta\\&=\frac{1}{2}N_\mathrm{ds}\pi R^2+\frac{K_1\omega}{2h_0}\int_0^{2\pi}\int_0^{R}\frac{\rho^2}{1+\varepsilon_p\left(1-\dfrac{\rho}{D}\left(\cos\left(\theta-\bar{\varphi}\right)+\cos\theta\right)\right)}\mathrm{d}\rho\mathrm{d}\theta\end{aligned} \tag{2.8}$$

其中 $\varepsilon_\mathrm{p}=\Delta h/h_0$ 为剪切带与平板间距的高度比. 上式在磁流变液屈服后即稳态剪切条件下是可靠的,由此表达式可知法向力 $F_\mathrm{n}\left(\bar{\varphi}\right)$ 随旋转角展现出正弦振荡特性. 将磁流变液在 10 s^{-1} 和 0.48 T 条件下的参数代换到表达式 (2.8),得到法向力与旋转角的关系如图 2.28 所示.

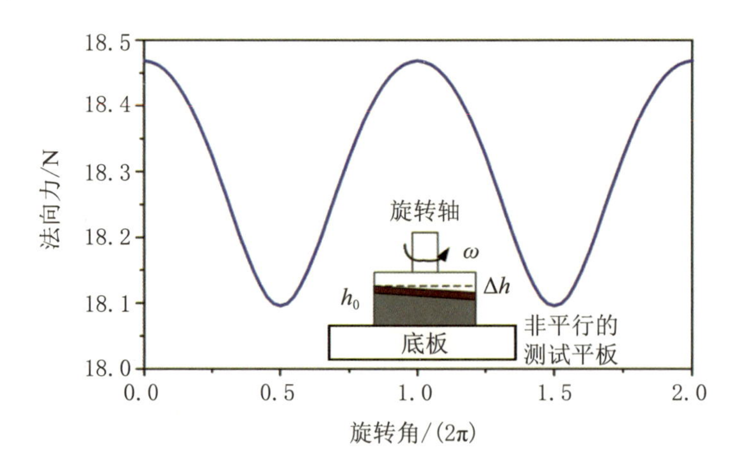

图 2.28　理论拟合的稳态剪切下的振荡法向力

该拟合模型是半经验的,因为我们并不知道倾斜角和剪切带厚度,即 ε_p 的数值是不知道的,我们假设其为单位值 1 (倾斜角为 10^{-4} 量级,剪切带为微米量级). 基于以上假设,可以得到随旋转角振荡变化的法向力. 振荡法向力的峰值随着旋转角的增大而增加,即小的旋转角产生较小的振荡法向力峰值,随着旋转角的增加,振荡法向力变得更明显. 随着 ε_p 的增大,通过积分表达式 (2.8) 得到的振荡法向力的峰值也增加,而即使在倾斜角很小的情况下,磁流变液在稳定剪切下的振荡法向力也是存在的. 实际上,测试平板的不平衡性是不能被完全消除的,因此振荡法向力总是存在的,但是通过提高测试平板的平行度,能够减弱其对测试结果的影响.

尽管稳态剪切下磁流变液的法向力是随测试时间振荡变化的,但其变化幅度并不明显,因此也可认为其为稳定值,也可对稳态剪切下磁流变液的法向力进行磁场扫描测试,图 2.29 即为不同体积分数的样品在剪切速率 10 s^{-1} 下法向力随磁场的变化曲线. 与静态法向力相似,稳态剪切法向力随着磁场的增加而逐渐增大,在超过临界饱和磁场后,稳态剪切法向力逐渐趋于稳定值,大体积分数的样品需要更强的磁场才能达到饱和. 在恒定的磁场作用下,稳态剪切法向力随着体积分数的增加而增大. 在不同的剪切速率下,也可得到相似的变化趋势 (图 2.30). 在微弱的磁场作用下,稳态剪切法向力亦为负值,只有当磁场达到一定程度时,法向力才由负值转变为正值. 这些都是典型的磁流变效应引起的. 然而,稳态剪切法向力并不随着剪切速率的增加而增大 (图 2.30),例如,在剪切速率为 10 s^{-1} 时的法向力小于 1 s^{-1} 时的法向力,但是大于 100 s^{-1} 时的法向力,因此有必要对磁流变液法向力与剪切速率的关系进行研究.

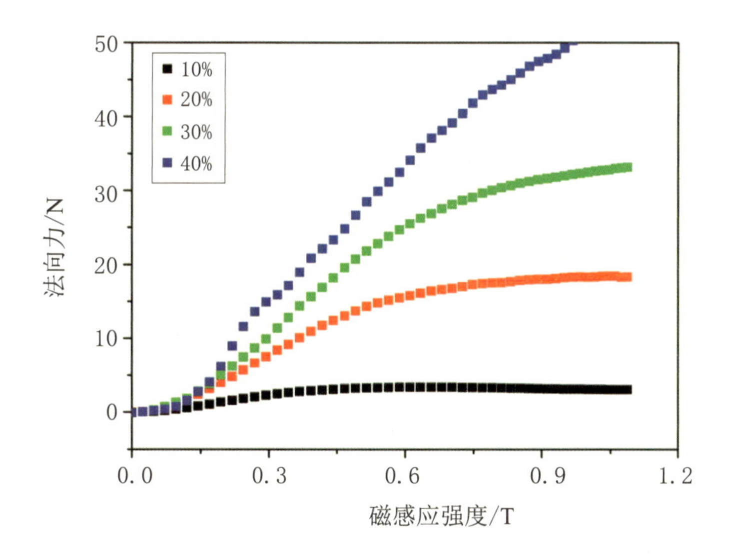

图 2.29 不同体积分数的样品在剪切速率 10 s^{-1} 下法向力随磁场的变化曲线

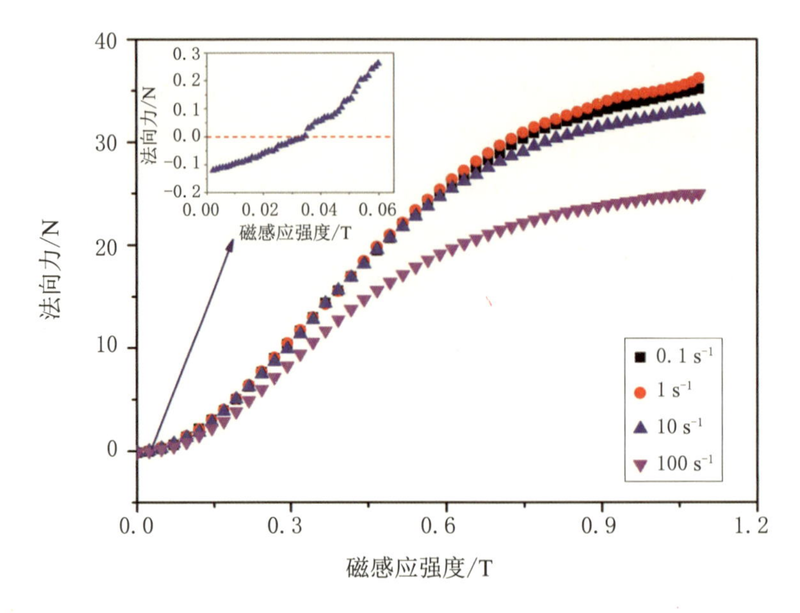

图 2.30　体积分数 30% 的样品在不同的剪切速率下法向力与磁场的关系曲线

本小节还分别测试了不同样品稳态剪切法向力随剪切速率的变化情况. 法向力随剪切速率的变化曲线如图 2.31 所示,其剪切速率从 0.001 s^{-1} 对数变化到 100 s^{-1}. 与 López-López 等的实验结果相似,体积分数 10% 的磁流变液法向力–剪切速率曲线可以分为三个区域:① 垂直的跨越间距结构区 (剪切速率小于 0.005 s^{-1}),此处法向力为一个稳定值;② 倾斜的跨越间距结构区,此处法向力随剪切速率的增加而减小;③ 非跨越间距结构区,此处法向力减小到另外一个平稳值. 对于体积分数 20% 和 30% 的磁流变液,法向力先随着剪切速率的增加而增大,然后突然急剧降低,最后到达一个新的平衡值,其临界剪切速率为 0.3 s^{-1},在这两种体积分数下,López-López 等所说的倾斜的跨越间距结构区没有出现. 对于体积分数 40% 的磁流变液,法向力随着剪切速率的增加而增大,然后在 1 s^{-1} 的剪切速率后达到新的稳定值,法向力随剪切速率的突然下降并没有被观察到. 由以上可知,稳态剪切下磁流变液法向力与剪切速率的变化关系依赖于磁流变液体积分数的变化. 这些现象可以通过磁流变液在稳态剪切下微观结构变化来解释.

许多学者对稳态剪切下磁流变液的微观结构演化进行了深入的实验观察. 如图 2.32 所示,在外磁场的作用下,磁流变液中的磁性颗粒排列呈链状,并且当剪切速率小于临界值时,平板之间的链保持完整,并且随着剪切作用开始偏离磁场方向. 此时,由于剪切诱导的磁扭矩会造成法向力的增加,在剪切速率达到临界值后,对于小体积分数的磁流变液样品,平板之间形成的颗粒链或者柱结构被剪切作用破坏,使颗粒链断裂,造成对平板排斥作用的减弱,从而使法向力降低,但是,随着剪切速率进一步增加,被剪切破坏的结构又开始重新组合，即颗粒链的断裂和重组会达到新的平衡，法向力也维持在一个新的稳定值. 对于大体积分数 (40%) 的样品，施加磁场后，不仅链状结构会出现，而且复杂的网络结构也会形成，在剪切速率超过临界剪切速率后，颗粒会形成更加稳定的结构，法向力会有所提高. 对于体积分数 20% 和 30% 的磁流变液样品，当剪切速率超过临界值时，新的平衡结构会突然形成，但其作用力弱于原先的结构，因此法向力会突然降低.

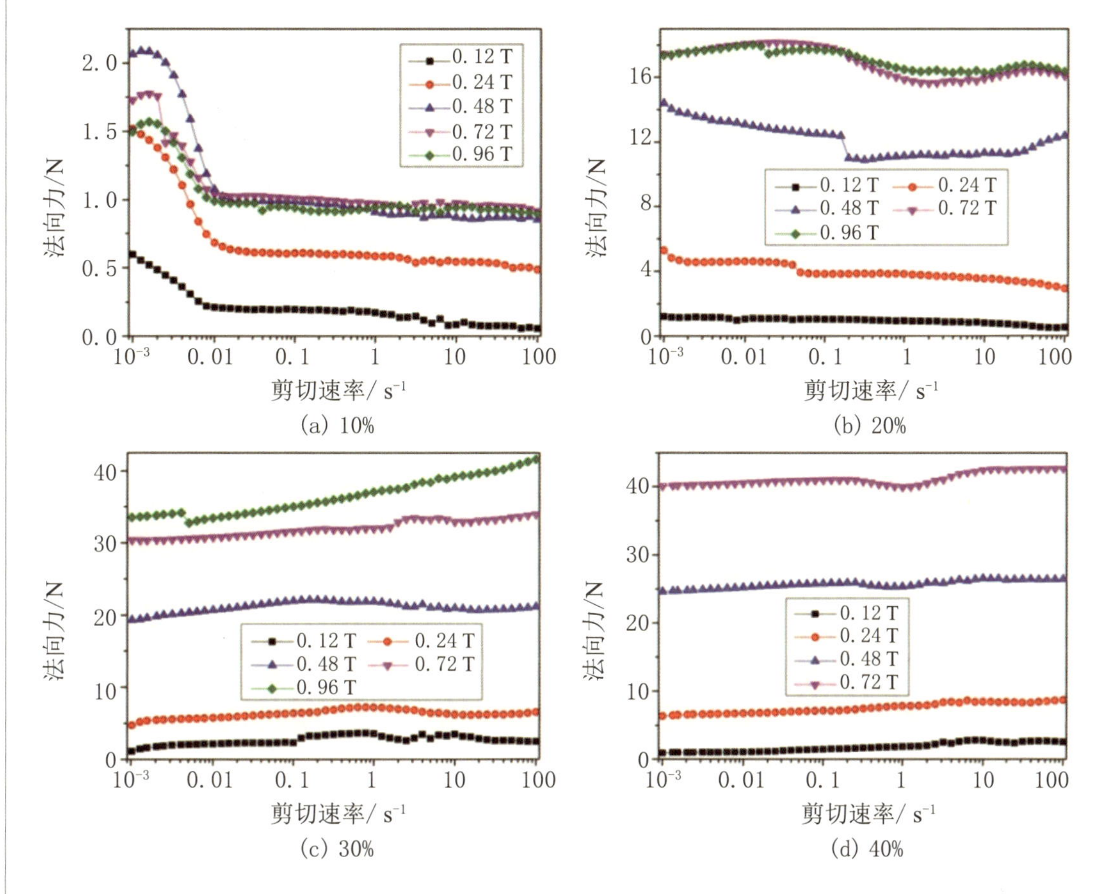

图 2.31　不同体积分数的样品在稳态剪切下法向力随剪切速率的变化曲线

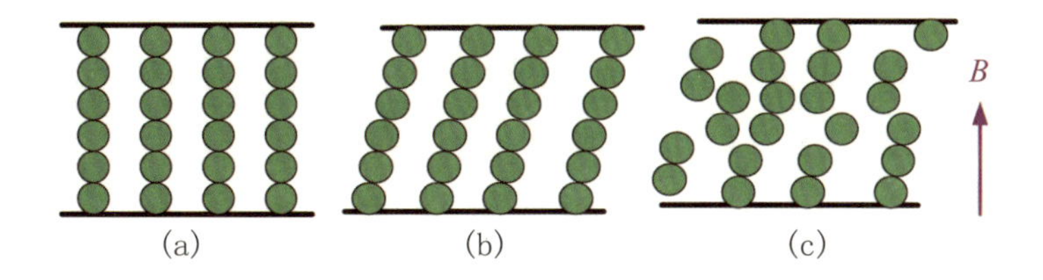

图 2.32　低浓度磁流变液在剪切作用下的微观结构演化示意图

测试过程中的平均法向应力定义为 $\sigma_n = F_n/A$，其中 σ_n 为平均法向应力，F_n 为稳态剪切法向力，A 为测试平板的面积，可以得到恒定剪切速率下随扫描磁场变化的平均法向应力和剪切应力的关系曲线. 如图 2.33 所示,随着磁场的增加,平均法向应力随着剪切应力的增加而增大,它们呈现正相关的趋势,在一定的磁场范围内成正比. 而平均法向应力却比剪切应力高 1 个数量级,这就预示着法向应力具有更大的可调控性和更广阔的应用空间. 与静态法向应力类似,稳态剪切下的法向应力随温度的升高而增大 (图 2.34),并且这种增大趋势更为明显,表明在剪切的作用下,随着温度的升高,磁流变液会形成更为稳定的结构.

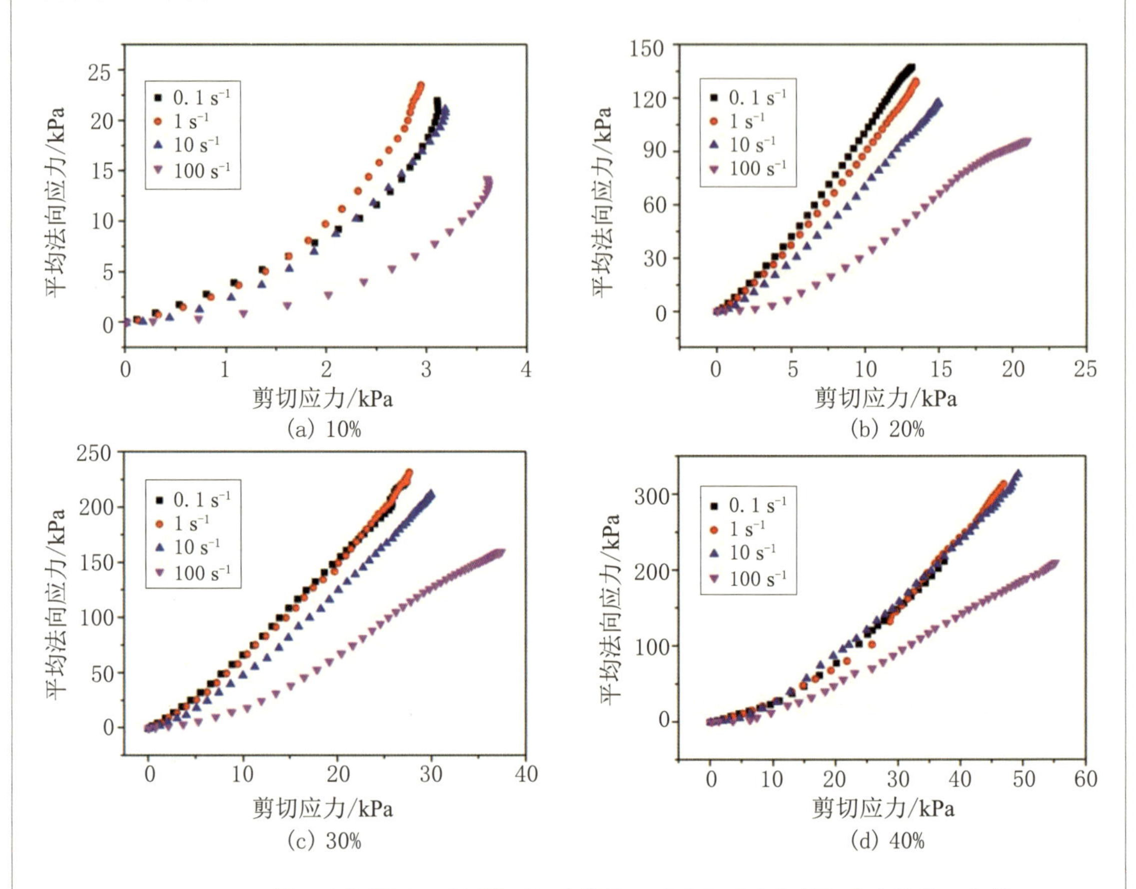

图 2.33　不同体积分数的样品随扫描磁场变化的平均法向应力与剪切应力的关系曲线

对于相同磁场作用下的静态法向力和稳态剪切法向力, 很有必要对其大小进行比较, 如图 2.35 所示, 静态法向力在测试过程中没有施加任何剪切, 而稳态剪切法向力施加 10 s^{-1} 的剪切速率. 对于体积分数 10% 的磁流变液, 在所有的测试磁场作用下, 静态法向力都大于稳态剪切法向力; 尽管体积分数 20% 的磁流变液的静态法向力在强磁场作用下仍然大于稳态剪切法向力, 但在弱磁场作用下小于稳态剪切法向力; 在样品的体积分数达到 30% 后, 静态法向力和稳态剪切法向力几乎相等; 而对于体积分数 40% 的磁流变液样品, 稳态剪切法向力总大于静态法向力. 以前的研究都认为稳态剪切法向力总是大于静态法向力,但本小节实验结果表明它们之间大小的变化还与磁场和体积分数有关.

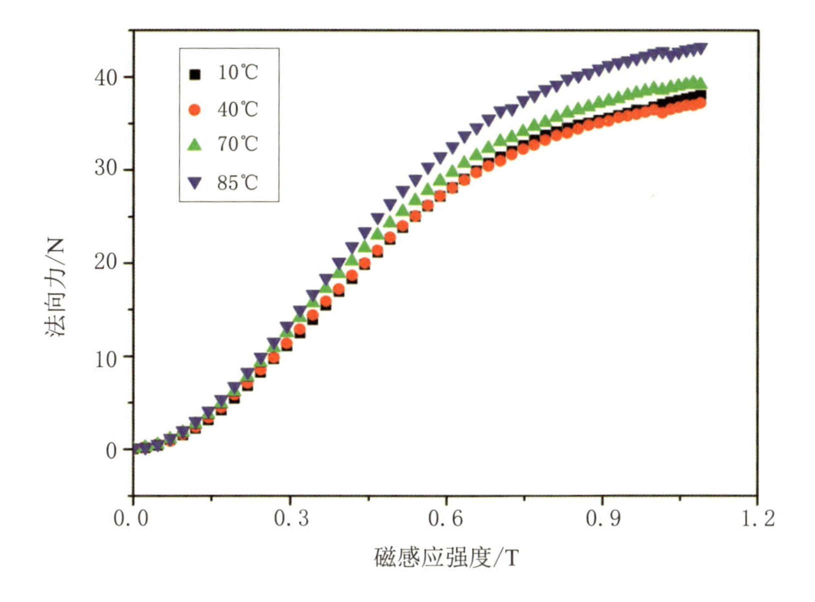

图 2.34 不同温度下磁流变液 (体积分数 30%) 的稳态剪切法向力随磁场的变化曲线

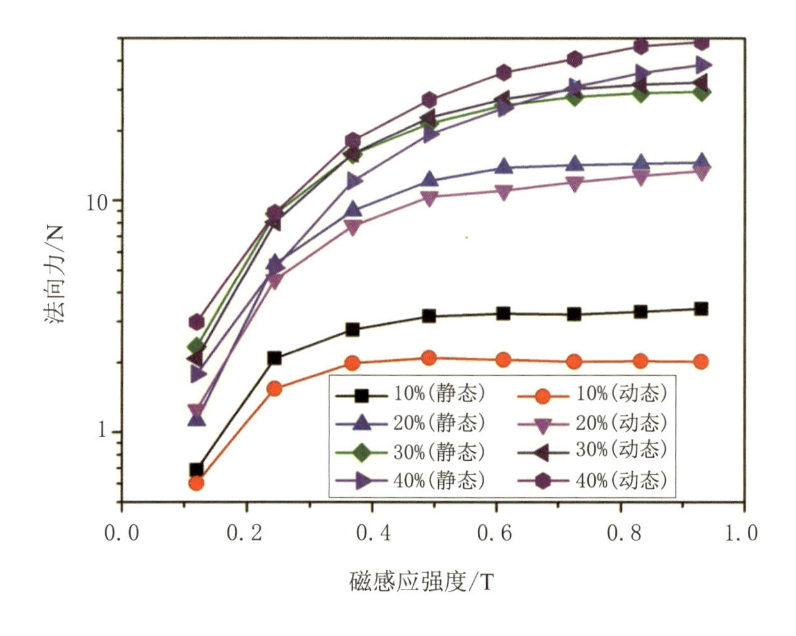

图 2.35 静态法向力和稳态剪切法向力在不同磁场作用下的比较

在测试过程中,施加磁场后,磁性颗粒形成链或者柱结构,在这种情况下,既有吸附在极板两端的完整链,又有散落在液体中的不完整链 (图 2.17). 对于小体积分数的样品,几乎所有的颗粒都形成链或者柱结构,在磁场的作用下链结构中颗粒之间的相互挤压形成法向力，但是它们之间的相互作用比较弱，施加剪切后，链或者柱结构会断裂和重组，将会减弱对上平板的排斥作用，因此造成稳态剪切法向力小于静态法向力；对于大体积分数的样品，有许多不完整的颗粒链存在，施加剪切后，会促使不完整的链结构重组形成新的完整链结构，从而增加对上平板的排斥作用，造成稳态剪切法向力大于静态法向力；对于中体积分数的样品，在弱磁场作用下，由于磁场较弱的束缚作用，存在许多不完整的链结构，而剪切作用会促使形成更多的完整链，从而使稳态剪切法向力变得比静态法向力大，在强磁场作用下，几乎所有的颗粒被磁场约束而形成完整的链而吸附在平板两端，在剪切作用下，颗粒链断裂，排斥作用减弱，造成稳态剪切法向力减弱．因此，动态法向力和静态法向力的大小依赖于体积分数和磁场强度的变化．

由于稳态剪切法向力随剪切速率会有所变化 (图 2.31)，因此静态法向力与稳态剪切法向力的大小会随剪切速率的变化而略有不同，通过更加全面的剪切速率扫描测试可知：对于体积分数 10% 的磁流变液，在剪切速率 0.001~100 s^{-1} 范围内，静态法向力总是大于稳态剪切法向力；对体积分数 40% 的磁流变液，稳态剪切法向力总是大于静态法向力；对中体积分数 (20% 和 30%) 的磁流变液样品，静态法向力和稳态剪切法向力的比较还依赖于剪切速率的变化．比如在某个磁场作用下，静态法向力小于某个低剪切速率下的稳态剪切法向力，但是会大于某个高剪切速率下的稳态法向力．

2.2.4 振荡剪切下的法向力

由于一般流变仪很少能直接测试得到一个振荡周期内的瞬时法向力数值，因此在过去的研究中对振荡剪切下磁流变液法向力很少涉及．利用图 2.14 所示的数据采集系统辅助流变仪进行测试，可以准确地得到每个振荡周期内瞬时法向力数据，解决了一般流变仪不能测试瞬态振荡法向力的弊端，对于理解不同测试条件下磁流变液法向力具有重要的意义．

在振荡剪切条件下，通过磁流变液的储能模量–应变幅值曲线可以得到磁流变液的动态特性区域，如图 2.36 所示，对于体积分数 30% 的磁流变液样品，在恒定的角频率 2 rad/s 情况下，对其进行应变幅值扫描测试，其对数变化范围为 0.001%~1 000%．当振幅小于临界值 ($\gamma_{\rm crit}$) 时，磁流变液的储能模量保持为常值，磁流变液动态行为处于线性黏弹性区域；当振幅超过临界值时，储能模量急剧减小，磁流变液进入非线性区域．动态区域转变的临界应变幅值为 0.1%~0.5%，并且随着磁场强度增加而增大．磁流变液的储能模量随振幅的变化依赖于磁流变液微观结构变化，施加磁场后，磁流变液中随机分散的颗粒重新组装形成链状或柱状结构，在很小的应变振幅下，颗粒略微偏离平衡位置，颗粒链还是保持完整的，应变振幅达到临界值后，链结构中的颗粒会发生微小的移动，使颗粒链重新排布，磁流变液从线性区域变为非线性区域，在更大的应变振幅下，微观结构更加剧烈地重新排布，此时磁流变液进入黏塑性区域，该区域并不能直接从图 2.36 得到，可以通过测试磁流变液的复合动态黏度来表征从非线性黏弹性区域到黏塑性区域的转变.

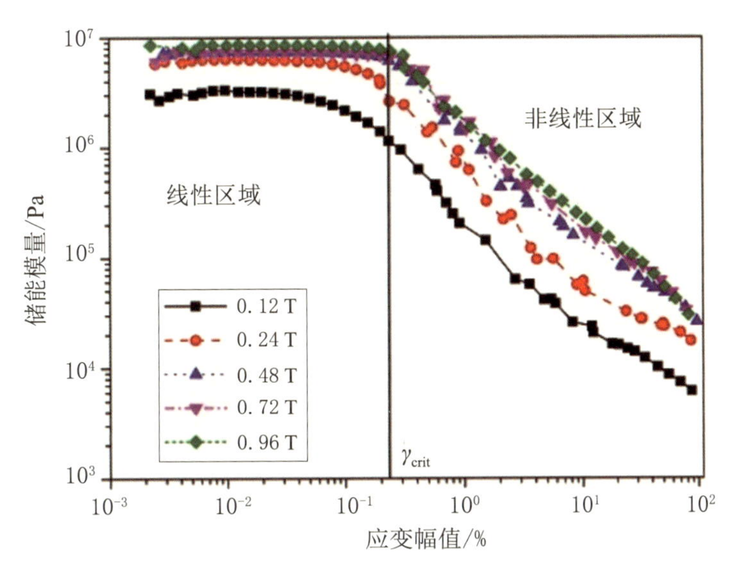

图 2.36　振荡剪切下磁流变液的储能模量随应变幅值的变化曲线

利用动态信号分析仪，可以得到在一个振荡周期内随时间变化的磁流变液瞬态法向力. 图 2.37 为施加的剪切应变随时间的变化曲线，初始时刻应变最大 (零剪切速率)，分别测试了磁流变液在线性区域和非线性区域振荡剪切法向力随时间的变化情况. 如图 2.38 所示，对体积分数 30% 的磁流变液施加应变幅值为 0.01% 的正弦剪切，该振幅远小于临界应变 (γ_{crit})，即磁流变液位于线性黏弹性区域. 施加磁场后，磁流变液产生正的法向力，表现为推开上平板，在恒定的磁场作用下，法向力保持为常值，测试时间对法向力的大小没有影响，随着磁场的增加，法向力增大. 利用幂律模型对法向力与磁场的关系进行拟合，得到幂律指数为 1.14，远小于静态法向力的理论值 2. 同样，这与磁场的不均匀性和磁流变液材料不是理想的各向异性材料有关.

图 2.39 为在非线性黏弹性区域体积分数 30% 的磁流变液法向力随时间的变化曲线，其应变幅值为 10%，$f = 0.1$ Hz. 对磁流变液施加磁场后，产生正的法向力，法向力随着磁场的增加而增大，在一定的磁场作用下，法向力随测试时间的变化而周期性振荡

变化,其周期与施加的应变的周期相同,但振荡法向力并不是完全按正弦变化的,即在施加应变的初始时刻,剪切速率为零,法向力是最小的,并保持一定的常值,当剪切速率达到临界值时,随着剪切速率的增加,法向力增加到最大值,此时剪切速率最大,随后法向力开始降低,然后趋于一个稳定值直到剪切速率为零. 相同的趋势发生在另一个半周期内,另一个极大的法向力出现在负向的最大剪切速率处. 此外,在不同的频率下,也观察到相似的振荡法向力现象 (图 2.40),振荡法向力的峰值随着频率的增加而降低. 与稳态剪切类似,对于不同的浓度、间距、磁场方向,振荡剪切下的法向力总是随时间周期性振荡变化.

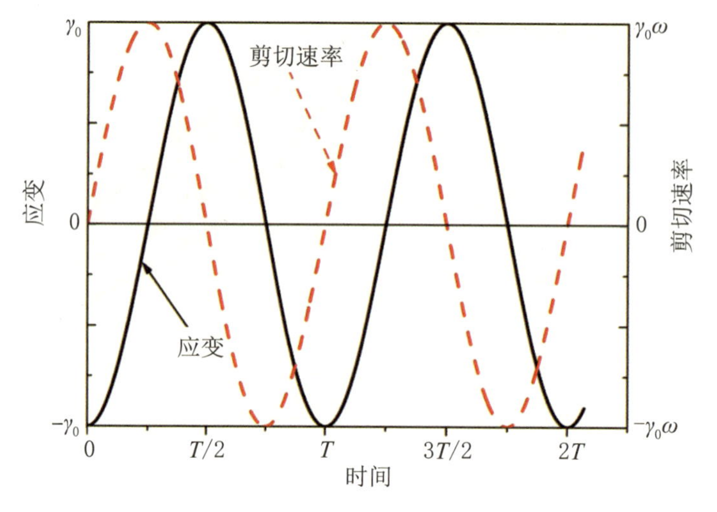

图 2.37 不同温度下磁流变液的剪切应变随时间的变化曲线

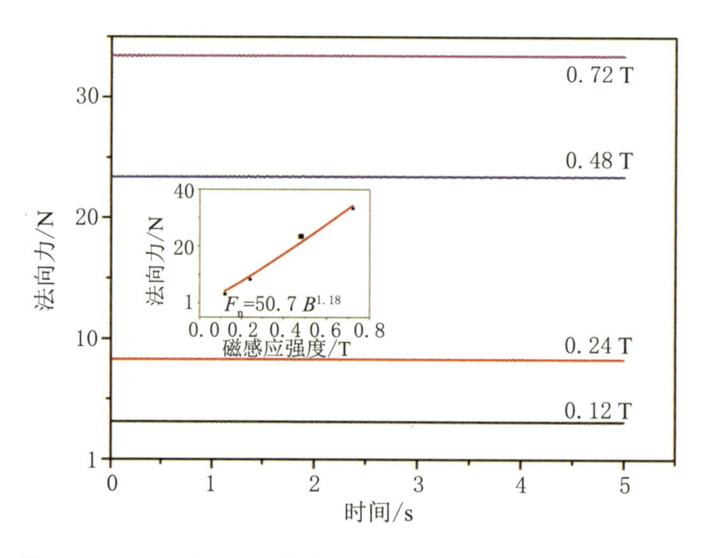

图 2.38 不同温度下磁流变液稳态剪切法向力随时间的变化曲线

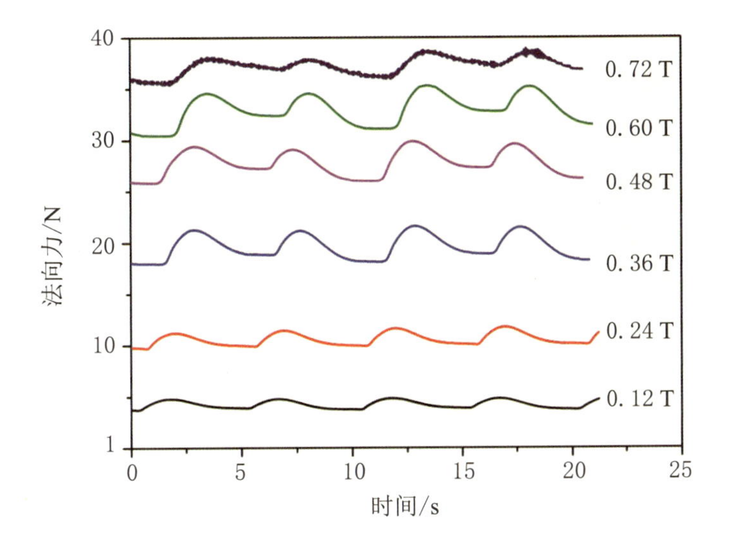

图 2.39　在正弦应变剪切下磁流变液的法向力随时间的变化曲线

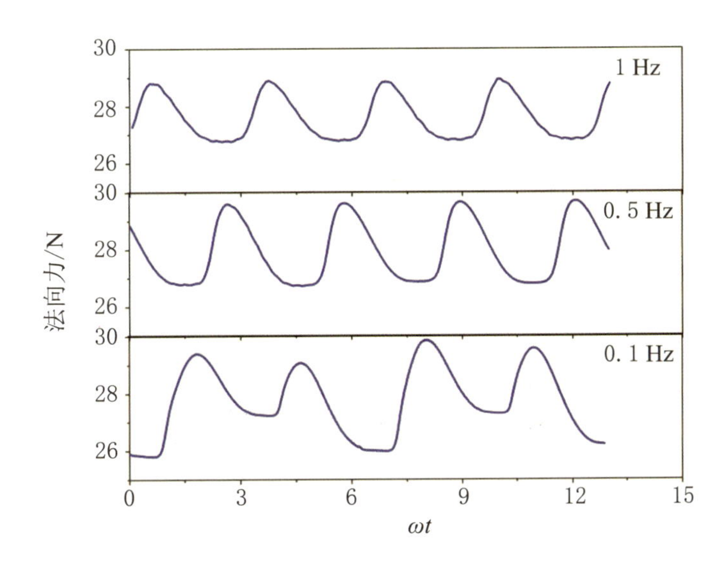

图 2.40　不同频率下剪切振荡法向力随时间的变化曲线

对于体积分数 30% 的样品,振荡法向力的峰值高达 3 N (约占总数值的 10%),远远大于稳态剪切下振荡法向力的峰值,在此振荡剪切测试条件下,施加的应变剪切角很小 (0.01 rad),因此板的不平行造成的振荡法向力是可以忽略的,振荡剪切条件下的振荡法向力不完全来自于平板的不平行,这肯定是由其他原因造成的,后面将利用分子动力学的方法对此现象进行解释.

保持振荡剪切测试频率为 5 rad/s,测试得到了不同磁场作用下体积分数 30% 的磁流变液的法向力随应变幅值的变化曲线 (图 2.41). 在恒定的应变幅值条件下,法向力随着磁感应强度的增加而增大. 当磁感应强度为常量时,法向力和应变幅值的关系比较复杂,可以划分成三个区域:① 当应变幅值小于临界值 γ_1 (0.1%~0.5%) 时,法向力几乎不变,保持为恒定值,磁流变液处于线性黏弹性区域,磁场作用下颗粒形成的链在剪切作用下保持得较为完整,应变幅值对法向力影响较小;② 当应变幅值超过临界值 γ_1 时,随着振幅的增加,法向力先随着应变幅值的增加而增大,随后降到一个稳定值,最大法向力出现在应变幅值为 10% 的时候,此阶段为非线性黏弹性区域,在此区域磁性颗粒形成的链轻微地重新排列,在非线性黏弹性区域的开始阶段,颗粒链几乎保持不变,随着应变幅值的增加,剪切速率增大,法向力随之增大,在更大的应变幅值剪切作用下,颗粒链开始断裂,法向力随之减小;③ 当应变幅值超过临界值 γ_2 时,法向力保持相对的常值,此阶段为黏塑性区域,在此区域,颗粒链剧烈地断裂和重组,微观结构形成一个新的平衡,其临界的剪切应变幅值为 100%~300%. 上述临界应变幅值随着磁场和体积分数的变化而略有不同.

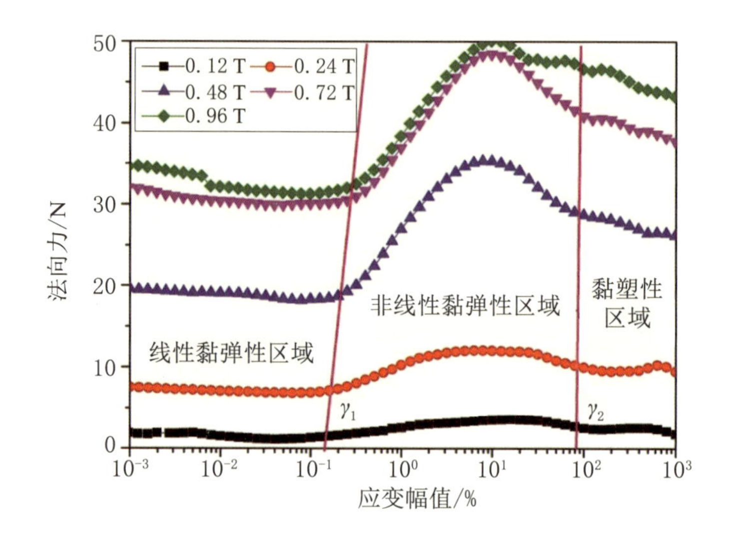

图 2.41　法向力随应变幅值的变化曲线

对于磁流变液的动态性能,在振荡剪切下与应变幅值相关的法向力可提供一个更为全面的认识. 通过与储能模量–应变幅值关系图的比较可以看出,法向力–应变幅值的关系图是一个用来表征磁流变液动态性能的更好方式,可以直接得到三个动态行为区域. 因此,测试振荡剪切下磁流变液的法向力可被认为是一个更好地研究磁流变液流变性能的方法.

为了理解振荡剪切下法向力随角频率的变化关系,在振荡剪切下利用频率扫描模式分别测试了线性黏弹性区域 (应变幅值为 0.01%) 和非线性黏弹性区域 (应变幅值为 1%) 法向力的变化,如图 2.42 所示,角频率从 0.1 rad/s 对数变化到 100 rad/s,样品体积分数为 30%. 在同一频率下,法向力随着磁场的增加而增大,在恒定的磁场强度下,法向力几乎保持为常量,随着频率的增加,法向力在弱磁场作用下略微降低,而在强磁场作用下有所升高. 在这些测试频率范围内,磁流变液处于一个特定的动态区域,例如,振幅为 0.01% 时,若角频率从 0.1 rad/s 变化到 100 rad/s,则磁流变液处于线性黏弹性区域,而振幅为 1% 时处于非线性黏弹性区域,磁流变液的微观结构在这个区域内没有发生太多的改变,因此法向力保持为常量. 但是,如果频率继续增加,法向力将会显著改变,因为此时磁流变液进入 Newton 液体区域. 另外,在线性黏弹性区域,当频率趋近于零时,法向力等于静态法向力,而在非线性黏弹性区域,法向力大于静态法向力.

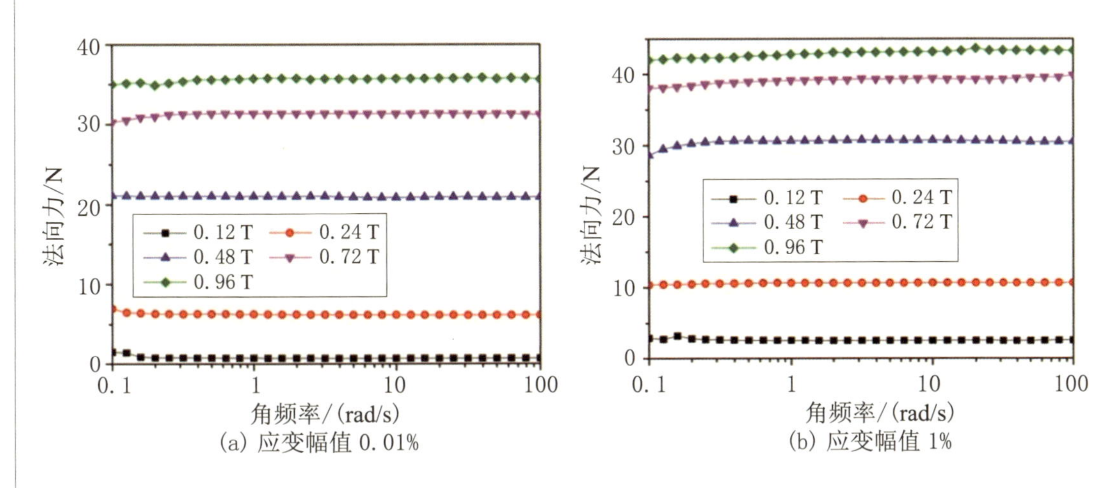

图 2.42 法向力随角频率的变化曲线

图 2.43 为在不同的磁场作用下,体积分数 30% 的磁流变液随应变幅值变化的法向力在不同温度下的变化曲线, 测试角频率为 5 rad/s, 应变幅值从 0.001% 对数变化到 100%. 在不同的温度下, 法向力随应变幅值的变化趋势相同, 仍然可以分为三个区域. 在弱磁场 $B=0.12$ T (图 2.43(a)) 下,法向力随温度的升高而增大,然而,在强磁场 $B=0.72$ T (图 2.43(b)) 下,法向力随温度的升高而降低,在中磁场作用下,法向力随温度变化不大. 随应变幅值变化的法向力依赖于温度和磁场的共同作用,也就是布朗热运动力和静磁作用力之间的竞争. 在弱磁场作用下,由于磁场颗粒之间的吸引力不够大,存在许多不完整的颗粒链,随着温度的升高,载液黏度降低,布朗运动加剧,将会增加形成完整链的机会,从而增大法向力;然而,在强磁场作用下,磁流变液中的颗粒几乎都形成完整链状结构,随着温度的升高,颗粒从链结构中分离出去,降低链的强度,从而减小法向力.

同样,测试了随角频率变化的法向力在不同温度下的变化曲线,如图 2.44 所示,样品体积分数为 30%,磁场分别为 0.12 T 和 0.72 T,应变幅值为 1%,角频率从 1 rad/s 对数变化到 100 rad/s. 随着温度的升高, 在弱磁场 (图 2.44(a)) 下, 法向力增加, 在强磁场作用下,法向力降低 (图 2.44(b)),所有这些都可以归结于温度和磁场作用力之间的竞争. 在弱磁场作用下,随角频率变化的法向力发生剧烈的振荡,可能与形成的链结构不够稳定有关.

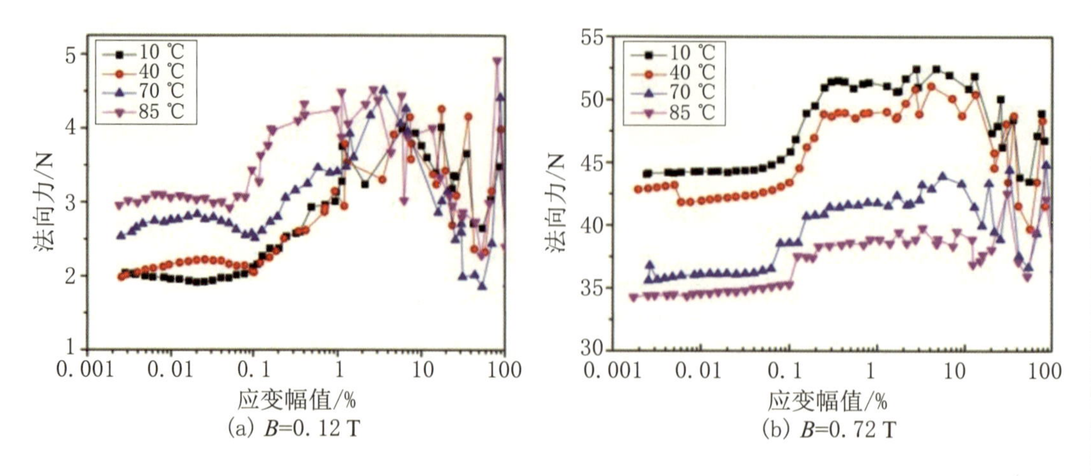

图 2.43　随应变幅值变化的法向力在不同温度下的变化曲线

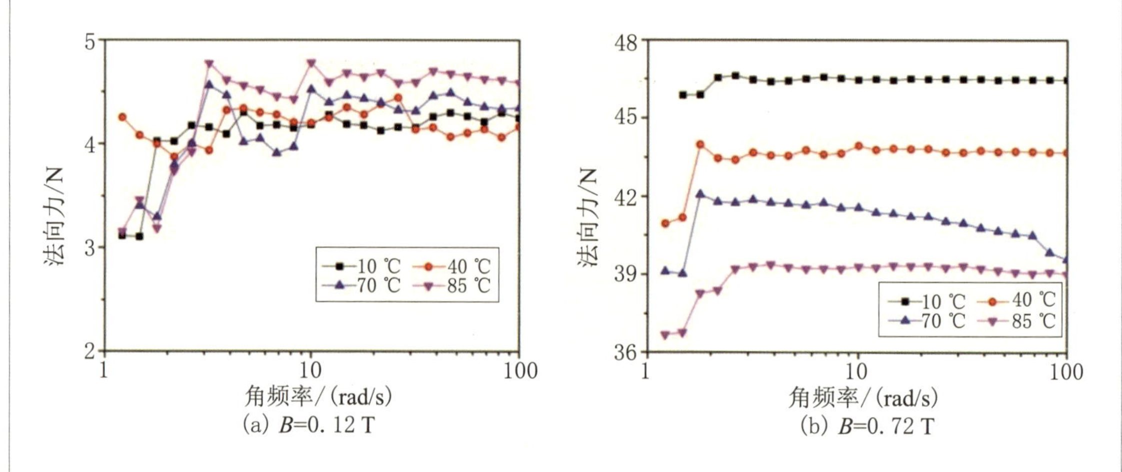

图 2.44　随角频率变化的法向力在不同温度下的变化曲线

2.2.5　剪切模式下法向力的数值模拟

材料的宏观性能与微观结构及其演化息息相关,磁流变液材料也不例外. 对磁流变液微观结构的研究可以通过实验观察或者数值模拟的方式进行,相对于真实直观的实验观察,数值模拟能够准确地跟踪结构瞬时的演化过程,从而得到更为清楚准确的结构图像. 常用的磁流变液动力学模拟方法有很多,如 Monte Carlo 法、基于磁偶极子的分子动力学方法、Stokes 动力学方法、格子 Boltzmann 方法、有限元法与边界元法等. 在这些方法中,基于磁偶极子的分子动力学方法是应用特别普遍的一种,其基本思想是通过分子间的相互作用势,求出每一个分子所受的力,在选定的时间步长、边界条件、初始位置和初始速度下,对有限数目的分子建立 Newton 动力学方程组,用数值方法求解,得到这些粒子经典运动轨迹和速度分布,然后对足够大的结构求统计平均,从而得到所需要的宏观物理量.

分子动力学方法有两个基本假设:一是所有粒子的运动都遵循经典的 Newton 运动规律,二是粒子间的相互作用满足叠加原理. 可以看到,虽然分子动力学是模拟研究分子层次的运动,但它忽略了量子效应,仍然是一种近似的方法. 分子动力学方法的一般步骤如下:

(1) 体系初始化,如初始化温度、粒子数目、位置、体系大小等.

(2) 计算粒子所受的所有作用力,建立粒子的 Newton 运动方程. 可以通过已知的相互作用势能,推导出相互作用力的表达式,从而给出相互作用力.

(3) 应用一定的算法,解出 Newton 运动方程的解,得到粒子的位移、速度等物理量.

(4) 计算得到所需的宏观物理量.

步骤 (2) 和 (3) 构成了整个模拟的核心,重复这两步直至计算体系演化到指定的时间长度. 分子动力学方法原理简单,操作方便,可以进行的运算量也合适,但对于大规模的模拟效率不高. 尽管如此,目前采用分子动力学方法对磁流变液微观结构模拟的文献已大量出现,但是利用分子动力学方法研究磁流变液法向力性能的文献还很少出现. 本小节依据 Klingenberg 等提出的计算方法,对磁流变液进行 3 维分子动力学数值模拟计算,得到磁流变液的微观结构演化过程,并计算磁流变液的法向力变化.

在一个长、宽、高尺寸为 $(L_x, L_y, L_z) = (10\sigma, 10\sigma, 10\sigma)$ 的周期性长方体磁流变液单元中,认为磁流变液是 N 个球形颗粒分散在 Newton 流体中,其中载液黏度为 η,相对磁导率为 μ_{f},颗粒是单分散的,直径为 σ,相对磁导率为 μ_{p}(只考虑线性情况,忽略磁饱和). 体系中存在的作用力主要包括颗粒之间的吸引力 $\boldsymbol{F}_{ij}^{m}$(偶极子模型)、颗粒之间的排斥力 $\boldsymbol{F}_{ij}^{\mathrm{rep}}$、颗粒和界面的排斥力 $\boldsymbol{F}_{i}^{\mathrm{wall}}$、流体黏性阻力 $\boldsymbol{F}_{i}^{h}$.

对于颗粒 i 和 j,颗粒之间的吸引力为

$$\boldsymbol{F}_{ij}^{m} = F_0\left(\frac{\sigma}{r_{ij}}\right)^4 \left(\left(3\cos^2\theta_{ij} - 1\right)\boldsymbol{r} + \left(\sin 2\theta_{ij}\right)\boldsymbol{\theta}\right) \tag{2.9}$$

其中 $F_0 = \dfrac{3}{16}\pi\mu_0\mu_f\sigma^2\beta^2 H_0^2$,$\beta = \dfrac{\alpha - 1}{\alpha + 2}$,$\alpha = \mu_{\mathrm{p}}/\mu_{\mathrm{c}}$,$\boldsymbol{r}$,$\boldsymbol{\theta}$ 和 $\boldsymbol{z}$ 为球坐标单位坐标向量,坐

标系的原点为长方体的中心，H_0 是磁场强度，μ_0 是真空磁导率. 颗粒之间的排斥力为

$$\boldsymbol{F}_{ij}^{\text{rep}} = -2F_0\left(\frac{\sigma}{r_{ij}}\right)^4 \exp\left(-100\left(r_{ij}/\sigma - 1\right)\right)\boldsymbol{r} \tag{2.10}$$

颗粒和边界的排斥力为

$$\begin{aligned}\boldsymbol{F}_i^{\text{wall}} =& 2F_0\left(\frac{\sigma}{L_z/2+z_i}\right)^4 \exp\left(-100\left(\left(\frac{1}{2}L_z+z_i\right)/\sigma-0.5\right)\right)\boldsymbol{z} \\ &- 2F_0\left(\frac{\sigma}{L_z/2-z_i}\right)^4 \exp\left(-100\left(\left(\frac{1}{2}L_z-z_i\right)/\sigma-0.5\right)\right)\boldsymbol{z}\end{aligned} \tag{2.11}$$

颗粒受到的黏性阻力为

$$\boldsymbol{F}_i^h = -3\pi\eta\sigma\left(\frac{\mathrm{d}\boldsymbol{r}_i}{\mathrm{d}t} - \boldsymbol{U}_{\mathrm{f}}^{\infty}\right) \tag{2.12}$$

其中 $\boldsymbol{U}_{\mathrm{f}}^{\infty}$ 代表颗粒中心处的液体速度，$\boldsymbol{r}_i = (x_i, y_i, z_i)$ 为颗粒的位移坐标. 忽略颗粒加速度和热运动的影响，根据 Newton 第二定律，颗粒 i 的运动方程为

$$0 = m\frac{\mathrm{d}^2\boldsymbol{r}_i}{\mathrm{d}t^2} = \sum \boldsymbol{F}_i = \sum_{j\neq i}\boldsymbol{F}_{ij}^m + \sum \boldsymbol{F}_i^{\text{wall}} + \boldsymbol{F}_i^h \tag{2.13}$$

其中求和符号 $\sum$ 表示对颗粒 i 求合力. 对方程 (2.13) 进行无量纲化处理，得

$$\frac{\mathrm{d}\boldsymbol{r}_i^*}{\mathrm{d}t} = \sum_{j\neq i}\boldsymbol{F}_{ij}^{m^*} + \sum_{j\neq i}\boldsymbol{F}_{ij}^{\text{rep}^*} + \sum \boldsymbol{F}_i^{\text{wall}^*} + \boldsymbol{U}_{\mathrm{f}}^{\infty^*}(\boldsymbol{r}_i^*) \tag{2.14}$$

这里星号代表无量纲的量，无量纲的位移、力、时间分别为 $l_{\mathrm{s}} = \sigma$，$F_{\mathrm{s}} = F_0$，$t_{\mathrm{s}} = 3\pi\eta\sigma^2/F_0$.

在剪切模式下磁流变液的法向力分为静态法向力、稳态剪切法向力、振荡剪切法向力，其相应的边界条件如图 2.45 所示.

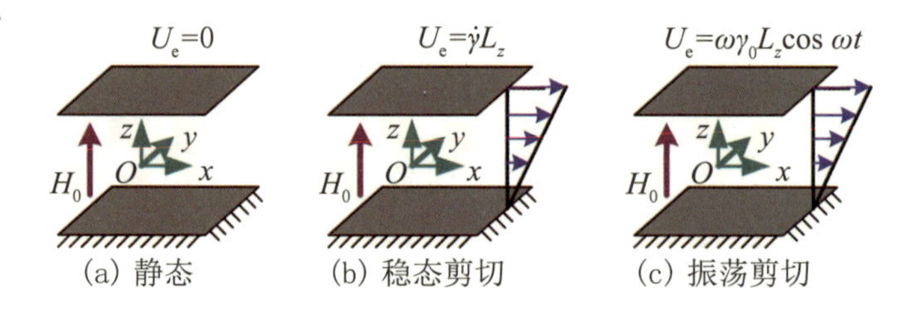

图 2.45 磁流变液模拟边界条件示意图

(1) 对于静态法向力，上、下极板的速度为 $U_{\mathrm{e}} = 0$，则颗粒中心处液体的速度 $\boldsymbol{U}_{\mathrm{f}}^{\infty^*}(\boldsymbol{r}_i^*) = \boldsymbol{0}$. 对于远离上、下极板空间的颗粒，可通过方程 (2.14) 解出颗粒的位移坐标. 此时，方程 (2.14) 变为

$$\frac{\mathrm{d}\boldsymbol{r}_i{}^*}{\mathrm{d}t} = \sum_{j\neq i}\boldsymbol{F}_{ij}^{m*} + \sum_{j\neq i}\boldsymbol{F}_{ij}^{\text{rep}*} + \sum \boldsymbol{F}_i^{\text{wall}*} \tag{2.15}$$

对于在上、下极板附近的颗粒 (此时颗粒到极板的距离小于 $\delta_{\mathrm{w}} = 0.02\sigma$), 我们假设颗粒符合无滑移边界条件, 即颗粒跟随上、下极板一起运动, 而 z 方向上的运动不变, 则 Newton 方程可变为

$$\frac{\mathrm{d}x_i^*}{\mathrm{d}t^*} = 0, \quad \frac{\mathrm{d}y_i^*}{\mathrm{d}t^*} = 0, \quad \frac{\mathrm{d}z_i^*}{\mathrm{d}t} = \sum_{j\neq i} F_{z,ij}^{m^*} + \sum_{j\neq i} F_{z,ij}^{\mathrm{rep}^*} + \sum F_{z,i}^{\mathrm{wall}^*} \tag{2.16}$$

(2) 对于稳态剪切法向力 (剪切速率为 $\dot{\gamma}^*$), 上极板的速度为 $U_{\mathrm{e}}^* = \dot{\gamma}^* L_z^* \boldsymbol{x}$, 下极板保持静止, 即速度为零, 则颗粒中心处液体的速度 $\boldsymbol{U}_{\mathrm{f}}^{\infty^*}(\boldsymbol{r}_i^*) = \dot{\gamma}^*(z_i^* + L_z^*)\boldsymbol{x}$, 对于远离极板的颗粒, 其运动方程 (2.14) 变为

$$\frac{\mathrm{d}x_i^*}{\mathrm{d}t^*} = U_{\mathrm{e}}^*, \quad \frac{\mathrm{d}y_i^*}{\mathrm{d}t^*} = 0, \quad \frac{\mathrm{d}z_i^*}{\mathrm{d}t} = \sum_{j\neq i} F_{z,ij}^{m^*} + \sum_{j\neq i} F_{z,ij}^{\mathrm{rep}^*} + \sum F_{z,i}^{\mathrm{wall}^*} \tag{2.17}$$

(3) 对于振荡剪切法向力, 在上极板上施加局部应变 $\gamma(t^*) = \gamma_0 \sin(\omega^* t^*)$, 下极板保持静止, 则颗粒中心处液体的速度为 $\boldsymbol{U}_{\mathrm{f}}^{\infty^*}(\boldsymbol{r}_i^*) = \omega^*\gamma_0(z_i^* + L_z^*/2)\cos(\omega^* t^*)\boldsymbol{x}$, 无量纲的频率为 $\omega^* = \omega 16\eta/(\mu_0\mu_{\mathrm{f}}\beta^2 H_0)$. 对于远离极板的颗粒, 其运动方程 (2.14) 变为

$$\frac{\mathrm{d}\boldsymbol{r}_i^*}{\mathrm{d}t} = \sum_{j\neq i} \boldsymbol{F}_{ij}^{m^*} + \sum_{j\neq i} \boldsymbol{F}_{ij}^{\mathrm{rep}^*} + \sum \boldsymbol{F}_i^{\mathrm{wall}^*} + \omega^*\gamma_0(z_i^* + L_z^*/2)(\cos\omega^* t^*)\boldsymbol{x} \tag{2.18}$$

边界附近处颗粒的运动方程为

$$\frac{\mathrm{d}x_i^*}{\mathrm{d}t^*} = U_{\mathrm{e}}^*, \quad \frac{\mathrm{d}y_i^*}{\mathrm{d}t^*} = 0, \quad \frac{\mathrm{d}z_i^*}{\mathrm{d}t} = \sum_{j\neq i} F_{z,ij}^{m^*} + \sum_{j\neq i} F_{z,ij}^{\mathrm{rep}^*} + \sum F_{z,i}^{\mathrm{wall}^*} \tag{2.19}$$

在磁流变液法向力的计算过程中, 对于静态情况, 磁流变液颗粒的初始位置是随机分布的, 而对于稳态剪切和振荡剪切而言, 磁流变液的初始结构是利用计算静态法向力过程中形成的稳定链状结构. 上述运动方程的解通过 Euler 方法进行数值积分得到, 并且在 x 和 y 方向上施加了周期性边界条件. 则平均的沿着磁场方向的无量纲法向应力可以写为

$$\bar{\sigma}_{zz}^* = \frac{1}{V}\sum_{k=1}^{n-1}\sum_{i\leqslant k}\sum_{j>k} F_{ij}^* \Delta r_k^{z^*} \tag{2.20}$$

其中 F_{ij}^* 是不同层之间的相互作用力, $\Delta r_k^{z^*}$ 为层间隔, n 为层数.

图 2.46 为磁流变液在静态下微观结构随步长的演化图, 磁流变液体积分数为 30%. 初始时磁性颗粒随机分布在磁流变液中, 随着计算步长的增加, 颗粒开始移动并排列成链或柱状结构, 并最终达到一个稳定结构, 该计算与实验观察吻合较好. 相应地, 磁流变液在静态下的无量纲化法向应力随着步长的增加而迅速增大, 并达到一个稳定值, 如图 2.47 所示. 我们还计算了不同体积分数的法向应力随计算步长的变化情况, 当体积分数

从 5% 增加到 20% 时,法向应力随着体积分数的增加而增大,但从 20% 增加到 30% 的过程中,静态法向应力并没有明显的增加,这是由于我们采用了简单的偶极子模型来计算颗粒之间的受力造成的,更精确的计算需要考虑多体效应等建立更加精确的模型.

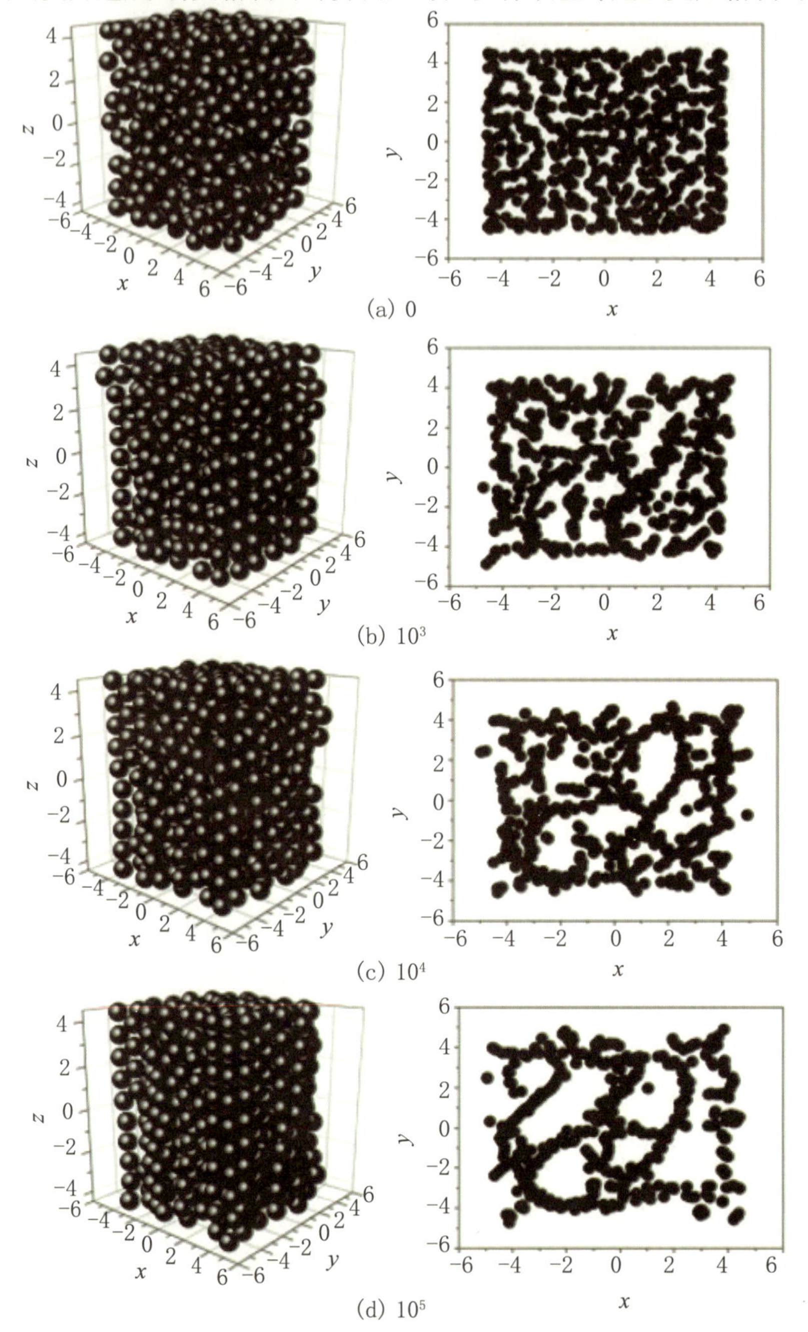

图 2.46　磁流变液在静态下微观结构随步长的演化图

左列为 3 维图,右列为对应的 2 维图 (沿着 z 轴负向观察).

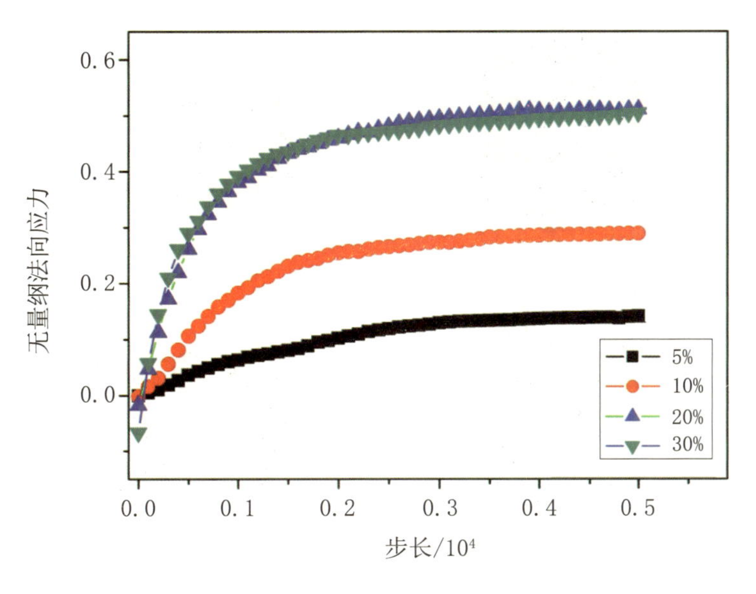

图 2.47　在静态下不同磁流变液的无量纲法向应力随步长的变化曲线

在稳态剪切下磁流变液初始结构为静态下计算得到的稳定结构. 在此基础上,我们对磁流变液 x 轴方向施加恒定的剪切速率 ($1\ \mathrm{s}^{-1}$),其结构演化如图 2.48 所示. 在剪切的初始阶段,稳定的颗粒链开始倾斜,随着剪切的继续,颗粒链开始断裂并不断重组,最终形成稳定的片状结构,该计算结果与许多实验结果相符合. 在剪切的作用下,磁流变液法向应力逐渐减小并达到一个稳定值 (图 2.49). 计算过程中设平板是理想平行的,法向应力并没有出现周期振荡特性,从而更有力地说明了实验中稳态剪切下法向应力周期振荡特性是由测试平板的不平行性引起的. 不同体积分数样品的法向应力随剪切速率的变化情况也不尽相同 (图 2.50). 对于小体积分数的磁流变液,其法向应力随剪切速率的增加而降低,而对于大体积分数的样品,法向应力会随着剪切速率的增加有增大的趋势,显然该数值模拟的结果并不完全符合实验结果,这也表明了偶极子模型的缺陷性.

对振荡剪切下磁流变液法向应力的数值模拟分为两部分:线性区域振荡剪切和非线性区域振荡剪切. 振荡剪切下磁流变液的初始结构为静态下形成的稳定链状结构. 图 2.51 为线性剪切振荡 (应变幅值为 0.01%) 下体积分数 30% 的磁流变液的微观结构演化图. 在一个振荡周期内,磁流变液的结构几乎没有发生任何变化,表明如此小的应变幅值对磁流变液的结构影响很小. 相应地,振荡剪切下磁流变液的法向应力为一个稳定值 (图 2.52),随计算步长的增加仍保持为常值,与上文的实验结果吻合良好.

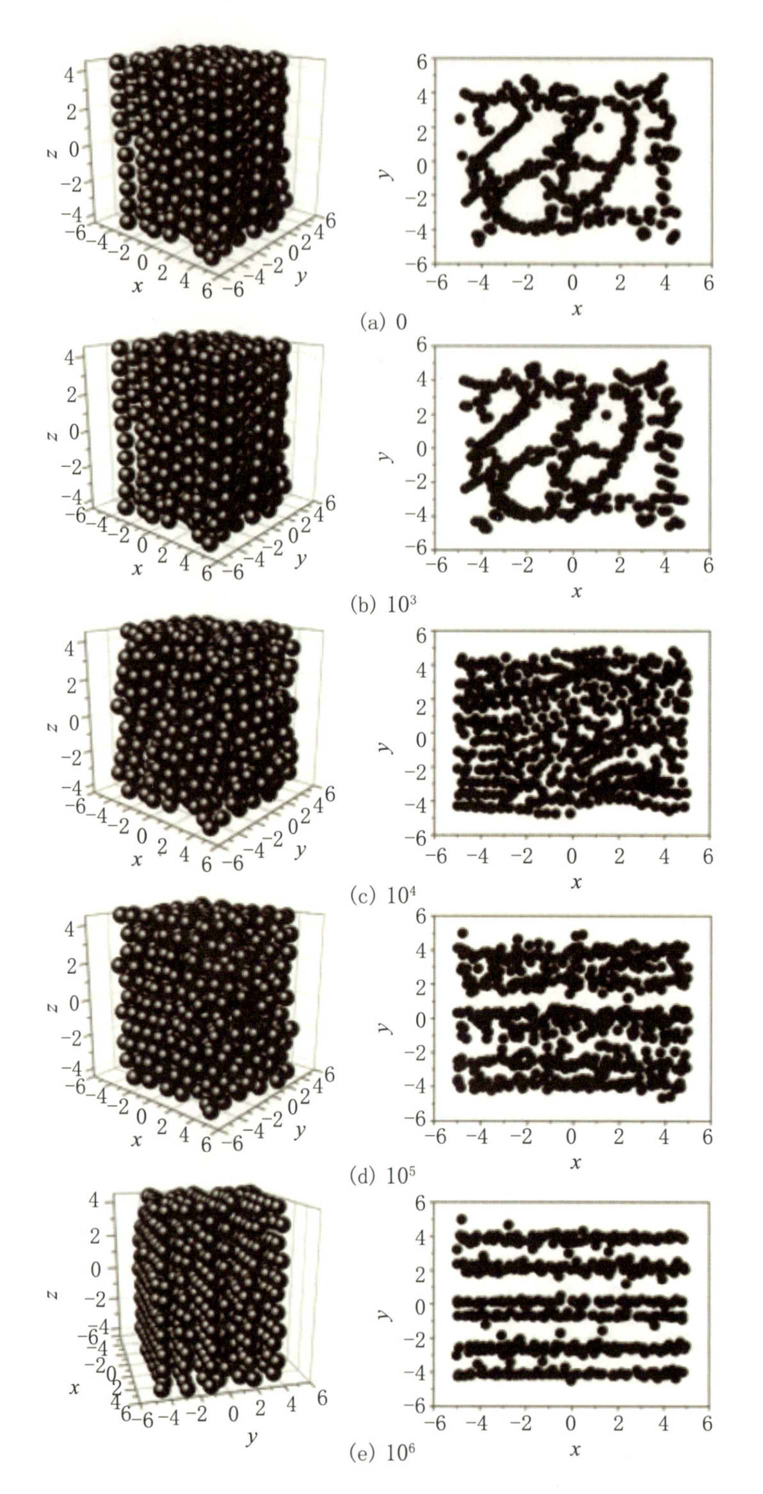

图 2.48　磁流变液在稳态剪切下的微观结构演化图

左列为 3 维图,右列为对应的 2 维图 (沿着 z 轴负向观察).

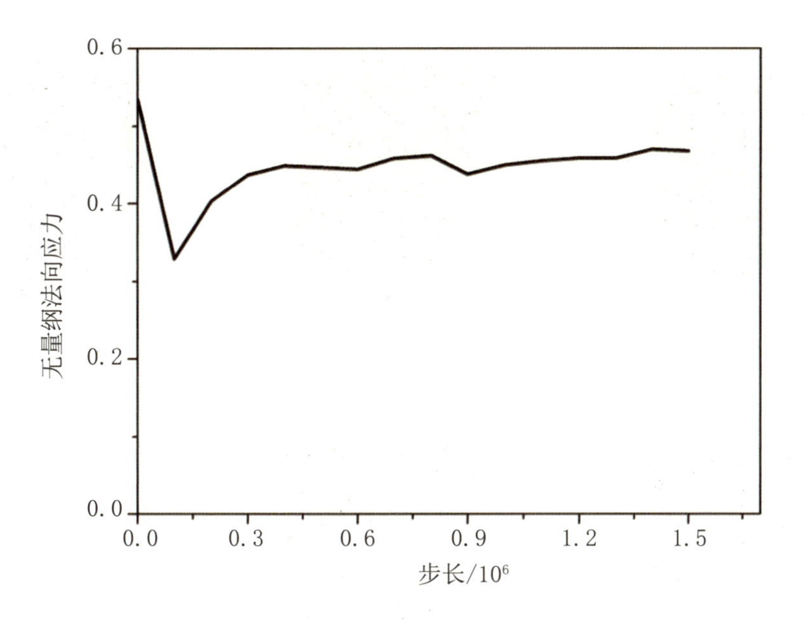

图 2.49　体积分数 30% 的磁流变液在 1 s^{-1} 的剪切速率下法向应力随步长的变化曲线

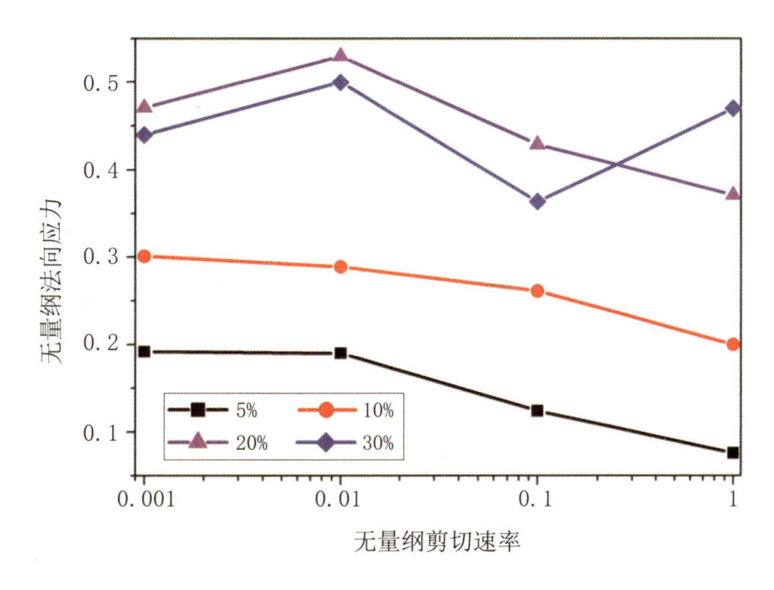

图 2.50　不同磁流变液的法向应力随剪切速率的变化曲线

图 2.53 为非线性振荡剪切 (应变幅值为 10%) 下体积分数 30% 的磁流变液的微观结构演化图, 在一个振荡周期内, 磁流变液链状结构随着极板的运动而周期性地往复振动, 即磁流变液的链状结构随剪切应变的施加也保持周期性振荡特性. 同样, 磁流变液的法向应力随着计算步长呈周期性振荡 (图 2.54), 该周期与施加的应变的周期相同, 值得注意的是, 在一个应变周期内, 法向应力出现两个峰值, 分别对应链结构处于应变最大的位置.

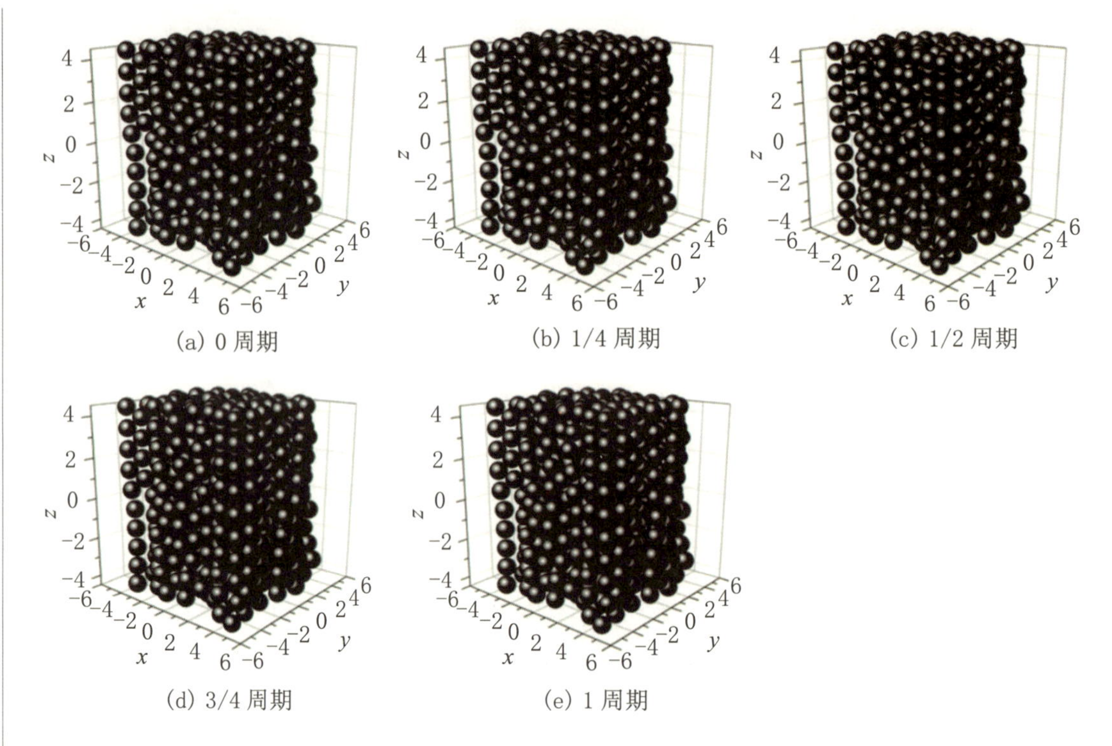

图 2.51　线性区域振荡剪切下磁流变液的微观结构演化图

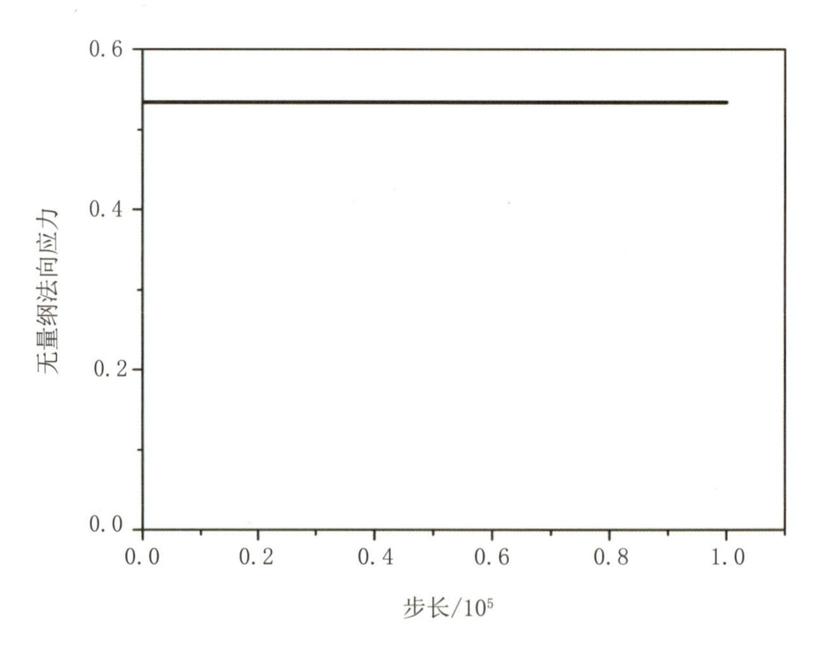

图 2.52　线性振荡剪切下磁流变液的法向应力随步长的变化曲线

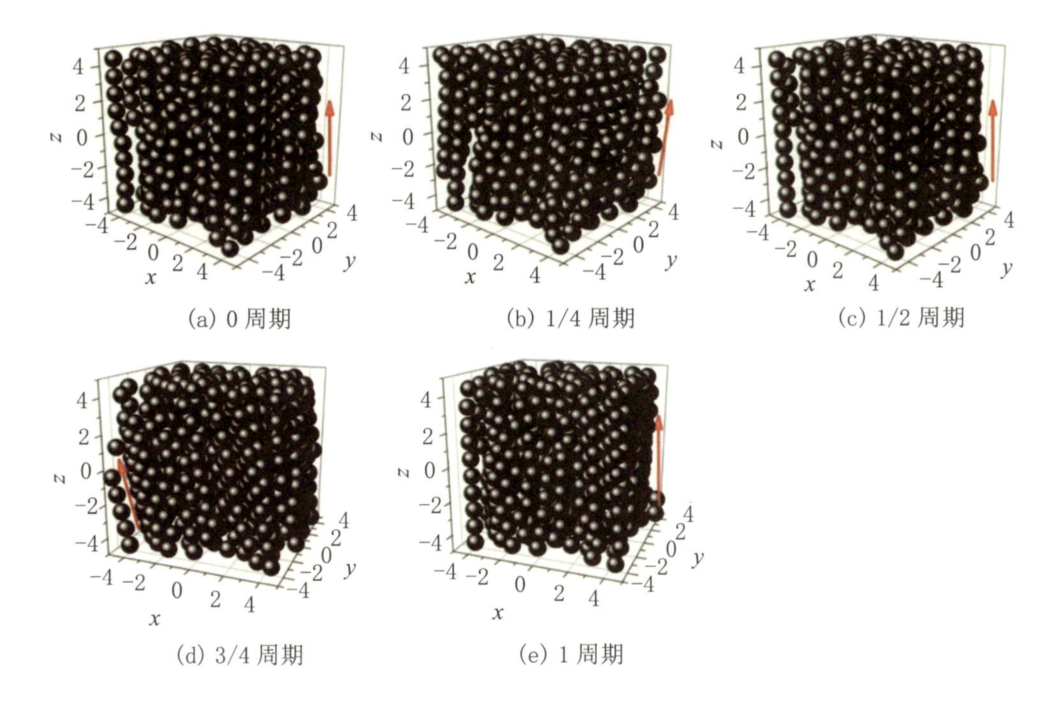

图 2.53　非线性振荡剪切下磁流变液的微观结构演化图

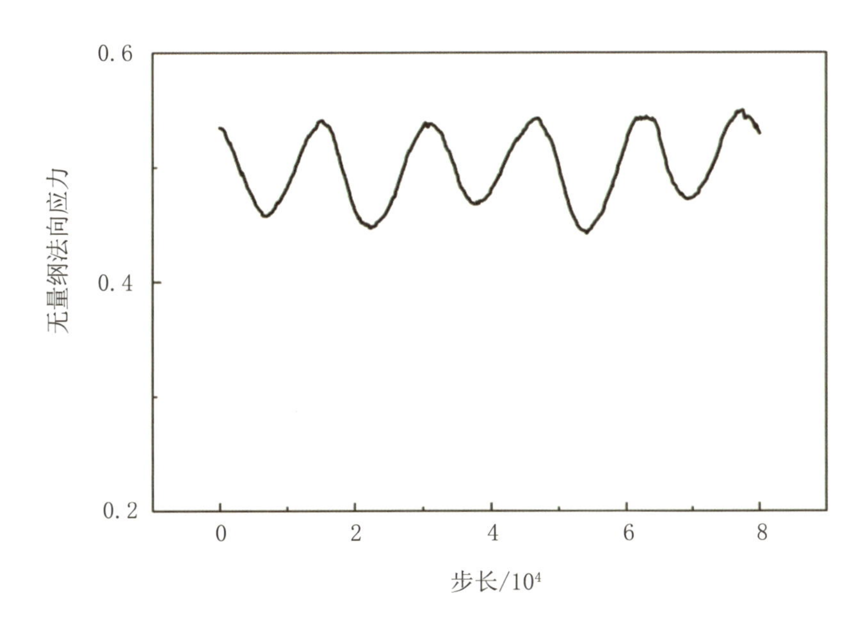

图 2.54　非线性振荡剪切下磁流变液的法向应力随步长的变化曲线

振荡剪切下法向应力随频率的变化曲线如图 2.55(a) 所示，不论对于线性振荡剪切或是非线性振荡剪切，其法向应力均保持为常量，即法向应力与剪切频率是无关的，这与上文的实验结果极其符合. 然而对于随振幅变化的法向应力 (图 2.55(b)),在小应变振幅范围内,法向应力为常量,随着应变幅值的增大,法向应力随之减小,这与实验结果恰好相反,表明了偶极子模型在计算大体积分数样品时存在不足.

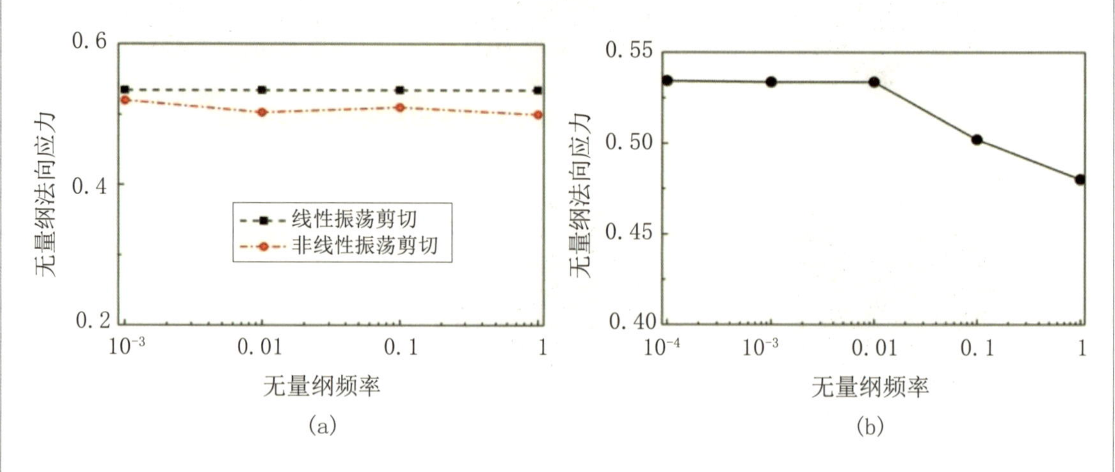

图 2.55　随频率和应变幅值变化的磁流变液的法向应力曲线

2.3　挤压模式下磁流变液的法向力

相对于剪切模式下磁流变液的法向力,挤压模式下磁流变液的法向力研究得更为深入. 近年来,随着对高剪切应力磁流变液材料需求的增加,挤压模式的研究显得尤为迫切. 与剪切模式和阀模式相比,挤压模式能够提供更大的屈服应力,从而使磁流变器械在相同输出阻尼力下更加小巧. 早期的挤压模式研究主要基于电流变液的研究成果,电流变液的实验或理论结果一般可直接应用于磁流变液. 然而,由于电场和磁场的施加方式不同,两者存在一定差异. 例如,施加电场的极板易于制成各种形状,并能保证电场的均匀性;而磁场发生装置的线圈则难以产生均匀磁场,且非均匀磁场作用下磁流变液的挤压行为研究得较少. 此外,由于实验条件和样品的差异,之前的研究结果存在一些矛盾之处. 在本节中,我们分别研究了速率恒定时在等面积和等体积条件下的磁流变液挤压行为,探讨了非均匀磁场与均匀磁场的差异,并系统分析了各种因素对挤压模式下磁流变液法向力的影响,以期全面理解磁流变挤压模式的特性.

2.3.1 等面积挤压模式下磁流变液的法向力

1. 研究目的

本小节旨在研究载液黏度对磁流变液挤压法向力的影响. 为此,实验分别制备了初始黏度为 10, 100 和 500 cSt 的硅油磁流变液, 并调控磁流变液中铁粉的体积分数在 5%~30% 范围内变化,以系统探究载液黏度和颗粒浓度对磁流变液法向力的作用规律.

2. 实验方法

实验采用 Physica MCR 301 型平板式流变仪进行磁流变液在等面积挤压条件下的法向力测试. 实验过程中,磁流变液完全填充于上、下平板之间,上平板以恒定速度向下移动,而下平板保持静止,确保磁流变液与两平板的接触面积恒定.

需要注意的是, 流变仪的上平板并非普通圆柱平板, 而是具有凹槽和挡板的特殊设计. 因此,在压缩过程中,上平板的运动受限,磁流变液无法无限制地压缩,即不能接触到上平板外部的挡板. 上平板的测试部分为内部平板,其直径为 $2R = 20$ mm,凹槽外径为 $2R_{\mathrm{g}} = 26$ mm,整个上平板外径为 $2R_{\mathrm{r}} = 28$ mm. 假设挤压测试磁流变液的初始高度为 h_0,在挤压过程中磁流变液保持为圆柱体,挤压结束时磁流变液的高度为 h_1. 为了确保磁流变液始终处于等面积压缩状态,磁流变液样品的横截面积不得超过凹槽外径.

在极端情况下, 即压缩结束时磁流变液恰好接触到凹槽外缘, 根据磁流变液的体积守恒原则,可得

$$V_0 = \pi R^2 h_0 = \pi R_{\mathrm{g}}^2 h_1 = V_1 \tag{2.21}$$

定义压缩应变为 $\varepsilon_{\mathrm{c}} = (h_0 - h(t))/h_0$,其中 $h(t)$ 为压缩过程中磁流变液的瞬时高度,为了满足等面积压缩条件,压缩应变需满足

$$\varepsilon_{\mathrm{c}} < 1 - \frac{R_{\mathrm{g}}^2}{R^2} = 0.408 \tag{2.22}$$

在无磁流变液的情况下,测试平板的磁感应强度沿径向尺寸的分布如图 2.57 所示. 实验表明,在恒定电流下,测试平板间的磁感应强度并非恒定值,而是呈现一定的磁场梯度. 可观察到,平板中间位置的磁场强度远小于边缘位置的磁场强度. 这一现象主要源于流变仪导磁骨架中的非导磁性平板转轴对磁场的影响. 随着磁流变液样品的添加,磁

场强度会发生一定变化，但磁场梯度依然存在．此外，在挤压过程中，随着平板间距的减小，磁场强度略有降低，但下降幅度较小，可忽略不计．实验中未考虑平板不平行性、惯性等因素对磁场分布的影响．

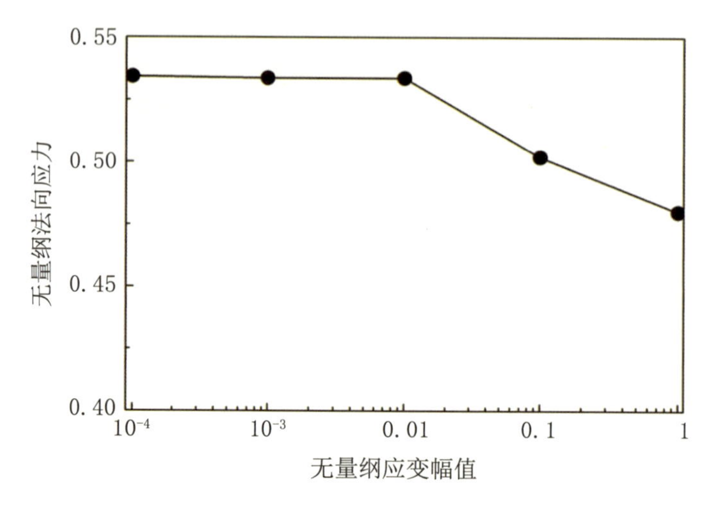

图 2.56 磁流变液等面积挤压示意图

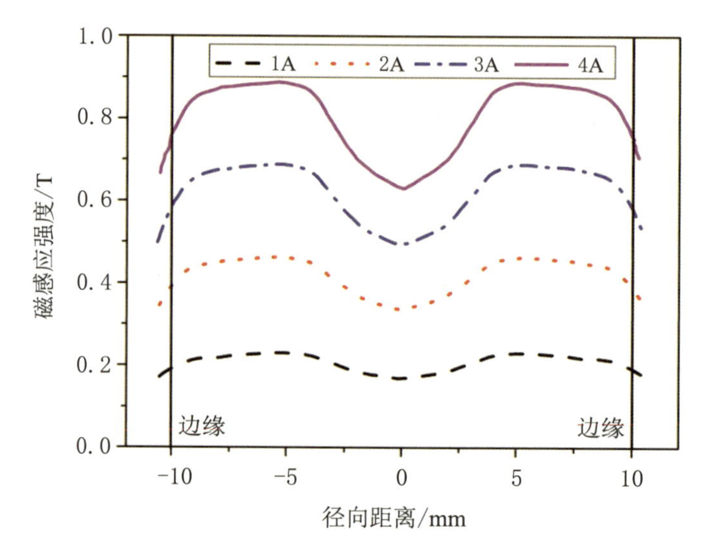

图 2.57 测试平板中磁感应强度随径向距离的分布曲线

在进行测试前，需充分搅拌磁流变液以确保磁性颗粒均匀分布．测试步骤如下：

(1) 样品加载．使用注射器将所需的磁流变液定量添加至测试平板之间．不同的初始间距需要不同体积的样品．

(2) 磁场施加．保持磁流变液静止，施加磁场 60 s，使磁流变液充分形成稳定的链状结构．

(3) 挤压测试. 在磁场保持恒定的情况下,上平板以恒定速度向下移动以压缩磁流变液样品,下平板保持静止. 通过测试系统记录挤压过程中的位移和法向力.

首先,测试在无外磁场情况下磁流变液的压缩法向力. 结果显示,零磁场下的法向力小于 0.1 N,因此可忽略其对实验结果的影响. 随后,在恒定磁场作用下进行磁流变液的挤压测试,此时存在磁场梯度. 图 2.58(a) 显示了磁流变液在磁场作用下挤压法向力与间距的关系曲线. 施加磁场后,即使磁流变液未被挤压,也会产生静态法向力 (3.38 N),如图中星号所示. 因此,在建立磁流变液挤压模型时,应考虑静态法向力的影响. 静态法向力的存在使测试平板的初始间距略微增大 (从 0.625 mm 增至 0.627 mm),但不会造成显著的实验误差.

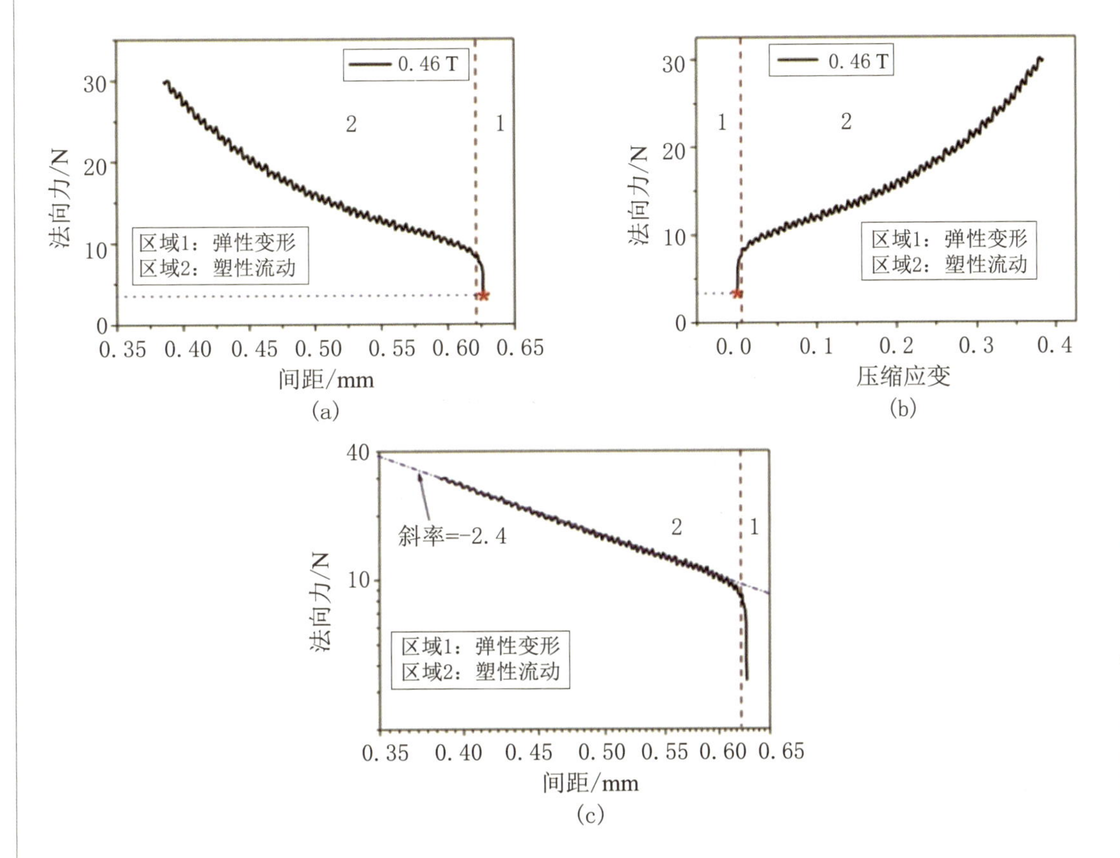

图 2.58　在线性坐标挤压模式下磁流变液法向力与间距、压缩应变的关系曲线以及在双对数坐标下与间距的关系曲线

磁流变液的体积分数为 10%,硅油黏度为 100 cSt,压缩速率为 10 μm/min,初始高度为 0.625 mm,磁场强度为 0.46 T.

在挤压过程中,磁流变液的法向力随着间距的减小而增大,其变化过程可分为两个阶段:

弹性变形阶段：当间距从 0.627 mm 减小至 0.622 mm 时，法向力从 3.38 N 迅速增加至 8.45 N.

塑性流动阶段：随着压缩间距进一步减小，法向力持续增加；当间距减小至 0.386 mm 时，法向力达到 29.8 N (图 2.58(a)). 法向力与压缩应变的关系曲线 (图 2.58(b)) 也支持这一结论.

磁流变液在挤压过程中的微观结构变化如图 2.59 所示. 在弹性变形阶段，磁流变液在磁场作用下形成的颗粒链结构保持完整，挤压作用仅导致颗粒的弹性变形. 在塑性流动阶段，颗粒链在挤压作用下不断断裂并重新组合，形成新的、更粗壮的链状结构以抵抗压缩变形. 这种结构的断裂和重组导致宏观上挤压法向力的振荡特性.

在测试过程中，平均法向应力 σ_n (定义为 $\sigma_n = F_n/A$，F_n 为挤压法向力，A 为测试平板面积) 从 10.8 kPa 增加到 94.8 kPa. 压缩屈服应力 (定义为从弹性变形阶段到塑性流动阶段的分界点处的平均法向应力) 为 26.9 kPa，远高于其剪切屈服应力 3.5 kPa (通过 Bingham 模型拟合得到). 这表明，磁流变液在挤压模式下比在剪切模式下能提供更大的屈服应力，因此，在相同输出阻尼力的情况下，挤压模式的磁流变器械比剪切模式的更为紧凑.

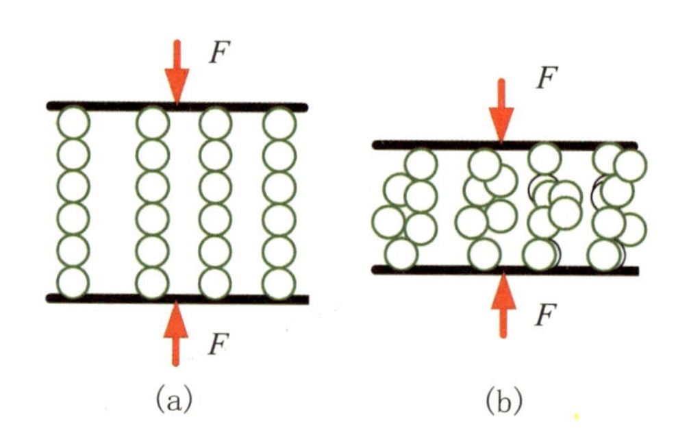

图 2.59 挤压模式下磁流变液的微观结构演化图

在双对数坐标 (图 2.58(c)) 下，塑性流动区的磁流变液法向力与间距满足线性变化关系，即法向力与间距呈幂指数关系：$F_n \propto h^n$ ($n = -2.4$). 如果将磁流变液看作理想的连续介质液体，忽略其弹性因素影响，那么根据一般的挤压流动理论，磁流变液的挤压法向力与间距呈幂律关系，但在之前的研究中获的幂律指数值存在较大差异. 因此在下文中，我们将进一步考虑磁场的不均匀性，以详细分析挤压模式下磁流变液法向力与间距的变化关系.

在挤压过程中，若忽略间距变化时平板间磁场分布的影响，则认为磁场强度保持恒定. 图 2.60 为不同磁场作用下磁流变液的法向力随间距的变化曲线. 在不同的磁场作用下，磁流变液法向力随间距的变化遵循上文所说的一般特性. 在相同间距下，随着磁场的增加，磁流变液的法向力增大，当磁感应强度从 0.23 T 增加到 0.88 T 时，压缩屈服应力从 16.1 kPa 增加到 29.8 kPa，这是典型的磁流变效应. 磁场的增强提高了磁性颗粒之间的作用力，使其形成更为稳定的链状结构，从而在挤压过程中需要更大的外力以破坏该结构. 与剪切模式下的法向力随磁场的变化关系类似，压缩屈服应力在强磁场作用下也表现出磁饱和现象 (图 2.61).

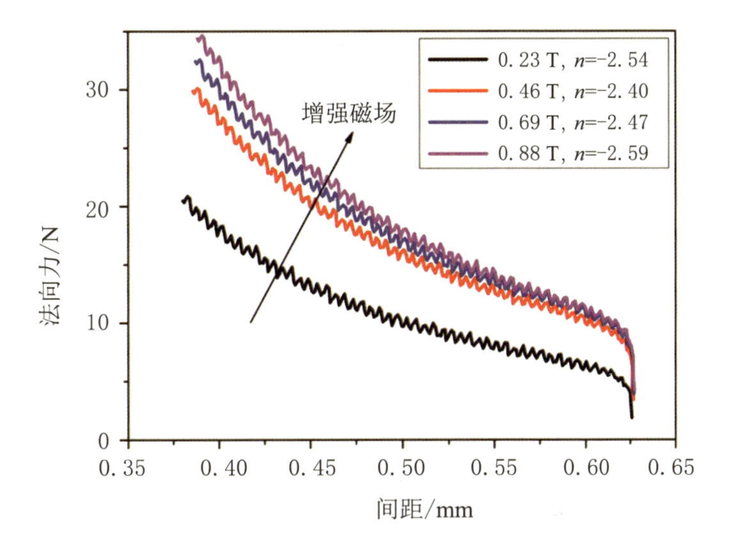

图 2.60　不同磁场作用下磁流变液的法向力随间距的变化曲线

磁流变液的体积分数为 10%，硅油黏度为 100 cSt，压缩速率为 10 μm/min，初始高度为 0.625 mm.

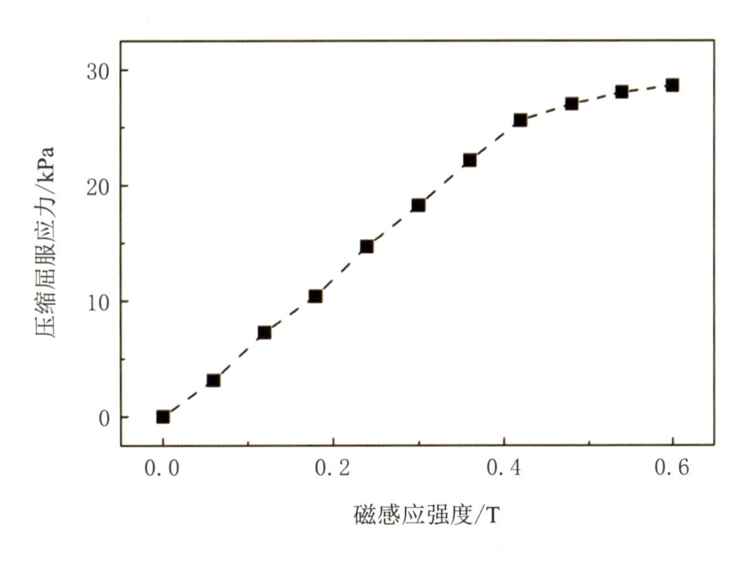

图 2.61　磁流变液的压缩屈服应力和磁感应强度的关系曲线

在不同磁场作用下，法向力与间距变化的幂律关系指数 n 在 -2.40 和 -2.59 之间变化. 该指数并不随着磁场增强呈单调递减趋势,但其最小值通常出现在强磁场条件下,此现象与密封效应 (sealing effect) 有关,在挤压过程中,磁性颗粒受到磁场的约束,颗粒会留在平板上而不随载液一起被挤压出去,磁场越大,密封效应越明显,则留在平板上的颗粒浓度会进一步增大,造成挤压法向力更快地增加,下文中会对此进行详细的说明.

在挤压过程中分别测试了从 2 μm/s 到 20 μm/s 过程中四种压缩速率下法向力随间距的变化曲线 (图 2.62),其压缩应变率变化范围为 0.001~0.04 s^{-1},故这些测试都可认为是准静态测试. 在相同的间距下,随着挤压速率的增加,法向力增大,当挤压速率从 2 μm/min 增加到 20 μm/min 时,压缩屈服应力增大了 1.6 倍. 在如此小的挤压速率下,磁流变液本身的黏性阻力对法向力的影响可忽略不计,这表明法向力的变化主要受挤压速率对颗粒链结构的影响. 实验结果还表明,随着挤压速率的增加,幂律指数减小,即在较高剪切速率下,法向力变化更剧烈.

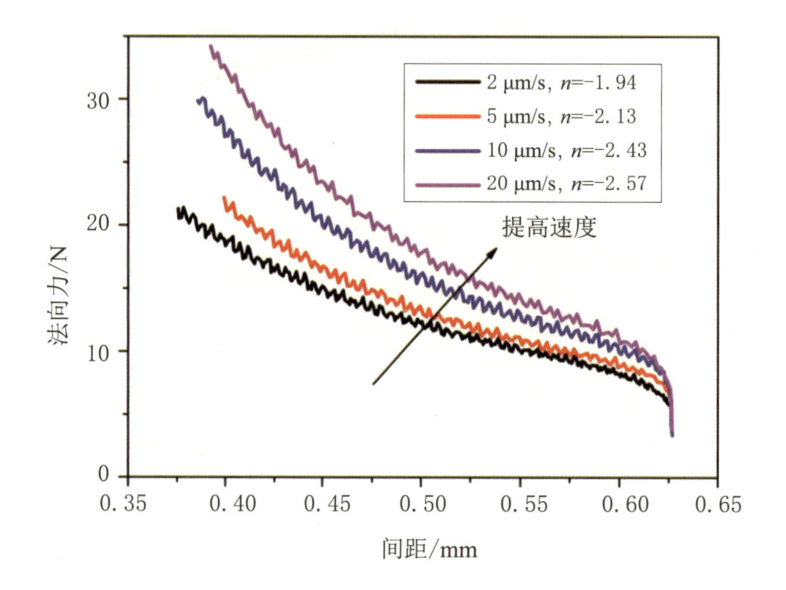

图 2.62　不同压缩速率下法向力随间距的变化曲线

磁流变液的体积分数为 10%,硅油黏度为 100 cSt,初始高度为 0.625 mm,磁感应强度为 0.46 T.

不同颗粒浓度下磁流变液的法向力随间距的变化曲线如图 2.63 所示. 只测试了体积分数从 5% 到 25% 的样品,因为更高浓度的磁流变液在挤压过程中产生的法向力会超过仪器的测试量程 (50 N). 在相同的间距下,随着样品体积分数的增加,法向力也增加,这是因为体积分数更大时会形成更多的颗粒链结构. 当体积分数从 5% 增加到 25% 时,压缩屈服应力从 1.6 kPa 线性增加到 31.8 kPa(图 2.64),即压缩屈服应力正比于颗粒体积分数 ϕ:$\sigma_{\mathrm{ns}} \propto \phi$.

当颗粒体积分数从 5% 增加到 20% 时,法向力和间距的幂律关系指数在 −2.8 和

−2.0 之间变化，即该指数随体积分数变化不大，但是当体积分数为 25% 时，幂律指数显著地降低到 −4.36，远远小于上述数值，表明大体积分数的磁流变液的挤压法向力对间距变化更加敏感，挤压模式下大体积分数样品的密封效应更为明显.

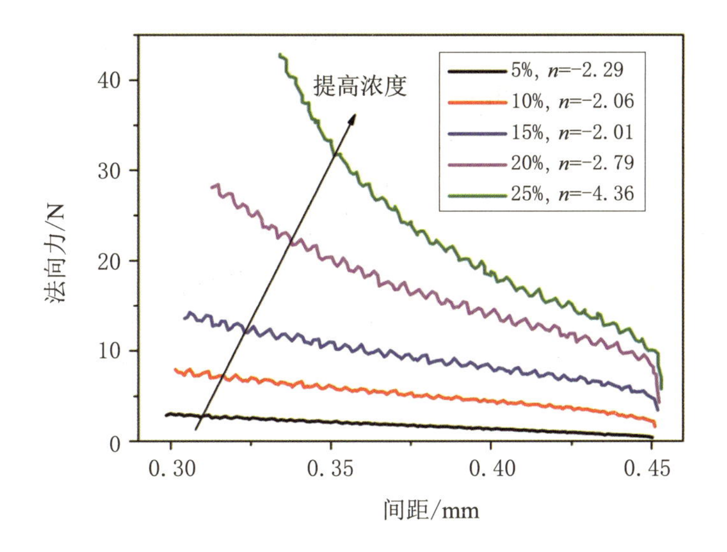

图 2.63　不同颗粒浓度下磁流变液的法向力随间距的变化曲线

硅油黏度为 100 cSt，初始高度为 0.625 mm，压缩速率为 10 μm/min，磁感应强度为 0.46 T.

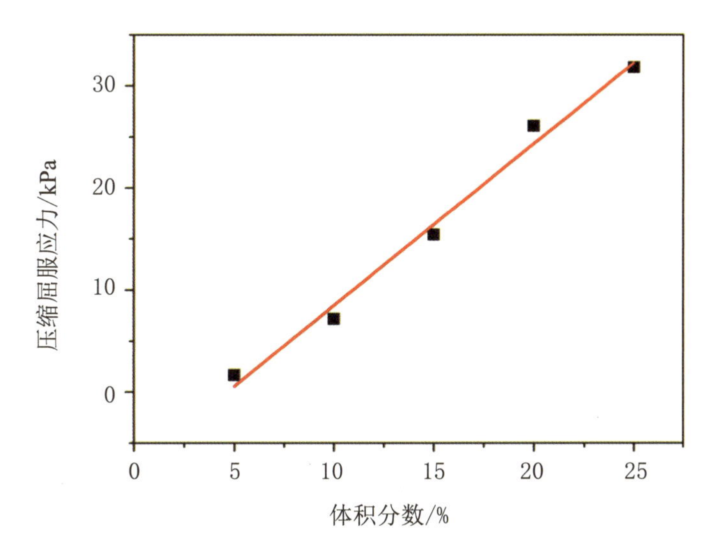

图 2.64　压缩屈服应力随颗粒体积分数的变化曲线

在增加载液的黏度后，磁流变液的挤压法向力也会显著增加 (图 2.65). 在相同的压缩间距 (0.5 mm) 下，500 cSt 硅油配制的磁流变液的法向力是 10 cSt 的 3 倍. 这是因为用高初始黏度的载液配制的磁流变液材料，更容易保持颗粒链结构的稳定性，在挤压的作用下,需要更大的法向力打破载液对颗粒链的约束. 因此这也造成了随着载液黏度的升高,法向力与间距的幂律关系指数亦增大.

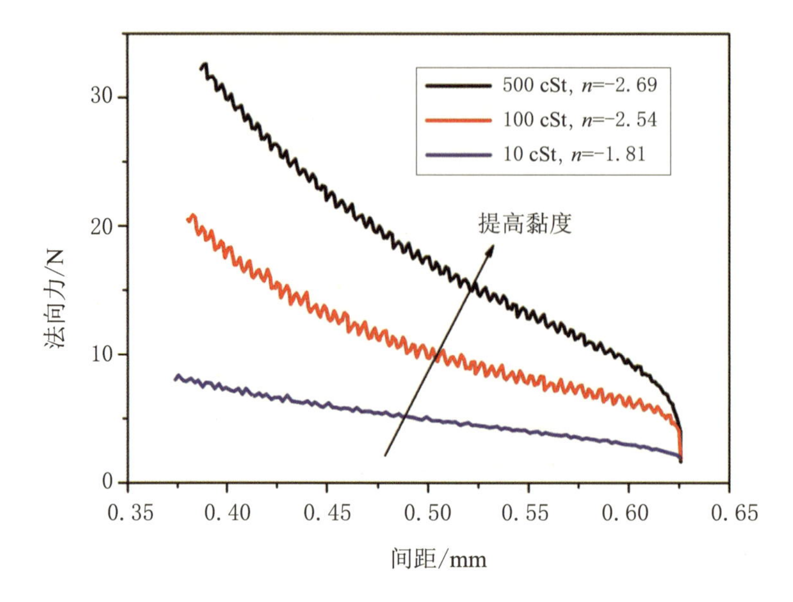

图 2.65　不同载液黏度下法向力随间距的变化曲线

磁流变液的体积分数为 10%,初始高度为 0.625 mm,压缩速率为 10 μm/min,磁感应强度为 0.46 T.

图 2.66 为不同初始压缩间距下磁流变液的法向力随压缩应变的变化曲线. 随着初始间距的减小,法向力显著增加,并且其幂律关系指数随初始间距变化不大. 可以将磁流变液颗粒链的压缩过程比拟为细长杆的压缩过程. 根据细长杆压缩理论,细长杆的承载能力 P_L 由杆的长度 l 和直径 D_l 决定:$P_L=k_G D_l^2/l^2$. 在静止条件下,磁流变液的颗粒链的直径和高度满足关系 $D_l \sim l^s$ (s 为常数),则颗粒链的压缩承载力与高度之间的关系为 $P_L \sim l^{-2(l-s)}$. 在压缩过程中,颗粒链不断断裂和重组,其长度不断缩小而直径不断增加,则所需法向力逐渐增大,即小的初始间距产生更大的法向力. 对于大体积分数的样品,在磁场的作用下颗粒形成更加复杂的网络结构,但是我们也可以通过颗粒链模型定性地去理解法向力随间距的变化关系. 图 2.67 为压缩屈服应力随初始间距的变化曲线,可以明显看出,随着初始间距的缩小,压缩屈服应力显著增大,压缩屈服应力与初始间距的变化近似符合负指数的幂律模型关系.

在磁流变液单向匀速压缩过程中,雷诺数 $Re = hV\rho_0/\eta$ (h_0 为压缩的初始间距,V 为压缩速率,ρ_0 和 η 分别为磁流变液的密度和黏度) 的量级为 10^{-4},远小于 1,因此可认为流动符合润滑近似并呈现蠕动流特性. 由于平板的间距远小于平板的直径 ($R > 10h$),可忽略磁流变液的法向应力分量. 根据对称性,柱坐标系中,θ 分量为 0. 磁流变液压缩

过程中的动量守恒方程在柱坐标系 (r,θ,z) 下可简化为

$$-\frac{\partial P}{\partial r}+\frac{\partial \tau_{rz}}{\partial z}+\mu_0 M_r\frac{\partial H_r}{\partial r}=0 \tag{2.23}$$

即方程只在 r 方向上有意义,其中 P 为总压强,τ_{rz} 是剪切应力,M_r 是磁化强度,μ_0 是真空磁导率,左侧第三项即为磁场分布不均匀引起的体力.

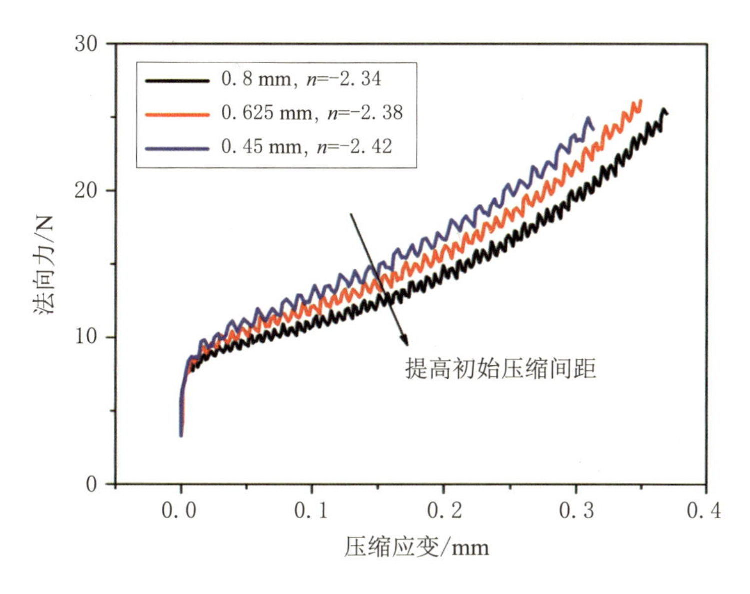

图 2.66 不同初始压缩间距下法向力随压缩应变的变化曲线

磁流变液的体积分数为 10%,硅油黏度为 100 cSt,压缩速率为 10 μm/min,磁感应强度为 0.46 T.

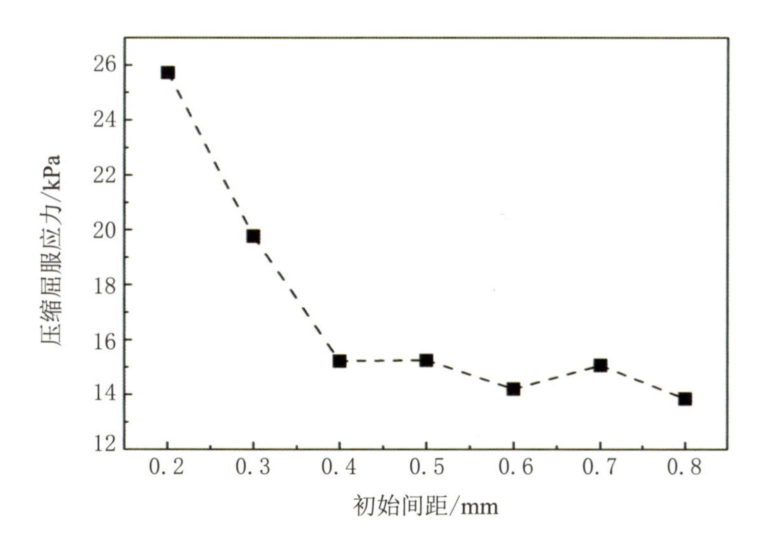

图 2.67 压缩屈服应力随初始间距的变化曲线

磁流变液的本构关系可采用双黏性模型描述,如图 2.68 所示,与 Bingham 模型不

同的是,双黏性模型在屈服点前满足 Newton 流体关系,而非理想的刚体. 具体而言,双黏性模型可表示为

$$\tau(H)=\tau_0(H)+\eta\frac{\partial U_r}{\partial z},\quad \tau^2>{\tau_1}^2 \tag{2.24}$$

$$\tau(H)=\eta_r\frac{\partial U_r}{\partial z},\quad \tau^2<{\tau_1}^2 \tag{2.25}$$

其中 τ_0 为剪切应力,τ_1 为真实的剪切屈服应力,η 为屈服点后的剪切应力–剪切速率曲线斜率,η_r 为屈服点前的黏性参数,U_r 为流体速度. 定义无量纲参数 $\varepsilon=\eta/\eta_r$,则有关系 $\tau_0=\tau_1(1-\varepsilon)$,且当 $\varepsilon\to 0$ 时,双黏性模型退化为 Bingham 模型.

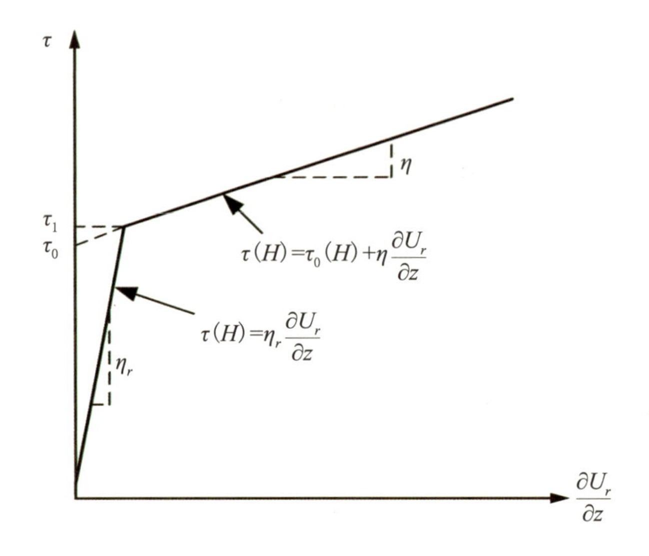

图 2.68 双黏性模型示意图

根据对称性,只考虑区域 $0<z<h/2$,$0<r<R$ 内的流体 (图 2.69),方程 (2.23) 可改写为

$$\frac{\partial}{\partial z}\tau=\frac{\partial P}{\partial r}-\mu_0 M_r\frac{\partial H_r}{\partial r}=\varPhi(r) \tag{2.26}$$

通常情况下 $\varPhi(r)<0$. 根据边界条件 $z=h/2$, $\tau=0$,对方程 (2.26) 沿着 z 方向进行积分,可得

$$\tau=\varPhi(r)\left(z-\frac{h}{2}\right) \tag{2.27}$$

令 $\tau=\tau_1$,得到 $z_y=h/2+\tau_1\varPhi^{-1}(r)$,即为屈服区域 $(0<z<z_y)$ 与非屈服区域 $(z<z_y<h/2)$ 的垂直分界线. 将式 (2.24) 和式 (2.26) 结合起来,根据无滑移边界条件 $(z=0, U_r=0)$,沿着 z 方向进行积分,得到屈服区域的速度分布为

$$U_{r1}=\frac{1}{2\eta}\varPhi(r)(z-h)z-\frac{\tau_0(H)}{\eta}z,\quad 0\leqslant z\leqslant z_y \tag{2.28}$$

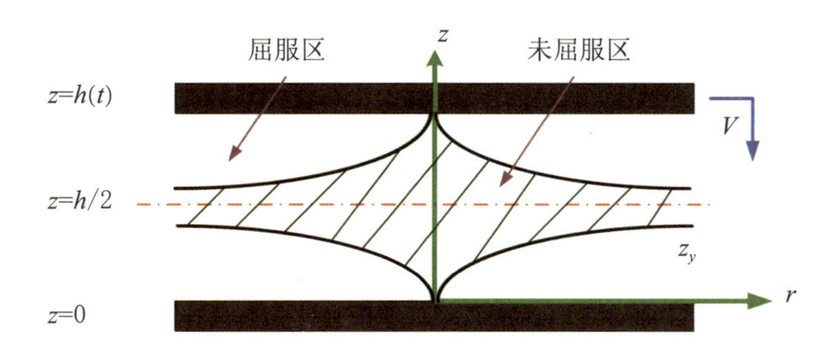

图 2.69 柱坐标系下磁流变液挤压流动区域示意图

同样,将式 (2.25) 和式 (2.26) 结合起来进行积分,可以得到非屈服区域的速度分布

$$U_{r2}=\frac{1}{2\eta_r}\Phi(r)(z-h)z-c,\quad z_y\leqslant z\leqslant\frac{h}{2} \tag{2.29}$$

其中 c 为积分常数. 根据速度分布的连续性,即屈服区域和非屈服区域的速度在分界面上相等,即

$$U_{r1}(z_y)=U_{r2}(z_y) \tag{2.30}$$

联立式 (2.28)~ 式 (2.30),得到积分常数

$$c=\left(\frac{1}{2\eta}-\frac{1}{2\eta_r}\right)\Phi(r)(z_y-h)z_y-\frac{\tau_0(H)}{\eta}z_y \tag{2.31}$$

代入方程 (2.29),得到非屈服区域的速度分布为

$$U_{r2}=\frac{1}{2\eta_r}\Phi(r)(z-h)z+\left(\frac{1}{2\eta}-\frac{1}{2\eta_r}\right)\Phi(r)(z_y-h)z_y-\frac{\tau_0(H)}{\eta}z_y,\quad z_y\leqslant z\leqslant\frac{h}{2} \tag{2.32}$$

综上,流场的速度分布为

$$U_r=\begin{cases}\dfrac{1}{2\eta}\Phi(r)(z-h)z-\dfrac{\tau_0(H)}{\eta}z, & 0\leqslant z\leqslant z_y\\ \dfrac{1}{2\eta_r}\Phi(r)(z-h)z+\left(\dfrac{1}{2\eta}-\dfrac{1}{2\eta_r}\right)\Phi(r)(z_y-h)z_y-\dfrac{\tau_0(H)}{\eta}z_y, & z_y\leqslant z\leqslant\dfrac{h}{2}\end{cases} \tag{2.33}$$

根据挤压过程中质量守恒条件,对半径为 r、从 $z=0$ 到 $z=h/2$ 的圆柱体,可得

$$\pi r^2\mathrm{d}\left(\frac{h}{2}\right)/\mathrm{d}t=2\pi r\int_0^{h/2}U_r\mathrm{d}z$$

即

$$\frac{rV}{4}=\int_0^{z_y}U_r\mathrm{d}z+\int_{z_y}^{h/2}U_r\mathrm{d}z$$
$$=\int_0^{z_y}\left(\frac{1}{2\eta}\Phi\left(r\right)\left(z-h\right)z-\frac{\tau_0\left(H\right)}{\eta}z\right)\mathrm{d}z$$
$$+\int_{z_y}^{h/2}\left(\frac{1}{2\eta_r}\Phi\left(r\right)\left(z-h\right)z+\left(\frac{1}{2\eta}-\frac{1}{2\eta_r}\right)\Phi\left(r\right)\left(z_y-h\right)z_y-\frac{\tau_0\left(H\right)}{\eta}z_y\right)\mathrm{d}z \tag{2.34}$$

其中 V 为挤压速率. 经过冗长的计算后得到

$$\eta_r h^3\Phi^3+3\eta_r\tau_0h^2\Phi^2+6\eta\eta_r rV\Phi^2-8\eta\tau_1^3-12\eta_r\tau_0\tau_1^2+8\eta\tau_1^3=0 \tag{2.35}$$

引入无量纲压强 $X=-\dfrac{h}{2\tau_1}\Phi$ 和塑性数 $S=\dfrac{r\mu V}{h^2\tau_1}$,则方程 (2.35) 可化为

$$X^3-3\left(S+\frac{1}{2}\right)X^2+\frac{1}{2}=\varepsilon\left(\frac{1}{2}-\frac{3}{2}X^2\right) \tag{2.36}$$

由于 $z_y=h/2+\tau_1\Phi^{-1}\left(r\right)>0$, 故 $X=-\dfrac{h}{2\tau_1}\Phi>1$. 方程 (2.36) 可通过数学软件或者数值方法计算得到精确解,但是结果极为复杂,且不具有物理直观性,因此对方程 (2.36) 进行近似解研究. 对磁流变液,$\varepsilon\sim10^{-4}\ll1$,方程 (2.36) 可近似为

$$X^3-3\left(S+\frac{1}{2}\right)X^2+\frac{1}{2}=0 \tag{2.37}$$

该方程即为利用 Bingham 模型得到的结果,由此可知利用双黏性模型和 Bingham 模型作为磁流变液的本构模型对结果影响不大. 设 S 为一个极小数,根据摄动理论,得到方程 (2.37) 的近似解为

$$X=1+\sqrt{2S} \tag{2.38}$$

即

$$\frac{\partial P}{\partial r}=-\frac{2\tau_1\left(H\right)}{h}-\frac{2\tau_1\left(H\right)}{h^2}\left(\frac{2r\eta V}{\tau_1\left(H\right)}\right)^{1/2}+\mu_0M_r\frac{\partial H_r}{\partial r} \tag{2.39}$$

忽略大气压的影响,即 $P(R)=0$,则上极板受到的总法向力为

$$F_{\mathrm{n}}=\int_0^R2\pi P\left(r\right)r\mathrm{d}r=-\pi\int_0^R\frac{\partial P\left(r\right)}{\partial r}r^2\mathrm{d}r$$
$$=\frac{2\pi}{h}\int_0^R\tau_1\left(H\right)r^2\mathrm{d}r+\frac{2\pi}{h^2}(2\eta V)^{1/2}\int_0^R\tau_1^{1/2}\left(H\right)r^{5/2}\mathrm{d}r-\pi_0\mu_0\int_0^RM_r\frac{\partial H_r}{\partial r}r^2\left(H\right)\mathrm{d}r \tag{2.40}$$

总的法向力由三部分构成,右端第一项为屈服应力产生的作用力,第二项为黏性作用力,第三项为磁场梯度产生的作用力. 如果磁场沿着平板的径向分布是均匀的,则法向力计算公式变为

$$F_{\mathrm{n}}=\frac{2\pi\tau_1R^3}{3h}+\frac{4\pi}{7h^2}\sqrt{2\tau_1\eta VR^7} \tag{2.41}$$

均匀磁场和非均匀磁场下磁流变液挤压法向力的最大不同是非均匀磁场作用下存在磁场梯度诱导法向力. 磁流变液为各向异性介质, 磁化强度为磁场强度的函数, 即 $M_r = \chi_{rz} H_{zz}$,其中 H_{zz} 为 z 方向的磁场强度 $(H_{rr} = H_{\theta\theta} = 0)$, χ_{rz} 是磁化率. 对于磁流变液,在挤压过程中,如果认为 H_{zz} 和 χ_{rz} 是常值,则磁场梯度诱导的作用力为常量,即与压缩间距 h 无关. 另外,与均匀磁场压缩下不同的是,非均匀磁场压缩过程中沿平板径向分布的磁流变液剪切屈服应力是变化的,因此必须通过积分才能得到总的法向力.

以体积分数为 10%、载液黏度为 100 cSt 的磁流变液挤压测试为例,计算了均匀磁场和非均匀磁场作用下的挤压法向力. 磁流变液的剪切应力–剪切速率曲线通过 Bingham 模型进行拟合,得到磁流变液的初始黏度为 0.24 Pa·s,剪切屈服应力与磁场的关系可用多项式拟合,即 $\tau_1(B) = 4\,680.8B^3 - 12\,537B^2 + 12\,595B - 11.617$,如图 2.70 所示. 假设磁化率 χ_{rz} 为 1,挤压速率为 10 mm/min,初始间距为 0.625 mm,磁感应强度为 0.46 T,则计算结果如图 2.71 所示. 非均匀磁场作用下的法向力略大于均匀磁场作用下的法向力,它们与间距的幂律指数关系近似为 1,计算结果表明,压缩初始阶段的法向力大于实验测量值,这是由于实验得到的剪切屈服应力偏高. 在非均匀磁场作用下,磁性颗粒向磁场梯度较高的区域迁移,即往平板边缘移动,导致平板边缘的磁流变液浓度升高,从而提高其剪切屈服应力. 这一现象会使测试的扭矩增加,导致测量值相较于理论计算值偏大.

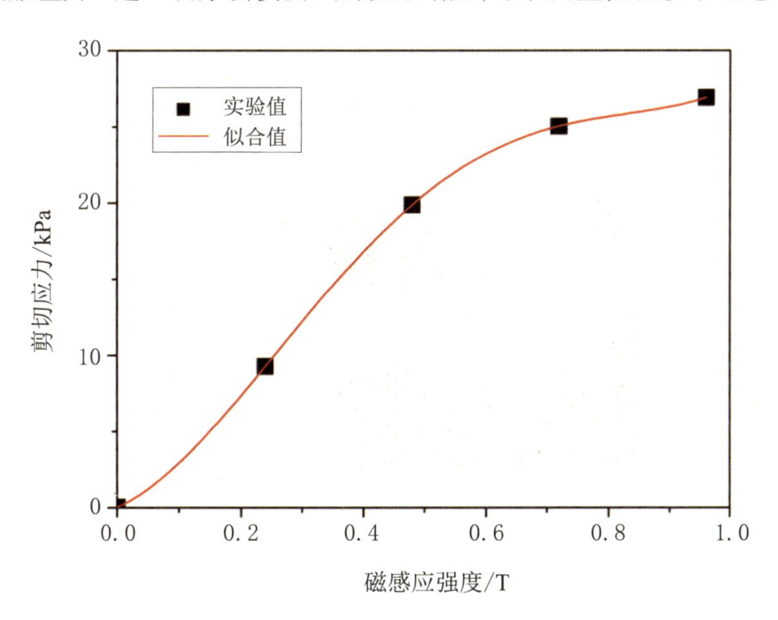

图 2.70　磁流变液剪切屈服应力与磁场关系的多项式拟合曲线

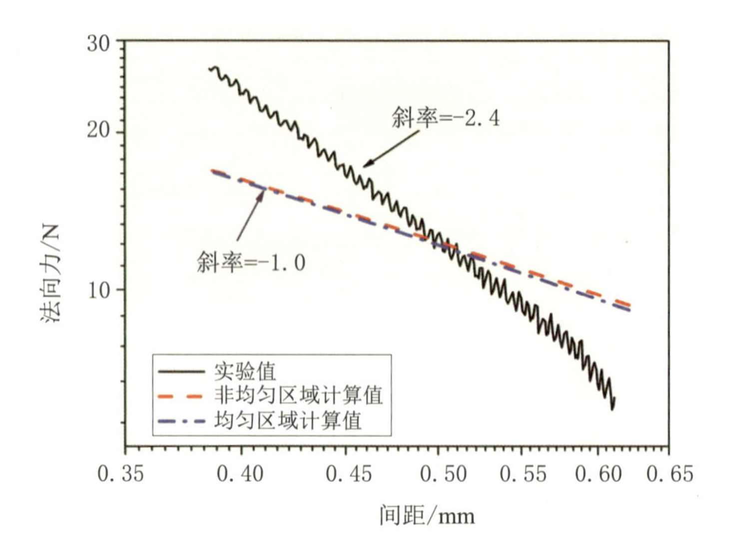

图 2.71　均匀磁场和非均匀磁场作用下挤压法向力的实验和理论结果比较

在忽略液体黏性作用的情况下，计算得到的法向力与间距的关系可以近似表示为 $F_{\mathrm{n}} \propto h^{-1}$，其幂律指数远大于实验测试值 -2.4，这种差异可能来源于密封效应和挤压增强效应，下文将对此进行详细的分析.

在等面积压缩过程中，由于磁场对磁性颗粒的束缚作用，颗粒和硅油的相互分离现象，即磁性颗粒留在测试平板上，而硅油被挤压排出，该现象称为密封效应，图 2.72 展示了实验后观察到的油液分离现象. 密封效应对磁流变液的挤压性能具有重要的影响.

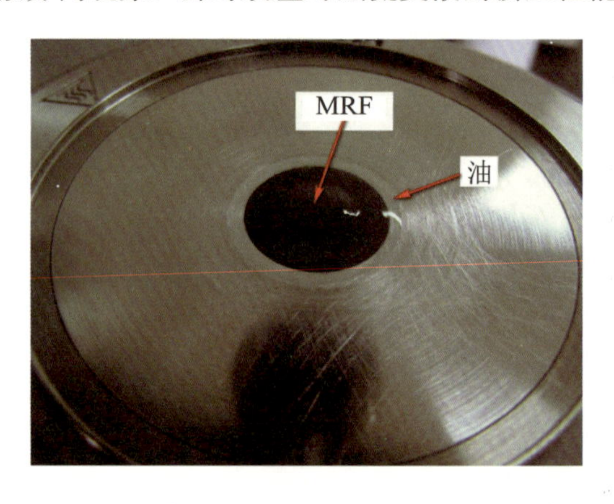

图 2.72　等面积挤压过程中的油液分离现象

在理想情况下，磁流变液挤压过程中，磁性颗粒和硅油按相同比例被挤出测试平板，此时停留在平板上的磁流变液体积分数不变，但是由于密封效应的存在，残留在测试平板间的磁流变液的颗粒浓度增大. 在极端情况下，挤压过程中只有硅油被挤压出而铁颗粒全部残留在测试平板上，此时磁流变液的体积分数为 $\phi = h_0\phi_0/h$ (ϕ_0 为初始体积分数，h_0 为初始间距，h 为压缩间距)，即磁流变液的体积分数与压缩间距成反比．此外，磁流变液的剪切屈服应力与体积分数的关系可表示为 $\tau_y \propto \phi^a$，由此可知磁流变液在压缩过程中的屈服应力与间距的关系为 $\tau_y \propto h^{-a}$ (a 为与密封效应有关的常数)．

如果在磁场方向施加正压力，则磁流变液的剪切屈服应力会有极大的提高，即所谓的剪切增强效应，在之前的研究中曾经测得在挤压作用下磁流变液剪切屈服应力与正应力的关系曲线，如图 2.73 所示．随着挤压应力的增加，磁流变液的剪切屈服应力增大，近似符合线性关系，即 $\tau_y \propto P_e$，$P_e = F_n/A$ 为施加在磁流变液上的正应力．在磁流变液挤压过程中，法向应力随着间距的减小而逐渐增大，磁流变液的剪切屈服应力亦随着间距的减小而增大，其关系可表示为 $\tau_y = \tau_{y0}(h_0/h)^b$，其中 τ_{y0} 为无挤压作用下磁流变液的剪切屈服应力．

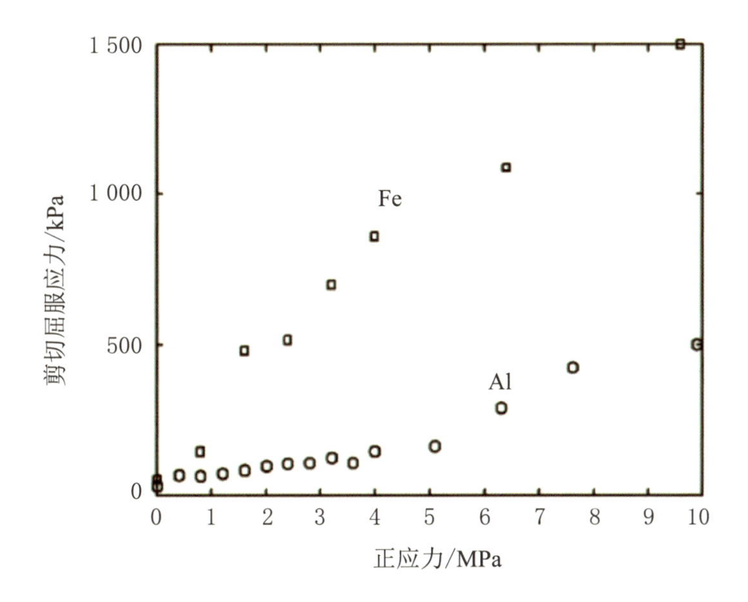

图 2.73　磁流变液的剪切屈服应力与正应力的关系

在挤压过程中，密封效应和挤压增强效应都会增大磁流变液的剪切屈服应力，从而增加磁流变液的法向力．忽略磁流变液黏性效应的影响，将挤压过程中改变了的剪切屈服应力代入公式 (2.41)，即得到挤压过程中的法向力

$$F_n \in \left[\frac{A_c}{h^{1+b}}, \frac{B_c}{h^{1+a+b}}\right] \tag{2.42}$$

其中 A_c 和 B_c 为常数，a 和 b 分别与密封效应和挤压增强效应有关．因为在挤压过程中，密封效应的程度不容易确定，即颗粒被挤出的比例不确定，实验结果通常介于理想情况 (无密封效应) 和极端情况 (所有颗粒滞留在测试平板上) 之间．在一定条件下，密封效应的强度保持不变，使得法向力与间距满足幂律关系．然而，当外界条件发生变化时，磁流

变液的油液分离程度也会改变,从而影响幂律指数. 例如,当磁场增强时,密封效应更加明显,使得幂律指数随着磁场增强而减小.

2.3.2 等体积挤压模式下磁流变液的法向力

为了克服磁流变液在等面积压缩过程中的密封效应,有些学者认为可采用等体积的方法对磁流变液进行挤压测试. 等体积压缩过程中磁流变液的压缩半径始终小于测试平板的半径,磁流变液在压缩过程中体积保持不变. 相对于等面积压缩,均匀磁场作用下的等体积压缩的磁流变液性能也更能反映磁流变液微观结构的变化.

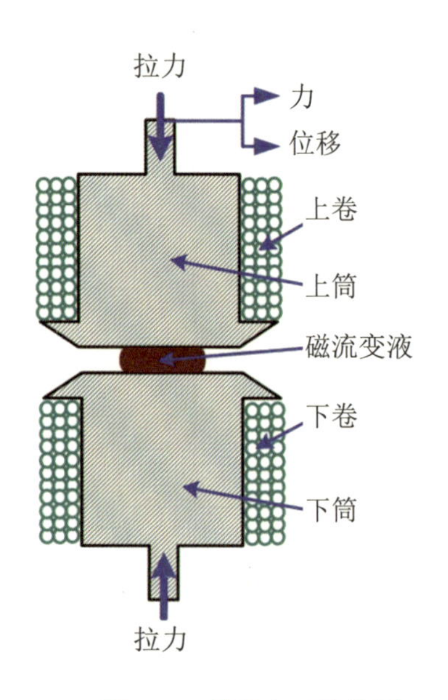

图 2.74 等体积压缩装置

自行设计加工的测试系统如图 2.74 所示, 测试的平板位于两个相同的圆柱体端面上, 其直径为 50 mm, 圆柱体采用电工纯铁加工而成. 磁流变液位于测试平板之间, 圆柱体外侧缠绕一对 Helmholtz 线圈 (线圈匝数为 3 200, 导线直径为 0.57 mm), 线圈与外加直流电源 (4INC-CK-HL 朝阳电流源) 相连接,控制产生所需要的均匀磁场. 上、下圆柱体的另一端与 INSTRON(型号:E3000) 的夹头相固接. 挤压过程中,上平板匀速向下运动,下平板保持不动,通过测试系统得到位移值和作用力数值. 实验过程中, 忽略因平板不平行性导致的实验误差.

通过对 Helmholtz 线圈施加电流, 测试平板区域间可以产生均匀磁场, 利用上海亨通磁电科技有限公司生产的特斯拉计 (型号:HT20) 测试了平板间的磁感应强度. 图 2.75 为不同电流下平板间磁感应强度随径向位移的分布曲线,平板间距为 2 mm. 随着外加电流的增加,平板间的磁场强度增大. 在整个测试平板之间,磁感应强度保持为常量,即无磁场梯度存在,而在测试平板边缘,磁感应强度开始迅速降低. 由于磁流变液样品位于测试平板中心区域,因此测试过程中磁流变液始终处于均匀磁场环境. 在添加磁流变液样品 (体积为 0.3 mL) 和无磁流变液样品的情况下,平板之间的磁感应强度几乎

没有大的改变 (图 2.76),表明少量的磁流变液样品对磁场分布影响不大. 但是随着测试间距的减小,磁感应强度随之增大 (图 2.77),磁感应强度和测试间距之间满足反比例关系,磁场的增加必然增大磁流变液的剪切屈服应力,进而改变磁流变液的挤压法向力.

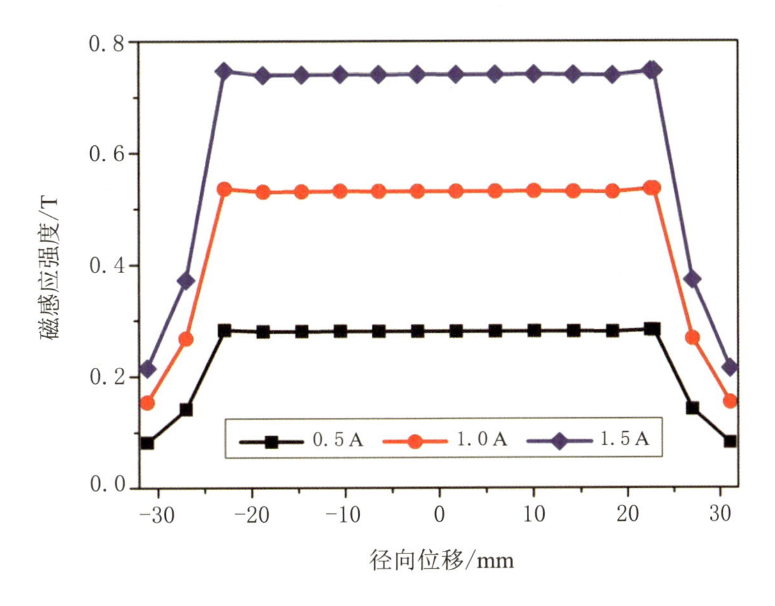

图 2.75　不同电流下平板间磁感应强度随径向位移分布曲线

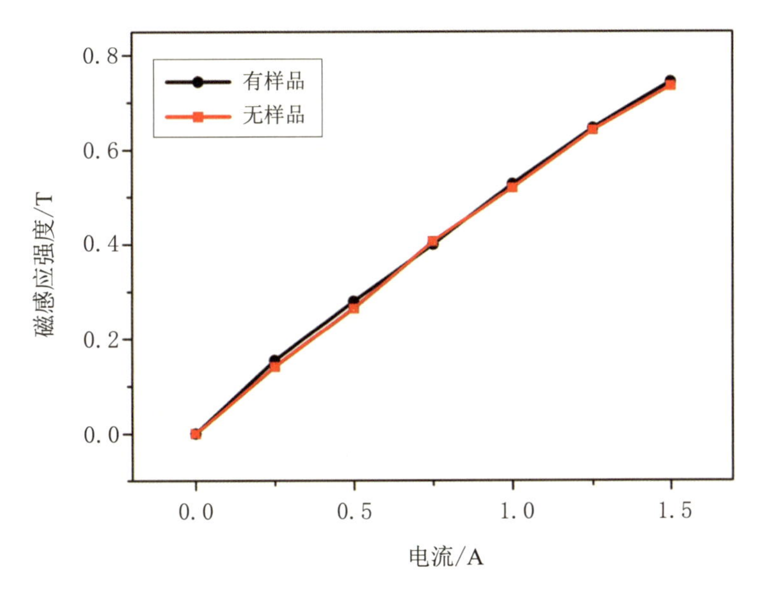

图 2.76　在有样品和无样品情况下磁感应强度随电流的变化曲线

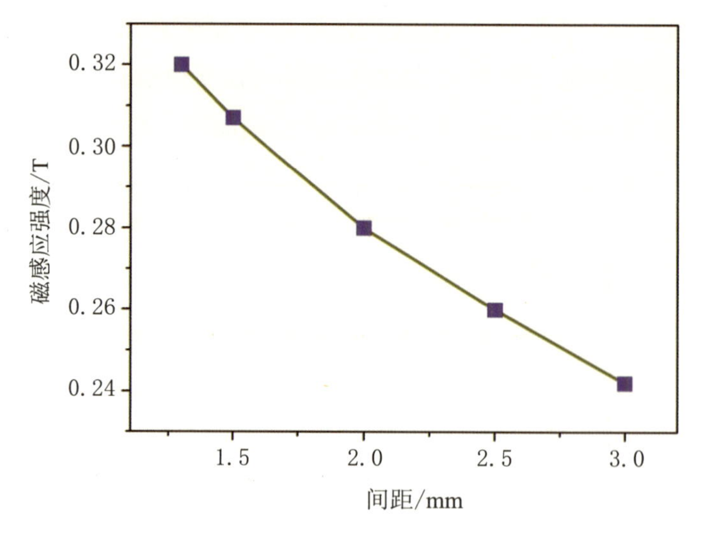

图 2.77 磁感应强度随间距的变化曲线 (电流为 0.5 A)

在对线圈施加电流后,上、下圆柱体之间会产生相互吸引的磁作用力,在测试过程中必须剔除该吸引力. 等体积磁流变液挤压测试的实验流程如下:

(1) 通过注射器将 0.3 mL 样品添加到测试平板之间;

(2) 在静止状态下,施加电流 60 s,使磁流变液完全磁化,形成稳定的链状结构;

(3) 在恒定磁场作用下实施挤压测试,记录压缩过程中的法向力和位移;

(4) 在无样品的情况下,重复步骤 (3) 中的挤压测试,记录法向力和位移;

(5) 将步骤 (3) 中的结果减去步骤 (4) 中的结果,得到实际的法向力和位移.

上述测试过程均在室温下完成.

在准静态压缩条件下,磁流变液挤压过程中的黏性效果可忽略不计. 在恒定磁场作用下,等面积挤压过程中法向力与间距的关系式 (2.41) 可简化为

$$F_{\mathrm{n}}=\frac{2\pi\tau_1 R^3}{3h} \tag{2.43}$$

在等体积挤压模式下,磁流变液在挤压过程中的体积 $V=\pi R^2 h$ (R 为磁流变液圆柱体的半径,h 为磁流变液的高度) 保持不变,将其代入式 (2.43),可得等体积挤压模式下法向力与间距的关系为

$$F_{\mathrm{n}}=\frac{2\tau_y V_s^{3/2}}{3\pi^{1/2}h^{5/2}} \tag{2.44}$$

在等体积压缩模式下,磁流变液的法向力与间距的关系也符合幂律模型关系,其指数为 −2.5. 在等体积挤压测试过程中,平板间的磁场随间距的减小而增大,近似满足反比例函数关系,即 $B=c/h$ (c 为常数). 而磁流变液的屈服剪切应力与磁场之间满足关系 $\tau_y=k_B B^q$ (k_B 和 q 为常数,弱磁场作用下 $q=2$,中磁场作用下 $q=1.5$,强

磁场作用下 $q = 0$，即剪切屈服应力与磁场无关)．将这些关系代入式 (2.44)，可得等体积挤压下磁流变液法向力与间距的关系为 $F_n = kh^n$ (k 为与样品和装置有关的常数，$n = -2.5 - q > -4.5$ 为常数)，即满足幂律关系．此外，在压缩过程中密封效应和挤压增强效应也会改变幂律关系函数的指数大小．

在无磁场情况下，等体积压缩模式下磁流变液的法向力很小，可忽略不计．图 2.78 为不同磁场作用下磁流变液法向力与间距的关系曲线，实验结果表明，在磁场作用下，法向力随着间距的减小而显著增大．与等面积压缩现象类似，等体积压缩模式下法向力与间距的变化关系也可以分为黏弹性区和塑性流动区．在相同的间距下，随着磁场的增加，法向力增大，当磁感应强度从 0.158 T 增加到 0.28 T 时，磁流变液的压缩屈服应力从 18 kPa 增大到 41.9 kPa，远远大于其剪切屈服应力．在塑性流动区域，法向力与间距之间满足幂律函数关系，其指数约为 −3.80，与理论分析相吻合．

对不同体积分数的磁流变液样品，测试了四种不同挤压速率 (0.5~2 mm/min) 下的挤压法向力，压缩应变范围为 0.005 6~0.022 s^{-1}，可认为这四种挤压速率下的测试均满足准静态条件．对体积分数 15% 的磁流变液样品，挤压速率对法向力的影响较小，在不同挤压速率下的法向力–间距曲线几乎重合 (图 2.79)，法向力与间距的幂律关系指数在 −3.0 左右，与理论预测相吻合．当样品的体积分数增大到 30% 时，在相同的压缩间距下，磁流变液的法向力随着挤压速率的增加而降低，并且幂律指数随着挤压速率的增加而增大 (图 2.80)．而在上文等面积压缩过程中，挤压速率的增加反而使磁流变液的法向力增大．

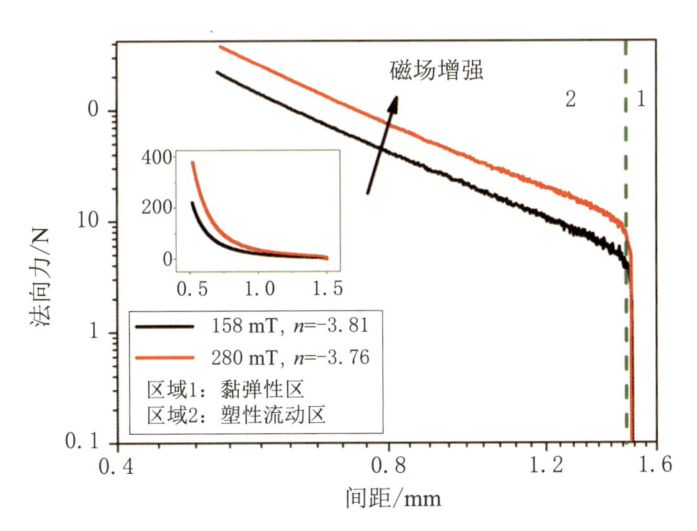

图 2.78　双对数坐标下磁流变液法向力与间距的关系曲线

磁流变液的体积分数为 20%，载液黏度为 500 cSt，初始间距为 1.5 mm，挤压速率为 1 mm/min.

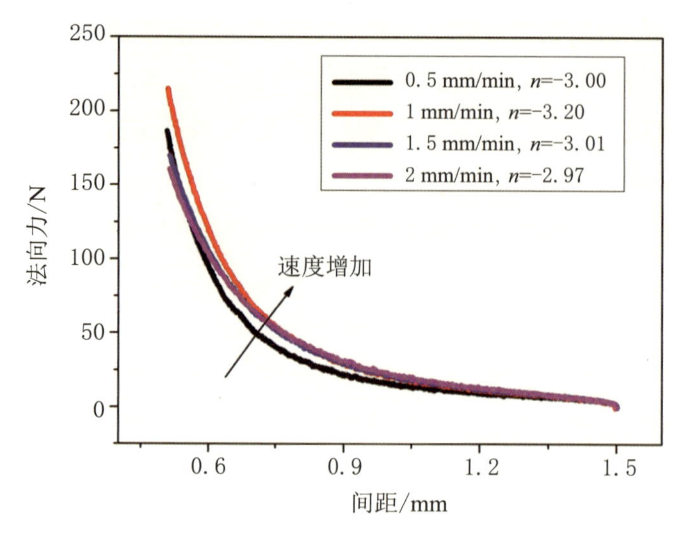

图 2.79　不同挤压速率下法向力随间距的变化曲线

磁感应强度为 280 mT,磁流变液的体积分数为 15%,载液黏度为 500 cSt,初始间距为 1.5 mm.

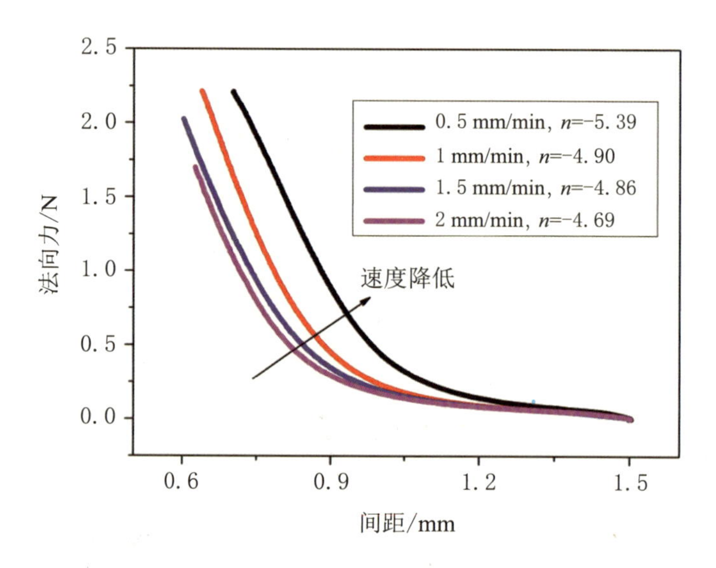

图 2.80　不同挤压速率下法向力随间距的变化曲线

磁感应强度为 280 mT,磁流变液体积分数为 30%,载液黏度为 500 cSt,初始间距为 1.5 mm.

挤压速率对法向力的不同影响来源于磁流变液微观结构的变化. 磁流变液在挤压过程中,其微观结构的演化可以分为过滤区和对流区 (图 2.81). 在过滤区,磁流变液的链状结构不仅由于挤压过程中的质量守恒而变粗,而且颗粒链之间由于相互结合而逐渐变粗,由此造成磁流变液的法向力随着间距的缩小而逐渐增大. 在过滤区存在一个上临界挤压速率 U_{ss},此时磁流变液颗粒链的断裂速度和颗粒的重组速度相同,在这个临界速度以下,随着挤压速率的减小,颗粒链重组的速度增加,即由于挤压速率的减小可以形成更多粗壮的链结构，从而使法向力增大，即图 2.81(a) 所示的情形. 当挤压速率继续降低，达到下临界速度 U_{ll} 时，颗粒链仅发生重组而不会断裂，此时法向力不再受挤压速率的影响，即图 2.79 所示的情形. 而当挤压速率超过上临界速度 U_{ss} 时，颗粒链不再发生重组，而是在挤压作用下不断地断裂，进入对流区. 在该区域，磁流变液的黏性效应增强，且随着挤压速率的增加，法向力增大，即图 2.81(b) 所示的情况.

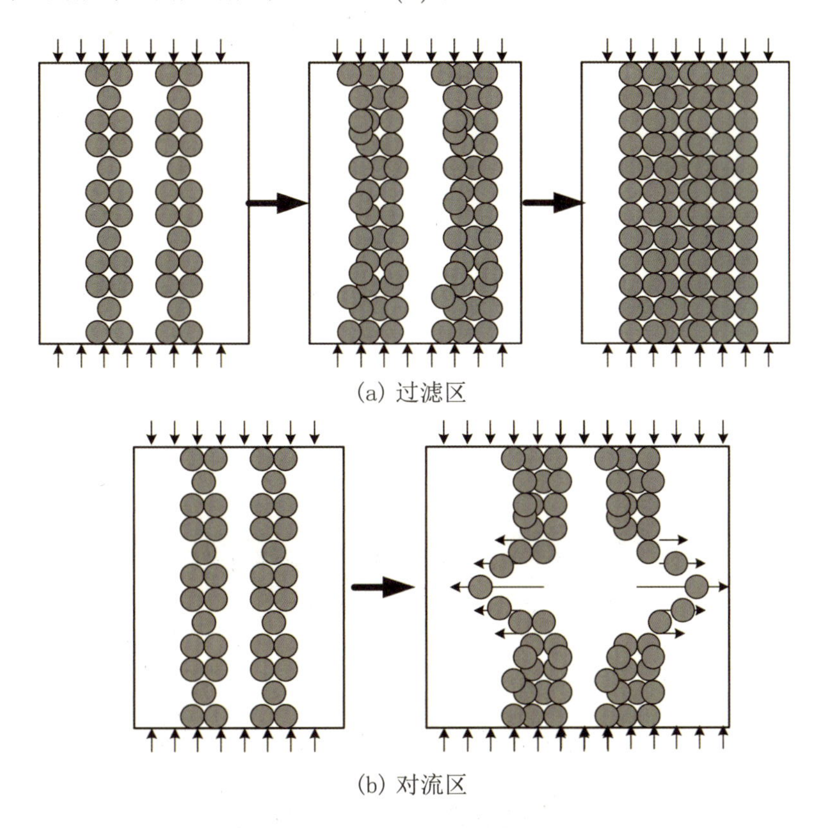
(a) 过滤区

(b) 对流区

图 2.81　磁流变液挤压过程中不同区域的微观结构演化图

不同体积分数磁流变液样品的法向力与间距的变化曲线如图 2.82 所示. 在磁场作用下，随着间距的增加，法向力增大，当样品的体积分数从 10% 增加到 30% 时，其压缩屈服应力由 8 kPa 增大到 50 kPa. 此外，随着颗粒体积分数的增加，法向力与间距的幂律指数逐渐较小，表明法向力增大的速度更快，当体积分数为 30% 时，幂律指数变为 −5.04，远远小于我们的理论预测值. 在挤压过程中，磁流变液的剪切屈服应力随挤压强度增加，从而导致法向力增大. 实验观察表明，挤压测试后磁流变液发生颗粒和载液分离 (图 2.83)，即密封效应产生.

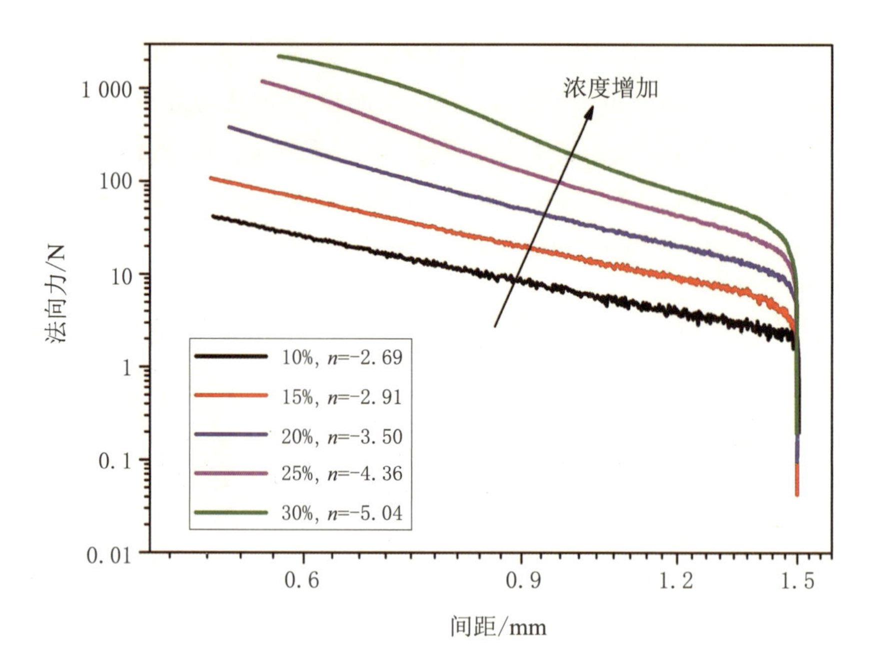

图 2.82　不同体积分数的磁流变液样品的法向力随间距的变化曲线

磁感应强度为 280 mT,载液黏度为 500 cSt,初始间距为 1.5 mm,挤压速率为 1 mm/min.

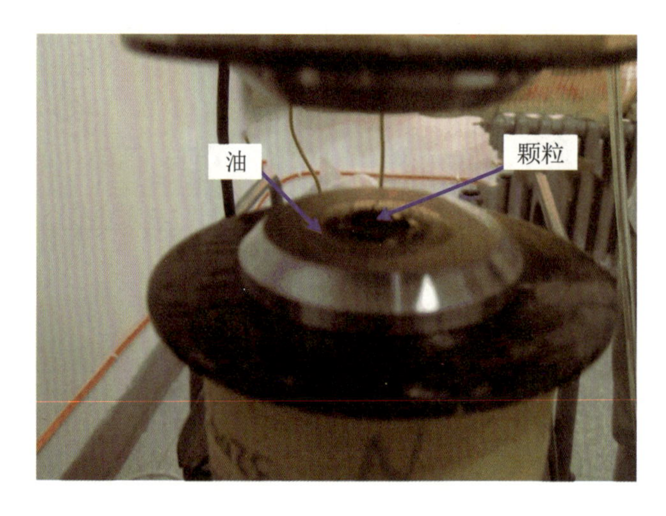

图 2.83　等体积压缩过程中颗粒和载液分离的现象

图 2.84 为不同载液黏度下磁流变液的法向力随间距的变化曲线. 对于载液黏度为 10 和 100 cSt 的磁流变液，等体积压缩模式下的法向力差异不大，当载液黏度增大到 500 cSt 时，法向力显著增大，幂律关系指数减小. 这一趋势与等体积压缩模式下法向力的变化规律一致，即较高的载液黏度有助于磁流变液在挤压过程中形成更稳定的微观结构.

随着挤压初始间距的减小，磁流变液的法向力随着压缩应变的增加而增大，如图 2.85 所示. 在小的初始间距下，可以形成更为粗壮的链状结构，增加抵抗压缩的能力，随着初始间距的减小，幂律关系指数也减小，表明在小的初始间距下法向力变化得更为迅速.

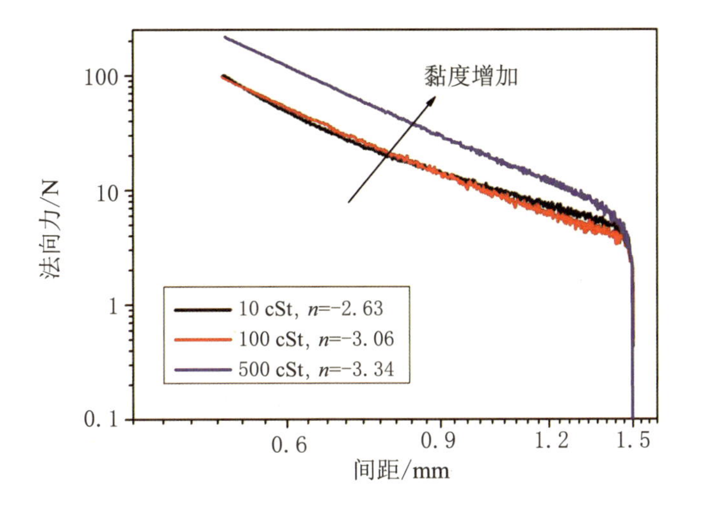

图 2.84　不同载液黏度下磁流变液的法向力随间距的变化曲线

磁感应强度为 280 mT，磁流变液的体积分数为 15%，初始间距为 1.5 mm，挤压速率为 1 mm/min.

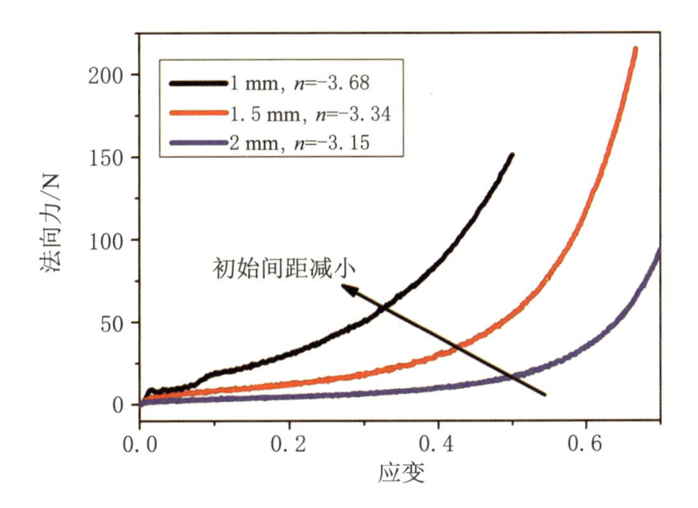

图 2.85　相同初始间距下磁流变液的法向力随压缩应变的变化曲线

磁感应强度为 280 mT，磁流变液的体积分数为 15%，载液黏度为 500 cSt，挤压速率为 1 mm/min.

与等体积压缩实验类似，我们还研究了磁流变液等体积拉伸模式下的法向力. 图 2.86 为不同电流下磁流变液的拉伸法向力随应变的变化曲线. 在恒定的电流下，磁流变液的拉伸法向力随应变的变化可分为两个区域：当拉伸应变小于临界应变 (ε <0.02 s^{-1})

时，磁流变液的法向力随着拉伸应变的增加而呈线性增大. 此时，磁流变液中的颗粒链保持完整，未发生明显的断裂，法向力主要来源于颗粒链的拉伸作用；当拉伸应变大于临界应变时，随着拉伸应变的增大，拉伸法向力开始缓慢降低，磁流变液的颗粒链开始断裂，磁流变液处于拉伸流动中. 磁流变液的拉伸屈服应力即为这两个区域转折点处的拉伸应力，当电流为 0.5 A 时，磁流变液的拉伸屈服应力约为 93 kPa，远远大于其剪切屈服应力(11 kPa). 随着电流的增加，磁流变液的拉伸屈服应力不断增大. 图 2.87 为不同体积分数样品的拉伸法向力与应变的关系曲线，可得到相同的流动区域，并且随着样品体积分数的增加，拉伸法向力也增大.

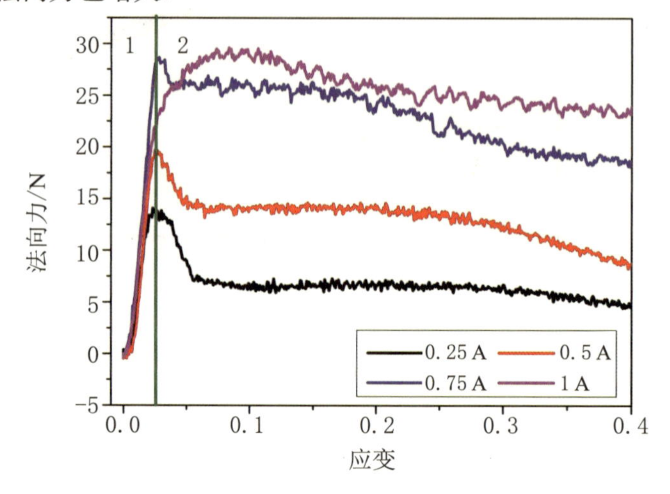

图 2.86 不同电流下磁流变液的拉伸法向力随应变的变化曲线

初始拉伸间距为 1 mm，拉伸速度为 1 mm/min，样品的体积分数为 30%，载液黏度为 500 cSt.

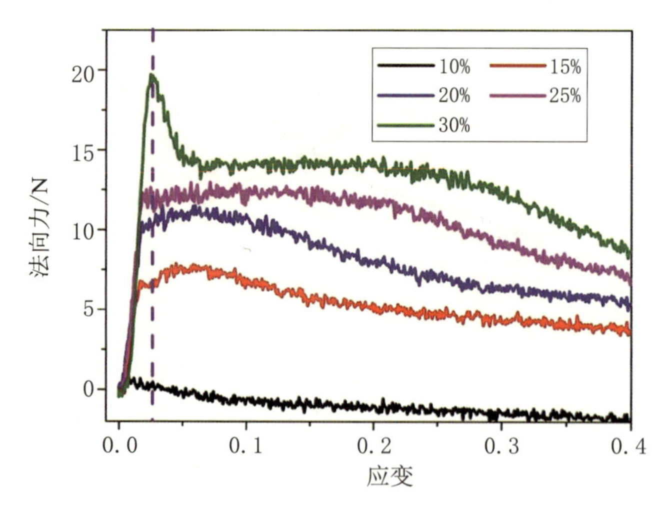

图 2.87 不同体积分数的磁流变液样品的拉伸法向力与应变的关系曲线

初始间距为 1 mm，电流为 0.5 A(0.28 T)，载液黏度为 500 cSt，拉伸速度为 1 mm/min.

拉伸模式下的法向应力与拉伸应变的本构关系也可以利用双黏性模型进行拟合，如图 2.88 所示，当拉伸应力小于拉伸屈服应力时，拉伸应力与应变呈正比关系，比例系数为正值；当拉伸应力超过拉伸屈服应力时，拉伸应力与应变呈线性关系，但斜率为负值．其本构关系为

$$\tau_{\mathrm{n}}(H)-\tau_{s}(H)=k_{2}(\varepsilon_{l}-\varepsilon_{s}), \quad \tau_{\mathrm{n}}>\tau_{s} \tag{2.45}$$

$$\tau_{\mathrm{n}}(H)=k_{1}\varepsilon_{l}, \quad \tau_{\mathrm{n}}<\tau_{s} \tag{2.46}$$

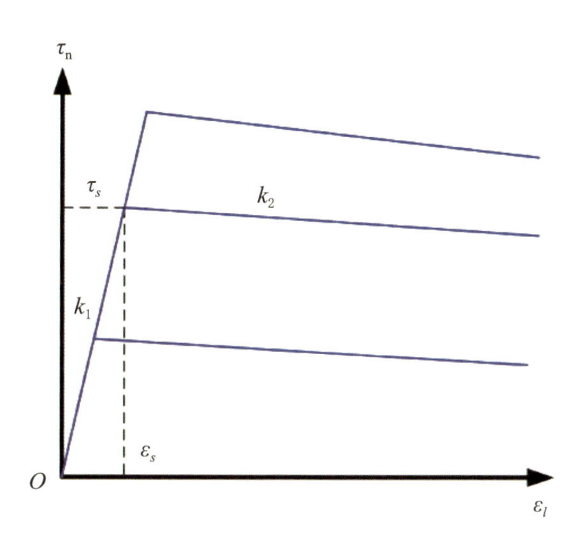

图 2.88　磁流变液拉伸应力模型示意图

作为挤压模式的两种不同方法，等面积压缩和等体积压缩都能很好地反映磁流变液的性能，它们有共性也有差异：

(1) 在等面积挤压和等体积挤压压缩条件下，法向力随间距的变化均可以划分为两个区域：黏弹性区和塑性流动区．在塑性流动区，法向力和间距之间满足幂律关系模型，但幂律指数有所不同．

(2) 等面积压缩和等体积压缩过程中，磁流变液的法向力均随着外磁场、载液初始黏度、颗粒体积分数的增加以及初始间距的减小而增大．然而，挤压速率的影响表现不同：等面积压缩模式下，法向力随挤压速率的增加而增大；等体积压缩模式下，法向力随挤压速率的增加而减小，或者变化不显著．

(3) 在等面积压缩和等体积压缩过程中，都存在挤压增强效应和密封效应．

2.4 磁流变液的磁-力-电耦合响应

本节研究磁流变液在振荡剪切和挤压模式下的磁电耦合响应,对磁流变液的磁-力-电耦合响应进行了初步的探究. 然后在施加外磁场条件下,研究振荡剪切和挤压对磁流变液导电性的影响,结果表明,磁流变液的电阻随着其中羰基铁粉体积分数和外磁场的增加而迅速地减小. 对磁流变液施加外界振荡剪切,发现磁流变液的电阻略有减小,并且随着外界的振荡剪切而周期性地振荡变化,提出一个颗粒之间的电阻模型和一个半经验的公式来解释和分析出现这种现象的原因. 对磁流变液施加挤压,磁流变液的电阻迅速地减小. 进一步研究发现,磁流变液在剪切振荡和挤压模式下法向力与电阻有着密切的关系.

2.4.1 实验测试条件

用于制备磁流变液的材料包括羰基铁粉、硬脂酸、硅油. 其中羰基铁粉直接从德国巴斯夫公司购买 (型号: CN; 成分包括 Fe(>99.5%), C(<0.04%), N(<0.01%), O(<0.2%); 粒径大约为 6 μm), 硬脂酸由国药集团化学试剂有限公司生产, 硅油从希格玛高技术有限公司购买, 黏度为 100 cSt. 这里制备了不同羰基铁粉体积分数的样品. 制备步骤具体如下:

(1) 将羰基铁粉和硬脂酸分散到硅油中,将混合物用机械搅拌的方式搅拌均匀.

(2) 将混合物转移到烘箱中,温度保持在 100 ℃,待所有的硬脂酸都完全熔解后,将混合物取出,持续搅拌直到冷却至室温.

(3) 将混合物置于球磨罐中用行星式球磨机进行球磨 24 h,取出样品放入样品瓶中供测试使用.

总共制备了六种样品, 硅油基体的黏度为 100 cSt, 羰基铁粉的体积分数分别为 5%, 10%, 15%, 20%, 25%, 30%. 为了叙述简便, 它们分别被命名为 MRF-5, MRF-10, MRF-15, MRF-20, MRF-25, MRF-30.

磁流变液电阻的测试系统如图 2.89 所示. 该测试系统主要由三部分组成:安东帕公

司生产的 Physica MCR 301 型流变仪 (配有 MRD 180 电流控制模块来提供磁场)、材料电学性能测试系统 (ModuLab MTS) 以及一个数据收集与处理系统. 在测试之前,首先在流变仪转子和底座上贴上双面胶,然后放上导线,最后用导电的铝箔覆盖,从而制成测试系统的电极. 流变仪可以通过 MRD 180 附件提供一个相对均匀的外磁场,并控制磁场在 0~0.96 T 范围内变化. 对转子可以施加多种信号,例如施加不同振动幅值和不同振动频率的剪切振荡、不同挤压速率的挤压、稳态剪切等. ModuLab MTS 的两个输入端分别与两个电极相连接,它可以对电极施加电压,并实时地测试两个电极之间的电流响应. 根据测得的电压–电流关系,我们就可以获得材料的电阻性能. 最终,由流变仪和 ModuLab MTS 测试得到的各种信号都将被保存到数据存储和处理系统中,供后续分析使用.

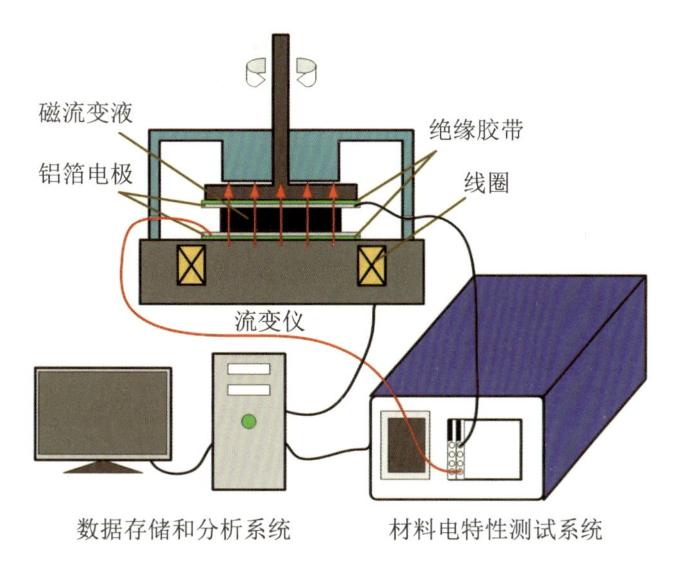

图 2.89　磁流变液电阻的测试系统

对磁流变液施加外磁场,内部颗粒会聚集成链状结构;当对样品施加外界振荡剪切和挤压时,样品内部的颗粒链会发生倾斜或者断裂,并在磁场的作用下重组,这种断裂和重组的速度很快,很难直接地观察到,因此需要通过其他的测试手段来反映这种内部变化. 由于剪切应力和法向力等力学信号的测量容易受外界因素的干扰,并且测量误差也比较大,所以通过测量剪切应力和法向力来反映内部结构的变化难度比较大. 对一个特定的导电结构施加电压时,输出的响应电流比较容易精确地测量,并且响应电流与内部结构密切相关,所以我们可以通过测量磁流变液的电阻变化来反映其内部结构的变化,并将测得的电阻信号与流变仪测得的法向力和剪切应力等信号进行比较,从而分析得到磁流变液的磁–力–电耦合响应.

在振荡剪切测试中，电极之间的最大距离设置为 0.7 mm，磁流变液样品直径为 20 mm，振荡剪切的幅值在 1%~5% 范围内变化，振荡频率在 0.05~0.1 Hz 范围内变化. ModuLab MTS 对样品施加的电压幅值设置为 4 V. 经过多次测试，得到电极的电阻大约为 2 Ω，在测试中可忽略不计. 利用图 2.89 中的测试系统，依次测量获得磁流变液的电阻与振荡幅值、振荡频率、外磁场、时间的关系.

在挤压测试中，电极的最大间距设置为 1.0 mm，磁流变液样品初始时的直径为 10 mm，样品的直径会随着挤压的进行不断地增大. 挤压速率在 1~10 μm/s 范围内变化，挤压的最大位移为 0.3 mm，分别研究磁流变液的电阻与挤压速率、挤压量和外磁场之间的关系. 在所有的测试期间，流变仪和 ModuLab MTS 的采样时间间隔都设置为 1 s，试验期间温度保持在 25 ℃.

2.4.2 振荡剪切模式下磁流变液电学性能的测试结果与分析

对磁流变液施加外磁场，样品内部能够导电的羰基铁粉聚集在一起形成沿着磁场方向的链状或者簇状结构，这将导致磁流变液从绝缘体转变为导体. 本小节首先研究了外磁场对磁流变液样品电阻的影响，测试结果如图 2.90 所示. 在外磁场小于 0.4 T 时，随着磁场的增强，磁流变液的电阻迅速下降；在外磁场大于 0.4 T 时，随着磁场的增强，磁流变液的电阻基本保持不变. 当磁场很弱时，样品内部的链状结构很短，不能相互接触，并且颗粒链中存在很多的缝隙，这时样品的电阻相对较大，导电性不好. 随着磁场的增强，这些较短的颗粒链逐渐聚集组装成较长的颗粒链，并且形成了更加紧凑的结构，这将导致磁流变液导电性的提升，短颗粒链的聚集和重组是由于侧链逐渐向主链聚集造成的. 因此，随着磁场的增强，磁流变液的导电性有了明显的提升. 例如，当磁场从 0.06 T 增加到 0.96 T 时，磁流变液的电阻从 63 kΩ 下降到 42 Ω，导电性增加了 1 500 多倍.

从图 2.90 还可以看出，在相同的外磁场条件下，磁流变液样品电阻随着羰基铁粉体积分数的增加而迅速地减小；当羰基铁粉的体积分数增加时，磁流变液内部颗粒链的数量和长度都增加，颗粒链之间能够更加容易地接触，因此重组也更加容易发生. 侧链聚集导致链状结构进一步重组成簇状或者网状结构，而这种簇状或网状结构将会导致样品电阻迅速下降. 羰基铁粉的体积分数从 5% 增加到 30%，外磁场为 0.96 T，样品电阻从 18 kΩ 下降到 32 Ω，导电性增加了大约 560 倍.

综上，样品的导电性随着外磁场和羰基铁粉体积分数增加而迅速地降低.

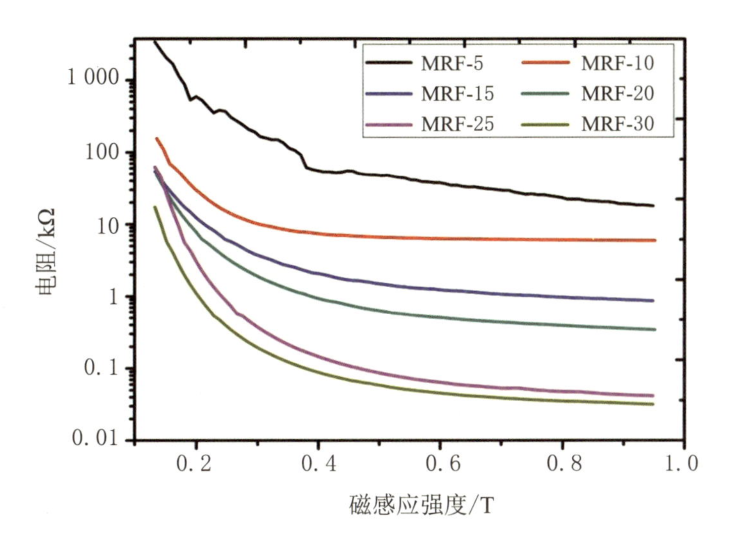

图 2.90　不同羰基铁粉体积分数样品的电阻与磁感应强度之间的关系

然后测量了振荡剪切对样品电阻的影响，测试结果如图 2.91 所示．从图 2.91 可以明显地看出，应变幅值越大，电阻越小，例如对于 MRF-15，当应变幅值从 1% 增加到 5% 时，电阻从 597 Ω 下降到 311 Ω．当振荡频率增加时，电阻出现轻微的下降，例如对于 MRF-15，当频率从 0.05 Hz 增加到 0.1 Hz 时，电阻从 586 Ω 下降到 218 Ω．除了 MRF-5 之外，这种现象对于其他的样品都是类似的．对样品施加外部的振荡剪切，磁流变液中的颗粒链能够随着流变仪的转子一起振荡，当颗粒链振动时，它们将会有更大的机会相互接触，导致颗粒的侧向聚集，进一步导致形成更长、更大、更加密实的簇状结构，由此导致电阻下降．当振荡剪切的振幅增加时，颗粒链的运动范围也变大，相邻的颗粒链之间相互接触形成簇状结构将会变得更加容易，从而导致电阻下降．因此，施加外部振荡剪切可以显著提升样品的导电性．但是对于 MRF-5 来说，样品内部的颗粒链是如此少和短小，以至于即使在应变很大的情况下，颗粒的侧向聚集和重组仍然很难发生，因此振荡剪切对于 MRF-5 的导电性影响很小．

从图 2.91 还可以发现另外一个有趣的现象：电阻随振荡剪切而振荡变化，并且外界施加的振荡频率越高，电阻振荡得也越剧烈，并且电阻的振荡频率是振荡剪切频率的 2 倍．我们从每条曲线中随机取五个周期，测量其峰值，并求平均，得到了每种样品电阻振荡的峰值．对每一个样品来说，应变越大，电阻振荡的峰值也越大．例如，对于 MRF-10，当应变从 1% 增加到 5% 时，电阻振荡变化的峰值从 52 Ω 增加到 122 Ω．对磁流变液样品施加振荡剪切，链状结构被拉伸，内部颗粒的间距增加，进而导致样品的电阻增加；在转子从最大位移回到平衡位置的过程中，颗粒链又恢复到原样，导致电阻减小，因此电阻会随着振荡剪切发生振荡变化．例如，当应变为 3% 时，羰基铁粉体积分数从 5% 增加到

30%,电阻振荡的峰值从 3 832 Ω 下降到 0.72 Ω;羰基铁粉体积分数较大的样品中颗粒链比羰基铁粉体积分数小的样品中颗粒链更加密实和粗大,因此振荡剪切对颗粒链的结构影响很小,这也导致电阻变化的峰值较小.

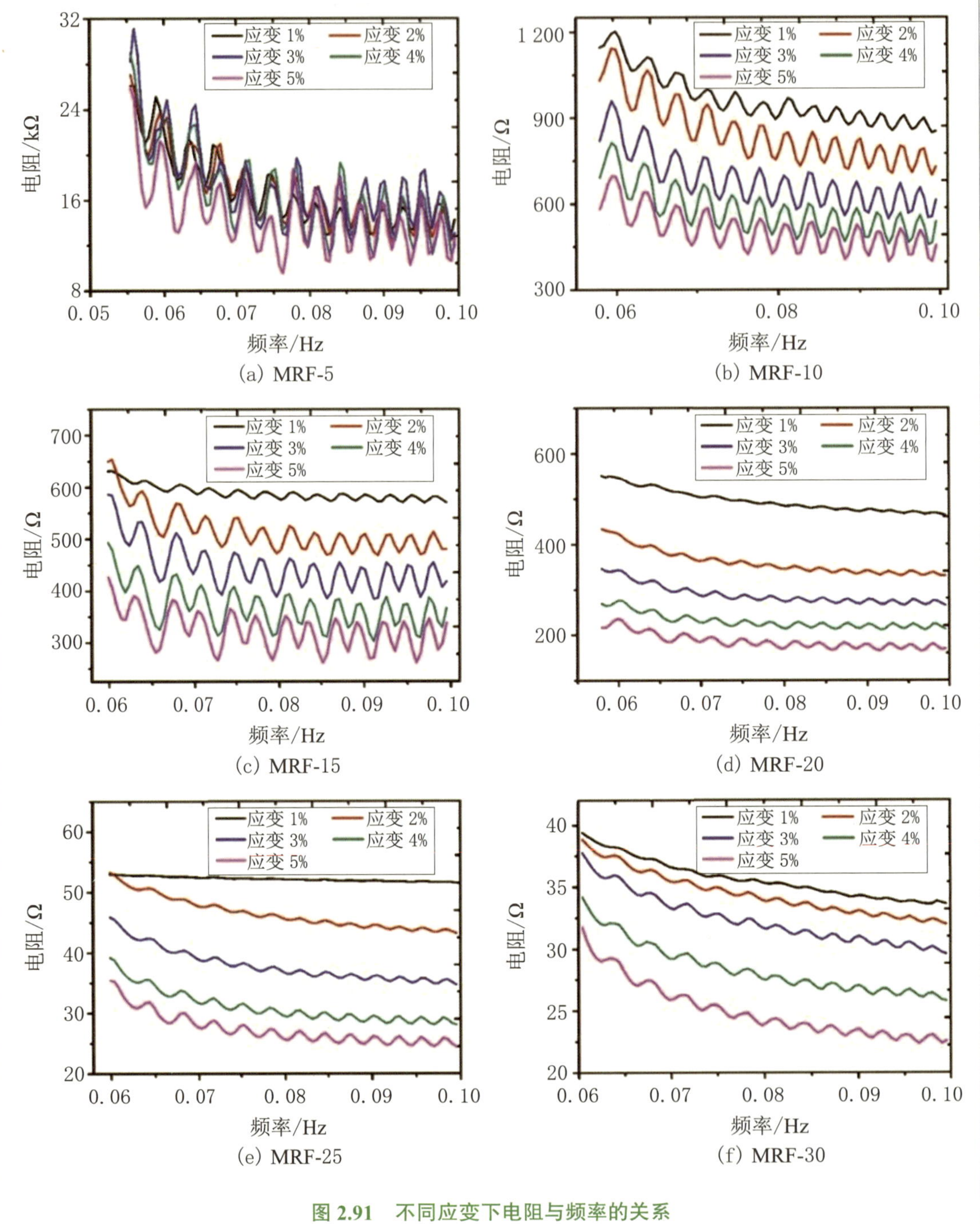

图 2.91　不同应变下电阻与频率的关系

接着研究了样品电阻的时间稳定性. 图 2.92 展示了静态条件下不同样品的电阻与时间的关系,可以看出,当没有外界扰动时,样品的电阻基本保持不变,尤其是对羰基铁粉体积分数较大的样品. 测试结果说明,当没有外界扰动时,羰基铁粉体积分数较大的样品内部的链状结构比较稳定. 但是对于 MRF-5,随着时间的增加,电阻逐渐下降. 在 MRF-5 中羰基铁粉体积分数很小,结构不稳定,孤立的颗粒或者短小的颗粒链在磁场的作用下不停地聚集形成大集团. 这种内部不稳定性是导致电阻下降的原因.

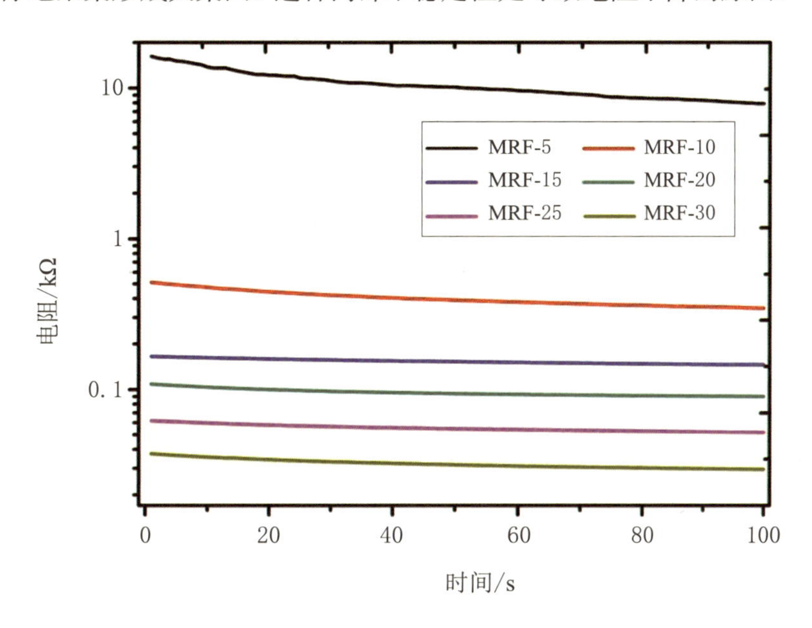

图 2.92 静态条件下不同样品的电阻与时间的关系 (磁感应强度为 0.96 T)

我们还研究了振荡剪切条件下电阻随时间的变化,如图 2.93 所示. 对比图 2.92 和图 2.93,可以明显地看出,样品在振荡剪切条件下的电阻要小于静态条件下的电阻. 例如对于 MRF-15,对测试样品施加振荡剪切,电阻从 566 Ω 下降到 427 Ω. 当振荡剪切的应变幅值增加时,电阻也下降. 例如对于 MRF-10,当应变幅值从 1% 增加到 5% 时,电阻从 1 720 Ω 下降到 700 Ω. 在振荡剪切的影响下,颗粒链会更加容易地相互接触,侧链的聚集和微结构的重组出现得会更加频繁,这将导致样品内部形成的颗粒链更加密实和粗大. 与静态条件下的电阻相比,动态条件下的电阻会随时间的增加而有所下降,在外界振荡剪切的影响下,颗粒链结构不停地朝着最优结构变化,这个过程将导致电阻不停地下降. 电阻也出现了和图 2.91 中一样的振荡变化情况,原因与图 2.91 类似,这里不再赘述.

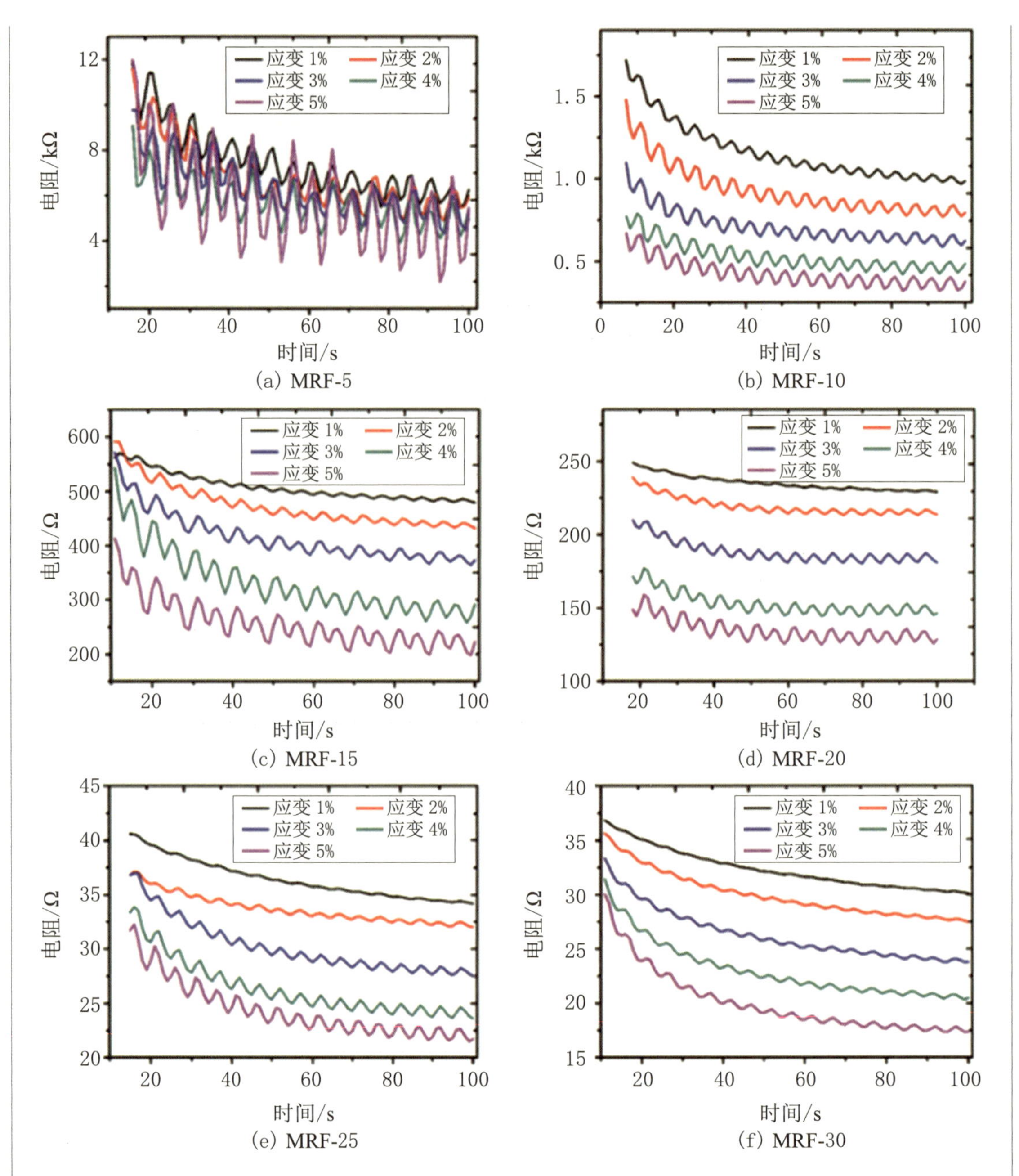

图 2.93　振荡条件下电阻随时间的变化 (磁感应强度 0.96 T)

综上,当没有对磁流变液样品施加外磁场时,羰基铁粉颗粒随机地分散在样品中,因此样品的电阻很大,几乎相当于绝缘体. 一旦对样品施加外磁场,样品内部的羰基铁粉颗粒就会在外磁场的作用下聚集形成链状结构,这将会导致电阻迅速下降. 当外磁场很小时,样品内部的颗粒链非常短小,几乎没有机会相互接触;随着外磁场的增加,短小的颗粒链开始通过侧链的聚集和重组逐渐形成较长的颗粒链，这就是图 2.90 中样品的电阻持续下降的原因. 当对样品施加振荡剪切时，链状结构随着外界的振荡剪切而振荡变化. 与静态情况相比，外界振荡剪切可以使颗粒链更容易相互接触，对于羰基铁粉体积分数较大的样品来说，样品内部的颗粒链比较多且长，因此它们可以更加容易地相互接触，并且重组成更加长和粗大的链状结构. 当应变幅值增加时，颗粒链状结构的运动范围也增加，侧向聚集和结构重组也越来越容易发生，因此当应变幅值增加时，电阻下降. 但是对于羰基铁粉体积分数很小的样品，链状结构是如此短小，以至于它们很难有机会相互接触，侧向聚集和结构重组的情况基本可以忽略，所以当应变幅值增加时，样品的电阻基本保持不变 (图 2.91、图 2.93). 在整个测试过程中，结构重组始终存在，侧链持续聚集，向链状结构的最佳状态靠拢，这将会导致电阻不停地下降 (图 2.92、图 2.93).

基于磁性颗粒的偶极子模型，我们提出了一种颗粒之间的电阻模型，用于分析测试过程中电阻的变化. 假设羰基铁粉具有相同的粒径，且其链状结构排列得非常整齐 (图 2.94 (a))，图 2.94 中黑色的小球代表羰基铁粉颗粒，灰色部分代表硅油，浅棕色部分代表隧道电流的作用区域. 在磁流变液样品的制备过程中，羰基铁粉表面会覆盖一层由硬脂酸形成的绝缘层，而且绝缘层的电阻远远大于羰基铁粉颗粒本身的电阻，所以磁流变液样品的电阻主要来自于颗粒之间的界面电阻，这种界面电阻称为隧道电阻，与之相比，羰基铁粉自身的电阻可以忽略不计.

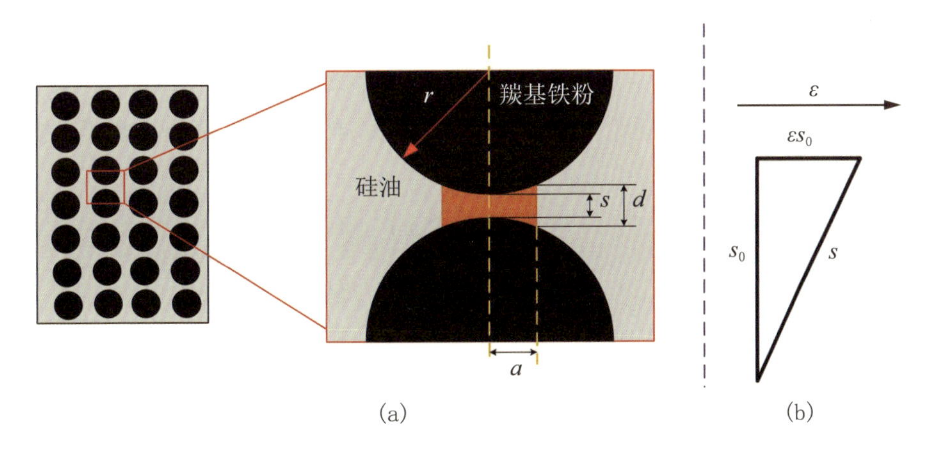

图 2.94　(a) 颗粒之间的电阻模型和 (b) 对样品施加应变时的变形模型

在电压很低的条件下，隧道电流 J 可以由下式获得：

$$J=\frac{3(2m\varphi)^{1/2}}{2s}(e/h)^2V\exp\left(-(4\pi s/h)(2m\varphi)^{1/2}\right) \tag{2.47}$$

其中 m 是电子的质量, e 是电阻的电量, φ 为势垒的高度, s 是颗粒间的距离, h 是普朗克常量, V 是电压. 式 (2.47) 给出了两个平板之间的隧道电流, 但是两个球形颗粒表面之间的距离是变化的, 因此对式 (2.47) 在 s_0 和 d 之间进行积分, 就可以得到两个球形颗粒之间隧道电流的精确值, 这里 s_0 代表颗粒之间的初始间距, d 代表隧道电流的最大作用范围. 在我们的模型中, 颗粒半径 r 远远大于 a, 因此在模型中隧道电流的作用面可以近似地认为是平面, 两个颗粒之间的隧道电流可以用式 (2.47) 进行粗略的计算. J 随着颗粒间距 s 的增加而迅速减小, 假设当 s 大于 d 时, 隧道电流消失, 因此我们仅仅关注颗粒间距小于 d 的部分的隧道电流. 单位体积样品中有很多的颗粒, 并且它们之间的串、并联关系很复杂, 所以我们不考虑这些细节, 把它们当作一个整体来考虑. 假设样品的平均电阻率为 ρ, 图 2.94(a) 所示的单位体积的电阻可以表示为

$$R = \rho \frac{s}{A} \tag{2.48}$$

其中 A 是隧道电流的面积, 可以用下式表达:

$$A = \pi a^2 = \pi \left(r^2 - \left(r - \frac{h-s}{2} \right)^2 \right) \approx \pi r (h - s) \tag{2.49}$$

这里 s 远远小于羰基颗粒半径 r.

当对磁流变液样品施加一个剪切应变 ε 时, 如图 2.94(b) 所示, 颗粒之间的距离发生变化, 并且可以表示为

$$s = s_0 \sqrt{1+\varepsilon^2} \approx s_0 (1 + |\varepsilon|) \tag{2.50}$$

这里 s_0 是两个颗粒的初始间距. 通过流变仪施加到样品上的振荡剪切是正弦变化的, 并且可以表示为

$$\varepsilon = \varepsilon_0 \sin (2\pi f \cdot t) \tag{2.51}$$

其中 ε_0 是外界激励的振幅, f 为振荡剪切的频率. 最后, 利用式 (2.48)~式 (2.51), 可以得到

$$R = \rho \frac{s_0 (1 + \varepsilon_0 |\sin (2\pi f \cdot t)|)}{\pi r (h - s_0 (1 + \varepsilon_0 |\sin (2\pi f \cdot t)|))} = \rho \frac{1 + s_0 |\sin (2\pi f \cdot t)|}{\pi r \left(\frac{d - s_0}{s_0} - \varepsilon_0 |\sin (2\pi f \cdot t)| \right)} \tag{2.52}$$

即单位体积样品的电阻表达式. 根据假设, 单位体积样品的横截面积可以表示为

$$A_1 = \frac{4\pi r^3 / 3}{\phi (2r + s)} \tag{2.53}$$

这里 ϕ 是样品中羰基铁粉的体积分数.

在测试中,样品的厚度 $Z=0.7$ mm,横截面积 $A=314$ mm^2. 因此,可以得到样品的总电阻表达式

$$
\begin{aligned}
R_s &= R\cdot\frac{Z}{2r+s}\cdot\frac{A_1}{A}\approx\frac{\pi r Z}{3\phi A}\cdot R \\
&= \frac{\rho Z}{3\phi A}\cdot\frac{1+\varepsilon_0\left|\sin\left(2\pi f\cdot t\right)\right|}{\dfrac{d-s_0}{s_0}-\varepsilon_0\left|\sin\left(2\pi f\cdot t\right)\right|}
\end{aligned}
\tag{2.54}
$$

考虑到外界扰动对样品的影响,包括外磁场、振荡剪切和不可避免的振动,引入一个时间因子 c 代表外界扰动程度,式 (2.54) 可表示为

$$
R_s=\frac{\rho Z}{3\phi A}\cdot\frac{1+s_0\left|\sin\left(2\pi f\cdot t\right)\right|}{\dfrac{d-s_0}{s_0}-\varepsilon_0\left|\sin\left(2\pi f\cdot t\right)\right|}\cdot t^c \tag{2.55}
$$

利用式 (2.55),对样品的电阻测试结果进行了分析. 图 2.95 展示了不同体积分数样品实验结果和理论结果的对比,实验结果与理论结果匹配得很好. 当样品中羰基铁粉的体积分数增加时,颗粒之间的相对初始间距 $\left(\left(d-s_0\right)/s_0\right)$ 保持不变,并且接近 1,因为两个相邻颗粒的初始间距 s_0 和隧道电流的最大作用范围 d 为常数,并且与外界的测试条件无关. 样品的平均电阻率随着羰基铁粉体积分数的增加而迅速地减小,从 2 466.24 Ω·m 减小到 18.98 Ω·m. 在体积分数较大的情况下,样品内部能够形成更多、更长的颗粒链,因此侧向聚集和重新组合更加容易发生,这将导致一个较小的平均电阻率. 对于每种样品,时间参数 c 都在 -0.2 附近波动,除了 MRF-5. 这说明,对于羰基铁粉体积分数较大的样品,外界的干扰对样品具有基本相同的扰动. 在整个测试过程中,侧链的聚集和微观结构的重组始终存在,这将导致电阻持续缓慢下降. 对于 MRF-5,样品内部的羰基铁粉很少,形成的链状结构也很单薄且数量有限,因此一个很小的外界扰动就会导致微观结构的崩塌,所以 MRF-5 对于外界的扰动会更加敏感.

图 2.96 展示了不同应变幅值条件下实验结果和理论结果的对比. 对比实验结果和理论结果不难发现,振荡频率对相对初始间距 $\left(\left(d-s_0\right)/s_0\right)$ 和平均电阻率 (ρ) 基本没有影响. 对于一个样品,颗粒的初始间距和隧道电流最大作用范围都不变,这些与外界的振荡剪切无关. 虽然振荡剪切会引起样品内部结构的振荡变化,但对于不同振荡幅值来说,样品内部的平均变化是一致的. 因此,相对初始间距和平均电阻率并不随着应变幅值的变化而变化. 时间参数 c 随着应变幅值的增加而降低. 应变幅值越大,振荡剪切对样品内部结构的扰动也越大. 所以长链被破坏成短链,侧向聚集和微观结构重组程度很剧烈,并且应变越大,需要回到初始平衡状态的时间越长,从而时间因子的绝对值越大.

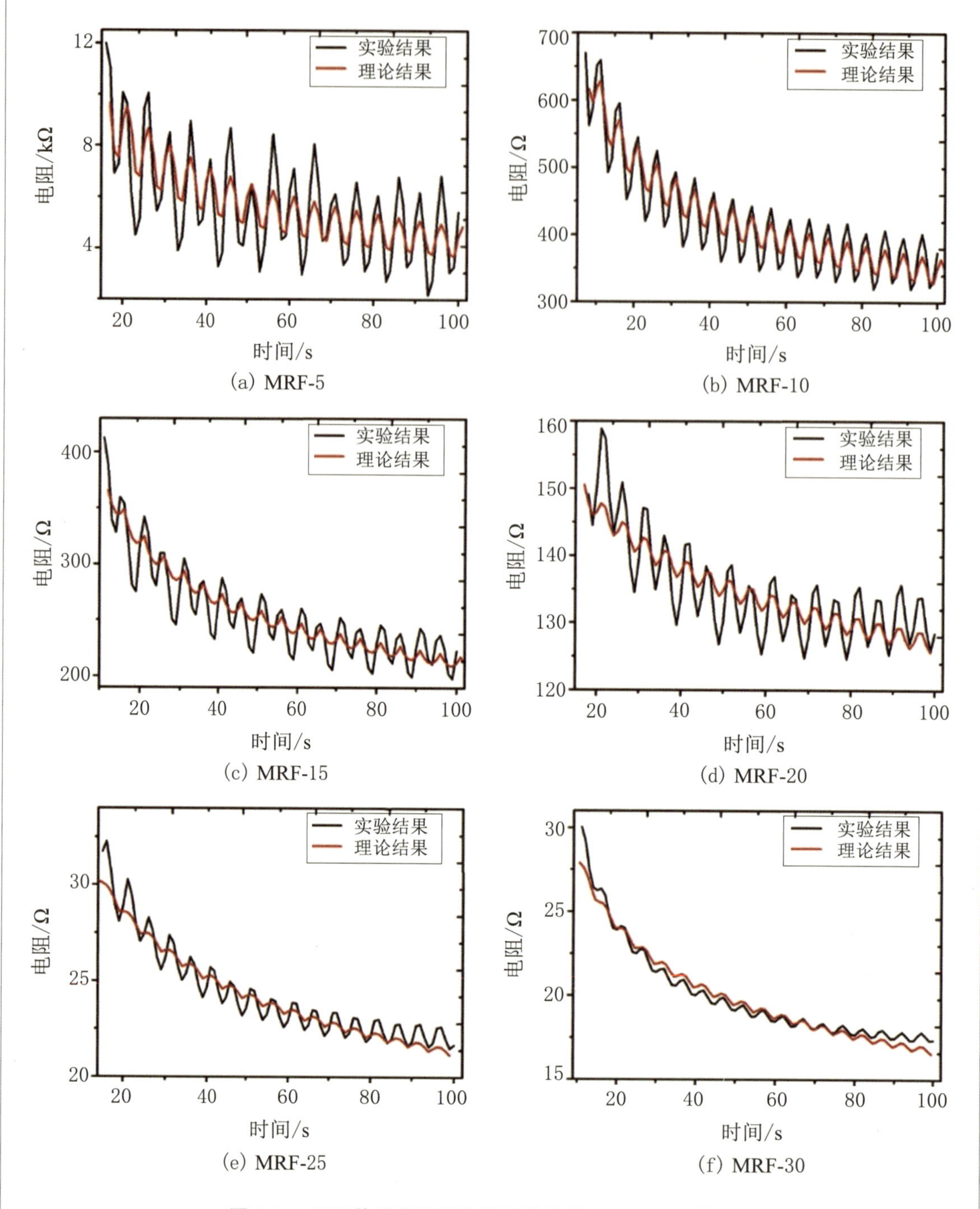

(a) MRF-5 (b) MRF-10 (c) MRF-15 (d) MRF-20 (e) MRF-25 (f) MRF-30

图 2.95　不同体积分数样品的实验结果和理论结果的对比

应变幅值为 5%，振荡剪切频率为 0.1 Hz.

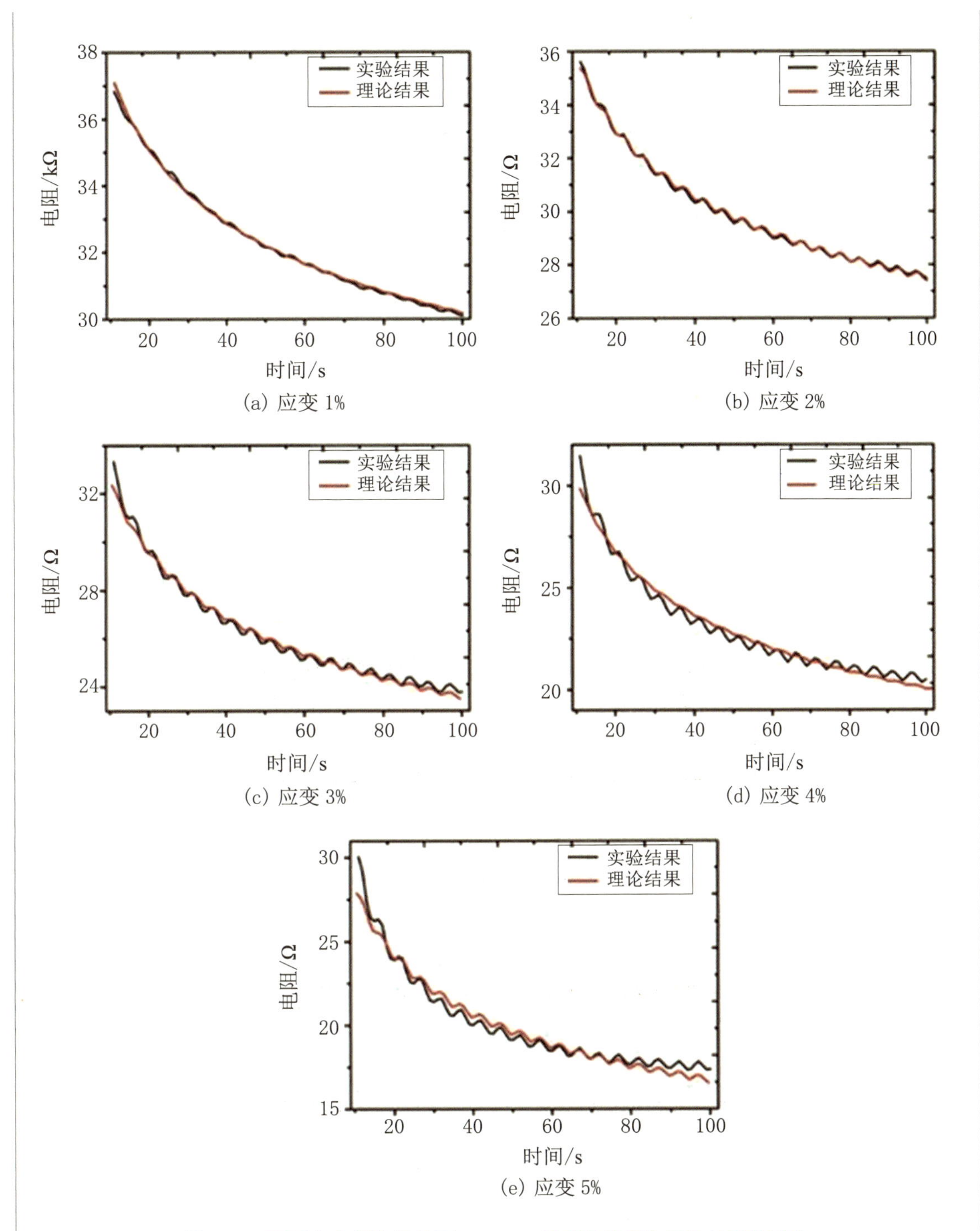

图 2.96　不同应变幅值条件下 MRF-30 的实验结果和理论结果的对比

振荡频率为 0.1 Hz,磁感应强度为 0.96 T.

为了分析磁流变液样品的导电性,我们提出了一种样品内部结构演化机制来解释上述现象,如图 2.97 所示. 当没有外磁场时,样品内部的羰基铁粉随机地分散在硅油中,颗粒的间距很大,因此基本没有电流通道,如图 2.97(a) 所示,导致样品的导电性很弱,基本接近于绝缘体. 一旦对样品施加外磁场,样品内部的羰基铁粉就开始聚集,并且由于偶极子作用力的影响而形成链状结构,如图 2.97(b) 所示. 所以若对样品施加外磁场,则样品的导电性迅速地上升. 当施加外磁场时,虽然形成了链状结构,但是这种链状结构很松散,颗粒链非常短小,因此样品的导电性还有进一步提升的空间. 当外界振荡剪切施加到样品上时,颗粒链会更加容易地相互接触,将会发生侧向聚集和微结构的重组,在磁场和外界振荡剪切的共同影响下,羰基铁粉会形成更加长和密实的颗粒链,如图 2.97(c) 所示. 在振荡剪切的影响下,样品内部的微观结构会重新排列,逐渐聚集到主链上去,导致电阻减小. 因此,当对样品施加振荡剪切时,样品的电阻逐渐下降. 图 2.97(d) 展示了振荡剪切的情况,当对样品施加振荡剪切时,样品内部的链状结构会倾斜拉伸,这会导致颗粒的间距增大,进一步导致样品的电阻增加. 因此,电阻随着外磁场的增加而降低,并且随着外界振荡剪切同步地振荡变化.

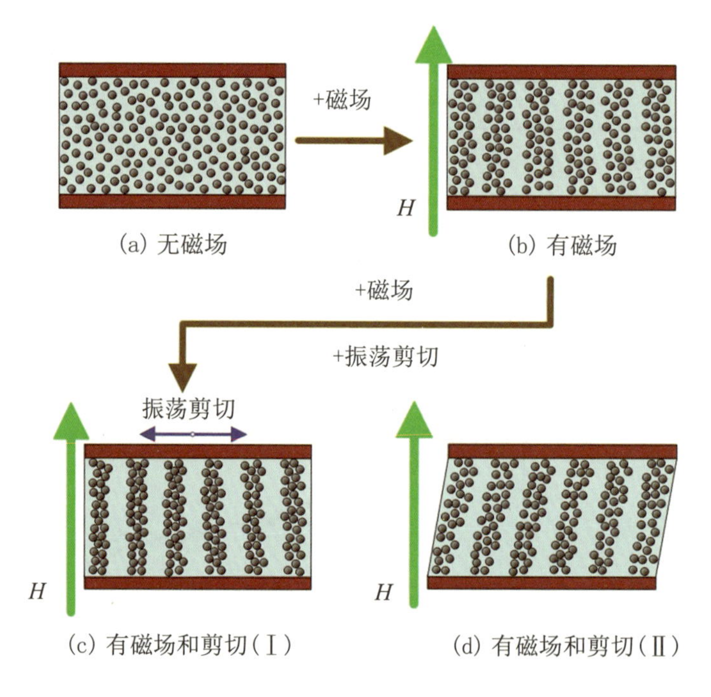

图 2.97　样品受到外磁场和振荡剪切的共同作用时结构演化示意图

2.4.3 挤压模式下磁流变液电学性能的测试与分析

本小节研究了磁流变液在挤压模式下的电阻. 首先研究磁流变液在挤压模式下电阻与应变的关系, 如图 2.98 所示. 由于基体黏度为 100 cSt 时, 体积分数较小样品的初始黏度太低, 无法满足挤压测试的要求, 所以我们测试了样品基体黏度为 500 cSt 时, 在挤压模式下电阻与挤压速率、应变的关系, 体积分数为 5%, 10%, 15%, 20%, 25%, 30% 的样品分别标记为 MRF-5-500, MRF-10-500, MRF-15-500, MRF-20-500, MRF-25-500, MRF-30-500. 从图 2.98 可以看出, 样品的电阻随着挤压速率的增加而增加, 随着挤压应变的增加而减小. 如图 2.98(a) 所示, 对于样品 MRF-5-500, 电阻随着挤压应变的增加先增加后减小, 其他的样品电阻则一直下降. 这是因为当样品中羰基铁粉体积分数较小时, 挤压刚施加到样品上, 载液就带着颗粒一起向四周流动, 颗粒在磁场作用下形成的链状结构被冲垮, 形成的有序结构又变为无序混乱的结构, 导致电阻上升; 然后随着挤压的继续进行, 颗粒在磁场的作用下重新聚集形成颗粒链; 挤压继续进行, 颗粒链越来越短, 并且越来越粗, 最终导致相邻的颗粒链重组形成更大的颗粒链, 进一步导致电阻下降.

对于体积分数较大的样品, 由于内部颗粒比较多, 颗粒在磁场的作用下形成链状结构的速度很快, 当施加外界挤压时, 破坏速度小于重组的速度, 因此不会出现电阻先上升后下降的情况. 挤压速率越快, 电阻也越大, 这是因为当挤压速率越快时, 载液与颗粒一起向四周扩散的速度也越快, 对颗粒链的冲击力就会越大, 越不利于颗粒链的形成. 当挤压速率为 1 μm/s 时, 发现电阻随着挤压不停地振荡, 这是因为挤压速率较小时, 颗粒链有充足的时间破坏和重组, 正是这种持续的破坏和重组造成了电阻的振荡变化.

我们对比了样品 MRF-20-100, MRF-25-100, MRF-30-100 和 MRF-20-500, MRF-25-500, MRF-30-500 的电阻, 研究了基体黏度对样品电阻的影响, 测试结果如图 2.99 所示, 可以看出, 基体黏度为 100 cSt 的样品的电阻小于基体黏度为 500 cSt 的样品的电阻, 这是因为当样品基体黏度比较小时, 颗粒在样品内部的移动会更加容易, 颗粒链的形成也会更加迅速, 结构会更加密实. 基体黏度为 500 cSt 的样品在受到挤压时, 电阻的振荡变化比基体黏度为 100 cSt 的样品更剧烈. 这是因为当基体黏度较小时, 颗粒在外磁场的作用下运动更容易, 形成的颗粒链状或者簇状结构更加致密, 也更加稳定, 当链状结构被挤压破坏时, 能够迅速地重组成链状或簇状结构, 因此振荡变化比较小; 而基体黏度较大的样品, 在磁场的作用下形成颗粒链的速度较慢, 已经形成的链状结构一旦被挤压破坏就需要比较久的时间重组.

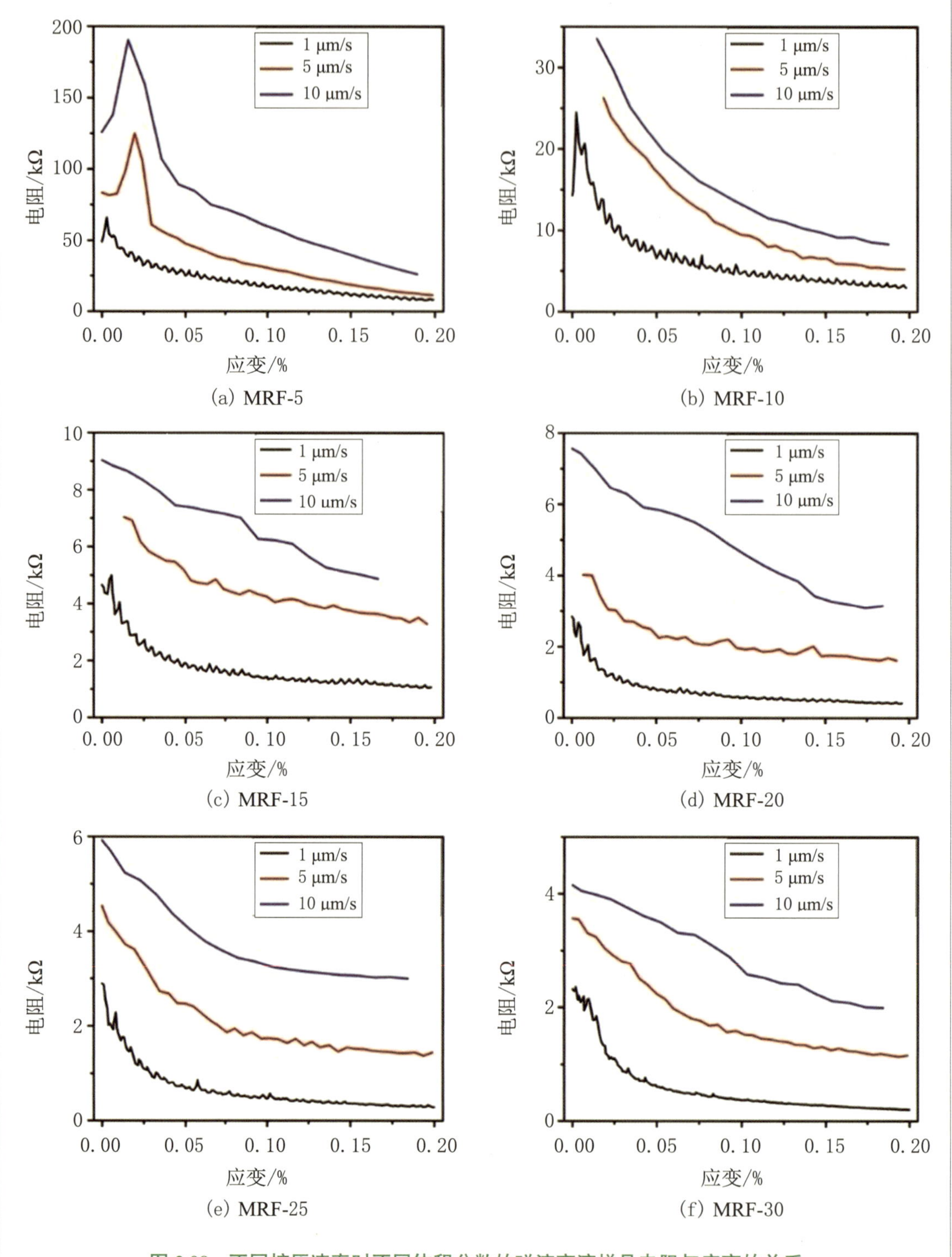

图 2.98 不同挤压速率时不同体积分数的磁流变液样品电阻与应变的关系

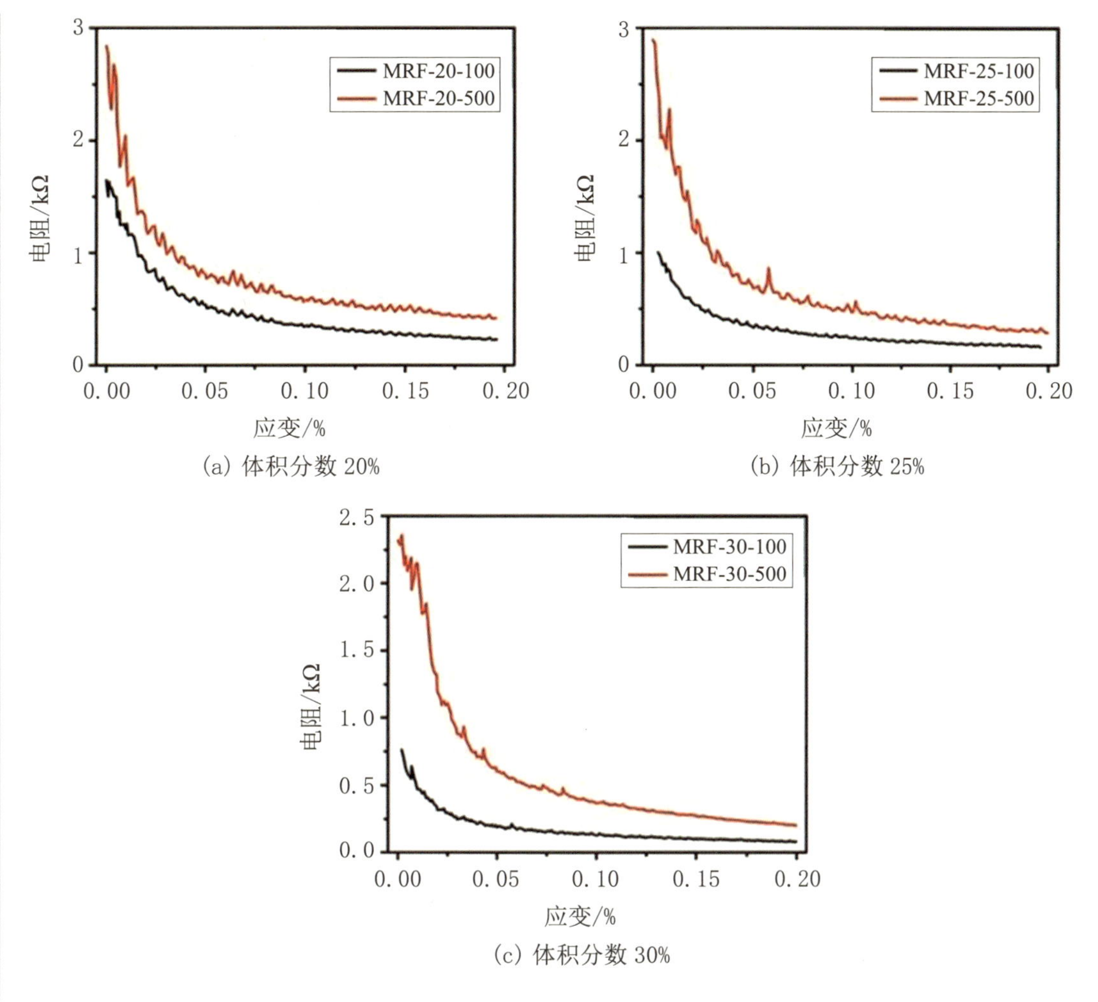

(a) 体积分数 20%

(b) 体积分数 25%

(c) 体积分数 30%

图 2.99 不同基体黏度磁流变液样品的电阻与应变的关系

挤压速率为 1 μm/s.

基体黏度为 500 cSt、不同体积分数的样品在挤压速率为 1 μm/s 时的电阻与挤压应变的关系测试结果如图 2.100 所示，可以看出磁流变液样品体积分数较小时，电阻随着磁流变液体积分数的增加而迅速地下降，这是因为体积分数越大的样品在磁场作用下形成的颗粒链或簇状结构越多，颗粒链相互之间的接触也越多，这都会导致电阻减小. 但是体积分数超过 20% 之后，样品的电阻随着体积分数的增加下降得不再明显，尤其当应变很小时，电阻几乎不随体积分数的增加而变化，这是因为当样品体积分数很大时，样品内部的颗粒浓度已经很大，在外磁场的作用下形成的颗粒链或簇状结构已经很完善，即使样品的体积分数增加，对这种在外磁场作用下形成的链状或者簇状结构的改进也不明显，几乎可以忽略. 当外界挤压施加在样品上时，颗粒链在外磁场的作用下开始重组，体积分数越大的样品中颗粒链相距越近，在挤压时更容易相互聚集，形成更大的颗粒链，因此随着外界挤压应变的增加，电阻随着体积分数的增加略微下降. [8]

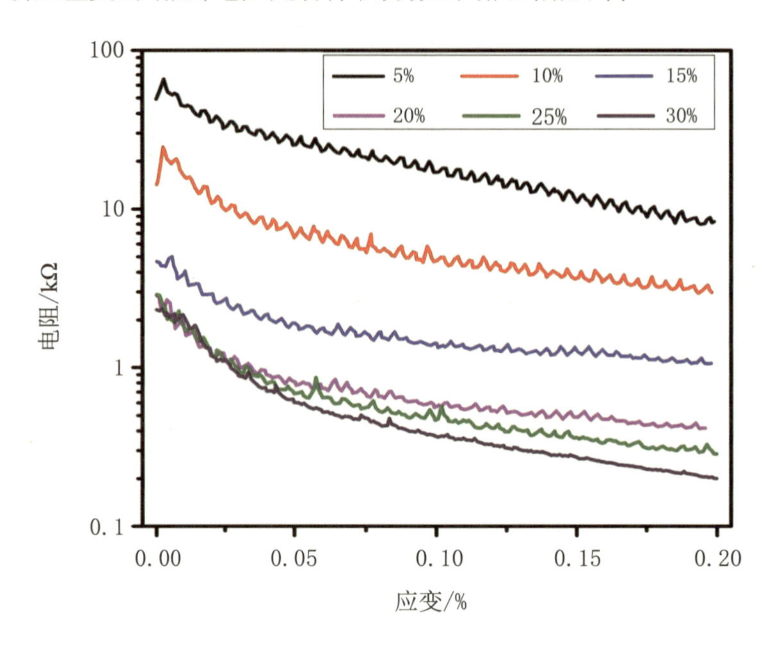

图 2.100　不同体积分数样品的电阻与挤压应变的关系

从以上测试结果与分析可以看出，磁流变液样品在挤压条件下的电阻随着挤压速率的增加而增加，随着体积分数的增加而降低，当基体黏度增加时，样品的电阻也上升. 我们提出了一种微观结构演化机制来分析上述现象，演化示意图如图 2.101 所示. 实验开始之前，样品处于图 2.101(a) 所示的状态，当施加外磁场时，转变成图 2.101(b) 所示的状态；外界施加的挤压速率越大，样品受到挤压而向四周流动的速度也越大，样品内部在磁场作用下形成的颗粒链结构受到的破坏就越严重. 当挤压速率较大时，颗粒链的破坏速度大于其在外磁场作用下的重组速度，样品内部的微观结构只能在图 2.101(b) 和 (c) 之间相互转换，很难形成图 2.101(d) 中的结构，因此导致样品的电阻比较大. 当挤压速率较小时，挤压并不会完全破坏之前形成的颗粒链，而是会促进颗粒链的错位与弯曲，内部颗粒有足够的时间进行重组，并且由于挤压的作用，相邻的颗粒链聚集成更大、更密实的颗粒链，所以不会出现图 2.101(c) 中的现象，而是在外界挤压和磁场的作用下，直接由图 2.101(b) 中所示的情况稳步地过渡到图 2.101(d) 中的情况. 因此当挤压速率较小时，样品的电阻会比较小. 还可以看出电阻随着挤压应变的施加，在下降的过程中会不断地振荡，这是由于颗粒链在受到外界挤压时，不停地错位与弯曲，然后重组，正是这种结构的变化导致了电阻的变化.

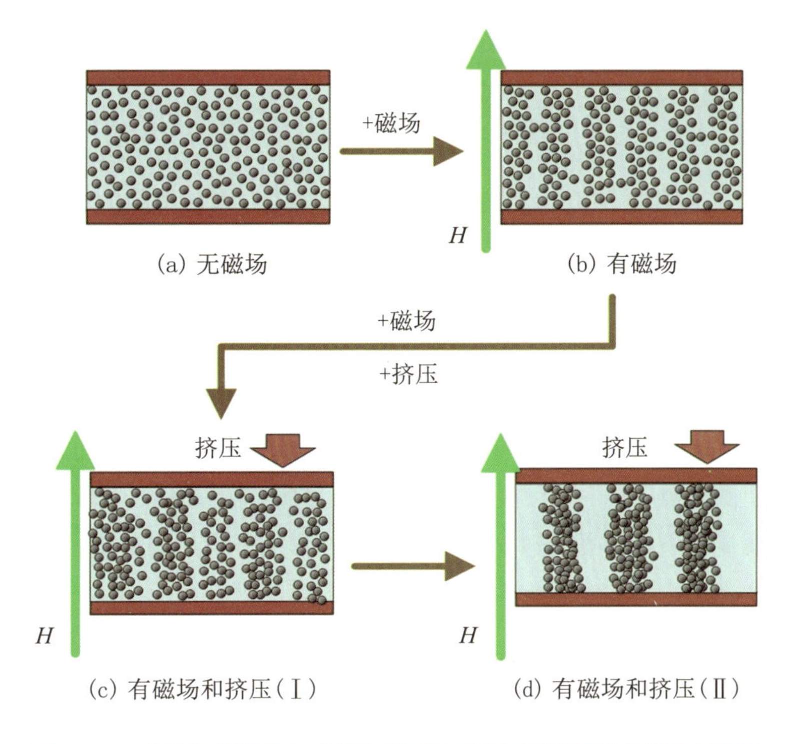

图 2.101　磁流变液样品在磁场作用下受到挤压时微观结构演化示意图

基体黏度增大,电阻也增加,这是因为磁流变液样品在受到挤压时,黏度较大的基体对样品内部颗粒的作用力更大,会带着颗粒向四周运动,对颗粒链的破坏很大,而且样品内部的磁性颗粒在外磁场的作用下重组的阻力也较大;而对于基体黏度较小的样品,基体受到挤压向四周流动时,对颗粒链的作用力较小,颗粒更容易留在颗粒链内,而不是随着基体向四周运动,与磁流变液的密封效应比较类似,因此颗粒链只会略微地弯曲,并不会直接被破坏掉,而且由于外界挤压的作用,颗粒链结构会更加密实,挤压后颗粒链会变粗,颗粒链与颗粒链之间就会更加容易相互接触,进而融合成更大的颗粒链,导致电阻下降,因此黏度越大的样品,电阻也越大. 样品的体积分数越大,在磁场的作用下形成的颗粒链也会越大、越密实,因此电阻就会越小;但是体积分数增大到一定程度之后,电阻随着体积分数的增加变化不再明显,尤其是在挤压应变很小的情况下. 这是因为体积分数较大时,样品内部在磁场的作用下形成的颗粒链状或者簇状结构已经比较完善,体积分数的增加对颗粒链状结构的改进已经不明显.

2.4.4 磁流变液电阻与法向力之间的关系

在研究磁流变液在振荡剪切和挤压条件下的电阻时,发现电阻的变化趋势与法向力的变化类似,并且两者都依赖于磁流变液内部结构的演化,因此本小节中我们探索性地研究了磁流变液在外磁场和振荡剪切/挤压的条件下电阻与法向力之间的关系.

首先研究振荡剪切条件下,磁流变液电阻与法向力的关系,我们得到了激励频率为 0.1 Hz、外界磁感应强度为 0.96 T、应变为 1% 的不同体积分数样品的电阻与法向力的关系,测试结果如图 2.102 所示,可以看到,不同体积分数样品的电阻与法向力的变化趋势相反,电阻随着测试时间的增加振荡下降,而法向力随着测试时间的增加却振荡上升,这是由于磁流变液内部的磁性颗粒在外磁场的作用下形成颗粒链,并且受到振荡剪切时,颗粒链状或者簇状结构不断自我优化.

在外磁场及振荡剪切的作用下,磁流变液样品内部结构发生优化,导致电阻下降. 这种优化使得颗粒链更加稳定,磁流变液的承载能力增强,因此法向力增加. 从图 2.102 可以看出,颗粒链的结构变化能够同时影响电阻和法向力,因此电阻和法向力会存在一定的对应关系,使得我们可以通过测量磁流变液的电阻来检测磁流变液内部结构的演化及法向力的变化.

其次研究不同挤压条件下,不同体积分数样品的电阻与法向力的对应关系,测试结果如图 2.103 所示. 当磁流变液受到挤压时,法向力先迅速地增加,然后趋于平稳,而电阻则是先迅速下降,然后趋于平稳. 磁流变液内部的磁性颗粒在磁场的作用下形成了颗粒链,当施加外界挤压时,外界压力需要先破坏掉这些颗粒链才能够使挤压继续进行,这是屈服前阶段. 破坏这些颗粒链需要外界挤压力累计一定的值,因此法向力先迅速上升,破坏之后这些颗粒在磁场的作用下不停地重组,随着挤压的进行,法向力平稳地上升. 挤压速率越大,法向力越大,电阻也越大. 这是因为挤压速率较大时,基体的黏滞阻力和颗粒的惯性力都会增大,需要更大的外界挤压力来破坏磁流变液的结构. 当挤压速率增加时,基体带着颗粒一起向四周流动的速度增加,颗粒链的重组难度也会增加,导致磁流变液的链状结构缺陷比较多,因此磁流变液的电阻随着挤压速率的增加也略有增加. 当磁流变液样品受到挤压时,法向力和样品的电阻都会明显地受到样品内部颗粒链结构的影响,因此可以通过电阻来预测样品内部颗粒链的结构,进而通过易测的电阻来预测挤压条件下磁流变液法向力和内部结构变化等.[9]

通过上述的对比发现,磁流变液的电阻与磁流变液内部颗粒链的结构息息相关,可以通过测量磁流变液样品的电阻来反映样品的浓度、外界的磁感应强度、磁流变液法向力等不易测的量，为磁流变液的传感器、非接触式测量与控制等领域的应用提供理论依据.

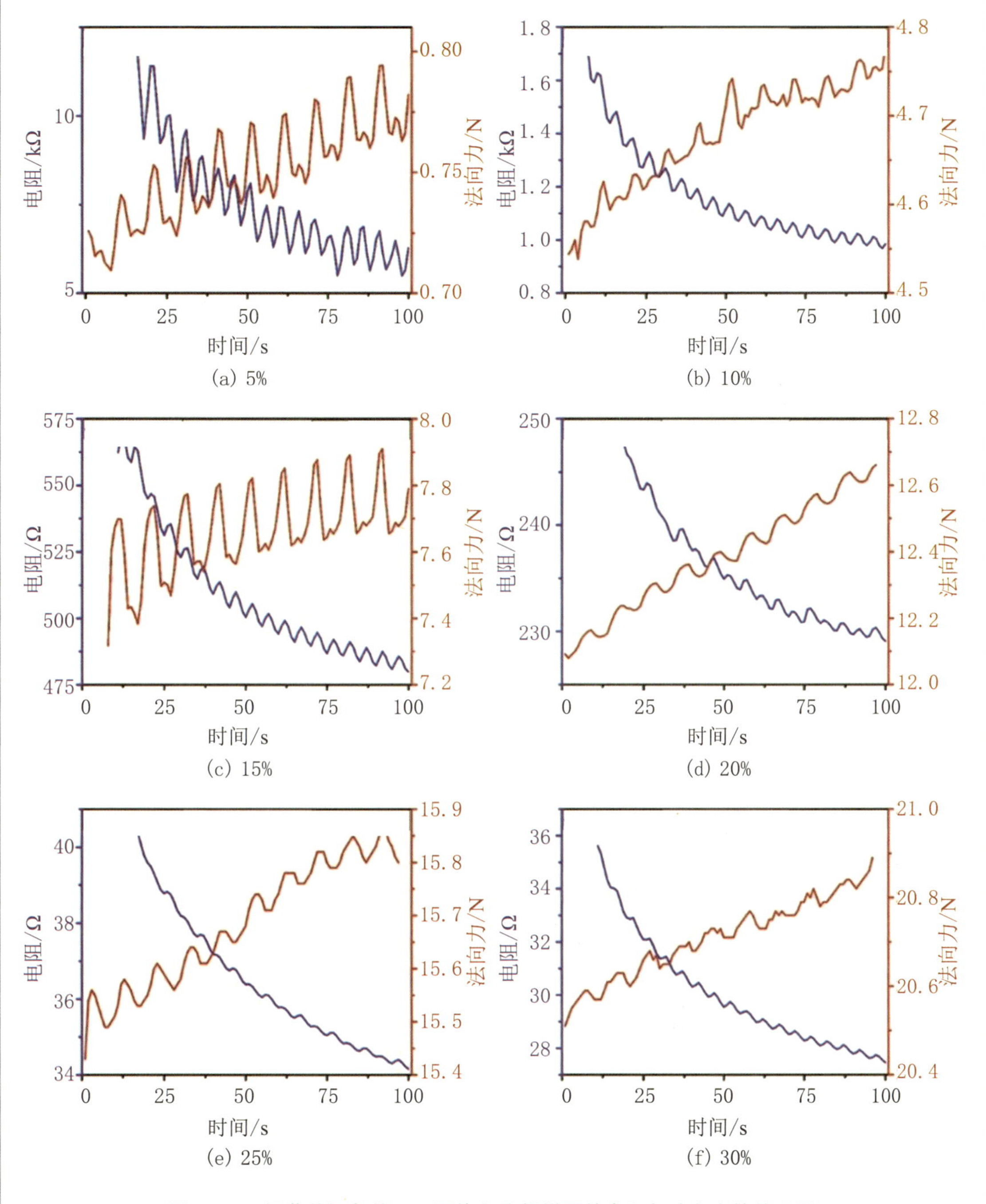

图 2.102　振荡剪切条件下不同体积分数样品的电阻与法向力的关系图

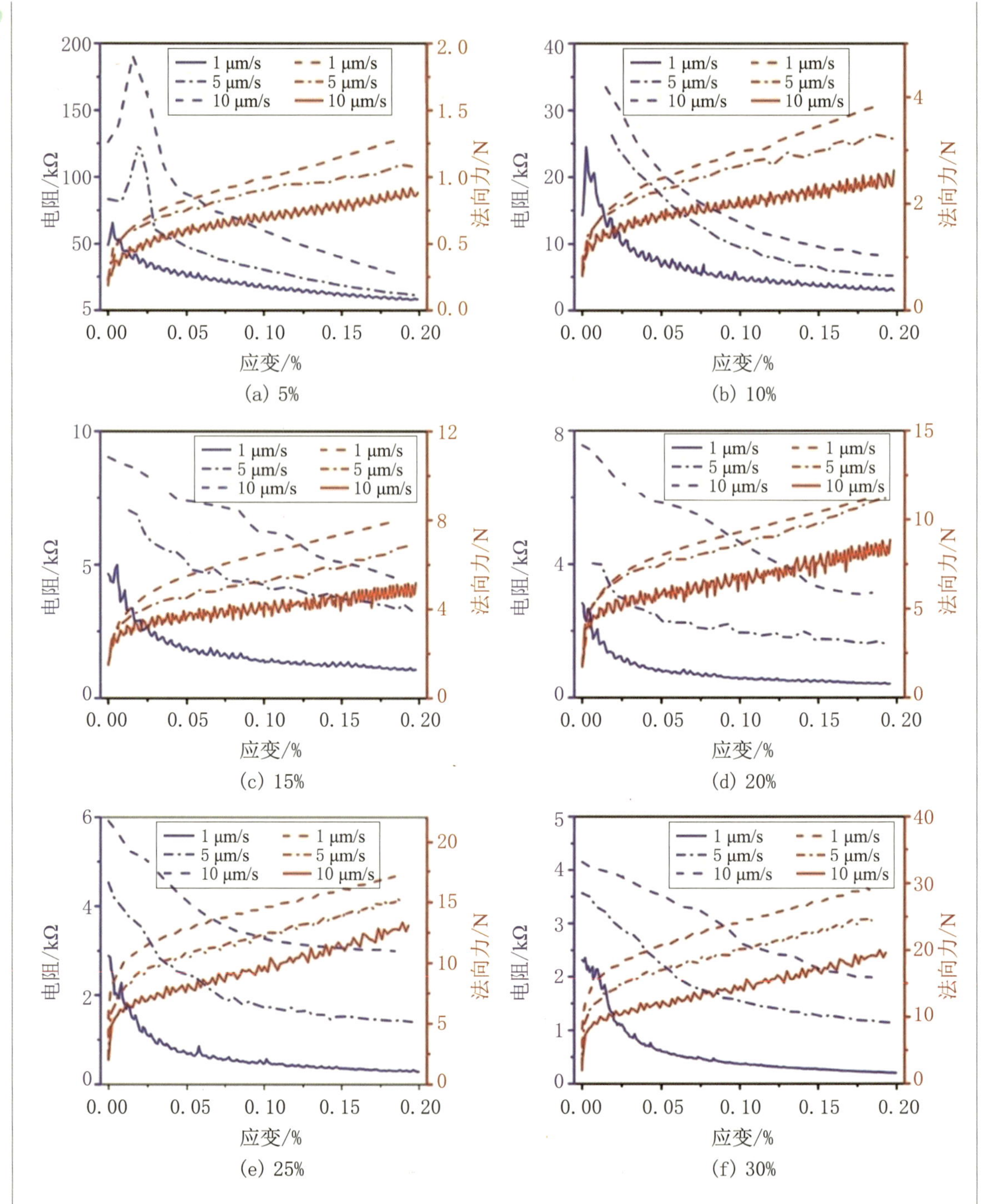

图 2.103　不同挤压速率条件下不同体积分数样品的电阻与法向力的对应关系

第 3 章

磁流变液的力磁耦合模型

3.1 Bingham 模型

3.1.1 磁流变液参数化模型

磁流变液的参数化模型在磁流变液装置的研发中起到重要作用. Phillips[10] 首先研究了平行壁面通道中的 Bingham 流动,并引入了 Bingham 流动方程的无量纲形式. 此后磁流变液的模型得到了较为广泛的研究,且模型的准确性也得到了显著提升. 目前,用于描述磁流变液非线性特性的模型主要包括 Bingham 塑性模型[10-11]、双黏性模型[12] 和 Herschel-Bulkley 模型[13-14]. 剪切变稀是一种在高剪切速率下表观黏度逐渐降低的非线性现象[15],其特性一般采用幂律模型或指数函数来进行研究[16-17]. 为了考虑剪切变稀/变稠,可以采用 Herschel-Bulkley 模型,其中屈服后塑性黏度主要依赖于剪切应变率,如图 3.1 所示. [18]

3

1. Bingham 塑性模型

磁流变液的 Bingham 塑性模型包括一个变刚度塑性单元和一个与之平行的 Newton 黏性单元,因此其应力–应变本构关系[10-11] 可表示为

$$\tau = \tau_{\mathrm{y}}(H)\,\mathrm{sgn}(\dot{\gamma}) + \eta\dot{\gamma} \tag{3.1}$$

其中 τ 为流体中的剪切应力,τ_y 是由外磁场 H 控制的剪切屈服应力,η 是与外磁场无关的 Newton 黏度,$\dot{\gamma}$ 是剪切应变率,$\mathrm{sgn}(\cdot)$ 是符号函数. 在剪切应力低于临界值 τ_y 时,流体处于静止状态,表现为黏弹性,而当剪切应力超过临界值时,即可像 Newton 流体一样运动. Bingham 塑性模型如图 3.1 所示,展现出屈服应力和外磁场的相关特性.

2. 双黏性模型

为了对挤压流动模式下工作的磁流变液装置进行分析,Bingham 塑性模型中控制剪切应力 τ 的方程可以推广为双黏性模型[20],

$$\tau = \begin{cases} \tau_y(H) + \eta\dot{\gamma}, & |\tau| > \tau_1 \\ \eta_r\dot{\gamma}, & |\tau| < \tau_1 \end{cases} \tag{3.2}$$

其中 η_r 和 η 分别和材料的弹性和黏性有关,如图 3.2所示. 屈服参数 $\tau_y(H)$ 和 τ_1 满足

$$\tau_y(H) = \tau_1\left(1 - \frac{\eta}{\eta_r}\right) \tag{3.3}$$

如图 3.2 所示. Wilson 指出应将 Bingham 塑性模型视为双黏性模型的极限情况.[19] 令 $\eta_r \to \infty$,即可得到 Bingham 塑性模型.

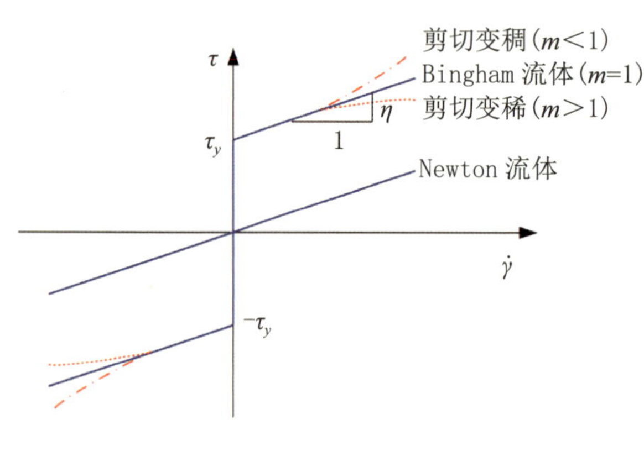

图 3.1　磁流变液的 Bingham 塑性模型[18]

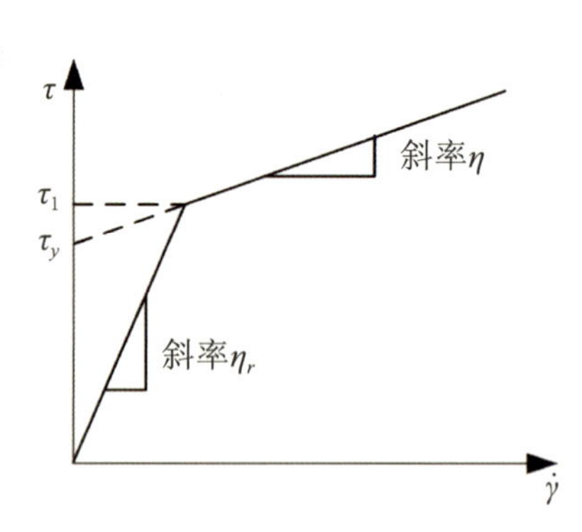

图 3.2　理想化的双黏性本构关系[12]

3. Herschel-Bulkley 模型

Bingham 塑性模型的另一种替代模型是 Herschel-Bulkley 模型,该模型解释了磁流变液屈服后的剪切变稀或剪切变稠现象,如图 3.1 所示. Herschel-Bulkley 模型[13-14] 中,

$$\tau = \left(\tau_y(H) + K|\dot{\gamma}|^{1/m}\right)\operatorname{sgn}(\dot{\gamma}) \tag{3.4}$$

式中 K 和 m 为流体参数. 当 $m > 1$ 时,式 (3.4) 表示剪切变稀流体;当 $m < 1$ 时,表示剪切变稠流体. 注意,当 $m = 1$ 时,Herschel-Bulkley 模型会简化为 Bingham 塑性模型.

3.1.2 磁流变液减振器的滞回特性及性能

根据图 3.3~图 3.5,磁流变液减振器的特性可归纳如下:

(1) 滞回现象. 如图 3.3(c) 和图 3.5(b) 所示, 随着时间的增加, 阻尼器滞回曲线沿逆时针方向变化. 力–速度曲线的上半部分反映出速度变小时出力值的变化规律 ($\mathrm{d}v/\mathrm{d}t > 0$),而下半部分则对应于速度增加时出力值的响应趋势 ($\mathrm{d}v/\mathrm{d}t < 0$). 滞回曲线的平均斜率,即黏性阻尼系数,取决于所施加的电流和激励条件,包括频率和行程.

(2) 滞回曲线的非对称性. 尽管在图 3.3(c) 中磁流变液阻尼器力–速度曲线中的非对称性不显著,但其他磁流变液阻尼器中测得的力–速度曲线则呈现出非对称滞回响应,主要是由于滞回效应在速度为零时开始起作用. [20-21]

(3) 屈服前区域和屈服后区域. 如图 3.3(c) 和图 3.5(b) 所示,在减振器工作时存在两个不同的流变特征区域:屈服前区域和屈服后区域. 屈服前区域表现出较强的滞回特性,属于典型的黏弹性材料. 屈服后区域是塑性的,具有非零屈服力等特征,此阶段的屈服力会随施加电流 (磁场) 的变化而变化,如图 3.3(b),(c) 和图 3.5(a),(b) 所示.

(4) 滚降效应. 在图 3.3(c) 和图 3.5(b) 中,力–速度曲线的上半部分对应于速度的递减;对于更大的正速度,阻尼器的出力值会随着速度发生线性变化. 然而,随着速度的降低,在速度变为负值之前,减振器的力–速度关系曲线不再呈线性变化,而是匀速减小且很快. 这种小速率下的滚降效应是由于活塞和气缸之间的流体放气或吹气造成的,并且对于消除在汽车应用中阻尼器主观感觉上的粗糙性来说是必要的. [20]

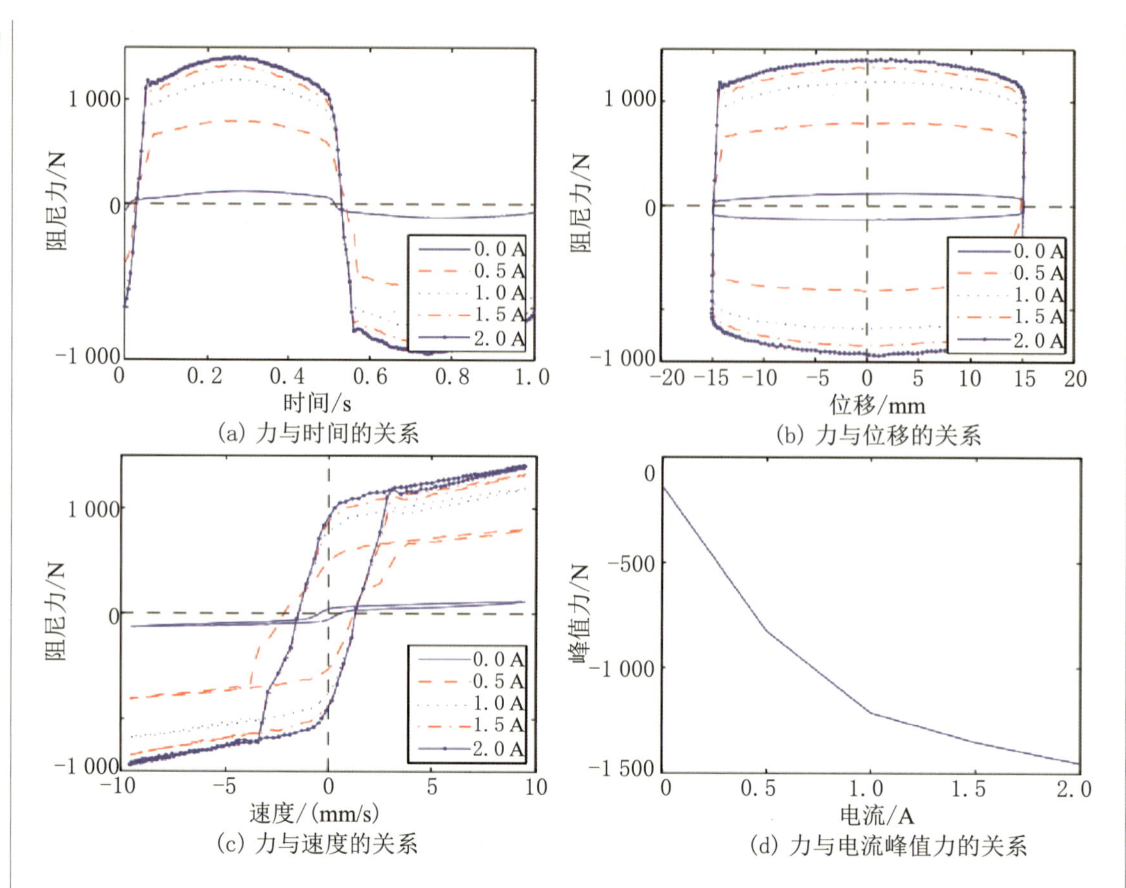

(a) 力与时间的关系

(b) 力与位移的关系

(c) 力与速度的关系

(d) 力与电流峰值力的关系

图 3.3　磁流变液阻尼器的各种阻尼力

振幅为 15.00 mm,正弦激励为 1.00 Hz.

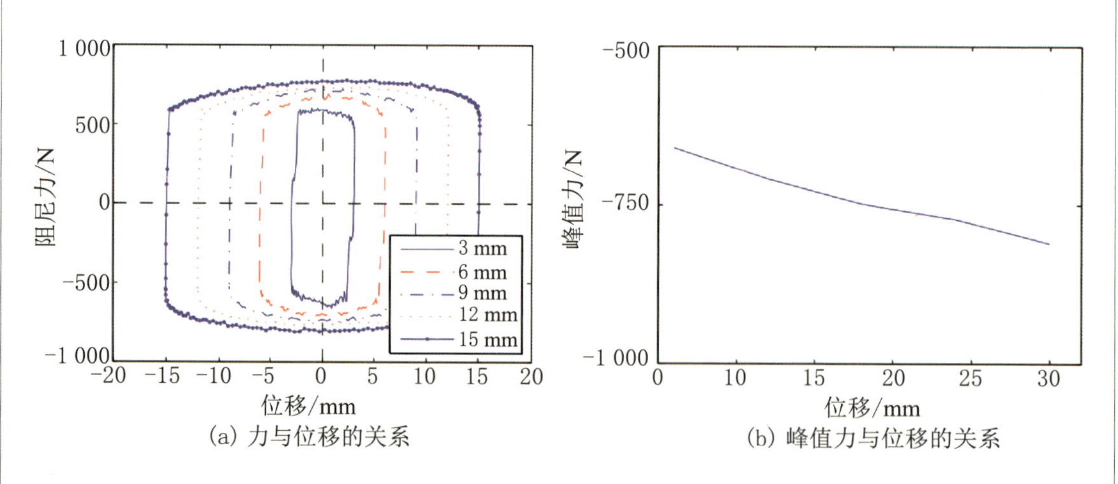

(a) 力与位移的关系

(b) 峰值力与位移的关系

图 3.4　磁流变液阻尼器在 1.00 Hz 正弦激励下的各种阻尼力

电流为 0.50 A.

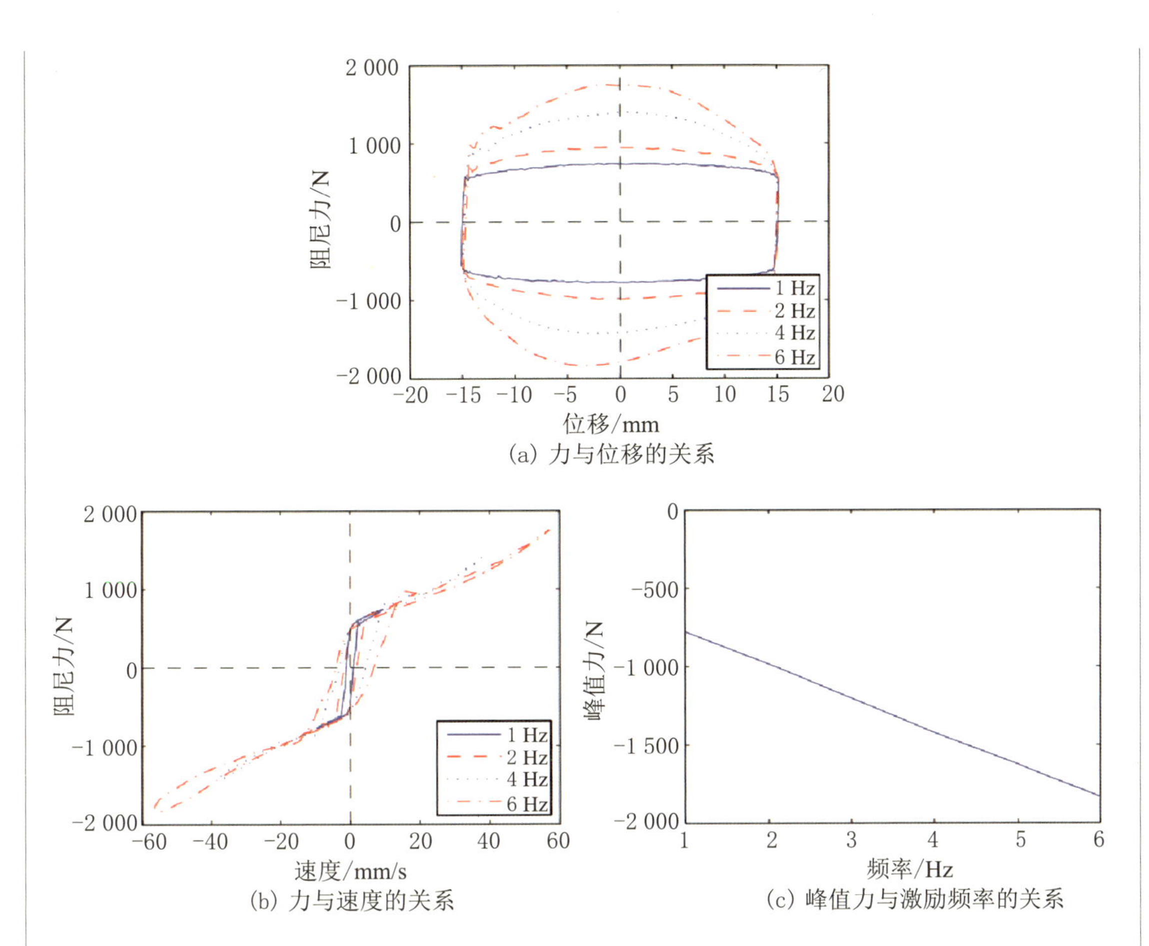

(a) 力与位移的关系

(b) 力与速度的关系

(c) 峰值力与激励频率的关系

图 3.5　磁流变液阻尼器在 1.00, 2.00, 4.00 **和** 6.00 Hz **正弦激励下的各种阻尼力**

振幅为 15.0 mm, 电流为 0.50 A.

(5) 被动性能. 在零场条件下, 磁流变液阻尼器表现出几乎零黏性的特点 (被动性能), 此特征可以从椭圆的力–位移曲线和近似线性的力–速度曲线中得出, 如图 3.3(b) 和 (c) 所示.

(6) 可控性. 在线圈电流为 0.5 A 时, 经过三四个周期循环后, 位移才能达到振幅处. 因此, 阻尼器的响应会在几个周期的循环后才能达到稳定值. 其中, 频率越高, 阻尼器的响应达到稳定值所需的循环次数就越多. 这种现象可能是由器件的静摩擦引起的. 阻尼力随着所施加电流的增加而显著增大, 如图 3.3 所示. 随着电流的增大, 可以观察到对应于 $dv/\ dt < 0$ (对应于力–位移曲线的上半部分) 或 $dv/\ dt > 0$ (对应于力–位移曲线的下半部分) 的实测屈服力 (屈服后饱和开始时产生的力). 在图 3.3(d) 中, 峰值力的绝对值随着电流的增加呈现出非线性增长.

(7) 位移–振幅依赖性. 图 3.4 中所有的滞回曲线都不是椭圆形, 意味着磁流变液阻尼器工作在屈服后阶段而不是屈服前阶段. 此外,从图 3.4(b) 可以看出,峰值力的绝对值会随着位移–振幅度的增加而增长,这表明理想的弹塑性模型无法对此力学行为进行准确描述.

(8) 频率相关. 由图 3.5(a) 可知,出力值会随着频率的增加而增大. 图 3.5(b) 表明力与速度之间存在非线性关系,且频率越高,非线性越大. 此特性会对磁流变器件的实际应用产生影响.

3.1.3 磁流变液减振器的参数化模型

迄今为止,已经建立了各种模型来模拟磁流变液减振器的特性. 根据模型所具有的不同特征,可将磁流变液减振器模型分为准静态模型和动态模型. 根据不同的建模方法,可将模型分为参数化动力学模型和非参数化动力学模型. 根据所建模型是否具有可逆性,可将模型分为正动力模型和逆动力模型.

1. 准静态模型和动态模型

目前,已有研究人员尝试基于磁流变液中的 Bingham 塑性模型来研发准静态模型,以对阻尼器的性能进行分析. [22-24] Phillips[10] 提出了一组无量纲变量和相应的五次方程来确定平行管道流动的压力梯度. Gavin 等[25-26] 和 Makris 等[27-28] 在他们的研究中也采用了类似方法. Wereley 和 Pang[29] 开发了一个类似的平行板模型,其中包含了一组不同的无量纲变量. 由于磁流变液减振器通常具有圆柱状结构,Gavin 等[25] 和 Kamath 等[30] 开发了轴对称模型,并对磁流变液减振器的准静态行为进行了研究. 为了考虑径向场分布, Gavin 等[25] 做了屈服应力满足反幂律模型的假定. Kamath 等将环形间隙中的屈服应力设为恒定值. 为了考虑磁流变液的剪切变稀/变稠效应, Lee 和 Wereley[31-32]、Lee 等[33]、Wang 和 Gordaninejad[16]、Chooi 和 Oyadiji[34-36] 以及 Hong 等[37] 利用 Herschel-Bulkley 模型预测了固定边界平行管道中的液体流动特性. Dimock 等[22] 提出了一种修正的 Bingham 塑性模型来考虑剪切变稀. Wang 和 Gordaninejad[13] 建立了具有恒定屈服应力的圆管轴对称模型,并对大尺寸原型阻尼器进行了精确建模.

虽然准静态模型可以用于磁流变液减振器的设计,但是其不足以描述磁流变液减振器在动载荷作用下的非线性特性,特别是力–速度曲线的非线性特征.

2. 参数化动力学模型和非参数化动力学模型

为了描述磁流变液阻尼器的动态特性，参数化动力学模型和非参数化动力学模型均得到了研究和发展．参数化建模技术将设备描述为线性和/或非线性弹簧、阻尼器和其他物理原件的集合．磁流变液减振器的参数化动力学模型主要包括基于 Bingham 模型的动力学模型、双黏性模型、黏弹塑性模型、刚度–黏度–弹性–滑动模型、基于 Bouc-Wen 滞回算子的模型、基于 Dahl 滞回算子的模型、基于 LuGre 滞回算子的模型、基于双曲正切函数的模型、基于 Sigmoid 函数的模型、等效模型和相变模型．这些参数化模型可以通过有限的参数对磁流变液减振器的动力学特性进行建模和分析．确定参数化动力学模型的参数，可以在有限范围内对磁流变液阻尼器的动力学进行建模．一旦选择了模型，参数就以实验值与模拟值之间的差值最小化为依据而确定．如果模型的初始假设存在缺陷，或者没有对参数施加适当的约束，模型建立方法就会存在误差，可能会得出错误的参数，比如负质量或者刚度．

非参数化建模方法基于测试数据分析和器件工作原理，采用解析表达式来描述被建模器件的特性．非参数化方法可以避免参数化模型的缺陷，且具有鲁棒性，适用于线性、非线性和滞回系统．[38] 磁流变液减振器中的非参数化模型主要包括多项式模型[39-40]、多重函数模型[41-43]、数据驱动黑箱模型[44-49]、基于查询的模型[50-51]、神经网络模型[48,52-60]．

3. 正动力模型和逆动力模型

在磁流变液减振器的动力学模型中，减振器的阻尼力和位移与施加的电压和电流之比有关．在过去的 20 年中，研究人员的主要工作集中于磁流变液减振器动态响应的动力学模型．另外，磁流变液减振器的逆动力学模型表征了施加的电压和电流之比与减振器的阻尼力和位移之间的关系[52,61]，且逆动力模型主要用于磁流变液减振器的反馈控制．

3.2 磁流变液的颗粒动力学模型

磁流变液是一种流变行为对外磁场高度敏感的智能材料．在剪切流动与外磁场的耦合作用下，磁性颗粒之间、颗粒与基体之间会产生大量细观作用力，颗粒聚合成特殊的细观结构，阻碍载液流动，从而产生磁流变效应．颗粒动力学模拟，根据当前时刻全部颗粒的位置算出它们各自所受的合外力，确定当前时刻的速度、加速度信息，进而得到下一时刻全部颗粒的坐标，模拟颗粒的动态聚合过程．能否全面、精确地表征颗粒间真实存在的各种细观相互作用，决定了数值模拟的准确性．传统的颗粒动力学模拟中，通常采用简单的点偶极子模型和 Stokes 阻力公式，忽略颗粒间摩擦力，在研究大体积分数和含有粗糙颗粒的磁流变液时遇到了瓶颈．为了开展核壳、空心、链状等新型颗粒磁流变液的机制研究，有必要改进现有的理论模型，拓展颗粒动力学方法的适用范围．然而，采用过于复杂的公式会大大增加计算量，降低模拟的经济性．因此在数值方法中选取恰当的近似，忽略一些次要的相互作用力显得尤为重要．[62]

本节从第一性原理出发，介绍磁流变液的一般细观模型和颗粒动力学模拟公式．首先讨论常见磁性材料——羰基铁粉和 Fe_3O_4 的磁化模型，阐述颗粒间的主要相互作用力，包括磁偶极子力、van der Waals 力、弹性挤压力和摩擦力；然后介绍模拟核壳、空心微结构时所采用的特殊处理；接下来，全面表征颗粒-载液相互作用，针对球形和链状两种颗粒、Newton 流体和 Bingham 塑性流体两种载液分析颗粒所受的黏性阻力，证明布朗运动与浮力在颗粒聚合中起次要作用，可以忽略；随后采用无量纲 Knudsen 数讨论该模型的适用范围；最后推导出适用于球形和链状颗粒的动力学方程，通过统计平均得出材料宏观力学性能，介绍细观结构的定量表征方法.

3.2.1 颗粒间相互作用

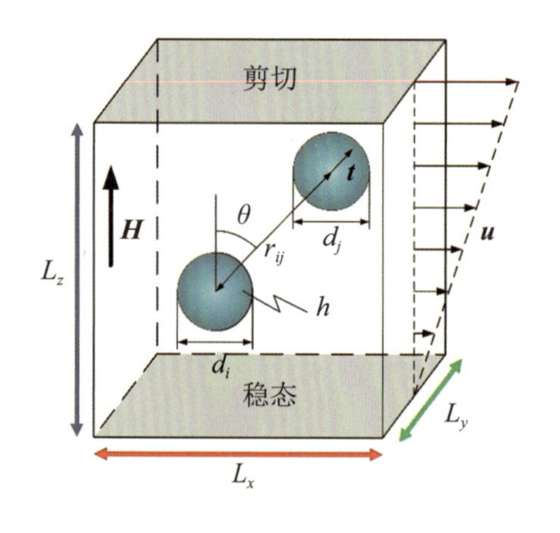

图 3.6 颗粒动力学模拟示意图

在本小节的颗粒动力学模拟中采用笛卡儿坐标系，原点位于长方体或立方体计算区域的一个顶点上，如图 3.6 所示．初始时刻所有磁性颗粒随机分布在计算区域中，为了消除随机分布产生的颗粒重叠，可设置一定的松弛时间步，让重叠的颗粒在无外磁场和剪切流动的条件下自然排斥一段时间．随后，同时施加沿 z 轴的匀强磁场和沿 x 轴的剪切流动，以测试磁流变液的流变性能. 由于流变仪对剪切流动的驱动力远强于磁流变的液内颗粒的相互作用力,可假设整个模拟过程载液均处于剪切速率恒定的定常流动状态. 此时,计算区域内任意一点的基体流速为 $\boldsymbol{u} = \dot{\gamma} z \boldsymbol{e}_x$. 颗粒受到各种细观相互作用力而开始运动、聚合,当细观结构和宏观力学性能达到动态平衡时,模拟终止. 由于计算能力的限制,目前尚不能模拟流变仪中完整磁流变液样品的力学性能,计算区域的边长,可知其最大可达到 100 μm 量级,仅为样品厚度的 1/10. 因此可以将实验中的样品近似视为无限大空间,所模拟的是其中一小块区域,在 xy 和 yz 平面上设置周期性边界条件,在 xz 平面上施加剪切周期性边界条件.

精确表征磁性颗粒的磁滞回线,可提高后续磁偶极子力的计算精度,更好地预测材料性能. 当一个Fe_3O_4 颗粒处于均匀磁场 $\boldsymbol{H}$ 中时,其磁矩矢量 $\boldsymbol{m}_i$ 可以通过如下指数公式确定:

$$\boldsymbol{m}_i = MV_i\frac{\boldsymbol{H}}{H} = M_\mathrm{s}\mathrm{e}^{-\frac{C_1}{H+C_2}}V_i\frac{\boldsymbol{H}}{H} \tag{3.5}$$

其中 M 表示 Fe_3O_4 的磁化强度,$H = |\boldsymbol{H}|$,V_i 表示目标颗粒的体积,饱和磁化强度 $M_\mathrm{s} = 71.7$ emu/g,$C_1 = 265.7$ Oe,$C_2 = 39.0$ Oe. 模拟中采用 KMS 单位制. C_1 决定材料趋于饱和磁化的速度,C_1 和 C_2 共同表征零磁场附近的磁化特性. 在超顺磁性状态下,磁滞回线通常用 Langevin 方程表征:

$$M = M_\mathrm{s}\left(\coth x - \frac{1}{x}\right) \tag{3.6}$$

其中 $x = M_\mathrm{s}V_\mathrm{p}H/(k_\mathrm{B}T)$,$V_\mathrm{p}$ 代表磁性颗粒的平均体积. 本节所制备的 Fe_3O_4 磁性颗粒直径均是均匀分布的,因此可用平均体积 V_p 代替式 (3.5) 中的 V_i. 在足够强的外磁场作用下,$x \gg 1$ 且 $H \gg C_2$. 式 (3.5) 和式 (3.6) 必然化简为相同的形式:

$$M = M_\mathrm{s}\left(1 - \frac{C_1}{H}\right) = M_\mathrm{s}\left(1 - \frac{k_\mathrm{B}T}{M_\mathrm{s}V_\mathrm{p}H}\right) \tag{3.7}$$

常数 C_1 近似代表了 $k_\mathrm{B}T/(M_\mathrm{s}V_\mathrm{p})$. 在零磁场附近,式 (3.5) 和式 (3.6) 应当化为相同的随磁场强度的线性关系:

$$\left(\frac{\mathrm{d}M}{\mathrm{d}H}\right)_{H=0} = \frac{C_1}{C_2}\mathrm{e}^{-C_1/C_2} = \frac{M_\mathrm{s}V_\mathrm{p}}{3k_\mathrm{B}T} \tag{3.8}$$

常数 C_2 可以从超越方程中得出. 本小节分别采用式 (3.5) 和 Langevin 方程拟合 Fe_3O_4 颗粒的磁滞回线,如图 3.7 所示. 在磁流变液的流变测试和应用器件中,磁感应强度很少超过 1 T,因此拟合时只考虑 $-10 \sim 10$ kOe 这部分的磁滞回线. 两个方程均能完美拟合实验测得的磁滞回线,但是指数公式更加简洁.

对于羰基铁粉,磁化强度 M 可以通过如下指数公式确定:

$$M = M_{\mathrm{s}}\left(1 - \mathrm{e}^{-\chi H}\right) \tag{3.9}$$

其中羰基铁粉的饱和磁化强度 $M_{\mathrm{s}} = 1\,736\ \mathrm{kA/m}$,磁导率 $\chi = 4.91 \times 10^{-6}\ \mathrm{m/A}$.

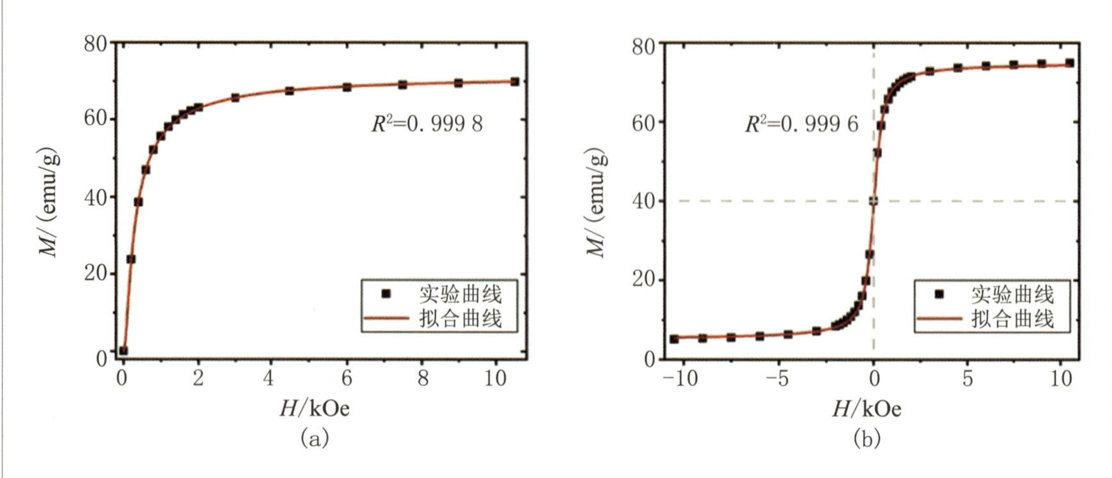

图 3.7 分别采用指数公式和 Langevin 方程对 Fe_3O_4 磁滞回线的拟合结果

假设磁流变液中的所有颗粒瞬间被均匀磁化,磁矩方向平行于外磁场方向. 同时,已磁化的颗粒将在周围区域产生一个磁场:

$$\boldsymbol{H}_i = -\frac{1}{4\pi r^3}\left(\boldsymbol{m}_i - 3\left(\boldsymbol{m}_i \cdot \hat{\boldsymbol{r}}\right)\hat{\boldsymbol{r}}\right) \tag{3.10}$$

其中 $\boldsymbol{r}$ 代表从颗粒 i 的中心到附近某点的位置矢量. $r = |\boldsymbol{r}|$, $\hat{\boldsymbol{r}} = \boldsymbol{r}/r$. 如果另一个颗粒被放置在磁场 $\boldsymbol{H}_i$ 中,那么它会被颗粒 i 磁化. 在几次迭代之后,可以求出每个颗粒的磁化强度. 最终,单个颗粒的磁矩为

$$\boldsymbol{m}_i = M_{\mathrm{s}}\mathrm{e}^{-\frac{C_1}{|\boldsymbol{H}_{\mathrm{kx}}|+C_2}} V_i \frac{\boldsymbol{H}_{\mathrm{loc}}}{H_{\mathrm{loc}}}, \quad \boldsymbol{H}_{\mathrm{loc}} = \boldsymbol{H} + \sum_{j \neq i} \boldsymbol{H}_j \tag{3.11}$$

其中 $\boldsymbol{H}_{\mathrm{loc}}/H_{\mathrm{loc}}$ 代表磁矩矢量的方向,此处应用了叠加原理. 空心颗粒和实心颗粒具有相同的磁化强度,空心颗粒的磁矩与颗粒实心部分的体积成正比,式 (3.5)~式 (3.11) 同样适用于空心颗粒.

当磁场梯度为零时,孤立磁性颗粒在外磁场中始终处于受力平衡状态. 根据点偶极子模型,颗粒 i 受到的来自颗粒 j 的磁场力为

$$\boldsymbol{F}_{ij}^{m} = \frac{3\mu_0}{4\pi r_{ij}^4} c_m \left(\left(-\boldsymbol{m}_i \cdot \boldsymbol{m}_j + 5\boldsymbol{m}_i \cdot \hat{\boldsymbol{r}}\boldsymbol{m}_i \cdot \hat{\boldsymbol{r}}\right)\hat{\boldsymbol{r}} - \left(\boldsymbol{m}_i \cdot \hat{\boldsymbol{r}}\right)\boldsymbol{m}_j - \left(\boldsymbol{m}_j \cdot \hat{\boldsymbol{r}}\right)\boldsymbol{m}_i\right) \tag{3.12}$$

其中基体磁导率设为 $\mu_0 = 4\pi \times 10^{-7}\ \mathrm{N/A^2}$, r_{ij} 表示一对相互作用颗粒 i 和 j 的间距, $\hat{\boldsymbol{r}}$ 是从颗粒 i 指向颗粒 j 的单位矢量. 点偶极子模型只适用于颗粒间距远大于颗粒直径的情况,在求解近距离相互作用时有较大误差. 当两个颗粒十分接近时,应当求解不同部位磁化强度的分布,采用 Maxwell 应力张量得到颗粒上物质微元间的相互作用力,最后积分得到整体受力. Keaveny 等人提出了修正的有限偶极子模型,从理论上给出了一对顺磁性颗粒间相互作用力的多项式形式. 仅是针对两个颗粒的公式就已十分复杂,几乎无法求出大量颗粒体系的相互作用力的理论解. Liu 给出了一个简单易用的半经验公式,用于修正近距作用下的磁偶极子力, c_m 为修正系数,其形式如下:

$$c_m = \begin{cases} 1 + \left(3 - \dfrac{2r_{ij}}{d_{ij}}\right)^2 \left[\dfrac{0.601\,7}{1 + \mathrm{e}^{(|\theta| - 34.55)/12.52}} - 0.227\,9\right], & r \leqslant 1.5d_{ij} \\ 1, & r > 1.5d_{ij} \end{cases} \tag{3.13}$$

其中 θ 定义为颗粒质心连线与外磁场之间的夹角 (弧度制), d_i 和 d_j 表示颗粒直径, $d_{ij} = (d_i + d_j)/2$. 中括号内的常数为拟合参数,物理意义暂不明确. 当两个颗粒首尾相接沿外磁场方向排列时,点偶极子模型低估了它们之间的吸引力;当两个颗粒沿垂直于外磁场方向 (xy 平面内) 排列时,又高估了颗粒间的排斥力. 当 $r_{ij} > 1.5d_{ij}$ 时,点偶极子模型是精确的.

对于磁性成分在内、非磁性材料在外的核壳颗粒,认为每个颗粒都有一个较小的等效磁矩,磁偶极子力的公式与纯实心磁性颗粒一致. 修正系数 c_m 在颗粒间距小于 1.5 倍内核直径时才起作用. 本小节采用割补法处理空心微结构,将每个空心视为一个磁化强度 M 的实心球和一个磁化强度 M、大小等于空心部分的实心球的叠加 (图 3.8). 两个空心球之间的磁偶极子力等于大球-大球相互作用力减去 2 倍的大球-小球相互作用力再加上小球-小球相互作用力,如图 3.8 所示. 如果 $r_{ij} < 1.5d_{ij}$,修正系数 c_m 分别应用在磁偶极子力的三部分中.

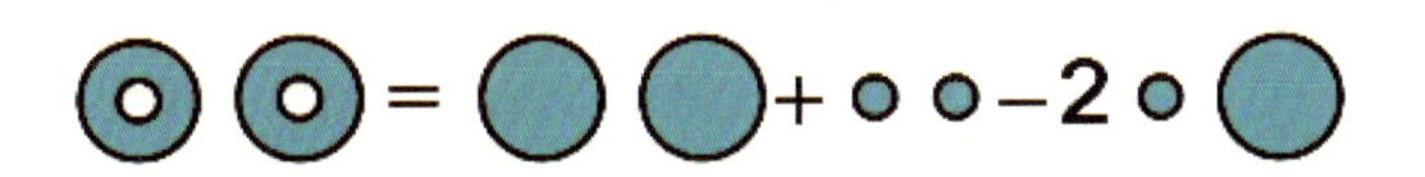

图 3.8 割补法处理空心微结构示意图

微米级或纳米级颗粒的转动惯量是如此之小,以至于所受外磁场的力矩和载液的黏性阻力矩可忽略不计,可认为单个颗粒始终处于力矩平衡状态. 但是,对于由 Fe_3O_4 空心球固连而成的空心链,磁流变液细观结构的演化受平动和转动的共同主导,整条链受到的来自外磁场的力矩不可忽略：

$$\boldsymbol{T}^{m}=\mu_0\sum_{i=1}^{N_{\mathrm{p}}}\boldsymbol{m}_i\times\boldsymbol{H} \tag{3.14}$$

其中 N_{p} 代表一条链内的空心球数目，$\boldsymbol{m}_i$ 是每个颗粒的磁矩，对于不同颗粒 $\boldsymbol{m}_i$ 的大小、方向均不相同.

除磁场力外，颗粒间还受到 van der Waals 力、因接触而产生的弹性挤压力 (排斥力) 和切向摩擦力. 微球之间的 van der Waals 力可表示为

$$\boldsymbol{F}_{ij}^{\mathrm{vdW}}=\frac{8A}{3}L_{ij}d_id_j\left(\frac{1}{4L_{ij}^2-(d_i+d_j)^2}-\frac{1}{4L_{ij}^2-(d_i-d_j)^2}\right)\hat{\boldsymbol{r}} \tag{3.15}$$

其中 Fe_3O_4 的 Hamaker 常量为 $A=3\times10^{-20}$ J，对于羰基铁粉，$A=5\times10^{-19}$ J. 为了防止磁性颗粒首尾相接时 van der Waals 力过大而导致模拟发散，定义 $L_{ij}=\max\{r_{ij},1.01d_{ij}\}$. 在两个颗粒几乎接触的极限情况下，式 (3.15) 退化为常用的 van der Waals 力公式：

$$\boldsymbol{F}_{ij}^{\mathrm{vdW}}=\frac{A}{24}\frac{d_id_j}{d_{ij}\left(L_{ij}-d_{ij}\right)}\hat{\boldsymbol{r}} \tag{3.16}$$

当颗粒间距增大时，式 (3.16) 可能会严重高估 van der Waals 力. 对于含有微米级颗粒的磁流变液，颗粒间磁场力远大于 van der Waals 力，不够精确的 van der Waals 力公式不会影响模拟结果；对于纳米级颗粒的铁磁流体，van der Waals 力随着直径的减小而增大，大小与磁场力相当，采用式 (3.16) 会导致计算发散. 对于核壳结构的新型磁性颗粒，由于不同外壳材料的 Hamaker 常量难以从文献中查到或通过物理学公式计算得出，本书将磁性成分的 Hamaker 常量近似为颗粒整体的 Hamaker 常量. van der Waals 力属于电磁力的一种，满足叠加原理，可用与图 3.8 所示的割补法求出空心球之间的 van der Waals 力. 图 3.9 给出了空心球之间的磁场力、van der Waals 力随空心比例和距离 r 的衰减情况，其中 H 代表空心球壁厚，D 代表直径，H/D 表示实心情况；$F_0^m=3\mu_0m^2/(4\pi d^4)$，$m$ 为空心球的磁矩大小；$F_0^v=8A/(3D)$，两者的绝对值均随壁厚的减小而降低. 当 $r/D=1$ 时，Fe_3O_4 实心球之间的磁场力为 2.8 ，壁厚仅为粒径 1% 的 Fe_3O_4 空心球之间磁场力为 3.6. 图 3.9(a) 中考虑了修正系数 c_m 的影响，当间距达到 $1.5D$ 时，不同空心比例的颗粒间磁场力均衰减至 0.2. 距离进一步增大时，空心结构对相互作用力的影响可以忽略. van der Waals 力随距离的衰减远快于磁场力，因此图 3.9(b) 中横坐标仅对应 $r=1.01D\sim1.05D$ 的范围. 随着距离的增大，实心颗粒的 van der Waals 力由 $150F_0^v$ 衰减至 $10F_0^v$，空心球的 van der Waals 力则迅速减小至初始值的 1/150. 两种相互作用力都是 r_{ij} 和 H/D 的函数. 在相同的距离下，薄壁颗粒之间

的磁偶极子力、van der Waals 力均弱于实心颗粒，且相互作用的强度随颗粒间距衰减得更快.

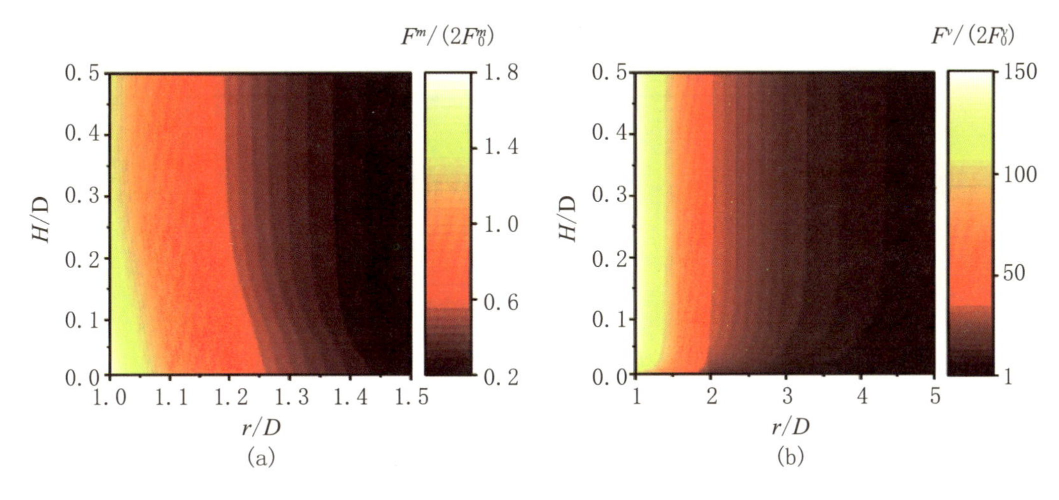

图 3.9　空心微结构对颗粒间磁场力和 van der Waals 力的影响

在微观尺度上，磁性颗粒表面不是绝对光滑的，而是有大量微小凸起，如图 3.10 所示. 颗粒的表面粗糙度可用微小凸起理论来表征，凸起的高度仅为颗粒直径的 10^{-3}~10^{-1}. 当两个顺磁颗粒互相接触、挤压 ($r_{ij} < d_{ij}$) 时，颗粒表面微小凸起的弹性变形会产生一个法向挤压力，可用 Hertz 接触理论进行表征：

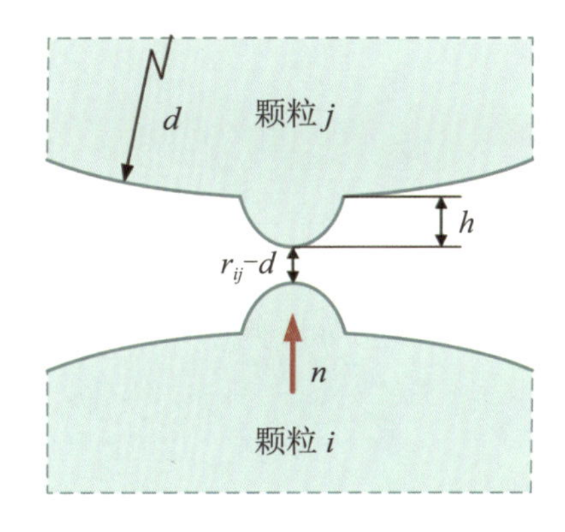

图 3.10　颗粒表面微小凸起示意图

$$\boldsymbol{F}_{ij}^{\mathrm{n}} = -\frac{2}{3}\frac{E}{1-v^2}h^{\frac{1}{2}}(d_{ij}-r_{ij})^{\frac{3}{2}}\boldsymbol{n} \tag{3.17}$$

其中 $d_{ij} - r_{ij}$ 代表颗粒的挤压变形，h 为小凸起的高度，E 和 ν 分别表示颗粒表面微小凸起的杨氏模量和泊松比，$\boldsymbol{n}$ 是指向颗粒 i 外法线方向的单位矢量.

将颗粒视为刚性小球，忽略弹性形变，采用如下形式的指数排斥力代替 Hertz 挤压力：

$$\boldsymbol{F}_{ij}^{r} = -\left(\xi\frac{3\mu_0 M_{\mathrm{s}} V_i V_j}{4\pi d_{ij}^4} + \boldsymbol{F}_{ij}^{\mathrm{vdW}}\right)10^{-10(r_{ij}/d_{ij}-1)}\hat{\boldsymbol{r}} \tag{3.18}$$

其中 M_{s} 代表目标颗粒的饱和磁矩. 取 $\xi = 2$，使得两个颗粒沿外磁场首尾相接时，$\boldsymbol{F}^m$，$\boldsymbol{F}_{ij}^{\mathrm{vdW}}$ 和 $\boldsymbol{F}_{ij}^{r}$ 相互抵消. 为了减少计算量，这里 van der Waals 力采用式 (3.16) 的形式.

这一排斥力在无外磁场时仍起作用. 图 3.11 是颗粒间相互作用力随距离的衰减情况. 为简单起见,磁偶极子力、van der Waals 力和排斥力的截断半径分别设为 $5d_{ij}$, $2.5d_{ij}$ 和 $1.1d_{ij}$,更大的截断半径不会影响计算结果.

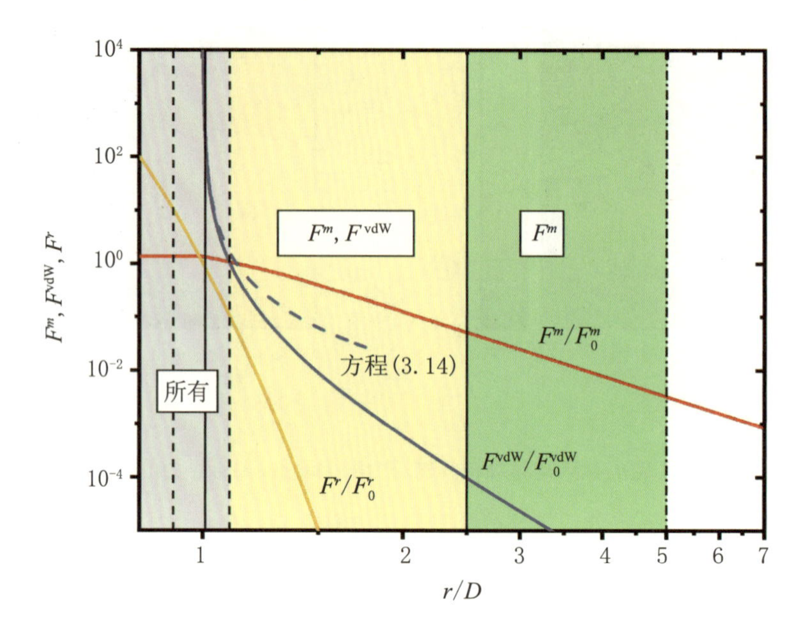

图 3.11　颗粒间主要相互作用力随距离的衰减

若一对具有切向相对速度的磁性颗粒相互挤压,可根据弹性法向力确定颗粒间的摩擦力. 本小节通过如下判据来区分静摩擦和滑动摩擦两种情况:

$$\boldsymbol{F}_{ij}^{\mathrm{t}}=\begin{cases}-\dfrac{2}{7}\dfrac{\left|\boldsymbol{F}_{ij}^{\mathrm{n}}\right|}{d-r_{ij}}\delta\;\left|\boldsymbol{F}_{ij}^{\mathrm{t}}\right|<\mu\left|\boldsymbol{F}_{ij}^{\mathrm{n}}\right|, & \text{黏固阶段}\\ \mu\left|\boldsymbol{F}_{ij}^{\mathrm{n}}\right|\dfrac{\boldsymbol{F}_{ij}^{\mathrm{t}}}{\left|\boldsymbol{F}_{ij}^{\mathrm{t}}\right|}, & \text{非黏固阶段}\end{cases} \tag{3.19}$$

其中 μ 代表滑动摩擦系数, δ 是两个颗粒在数值模拟中一个时间步内的切向相对位移. 这里采用一个带阈值的类似弹簧的作用力来表示静摩擦力. 弹簧的刚度与法向力大小有关,本质上由挤压形变来决定. 对于不同种类的磁性颗粒,其表面微小凸起的材料一般为 Fe, Fe_3O_4 等磁性材料,对于核壳颗粒则是 SiO_2, PS, PMMA 等无机或高聚物材料,文献中仅报道了部分材料之间的摩擦系数. 对于一种新型微米级或纳米级磁性颗粒,通过实验测定摩擦系数非常困难,利用球体的弹塑性接触模型,可以从理论上推导 μ 的大小. 随着法向力的减小,滑动摩擦系数 μ 从 0.27 增大至 1 以上.

3.2.2 参数优化及模拟研究

改进颗粒内部微结构是磁流变液材料制备领域的一大热点．相较于空心颗粒，空心结构通过降低密度、增大比表面积，可协同增强磁流变效应，并抑制颗粒沉降．颗粒的直径、壁厚、质量分数对磁流变液的磁流变效应有显著影响，但剪切模式下力学性能随这三个影响因素的变化趋势尚不明确，最佳的粒径和壁厚参数亟待研究．实验制备特定壁厚的磁性颗粒较为困难，而数值模拟具有人力物力消耗低、可任意调整参数的优点，因此本小节以常用的 Fe_3O_4 颗粒为例，利用颗粒动力学模拟研究空心微球表现出最佳磁流变效应时的直径 D 和壁厚 H．首先研究在稳态剪切流动中磁流变液的剪应力和细观结构的典型演化过程，建立细观结构与宏观力学性能之间的联系，采用径向分布函数和角分布函数定量分析颗粒聚合过程．然后，选取 20% 和 40% 两种质量分数，分别模拟出磁流变液剪应力随空心球直径、壁厚的变化规律，确定最佳的粒径和壁厚；针对三种代表性的空心颗粒，模拟颗粒质量分数对剪切流变性能的影响．从颗粒间相互作用力、颗粒数密度、细观结构的紧凑程度和取向四个方面分析颗粒内部微结构对磁流变效应的影响机制；定义适用于空心球磁流变液的 Mason 数，拟合不同直径、壁厚和质量分数下的无量纲黏度 Mason 数曲线，分析磁流变效应的内在规律．最后，制备直径 300 nm、壁厚 60 nm 的单分散 Fe_3O_4 空心球，表征颗粒的微观形貌和磁化特性，配制成磁流变液以测试流变性能，将磁场扫描和剪切率扫描下的模拟剪应力与实验对比，验证模拟的精度．

1. *磁流变液的制备与表征*

为了检验模拟的准确性，制备基于 Fe_3O_4 空心球的磁流变液，将模拟剪切应力与磁场扫描和应变率扫描下的流变测试结果进行对比．

柠檬酸钠 ($C_6H_5Na_3O_7 \cdot 2H_2O$)、尿素 ($CO(NH_2)_2$)、氯化高铁 ($FeCl_3 \cdot 6H_2O$)、聚丙烯酰胺 ($(C_3H_5NO)_n$，分子量为 3×10^6)、聚乙烯吡咯烷酮 ($(C_6H_9NO)_n$) 被用来合成 Fe_3O_4 空心球．所有原料均为分析纯，可不经提纯直接用于颗粒合成实验．

Fe_3O_4 空心球通过水热法制得．首先，将 16 mmol $C_6H_5Na_3O_7 \cdot 2H_2O$，24 mmol $CO(NH_2)_2$ 和 8 mmol $FeCl_3 \cdot 6H_2O$ 溶解在 80 mL 二次水中并充分搅拌．然后，向溶液中加入 0.6 g PAM 和 0.2 g PVP．将混合物在 300 r/min 下搅拌 1 h 以确保反应物充分溶解．将反应物转移到 100 mL 反应釜中，加热至 473 K 并持续 12 h．待反应釜温度

自然降至常温后，将黑色产物用去离子水与无水乙醇交替超声清洗 4 次，每次 40 min，确保去除表面活性剂残留. 将黑色沉淀物置于负压环境中 24 h 以制得纯净的 Fe_3O_4 空心球. 最后，将上述空心球分散在水和硅油 (10 cSt) 中制得质量分数分别为 5%，10% 和 20% 的磁流变液.

空心球的微观形貌通过日本电子光学实验室 (Japan Electron Optics Laboratory) 的 JEM-2100F 型透射电子显微镜观测. 室温下的磁滞回线通过磁滞回线仪 (SQUID-VSM，美国量子设计公司) 测得，磁场范围为 −30~30 kOe.

基于 Fe_3O_4 空心球的磁流变液的流变性能通过商用流变仪 (Physica MCR 301) 测试. 样品放置在平行平板 (PP20/MRD) 和底座之间. 平板间距固定为 0.8 mm. 所有测试均在 25 °C 下进行. 磁场扫描测试在 100 s^{-1} 剪切速率下进行. 测试开始前先对样品进行 30 s 的预剪切，以确保样品处于稳态剪切流动下. 随后，磁感应强度从 0 T 随时间线性增大到 0.9 T. 在剪切扫描测试中，外磁场分别设置为 0，0.11，0.22，0.44 和 0.88 T，剪切速率从 0.1 s^{-1} 随时间对数增大至 100 s^{-1}.

2. 流动启动过程的数值模拟

本部分采用颗粒动力学模拟研究磁流变液在稳态剪切流动下的细观结构和磁流变效应. 模拟方法基于点偶极子模型. 将磁流变液视为单分散刚性球与 Newton 流体组成的悬浮液. 采用原点位于计算区域一角的笛卡儿坐标系. 计算区域是一个三边长为 $L_x = L_y = 0.5L_z$ 的长方体. 改变 Fe_3O_4 空心球的直径和壁厚时，颗粒的质量分数和体积分数均保持恒定，计算区域的大小相应改变，以使得颗粒数保持不变 ($N \approx 2\,000$). yz 和 zx 平面采用周期性边界条件，xy 平面采用剪切边界条件. 在初始状态，磁流变液沿 x 轴方向进行平面剪切流动 ($\dot{\gamma} = 100\ \mathrm{s}^{-1}$). 剪应力可以表示为 σ_{zx}. 完全相同的球形颗粒随机分布在计算区域中，随载液一起运动. Fe_3O_4 空心球在无磁场时自由运动 10^6 个时间步，以消除随机分布产生的颗粒重叠. 随后，施加沿 z 轴方向的外磁场. 磁流变液的细观结构开始演化，直到系统达到动态平衡. 考虑颗粒间的磁偶极子力、van der Waals 力、指数排斥力以及颗粒在基体中所受的黏性阻力，忽略重力、浮力和布朗运动. 在整个模拟过程中，认为载液始终保持稳定的剪切流动. 假设水可以进入空心球内部，但在数值模拟对应的毫秒时间内无法进一步流入或流出，磁流变效应主要是颗粒间相互作用的贡献，磁流变液的细观结构对磁流变效应有显著影响. 首先，研究 Fe_3O_4 空心球在稳态剪切流动中的典型结构演化，同时，分析磁致剪应力和磁势能密度的变化. 本部分中，以 B =0.88 T 的恒定均匀磁场为例. 这一磁场可以确保磁流变液表现出最大的磁流变效应. 剪切速率设为 100 s^{-1}. 空心球的直径和壁厚分别设为 300 和 60 nm, 与实验制备的样品一致. Fe_3O_4 的质量分数为 20%. 磁流变液可以在毫秒量级内表现出磁流变效应, 对应剪应变 $\gamma = 1.00$. 为了缩短程序运行时间,模拟在剪应变达到 $\gamma = 2.00$ 时终止. 由于颗粒初始随机分布,程序每次运行得出的剪应力–时间曲线不完全相同,最终的剪应力结果是三次运行的平均值.

图 3.12 是数值模拟中磁流变液达到不同应变时的细观结构,其中图 3.12(a) 为俯视视角,图 3.12(b) 为透视视角. 应变的选取分别对应计算开始后 0, 0.4, 2.5, 10 和 20 ms 时刻. 这里, Fe_3O_4 空心球被绘制成实心球的样式. 在计算开始时,所有 Fe_3O_4 空心球杂乱无章地分布在计算区域. 随后磁性颗粒趋向于沿外磁场方向 (z 轴) 排布, 以达到磁势能最低的状态. 空心球在 γ= 0.04 时迅速形成大量短程有序的链状结构. 进一步地, 在 γ= 0.25 时, 颗粒聚集形成的一维细观结构开始向流动方向 (x 轴) 倾斜. 当剪应变超过某一临界值时, 颗粒链被流体阻力破坏, 又因磁偶极子力而重建. 在破坏和重建的过程中,颗粒链一边流动,一边沿横向 (y 轴) 互相靠近. 在 γ= 1.00 时,颗粒形成了若干簇状结构. 当剪应变达到 γ= 2.00 时, 颗粒结构移动到了几个独立的平面上. 两层颗粒的间距大于磁偶极子力的截断半径. 由于采用了周期性边界条件, 孤立颗粒属于相邻计算区域的簇状结构. 磁流变液中几乎不存在单独的 Fe_3O_4 空心球.

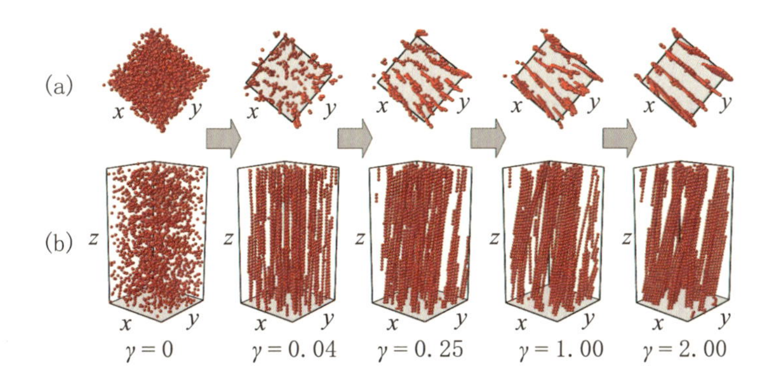

图 3.12 Fe_3O_4 空心球磁流变液达到不同应变时的细观结构

下面研究由磁场产生的聚合过程. 剪应力、单位颗粒磁势能 ($|U_m|/N$) 和局部颗粒数密度 (N_{near})、目标颗粒周边 2.5D 范围内的颗粒数随应变的变化曲线如图 3.13(a) 和 (b) 所示. 演化过程分为四个阶段. 剪应力首先近似线性增大, 增大速度为 286 Pa/s, 这和固体材料小变形时的线弹性区相似 (区域 I 和 II). 当剪应变达到 0.25 时, 剪应力以一个较慢的速度振荡上升 (区域 III). 随后, 剪应力开始波动并最终达到动态平衡 (区域 IV). 颗粒沿 x 轴和 y 轴的聚合都对剪应力有贡献. 从 $\gamma = 1.00$ 到计算结束这段区间的平均剪应力可以反映磁流变液的宏观应力.

由于颗粒与外磁场的相互作用，每个 Fe_3O_4 空心球在施加外磁场后都具有初始磁势能 4.42×10^{-15} J，这部分没有在图 3.13(b) 中体现出. 由于颗粒聚合初期磁偶极子力占主导地位，磁势能在区域Ⅰ内迅速降低，而剪应力的增加受载液黏性阻力延迟，两者变化速率差异显著. 在这之后，磁势能缓慢下降到一个平台，表明达到动态平衡后虽然细观结构仍在不断演化，但空心球之间的磁相互作用强度几乎保持不变. 模拟结束时，平均每个空心球因颗粒间相互作用获得的磁势能为 1.2×10^{-16} J. 在剪应变达到 $\gamma = 1.00$ 之前初始颗粒数密度逐渐由 8 增大至 15. 斜率从区域Ⅰ到区域Ⅲ逐渐减小，分别与沿 z 轴、x 轴、y 轴的聚合有关. 在区域Ⅳ，N_{near} 达到动态平衡. 根据式 (3.12)，近距离颗粒对剪应力有更大贡献. 更大的 N_{near} 有助于产生更大的剪应力.

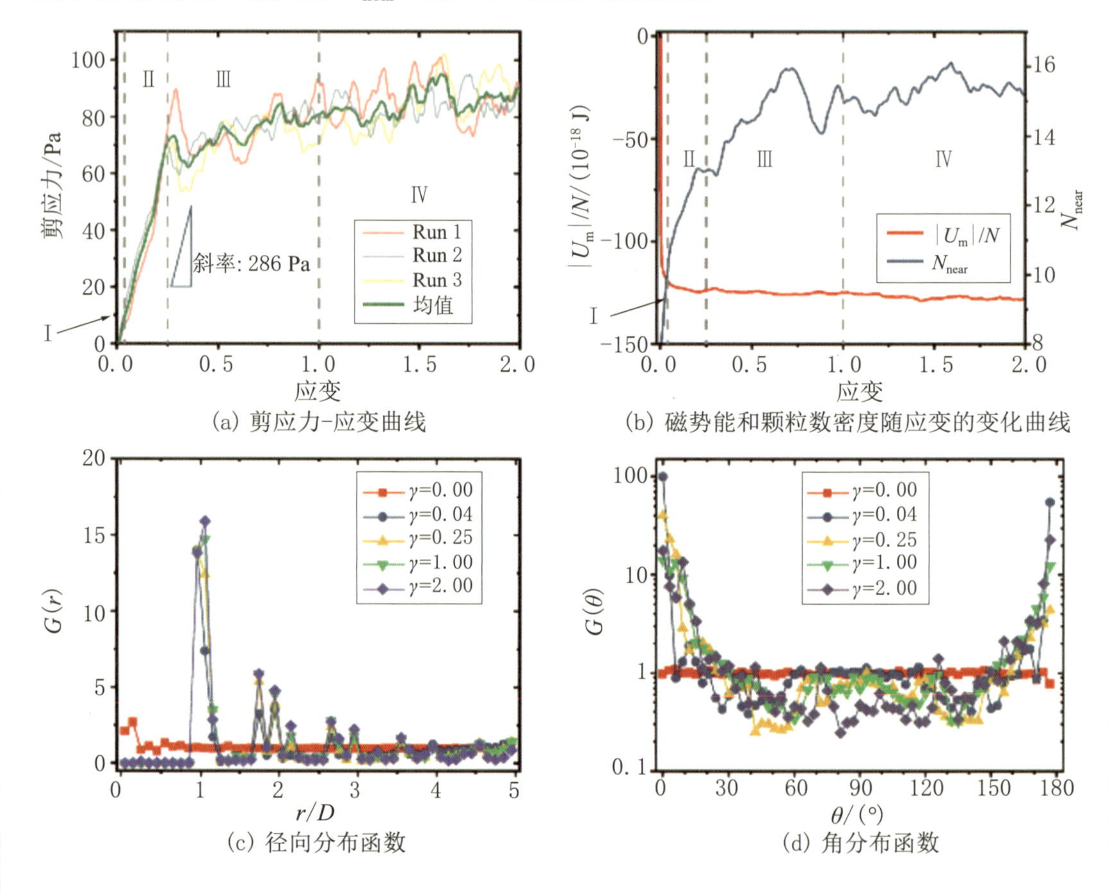

(a) 剪应力-应变曲线

(b) 磁势能和颗粒数密度随应变的变化曲线

(c) 径向分布函数

(d) 角分布函数

图 3.13　聚合过程的数值模拟

图 3.13(c) 和 (d) 给出了数值模拟中磁流变液达到不同应变时的径向分布函数与角分布函数. 其中径向分布函数的截断半径为 $5D$，取点间隔为 $0.1D$；角分布函数取点间隔为 1°. 在初始状态下，径向分布函数和角分布函数都是位于 $G = 1$ 处的水平直线，反映了颗粒的随机分布. 随后，径向分布函数在 $r/D = 1$ 处出现明显峰值. 在 $r/D = 1.75$，

1.95，2.15，2.65 和 2.95 位置还有小的峰值．随着剪应变的增加，峰出现的位置几乎不变，峰值略微增大．随着平面剪切流动的发展，主峰高度由 12.5 逐渐增大至 16，$G(r)$ 的水平段进一步减小，接近于零．径向分布函数的峰值反映了颗粒结构的紧密程度．磁性空心颗粒在施加外磁场后很快相互靠近，形成短程有序的结构．颗粒结构随时间变得愈发紧密，直到动态平衡．角分布函数近似为关于 $\theta=90°$ 的对称函数，其中出现了 $\theta=0°\sim3°$ 和 $\theta=177°\sim180°$ 两个峰．从区域 Ⅰ 到 Ⅳ，峰值从 100 显著减小到 17.8．$\theta=45°$ 和 $\theta=135°$ 两处低谷发展为一个平台．角分布函数反映了颗粒链的倾角，对剪应力有显著影响．动态平衡时，颗粒簇倾向于倾斜 $0°\sim30°$．同时，水平排布的空心球明显变少．

3. 不同直径、壁厚的空心 Fe_3O_4 磁流变液的磁流变效应

当 Fe_3O_4 空心球的直径 (D) 和壁厚 (H) 发生变化时，研究磁流变液剪应力和细观结构的演变具有重要意义．本部分以流变测试中常用的质量分数 20% 的磁流变液为例．这里，空心球的直径设置为 100，300，500 和 1 000 nm．空心 Fe_3O_4 纳米颗粒制备非常困难，因此小于 100 nm 的空心球不予考虑．壁厚从 $D=10$ nm 变化到 $H=0.5D$．相应的颗粒实心比例 S 从 16.9% 增加到 100%．外磁场固定为 0.88 T，剪切速率设为 100 s^{-1}．图 3.14 给出了不同空心球直径、壁厚下磁流变液的力学性能、磁势能、颗粒数密度、细观结构的径向分布函数与取向的模拟结果．

图 3.14(a) 是 Fe_3O_4 空心球的磁流变液在稳态剪切流动模拟中的剪应力–壁厚曲线．在相同直径下，剪应力首先随壁厚的增大而增加；壁厚达到 $0.4D$ 之后略微减小．对 Fe_3O_4 而言，实心并不是最佳的内部微结构．如果壁厚保持不变，小颗粒表现出更大的剪应力．所有曲线在无量纲横坐标 H/D 下收敛到同一条主曲线 (图 3.14(b) 中的黑色实线)．图 3.14(b) 中的小图给出了固定直径时，改变磁流变液内空心球壁厚可得到的最大剪应力，直径对磁流变液磁流变效应的影响小于壁厚．剪应力 τ 随 H/D 呈二次曲线关系，$\tau=-695(H/D-0.39)^2+110$．从主曲线上得出的最佳壁厚是 $H=0.39D$，最佳直径是 1 000 nm．单位颗粒的磁势能反映了颗粒间磁偶极子力的强弱 (图 3.14(c))．当壁厚增加时，每个空心球的磁矩相应增大，而一对空心球之间磁场力大小与磁矩的平方成正比．$|U_m|/N$ 随壁厚的增加而增大，比颗粒实心部分体积的平方 (黑色实线) 增速更快，这是由于磁流变液细观结构的紧密程度也相应增加．在相同的 H/D 下，$|U_m|/N$ 与直径的立方成正比，反映了不同大小的空心球形成的细观结构在无量纲化后出现一定相似性．从图 3.14(d) 可以看出，所有的 N_{near} 曲线收敛到同一条指数衰减曲线．虽然直径发生变化，但具有相同 H/D 的空心球形成相似的细观结构．当空心球直径变化时，颗粒聚

合体按比例放大或缩小,N_{near} 只与表观体积分数有关. 图 3.14(e) 和 (f) 分别给出了瞬时剪应力等于平均应力时细观结构的径向分布函数与角分布函数. 其中图 3.14(e) 中纵坐标 $G(r)_{\max}$ 表示径向分布函数在 $r/D=1$ 处的主峰高度. $G(r)_{\max}$ 随表观体积分数的增加而增大,普遍在一个固定壁厚 $H=0.4D$ 处达到拐点,直径对 $G(r)_{\max}$ 有很大影响.

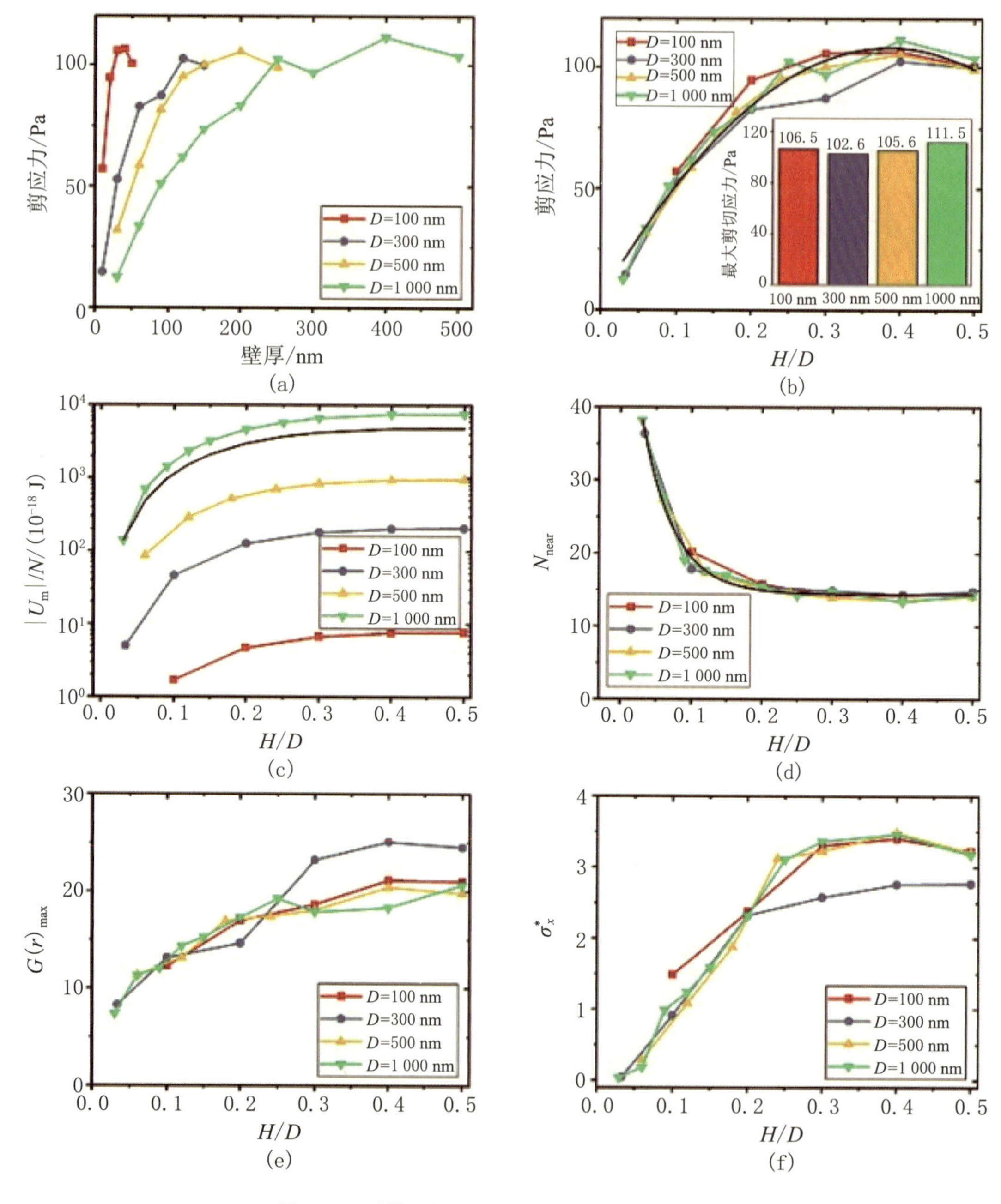

图 3.14　质量分数 20% 的磁流变液的模拟结果

颗粒链的取向在磁流变效应中具有重要作用，其对剪应力的贡献可以用如下公式表示：

$$\sigma_x^* = \int_0^\pi r\cos\theta \frac{F_x^{\mathrm{m}}}{F_0^{\mathrm{m}} d^4 r^{-3}} G(\theta)\sin\theta \mathrm{d}\theta \tag{3.20}$$

这里 $r\cos\theta F_x^{\mathrm{m}}/(F_0^{\mathrm{m}} d^4 r^{-3})$ 代表一对颗粒间的无量纲剪应力．剪应力主要由磁相互作用产生，式 (3.20) 可以从磁场力的角度反映颗粒链取向的好坏而不受直径和磁场大小的影响．如果颗粒形成簇状或层状结构，σ_x^* 可以视为不同方向颗粒链的总贡献．由于颗粒层之间几乎没有相互作用，方位角的影响可以忽略．在 $H= 0.4D$ 时达到最大值．300 nm 空心球的径向分布函数峰值最大，但是颗粒取向不佳．总之，100 nm 空心球之间具有更大的 van der Waals 力，因此最大剪应力大于 300 nm 空心球的．1 000 nm 空心球具有更大的惯性，细观结构更难以被基体流动破坏．细观结构可以在最佳取向上维持较长时间，因此 1 000 nm 空心球具有最强的磁流变效应．薄壁空心球磁流变效应很差，主要是由于磁相互作用微弱．薄壁空心球较小的 σ_x^* 也不利于剪应力的产生．当壁厚由 10 nm 逐渐趋于实心时，磁场力随壁厚增加而增大，细观结构变得更加紧密．同时，表观体积分数减小，导致 N_{near} 减小．上述因素的竞争导致了剪应力随 H/D 的增加而增大．当壁厚大于 $0.4D$ 时，$|U_{\mathrm{m}}|/N$ 和 N_{near} 达到稳定，$G(r)_{\max}$ 和颗粒链取向导致剪应力略微减小．宏观应力是磁相互作用、颗粒数密度、细观结构的紧密程度和颗粒链取向互相竞争的结果．

壁厚的改变也对细观结构有显著影响．图 3.15 是直径为 300 nm、质量分数为 20% 的不同壁厚的空心球磁流变液在模拟结束时刻的细观结构，采用 Origin 软件绘制．外磁场 $B = 0.88$ T，剪切速率仍为 100 s^{-1}，此处空心颗粒用实心球表示．随着壁厚的变化，计算区域按比例增大或减小以保证颗粒数保持不变，每幅小图有不同的显示比例．当壁厚 10 nm 时，空心颗粒形成厚实的层状结构．当壁厚增加到 30 nm 时，颗粒结构变为单层．对于 60 nm 壁厚的空心球，层状结构转变为分离的簇状结构．每一部分具有不同的倾角，但仍然分布在少数几个平行平面上．随着壁厚进一步增大，颗粒链趋于竖直排列，沿 y 轴的聚合变弱．对于实心颗粒，簇状结构互相十分接近但不在同一平面上．更大壁厚的空心球有更强的磁相互作用，因此颗粒聚合体不会轻易被剪切流动破坏或驱使．细观结构图直观地佐证了图 3.14 中颗粒数密度与颗粒聚合体取向的变化．

为了得到更强的磁流变效应，工程应用中的磁流变液经常配成更大的质量分数 (40%)．在空心球体系中，表观体积分数 (ϕ_{a}) 必须满足致密堆积极限 (<74%)．有文献报道，大体积分数磁流变液在特定外磁场和特定剪切率下会表现出剪切增稠效应．当 $\phi_{\mathrm{a}} > 50\%$ 时，空心球之间的摩擦和挤压会对剪应力有显著影响．为避免表观体积分数过大而导致模拟精度下降，本部分将壁厚设为 $0.06D$~$0.5D$，相应的表观体积分数 ϕ_{a} 为

11.5%~36.2%. 图 3.16 给出了质量分数 40% 的空心球磁流变液的力学性能、磁势能、颗粒数密度以及细观结构的径向分布函数与直径、壁厚的关系，同样，外磁场 B =0.88 T，剪切速率为 100 s^{-1}.

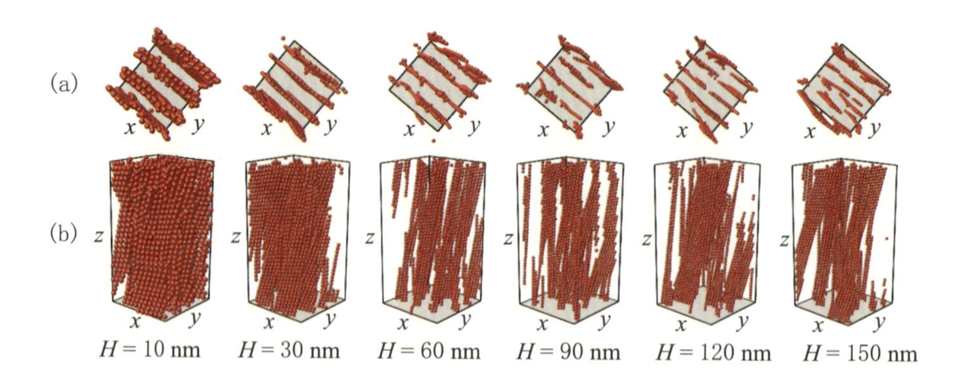

图 3.15　空心球磁流变液的细观结构图 (Ⅰ)

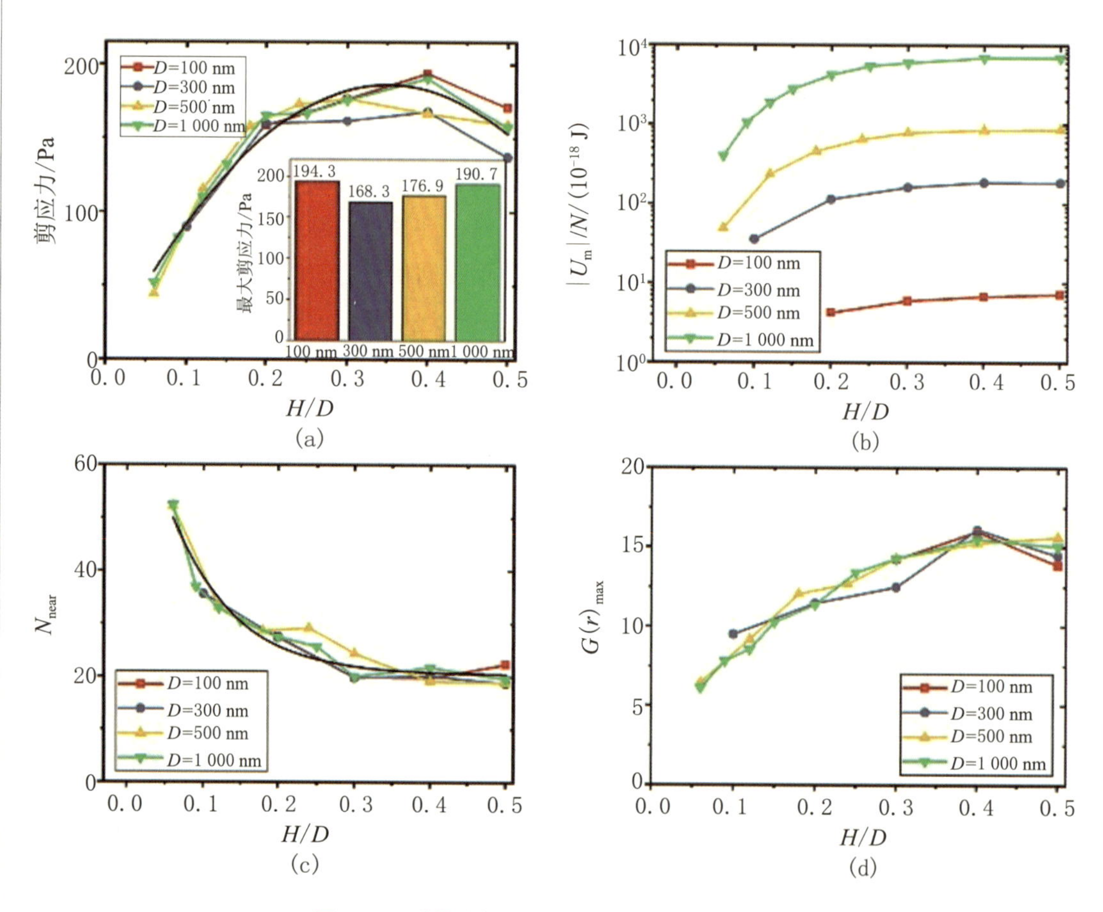

图 3.16　质量分数 40% 的磁流变液的模拟结果

图 3.16(a) 绘制了质量分数 40% 下，不同直径的 Fe_3O_4 空心球磁流变液的平均剪应力随 H/D 的变化曲线. 其中小图展示了固定磁流变液内空心球直径而改变壁厚时可实现的最大剪应力，直径对磁流变效应的影响依旧小于壁厚. 质量分数 40% 的磁流变液的剪应力表现出和质量分数 20% 的磁流变液相似的特点，剪应力大约在 $H=0.4D$ 时达到最大值，质量分数 40% 的磁流变液的最大剪应力大约是质量分数 20% 的磁流变液的 2 倍. 所有曲线同样收敛到一条二次函数主曲线，$\tau=-1\,500(H/D-0.35)^2+186.5$. 最佳直径为 100 nm，最佳壁厚 $H=0.35D$. $|U_\mathrm{m}|/N$ 随壁厚增加而增大 (图 3.16(b)). 有趣的是，虽然质量分数 40% 的磁流变液的体积分数更大，但 $|U_\mathrm{m}|/N$ 略低于质量分数 20% 的磁流变液的. 大质量分数磁流变液中单位颗粒的磁场力反而减弱了. 如图 3.16(c) 所示，N_near 随 H/D 的曲线仍收敛到指数衰减主曲线. N_near 值约是质量分数 20% 的磁流变液的 2 倍. 大质量分数磁流变液中，N_near 的衰减速度比小质量分数磁流变液慢. 在图 3.16(d) 中，$G(r)_\mathrm{max}$ 的最大值出现在 $H=0.4D$ 处. 质量分数 40% 的磁流变液中，颗粒形成很厚的层状结构，层间距小于截断半径. 要分析颗粒链的取向，必须考虑方位角. 其在平均值上下波动，没有明显趋势，因此图 3.16 中没有体现出. 总的来说，数值模拟中基于 100 nm 空心球的磁流变液的剪切应力最高可达 194 Pa，应归于 van der Waals 力的贡献. 质量分数增至 40% 后，Fe_3O_4 空心球的平均间距减小，极大提升了 van der Waals 力. 而 van der Waals 力的取向始终沿质心连线方向，当细观结构倾斜时，van der Waals 力也可产生可观的剪应力. 当直径减小时，Brown 运动效应增强，导致颗粒难以稳定聚合. 文献中已经研究过，更小的颗粒不会表现出更大的剪应力. 当 $H\leqslant 0.3D$ 时，剪应力的主要影响因素是显著变化的 $|U_\mathrm{m}|/N$ 和 N_near. 当壁厚接近 $0.5D$ 时，上述因素达到稳定，$G(r)_\mathrm{max}$ 的减小导致了剪应力略微下降. 剪应力曲线上的峰值是磁场力、颗粒数密度、细观结构的紧密程度三者竞争的结果.

质量分数 40%、直径 300 nm、不同壁厚的空心球磁流变液在模拟结束时的细观结构如图 3.17 所示，其中每幅小图的显示比例不同. 外磁场、剪切速率分别设为 0.88 T 和 100 s^{-1}. 如果壁厚仅为 10 nm，对应表观体积分数为 61.7%，空心球始终互相接触. 从图像上无法识别出明显的细观结构，因此该参数下的磁流变液力学性能也没有绘制在图 3.16 中. 随着壁厚增大，从图 3.17(a) 可知层状结构变得越来越薄. 当 $H\geqslant 0.3D$ 时，层状结构开始出现孔洞，这一缺陷削弱了细观结构的紧密度. 随着壁厚增大，表观体积分数降低，孔洞继续增多，细观结构由连续的层状变为分离的片状，进而体现了 $G(r)_\mathrm{max}$ 曲线在 $H\geqslant 0.4D$ 之后的下降趋势. 沿 y 轴方向层状结构的间距也随壁厚的增加而减小，这是由于颗粒间磁场力沿横向表现为排斥，多层空心球之间的斥力更大. 磁流变液内颗粒聚合体与细观相互作用的演变共同导致了 $H=0.35D$ 这一最佳壁厚.

图 3.18 给出了磁流变液的剪应力随 Fe_3O_4 空心球质量分数的变化趋势，其中外磁场为 0.88 T，剪切速率为 100 s^{-1}. 这里以三种典型的 Fe_3O_4 空心球为例：图 3.14 中最佳的 1 000 nm 直径、400 nm 壁厚，图 3.16 中最佳的 100 nm 直径、40 nm 壁厚以及实验中合成的 300 nm 直径、60 nm 壁厚. 在 40% 以内，剪应力均与质量分数呈线性关系，如图 3.18 中的黑实线所示. 在小质量分数 (5%) 磁流变液中，基于三种颗粒的磁流变液剪应力均为 20 Pa 左右，直径和壁厚对剪应力的影响很弱. 中等质量分数 (15%~30%) 下，基于 300 nm 直径空心球的磁流变液剪切流变性能与其余两种的差距明显增大. 随着分散相含量的增大，基于直径 100 nm 小颗粒的磁流变液逐渐表现出最佳的剪切流变性能. 在质量分数 40% 以上，剪应力有加速上升的趋势.

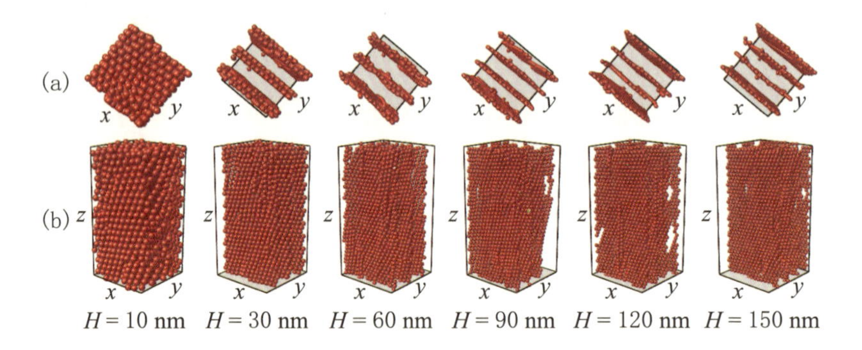

图 3.17　空心球磁流变液的细观结构图 (Ⅱ)

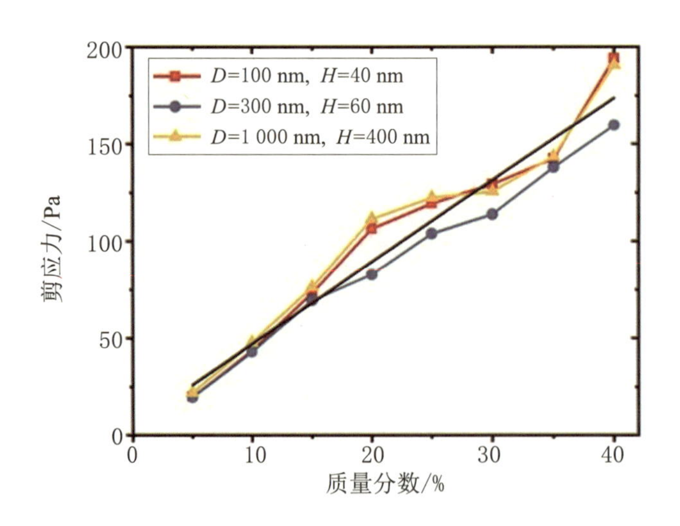

图 3.18　磁流变液剪应力随 Fe_3O_4 空心球质量分数的变化

本部分定义了 Fe_3O_4 空心球的 Mason 数，这一无量纲数可以使不同磁场强度和不同剪切速率下的黏度数据收敛到同一条曲线. Klingenberg 等将磁流变液的 Mason 数定义为流体阻力和磁偶极子力的比值[63]：

$$M_{\mathrm{n}}=\frac{F^{\mathrm{H}}}{F^{\mathrm{M}}} \tag{3.21}$$

其中

$$F^{\mathrm{H}}=\frac{3}{2}\pi\eta d_i^2 c_{\mathrm{h}}\dot{\gamma}, \quad F^{\mathrm{M}}=\frac{3\mu_0\mu_{\mathrm{c}}m_i^2}{4\pi d_i^4} \tag{3.22}$$

连续介质基体的相对磁导率 $\mu_{\mathrm{c}}\approx 1$，磁矩 m_i 表示为 $m_i=V\langle M_{\mathrm{sph}}\rangle=\pi d_i^3\langle M_{\mathrm{sph}}\rangle/6=\pi d_i^3 MS/6$，$\langle M_{\mathrm{sph}}\rangle=\langle M\rangle/\phi_{\mathrm{a}}$，$\langle M\rangle$ 是悬浮液的磁化强度. 因此，M_{n} 考虑了颗粒在从低到高各种磁场作用下的磁化. 当直径改变时，$\langle M\rangle$ 和 Fe_3O_4 的质量分数均保持不变. 将 m_i 的表达式代入式 (3.22)，M_{n} 的最终形式为

$$M_{\mathrm{n}}=\frac{72\eta c_{\mathrm{h}}\dot{\gamma}}{\mu_0 M^2 S^2} \tag{3.23}$$

其中 M 是式 (3.5) 中 Fe_3O_4 的磁化强度. 式 (3.23) 中的每一个参数都可以从实验或模拟中得出. 用这种方式定义的 Mason 数只用一个参数就体现了基体黏性、剪切速率、外磁场和颗粒内部结构的影响.

图 3.19 给出了上文中全部空心参数和不同质量分数下模拟黏度与 Mason 数的关系，函数 $\eta_{\mathrm{app}}/\eta_{\infty}=f(M_{\mathrm{n}})$ 收敛到同一条主曲线. 主曲线在双对数坐标下的斜率是 0.59. 本部分研究未制备不同直径、壁厚的 Fe_3O_4 空心球，而以直径 300 nm、壁厚 60 nm 的空心球磁流变液在无磁场和 100 s^{-1} 剪切速率下的黏度作为全部磁流变液的 η_{∞}. 假设在相同质量分数下，空心比例 S 不会显著影响 η_{∞}. 对于大多数的 S，与 Klingenberg 等人的研究一致，模拟黏度随 Mason 数增大呈单调递减趋势，验证了磁流变效应的尺度律特征. 只有在壁厚接近 $0.5D$ 时有一定偏差. 这一现象可能是细观结构中逐渐增多的缺陷导致的. 文献中报道过类似的黏度数据的收敛. 值得注意的是，本部分中的非线性磁化来源于磁性颗粒不同的物理性质，而不是磁场强度的改变.

5. 实验验证

图 3.20 给出了实验制备的 Fe_3O_4 空心球的微观形貌、磁化特性以及磁流变液的流变测试结果，其中包含了计算与实验的结果对比.

Fe_3O_4 空心颗粒典型的透射电镜图 (图 3.20(a)) 表明：实验测得的颗粒是球状单分散的. 每个颗粒中能观察到明显的空心特征. 直径约为 300 nm，壁厚约 60 nm(图 3.20(b)). 图 3.20(c) 是 Fe_3O_4 空心球在 273 K 温度下的磁滞回线. 空心球表现出极佳的超顺磁性，饱和磁化强度为 71 emu/g，剩余磁化强度和矫顽磁场约等于 0. 式 (3.5) 的

拟合方程与实验数据非常接近，$R^2 = 99.98\%$. 图 3.20(d) 是磁流变液稳态剪切流动中剪应力随外磁场大小的变化曲线. 磁致应力首先随外磁场的增强而增大，在 0.4 T 之后达到饱和，这与磁滞回线第一象限内的形状十分相似. 以水为基体时，质量分数 5%，10%，20% 的空心 Fe_3O_4 磁流变液的最大剪应力分别为 8.8，18.8 和 80.1 Pa，磁流变效应达到 92.44 倍；以 10 cSt 硅油为基体时，相同质量分数下的最大剪应力分别为 10.3，27.1 和 165.3 Pa，磁流变效应可达 9.82 倍. 典型地，以水和硅油为基体，质量分数 20% 的磁流变液在磁场扫描和应变率扫描下的模拟剪应力与实验相吻合，误差分别在 13.8% 和 10.9% 以内. 然而，数值模拟还是稍微高估了硅油基磁流变液的剪应力，同时低估了水基磁流变液的剪应力. 这是由于磁流变液形成了一些大尺度各向异性细观结构，这些结构由于计算规模的限制，没有在模拟中反映出来. 提高模拟的精度需要做进一步的工作. 质量分数 20% 的磁流变液在不同磁场作用下的剪应力–剪切速率曲线如图 3.20(e) 所示. 磁流变液在 0.11，0.22，0.44 和 0.88 T 外磁场作用下的静态屈服应力分别为 35.2，37.0，42.1 和 48.6 Pa. 剪应力首先随剪切速率迅速增加，而后线性增加. 样品在高剪切速率下表现出典型的 Bingham 流体特征. 其中动态屈服应力和塑性黏度可以从高剪切速率下流动曲线的线性拟合得到，在 0.11，0.22，0.44 和 0.88 T 外磁场作用下分别为 46.9，64.7，68.7 和 69.3 Pa. 对磁流变液在 0.88 T 磁场和剪切速率 40～100 s^{-1} 下的模拟剪应力和实验进行了对比，模拟得出的动态屈服应力 τ_0=71.3 Pa(图 3.20(e) 中的虚线) 与实验非常接近，相差仅为 2.9%. 无量纲黏度可以表示为

$$\frac{\eta_{\text{app}}}{\eta_\infty} = \frac{\eta_{\text{p}}}{\eta_\infty} + \frac{\tau_y}{\eta_\infty \dot{\gamma}} \tag{3.24}$$

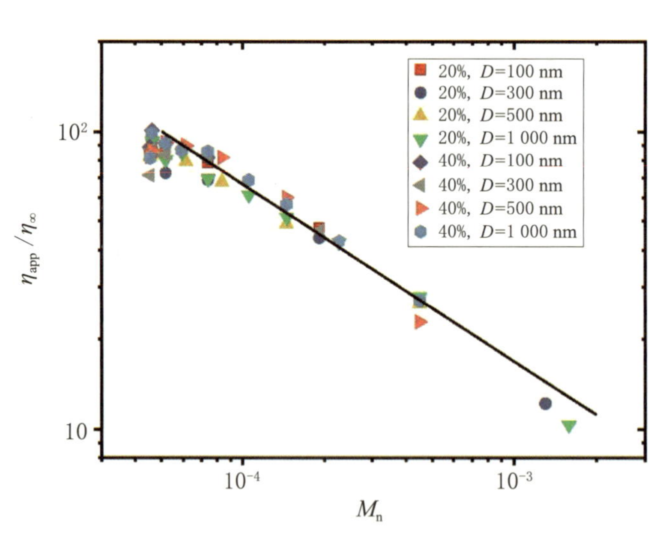

图 3.19　不同直径、壁厚和质量分数的空心 Fe_3O_4 磁流变液的无量纲黏度与 Mason 数的关系

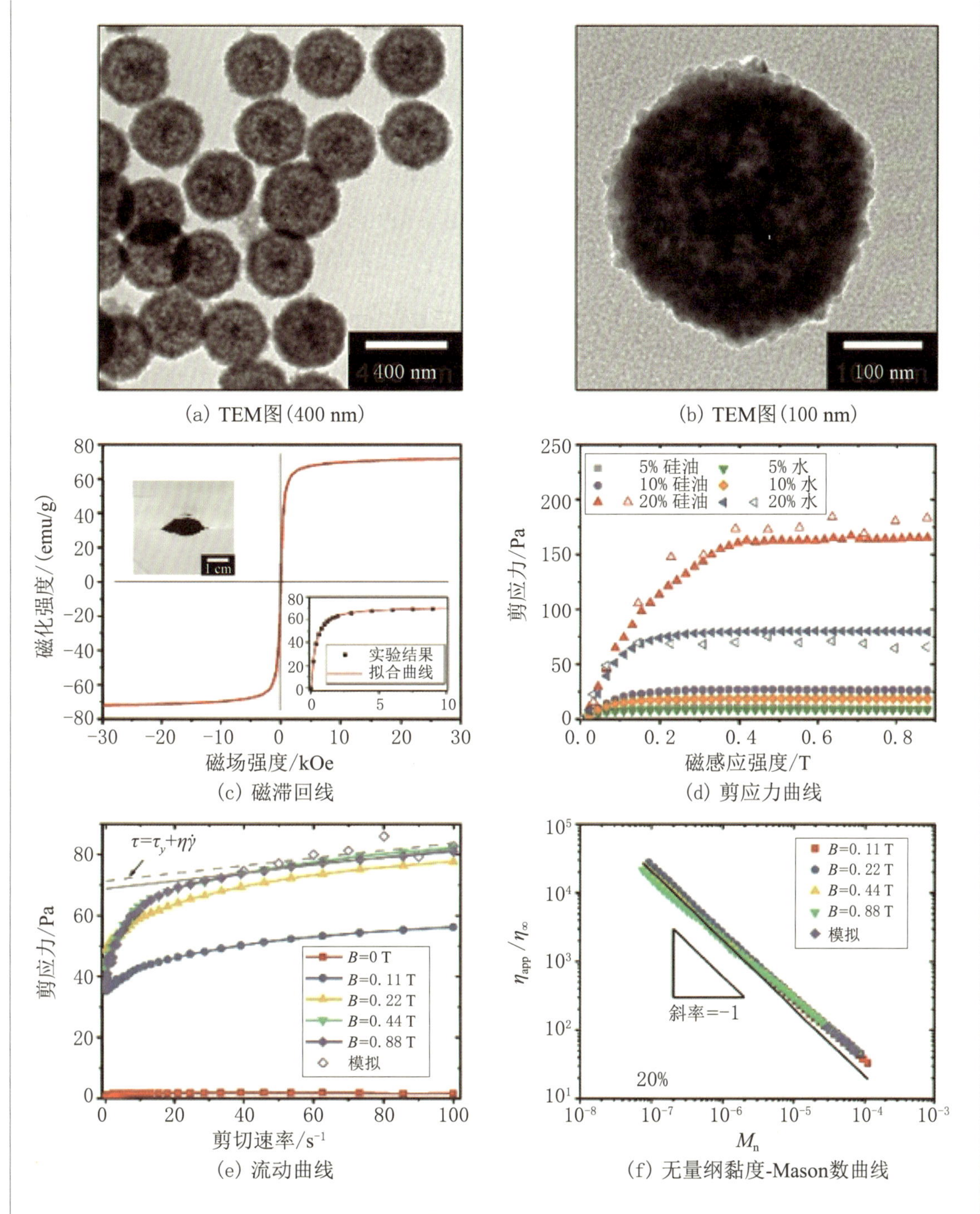

图 3.20　Fe_3O_4 空心球的 TEM 图及其实验结果

(c) 小图:0~10 kOe 范围的拟合结果;(d) 实心标志为实验结果,空心标志为计算结果;(e) 实线和虚线分别代表实验和模拟得出的动态屈服应力.

在极高剪切速率、无外磁场时，$\eta_p = \eta_\infty$. 表观黏度的表达式为

$$\frac{\eta_{app}}{\eta_\infty} = 1 + B_n = 1 + M_n^* M_n^{-1} \tag{3.25}$$

其中 $B_n = \tau_y/\eta_\infty$ 是磁流变液的 Bingham 数，并且有 $B_n \propto M_n^{-1}$. 实验和模拟得出的无量纲黏度随 Mason 数的变化曲线均与同一支主曲线重合，如图 3.20(f) 所示. 从拟合曲线上得出 $M_n^* = 2 \times 10^{-3}$. 拟合曲线的一些小偏差是由于假设 $\eta_p = \eta_\infty$. η_p 只有在很大的 Mason 数下才有明显影响. 基于上述结果，现有的模拟和实验符合得很好.

3.2.3 仿真结果与实验验证

基于实心棒状或链状磁性颗粒的磁流变液具有优异的磁流变效应，但颗粒与载液仍有很大的密度差，无法克服沉降问题，而空心微结构可以大大降低颗粒密度. 如果将空心特性与链状形貌相结合，基于这一新型颗粒的磁流变液将会表现出独特的力学性能，其磁流变机制值得深入研究. 本小节在已有工作的基础上，研制了由 Fe_3O_4 空心球固连而成的空心链，全面表征了颗粒的物理性质. 流变测试揭示了基于 Fe_3O_4 空心链的磁流变液独特的流变行为，比较了这一新型颗粒相比于 Fe_3O_4 空心球的优缺点，进一步拓展了磁流变液的应用范畴. 采用颗粒动力学模拟对比了不同磁场作用下空心链的聚合过程与传统磁流变液的异同，分析了细观机制. 最后，采用微流控装置和光学显微镜观测磁流变液 Poiseuille 流动中的细观结构，与模拟结果定性对比；将磁场扫描和应变率扫描下的剪应力与流变测试定量对比，共同验证了模拟的准确性.

1. Fe_3O_4 空心链磁流变液的制备与流变性能测试

本部分通过水热法合成了基于 Fe_3O_4 空心微球的空心链. 首先，将 2 mmol $FeCl_3 \cdot 6H_2O$、4 mmol $C_6H_5Na_3O_7 \cdot 2H_2O$ 和 6 mmol $CO(NH_2)_2$ 添加至 80 mL 二次蒸馏水中. 人工搅拌溶解后，向溶液中加入 0.3 g PAM 和 0.2 g PVP. 混合物在 300 r/min 下持续机械搅拌 1 h，随后将反应物倒入 50 mL 反应釜中. 在容器底部放入一个小磁铁，将容器密闭并加热至 473 K，持续 24 h. 反应结束后，待容器温度自然冷却至常温. 将产物用二次水和酒精超声 4 次，随后在负压环境中放置 24 h 除水，得到 Fe_3O_4 空心链的沉淀物. 最后，将 Fe_3O_4 空心链分散到水中，制得了质量分数为 10%，15%，20% 的磁流变液.

Fe_3O_4 空心链的 TEM 图通过加速电压 200 kV 的 JEM-2100F 型透射电子显微镜

拍得. SEM 图通过 JSM-6700F 型场发射扫描电镜拍得. 室温下的磁滞回线通过磁场范围为 −30~30 kOe 的 SQUID-VSM 型磁滞回线仪测得. 为了验证模拟出的细观结构的正确性, 磁流变液在微流控管道中的显微照片通过中国舜宇光学科技有限公司 ICX40 型光学显微镜和美国 Phantom 公司 Phantom V2512 型高速摄影机拍得.

磁流变液的流变性能通过 Physica MCR 301 型商用流变仪测得. 一般地, 磁流变液放置于间距为 0.8 mm 的两平行平板之间 (PP20/MRD). 通过转动的上板施加剪切应变载荷. 内置电磁铁和高磁导率外壳产生了垂直于剪切流动的均匀磁场. 磁场扫描测试在 100 s^{-1} 剪切速率下进行, 范围为 0~240 mT. 应变率扫描测试分别在 0, 48, 96 和 240 mT 磁场中进行, 剪切速率从 0.01 s^{-1} 随时间对数增长至 100 s^{-1}. 每次测试前, 对样品进行 30 s 的预剪切以消除先前测试产生的细观结构. 所有测试在 25 ℃ 下进行.

图 3.21(a)~(c) 是 Fe_3O_4 空心链的典型微观图像. SEM 图表明, 这些链由均一的纳米球组成, 长度为 1~3 μm, 具有互不相同的曲率. 通过测量 SEM 图上至少 30 条链, 确定链的平均长度为 $N_p = 6$, 链长范围为 3~9. 从高分辨率 TEM 图 (图 3.21(c)) 可观察到明显的空心结构. 空心球的直径和壁厚分别为 300 和 60 nm. Fe_3O_4 空心链的磁滞回线如图 3.21(d) 所示. 样品显示出优异的超顺磁性, 剩余磁化强度和矫顽磁场几乎为零. Fe_3O_4 空心链的饱和磁化强度为 90.9 emu/g, 与纯 Fe_3O_4 的饱和磁化强度 92 emu/g 非常接近. 图 3.21(d) 中的实线是 Langevin 方程的拟合结果, 其中回归系数 $R^2=0.9997$. 式 (3.6) 中的 x 为 244 Oe/s.

基于 Fe_3O_4 空心链的磁流变液的流变性能如图 3.22 所示. 在磁场扫描实验中, 剪应力曲线可以分为两部分. 剪应力首先随外磁场的增强而增大, 当磁感应强度超过某个临界值之后, 对质量分数 10% 和 15% 的磁流变液, 剪应力开始下降 (图 3.22(a)). 这一现象与纯空心球磁流变液明显不同, 质量分数 10% 和 15% 的磁流变液的临界磁感应强度分别为 120 和 168 mT. 这一趋势在小质量分数磁流变液中更加明显, 表明这是由 Fe_3O_4 链的排布所导致的. 对于质量分数 20% 的磁流变液, 剪应力在 Fe_3O_4 空心链达到饱和磁化后出现了一个平台.

图 3.22(b)~(d) 是不同质量分数的磁流变液在不同磁感应强度下的剪应力–剪切速率曲线. 在施加外磁场之后, Fe_3O_4 空心链随机分散在载液中, 对剪应力没有贡献. 磁流变液表现出 Newton 流体的典型力学性质. 在无磁场、大剪切速率下的黏度 ($\eta_\infty=0.005$ Pa · s) 与水的黏度非常接近. 施加外磁场后, Fe_3O_4 空心链相互吸引, 形成特定的细观结构. 为了使样品流动, 剪切载荷首先要克服初始的细观结构, 磁流变液表现出静态屈服应力 τ_0, 如果剪应力小于此值, 磁流变液就表现出固体性质. 在稳态剪切流动下, 细观结构会向剪切方向倾斜, 经历不断的破坏和重组过程. 细观结构的整体取向受剪切速

率的影响. 因此,剪切速率增大时剪应力增加,黏度反而降低,表现出剪切稀释特性. 在高剪切速率下,观察到典型的 Bingham 特性. 流动曲线可以表示为

$$\tau = \tau_y + \eta_p \dot{\gamma} \tag{3.26}$$

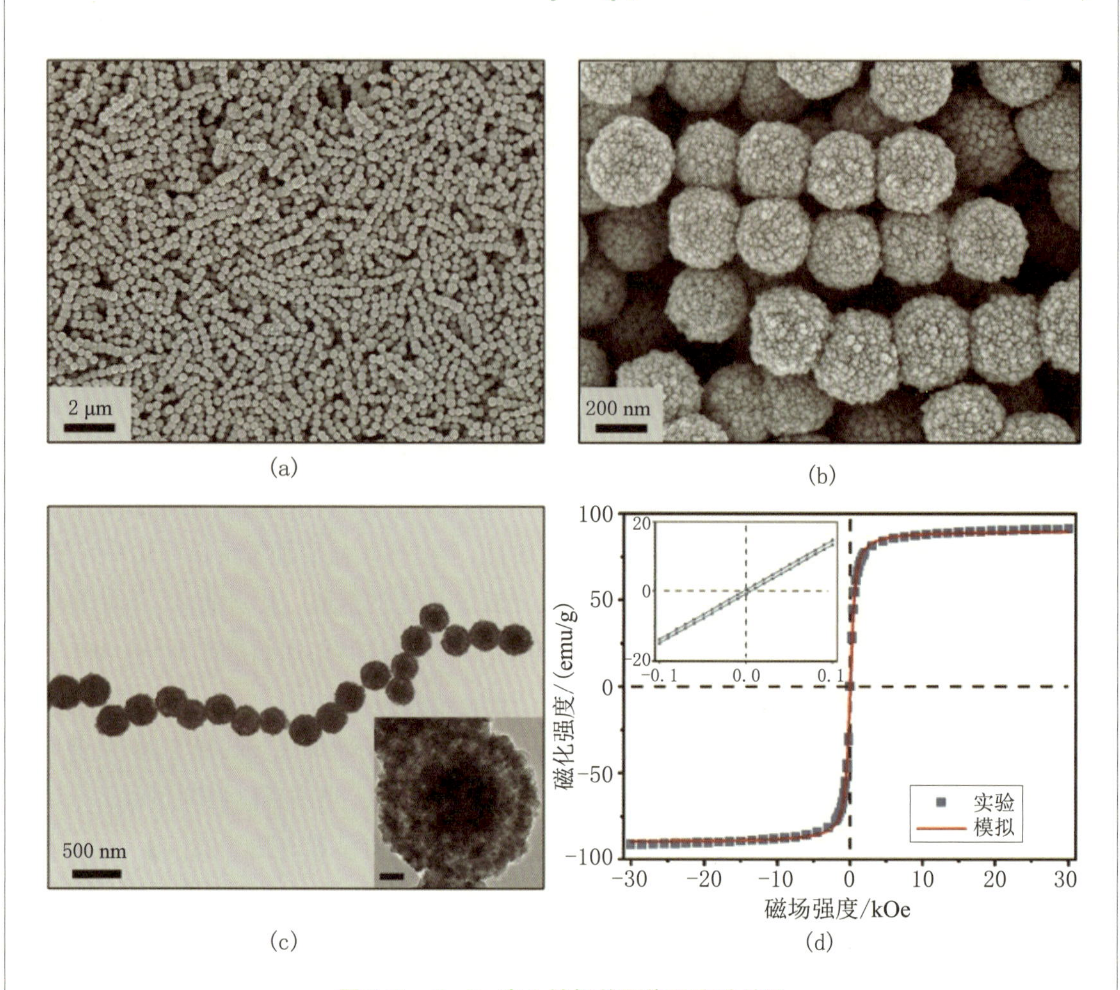

(a) (b) (c) (d)

图 3.21　Fe_3O_4 空心链相关图像及实验结果

(a),(b) Fe_3O_4 空心链的微观形貌图;(c) 内部微结构图,小图为链内单个空心球的精细微观结构图;(d) 磁滞回线与拟合结果,左上图为 −100~100 Oe 范围内的磁滞回线.

其中 τ_y 是动态屈服应力,通常比 τ_0 大,η_p 代表塑性黏度. τ_y 和 η_p 都随外磁场和 Fe_3O_4 质量分数的提高而增大. 质量分数 20% 的磁流变液在 240 mT 磁场作用下的动态屈服应力可达到 49.4 Pa,塑性黏度达到 0.21 Pa · s,是 η_∞ 的 4 倍. 一般来说,在饱和磁化之前,剪应力应始终随外磁场的增强而增大. 然而在小质量分数和强磁场作用下,Fe_3O_4 空心链会在平板附近聚集. 细观结构的破坏和重组也对剪应力有很大影响. 240 mT 磁场下的流动曲线经常低于小磁场作用下的流动曲线,这一现象与磁场扫描的结果相符. 在

图 3.22(b) 中，由于团聚和细观结构的重组，240 mT 磁场下 Fe_3O_4 的局部体积分数过小，因此 240 mT 磁场下的剪应力曲线与 0 mT 磁场下的相似.

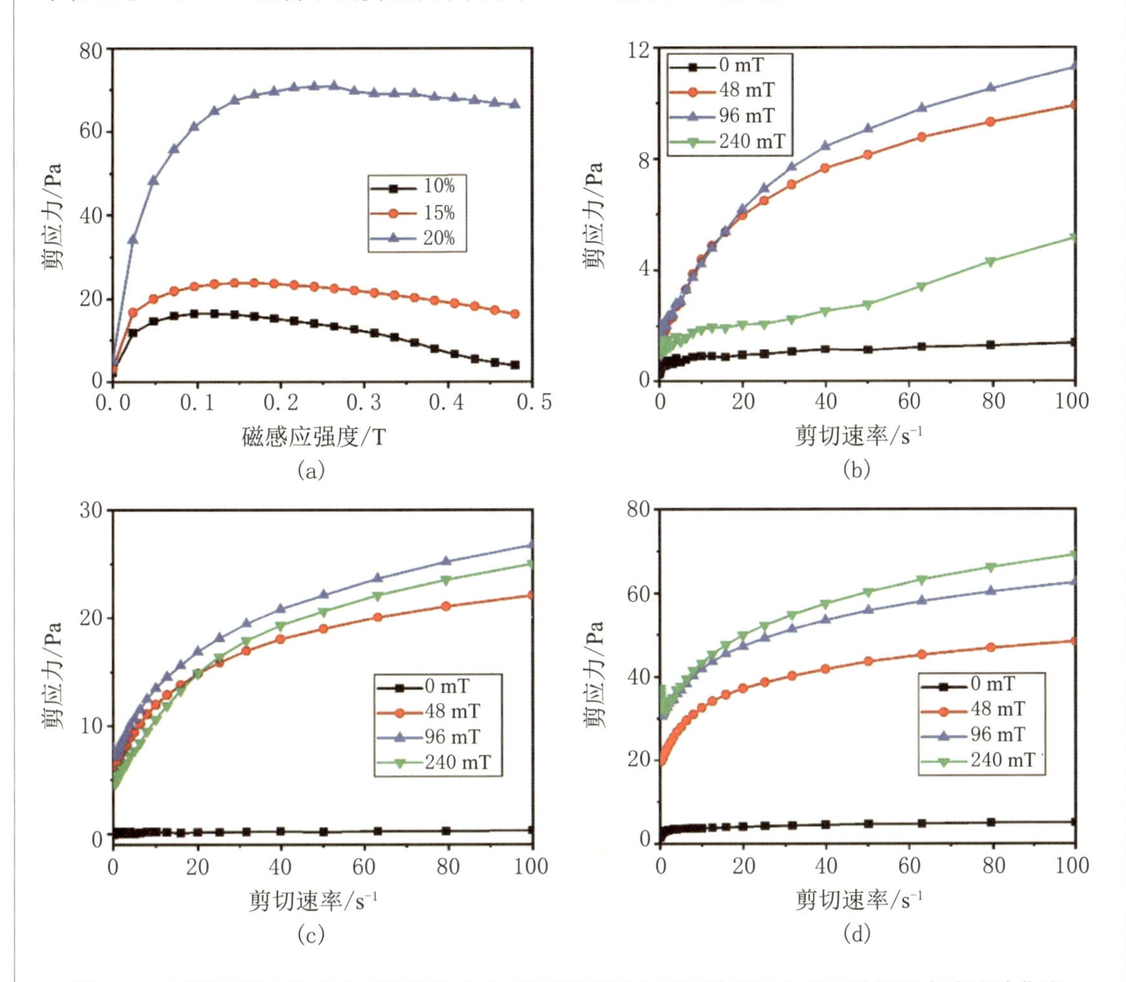

图 3.22　不同质量分数磁流变液的剪应力-外磁场曲线和不同外磁场作用下的磁流变液流动曲线

2. Fe_3O_4 空心链磁流变液的流变性能机制

为了更好地理解 Fe_3O_4 空心链的磁流变机制，本部分讨论了磁致细观结构与剪应力的关系. 使用 OVITO 软件展示体积分数 10% 的磁流变液的细观结构演化，如图 3.23(a) 所示；不同磁场作用下模拟结束时的细观结构如图 3.23(b) 所示，其中，剪切速率设为 100 s^{-1}，外磁场设为 24 mT.

模拟开始时，样品处于混沌状态. 假设 Fe_3O_4 空心链有固定的取向以避免链的重叠. 严格来说，在流变仪的预剪切工序中，Fe_3O_4 空心链倾向于沿剪切流动方向排列. 为了使数值模拟更贴近真实的流变测试,应将空心链预设为沿 x 轴方向排布. 然而引入外磁场后,所有 Fe_3O_4 空心链迅速在 0.16 ms 内旋转至 z 轴方向,细观结构以旋转后的构型为初始构型开始演化. 空心链的初始构型不影响后续的剪应力演化及平均剪应力,为了避免空心链高速旋转产生的交叉重叠而导致模拟发散,全部采用竖直排布的颗粒初始构型. 施加匀强磁场和剪切流动后,根据能量最小原理,Fe_3O_4 空心链迅速沿外磁场方向 (z 轴) 靠拢. 链与链首尾相接,聚合为狭长的一维细观结构. 在弱磁场 (24 mT) 下,链状结构随后沿剪切方向 (x 轴) 倾斜. 在这一构型下,每一条链都受到一个来自外磁场的磁力矩,可以和剪切流动产生的流体力矩相平衡. 计算开始 10 ms 后,倾斜的链状结构进一步沿 x 轴聚合,在 24 mT 磁场作用下形成簇状结构. 这些簇状结构会被剪切流动破坏,并在磁偶极子力作用下重组. 破坏和重组过程可以反映在剪应力和磁势能曲线中. 最终,磁流变液达到动态平衡. 质量分数 10% 的磁流变液在计算结束时的细观结构如图 3.23(b) 所示,剪切速率仍为 100 s^{-1}. 在 24 mT 磁场作用下,观察到了倾斜的簇状结构. 随着磁感应强度的增强,簇状结构朝外磁场方向旋转,合并为几个大的柱状结构. 磁感应强度达到 120 mT 后,细观结构几乎不再变化. 计算区域中只有少数大的柱状结构. 它们的倾角太小以至于可以忽略.

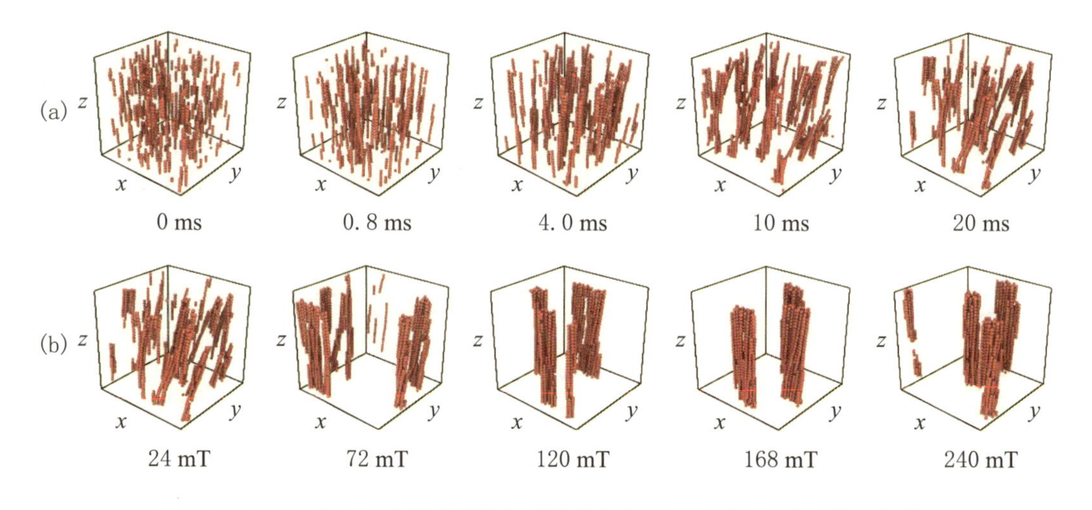

图 3.23 Fe_3O_4 空心链磁流变液的细观结构演化和不同磁场作用下的细观结构

图 3.24 分别给出了基于 Fe_3O_4 空心链的磁流变液在 24 和 240 mT 磁场作用下剪应力、磁势能、径向分布函数与链的曲线随时间的演化,并给出了空心链磁流变液与空心球磁流变液的响应速度. 其中空心链质量分数为 10%,剪切速率为 100 s^{-1}.

在 24 mT 磁场作用下,模拟开始后磁势能迅速减小到低谷 (图 3.24(a)). 这一现象对应 Fe_3O_4 空心链形成首尾相接的状态. 随后,磁致剪应力在 10 ms 内随时间单调增加,反映了链状结构的倾斜. 再之后,磁势能和剪应力都在平均值上下波动,确认了簇状结构的破坏和重组过程. 从 10 ms 到模拟结束时的平均剪应力可以代表动态平衡时的宏观力学性能. 值得注意的是,剪应力-时间曲线的峰代表了细观结构的破坏状态. 根据式 (3.12),磁偶极子力与空心球间距的四次方成反比,在破坏状态下,Fe_3O_4 空心链互相离得更近,产生了更大的剪应力. 然而,这一状态磁势能较高,是不稳定的状态. Fe_3O_4 空心链会自发地再次形成簇状结构. 在强磁场 (图 3.24(b)) 下,剪应力的波动范围变大,而磁势能的波动范围减小. 剪应力的最小值对应完全成形的细观结构. 柱与柱之间只有微弱的相互作用,因此只产生较小的剪应力. 剪应力的峰值也反映了细观结构的破坏状态. 最大剪应力为 26.63 Pa,是平均剪应力 (11.73 Pa) 的 2.27 倍.

响应速度是磁流变液的另一个重要指标. 本小节将响应时间定义为剪应力达到平均剪应力的 90% 所需的时间. 当剪应力首次下降到平均剪应力时,认为磁流变液达到动态平衡. 为了研究响应特性,基于 Fe_3O_4 空心球的质量分数 10% 的磁流变液剪应力-时间曲线也绘制在图 3.24(a) 和 (b) 中,水平实线、虚线分别代表空心链和空心球磁流变液的平均剪应力. 剪应力大小的比较将在后面章节讨论. 在 24 mT 磁场作用下,空心球磁流变液具有更短的响应时间和稳态时间. 随着链长的增加,磁场力的增长比黏性力更慢,空心链需要更长的时间来形成特定的细观结构. 两种磁流变液的响应速度都随外磁场的增强而加快. 外磁场的增强加快了细观结构的演化. 在 240 mT 磁场作用下,由于平均剪应力的下降,空心链表现出更短的响应时间. 总的来说,两种磁流变液的响应时间都在毫秒量级,链状形貌没有明显地削弱磁流变液的响应性能.

Fe_3O_4 空心链的聚合可以用径向分布函数和链的倾角来定量表征. Fe_3O_4 空心球的径向分布函数可以通过对分布函数的积分求得,这一指标反映了单个链内空心球的排列及细观结构的紧密程度. 初始状态只能观察到 $r/d = 1, 2, 3, \cdots$ 处的峰 (图 3.24(c)),其余部分曲线约等于 1,确认了链的短程有序和随机分布. 随着模拟的推进,出现了 $r/d =$ 1.08,1.78 和 2.68 处的三个峰. 它们源自链与链的聚合. 当簇状结构形成时,新生成的峰超过了初始的峰. 径向分布函数也随着细观结构的破坏和重组而波动. 当磁势能达到低谷时,径向分布函数的三个峰达到最大. 外磁场增长到 240 mT 时,$r/d=$ 1.08,1.78 和 2.68 处的三个峰显著增强 (图 3.24(d)). 然而,径向分布函数的初始峰保持不变. 柱状结构比簇状结构更紧密. Fe_3O_4 空心链的倾角也对剪应力有显著影响. 当 $\hat{\boldsymbol{r}}$ 与外磁场的夹角为 25° 时,磁偶极子力对剪应力有最大贡献. Fe_3O_4 空心链的倾角直方图如图 3.24(e) 和 (f) 所示. 剪切流动开始后不久,Fe_3O_4 空心链迅速倾斜至 $0° \sim 8°$. 倾角的范围和最概然倾角都随着剪切流动的发展而增大. 最终,所有的链都具有 $0° \sim 22°$ 的倾角. 在 24 mT 磁场作用下,最概然倾角为 $9° \sim 10°$. 倾角的范围随着磁场的增强而减小. 值得注意的是,模拟显示链的磁矩方向与其轴向高度一致. 根据式 (3.14),强磁场中仅需微小倾角即可使磁力矩与流体力矩平衡. 在 240 mT 磁场作用下,倾角的分布变为了平均值 3.2° 的均匀分布.

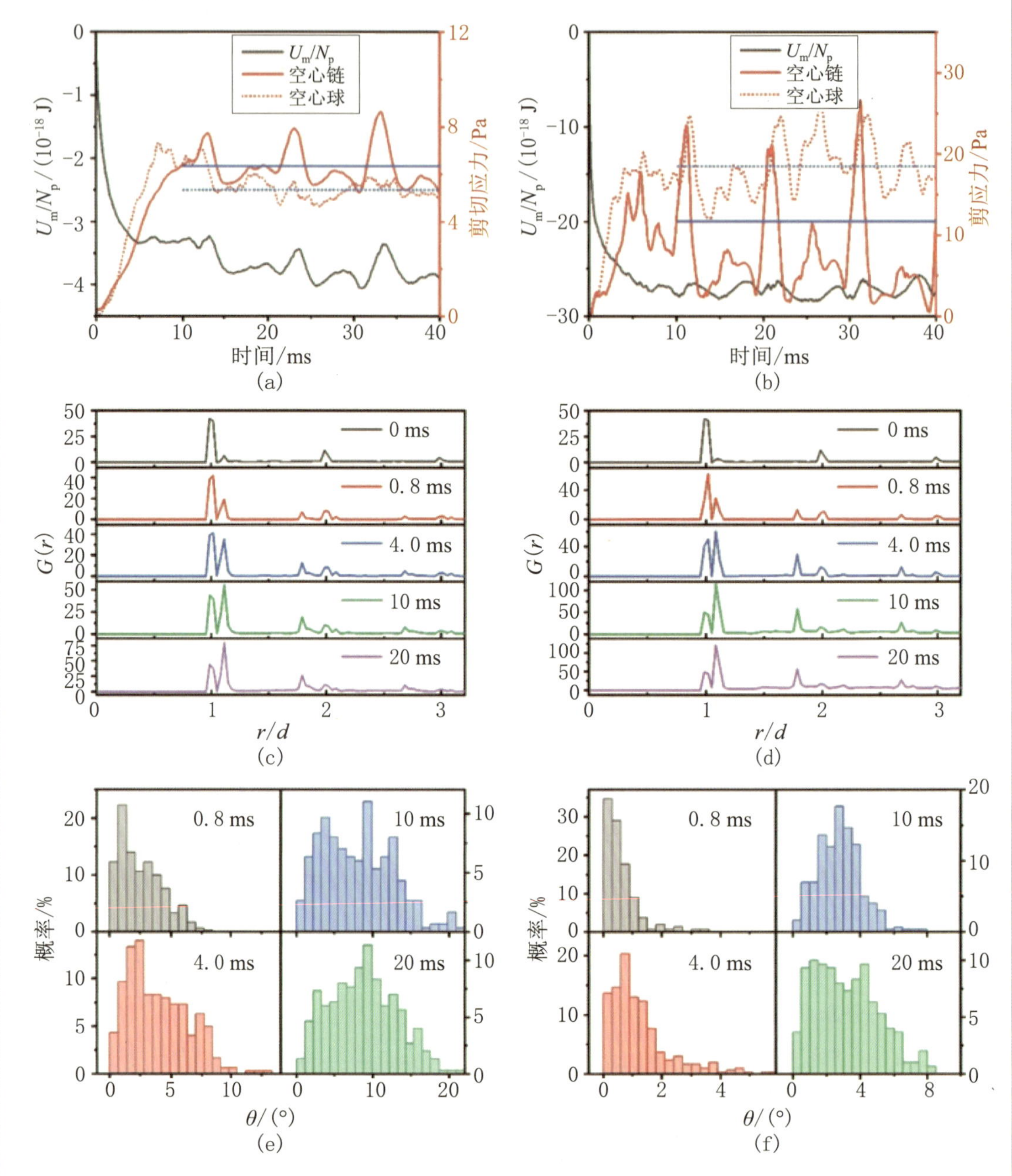

图 3.24　基于 Fe_3O_4 空心球和空心链的磁流变液的磁势能和剪应力-时间曲线、不同时刻的径向分布函数以及 Fe_3O_4 空心链的倾角直方图

(a),(c),(e) 24 mT;(b),(d),(f) 240 mT.

图 3.25 给出了基于 Fe_3O_4 空心链的磁流变液在磁场扫描下的力学性能、磁势能、径向分布函数及链的倾角,其中颗粒质量分数为 10%,剪切速率为 100 s^{-1}.

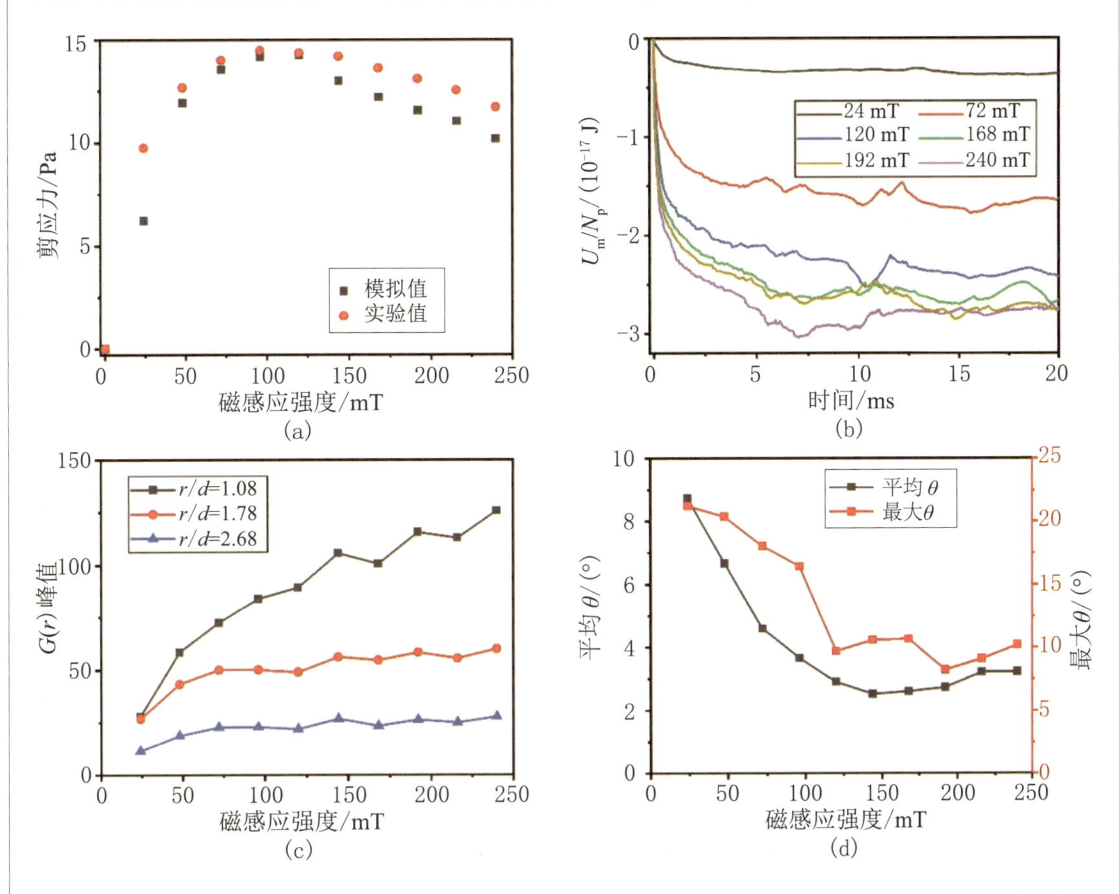

图 3.25 基于 Fe_3O_4 空心链的磁流变液在磁场扫描下的力学性能、磁势能、径向分布函数及链的倾角

在磁场扫描下实验和模拟的剪应力对比如图 3.25(a) 所示,模拟剪应力在 120 mT 磁场下达到最大值 14.2 Pa. 计算与实验相符,误差为 0.87%~36%,只有在 $B=$ 24 mT 和 $B\geqslant$144 mT 时有较小的误差. 由于对空心链所受的流体黏性力矩采取了近似,模拟略微低估了剪应力. 模拟中也出现了 $B\geqslant$120 mT 后剪应力下降的现象. 图 3.25(b) 是不同磁场作用下,单位颗粒磁势能-时间曲线. 从 10 ms 至模拟结束时的平均磁势能可以反映空心球之间的磁偶极子力的大小. 随着外磁场的增强,磁势能的大小先迅速增大再缓慢增大. 更强的磁偶极子力会产生更大的剪应力. $r/d=$ 1.08,1.78 和 2.68 处峰值-外磁场曲线如图 3.25(c) 所示. 这里,峰值大小从瞬时剪应力等于平均剪应力时的径向分布函数得到. 所有峰值都随外磁场的增强而增大. 在强磁场作用下细观结构更加紧密. 空心链的平均倾角和最大倾角如图 3.25(d) 所示. 随着外磁场的增强,平均倾角首先从 8.73° 减小到 2.53°,在 $B\geqslant$120 mT 后趋于稳定. 最大倾角从 21.2° 减小到 8.3°,表现出相同趋

势. 在强磁场作用下, 空心链的取向对剪应力几乎没有影响. 强大的磁偶极子力使得柱状结构迅速重组. 细观结构多数情况下保持完全成形的状态, 对应剪应力的低谷. 对于大质量分数的磁流变液, 无论细观结构是否被破坏, Fe_3O_4 空心链的局部体积分数都很大, 因此剪应力不会下降. 综上, 不断增强的磁偶极子力和愈发紧密的细观结构始终有利于产生更大的剪应力. 强大的细观结构重组导致了空心链磁流变液剪应力随外磁场的增强而降低. 链在边界附近的团聚是剪应力下降的另一个原因. 由于模拟尺度的限制, 这一现象没有反映在模拟中.

本小节研究了应变率扫描下, 磁流变液剪应力和细观结构的关系. 图 3.26 展示了颗粒动力学模拟中基于 Fe_3O_4 空心链的磁流变液剪应力与细观结构随剪切速率的变化, 并与实验进行了对比. 这里 Fe_3O_4 的质量分数和外磁场分别设为 10% 和 96 mT.

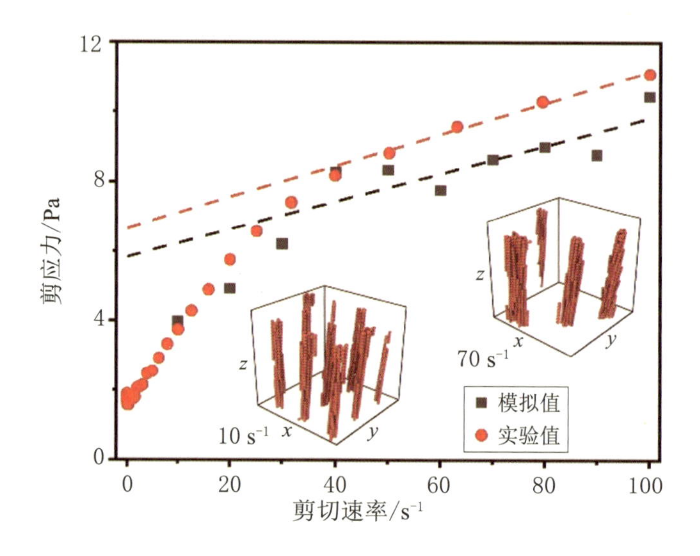

图 3.26 基于 Fe_3O_4 空心链的磁流变液的剪应力和细观结构随剪切速率的变化

改变剪切速率时, 模拟的总时间步数也按比例改变, 以确保模拟结束时的剪应变保持不变. 模拟结果也和实验符合得很好 (图 3.26), 剪应力误差为 0.95%~19%. 虚线表示对实验测得和模拟出的剪应力采用 Bingham 模型拟合后的结果. 实验和模拟得出的动态屈服应力分别为 6.6 和 5.8 Pa, 误差为 12%, 塑性黏度分别为 0.045 和 0.040 Pa · s, 误差为 11%. 两个典型剪切速率下模拟结束时的细观结构如图 3.26 中的小图所示. 在 10 s^{-1} 剪切速率下, 计算区域内观察到了大量小尺寸的柱状结构. 随着剪切速率的提高, 载液流动给细观结构创造了大量接触、合并的机会, 柱状结构的数目在剪切速率达到 70 s^{-1} 之前持续减少. 在剪切速率扫描过程中, 磁偶极子力的大小和细观结构的紧密程度保持不变. 在 70 s^{-1} 之前, 柱状结构受到来自基体逐渐增强的流体力矩作用, 链的平均倾角因此增大. 在高剪切速率下,细观结构很容易被破坏成小块,破坏后各部分由于尺度减小,所受的流体力矩减弱,重新沿 z 轴方向排列,因此链的平均倾角在 70 s^{-1} 之后开始减小. 这一状态下 Fe_3O_4 空心链也展现出很强的剪应力. 总的来说,在 70 s^{-1} 之前,倾角的增大是剪应力增大的主要原因;在 70 s^{-1} 之后,柱状结构破坏成为新的主因.

为了定性验证模拟结果的准确性, 直接拍摄了磁流变液的细观结构图, 以与模拟结果相对比. 观察磁流变液在 Poiseuille 流动的实验装置如图 3.27(a) 所示,用标准软光刻技术从一块 PDMS 中制得了具有 270 μm×100 μm 矩形截面的微流控管道. 一对永磁铁产生了垂直于管道的 43 mT 匀强磁场. 磁流变液的流量设为 0.3 mL/h,高速摄影的帧数为 20 000 f/s. 磁流变液的质量分数为 10%. 图 3.27(b) 表明,Fe_3O_4 空心链形成了几乎平行于外磁场的大的柱状结构. 由于管道内基体速度不均匀,这些柱状结构经常彼此交错. 本小节也采用颗粒动力学模拟得出了 Poiseuille 流动中的细观结构演化, 观察到了同样的现象. 磁流变液 Poiseuille 流动的颗粒动力学模拟方法与 Couette 流动完全相同, 管道内基体的流速分布是注射泵流量和管道横截面尺寸的函数, 可表示成无穷级数形式. 本小节属于对空心链系统的原理性研究, 因此, Fe_3O_4 的质量分数和磁感应强度都相对较低. 如果两块永磁铁靠得太近, 则 Fe_3O_4 空心链很容易在壁面附近团聚 (图 3.27(c)). 空心链的两个主要缺点, 即壁面附近的团聚及剪应力随外磁场的下降, 都可以通过提高 Fe_3O_4 质量分数来克服.

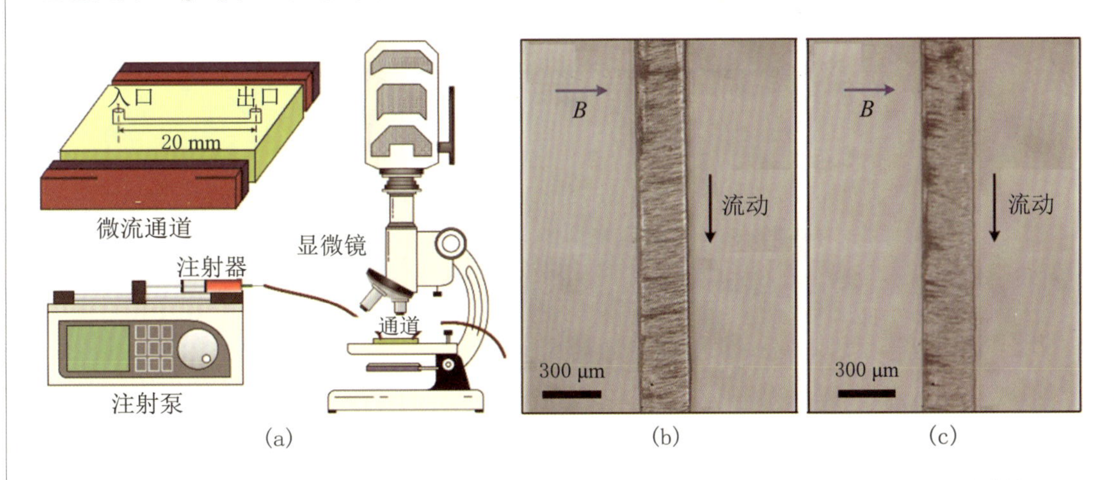

图 3.27 实验装置示意图以及质量分数 10% 的磁流变液在微流控管道中 Poiseuille 流动的细观结构图、Fe_3O_4 空心链在壁面附近的团聚

如前所述, Mason 数是一个研究不同磁场、不同剪切速率下黏度主曲线的有力工具. 对于 Fe_3O_4 空心链, M_n 的表达式为

$$M_n = \frac{72\eta\xi_n\dot{\gamma}}{\mu_0 N_p M^2 S^2} \tag{3.27}$$

其中 Fe_3O_4 空心链的实心比例 $S=84.8\%$，M 是 Fe_3O_4 的磁化强度，ξ_n 由 Fe_3O_4 空心链的平均长度确定．如此定义的 M_n 数包含基体材料、剪切速率、外磁场、空心球壁厚和链长的影响．式 (3.27) 中的每个参数都可以从实验中确定．

图 3.28 为不同磁场作用下质量分数 20% 的 Fe_3O_4 空心链磁流变液的无量纲黏度-Mason 数曲线．在双对数坐标下，不同磁场作用下的黏度数据收敛到不同的线性主曲线．对于传统磁流变液，不同磁场作用下应变率扫描的无量纲黏度-Mason 数曲线收敛至同一条线性主曲线 (图 3.20(f))．而对于 Fe_3O_4 空心链磁流变液，细观结构的复杂演化主导了剪应力的变化，从而导致了主曲线的分离．主曲线斜率为 −1，表现出了典型的 Bingham 特性．

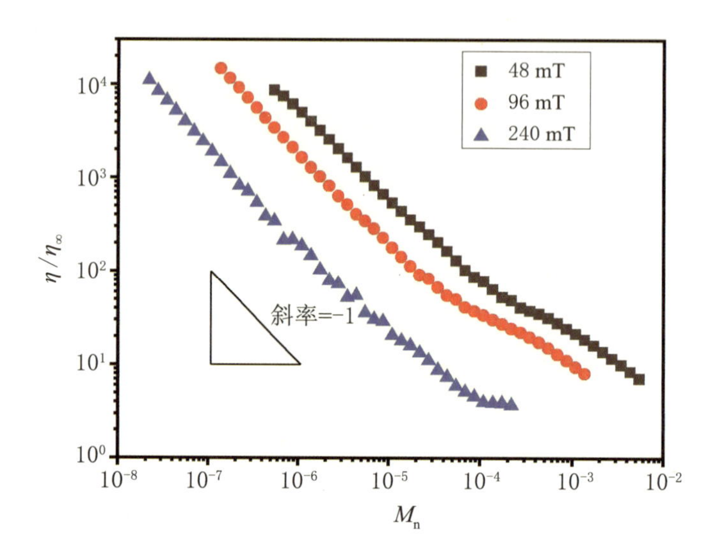

图 3.28　不同磁场作用下质量分数 20% 的 Fe_3O_4 空心链磁流变液的无量纲黏度-Mason 数曲线

3. Fe_3O_4 空心链与空心球磁流变液的对比

为了说明 Fe_3O_4 空心链磁流变液的优缺点，图 3.29 给出了基于空心链和空心球的磁流变液的剪应力对比和受力分析，其中质量分数为 10%．单分散的 Fe_3O_4 空心球与空心链内的空心球具有相同的直径和壁厚．图 3.29(a) 表明，在 $B\leqslant 100$ mT 时，空心链表现出更强的磁流变效应．在 $B>100$ mT 后，空心链的剪应力下降，空心球的剪应力继续上升，直到饱和磁化．模拟和实验符合得很好．质量分数 20% 的磁流变液也表现出相同的现象．不同质量分数下的模拟结果都和实验一致．在磁流变液的器件中，磁场装置的体积和能耗应该尽可能小．磁流变液应当在弱磁场作用下表现出优异的磁流变效应．

Fe_3O_4 空心链恰好满足这一需求. 在 48 mT 磁场作用下,空心链的剪应力达到 12.69 Pa,比空心球剪应力的大 52%. 空心链和空心球在细观结构的不同如图 3.29(a) 中小图所示.

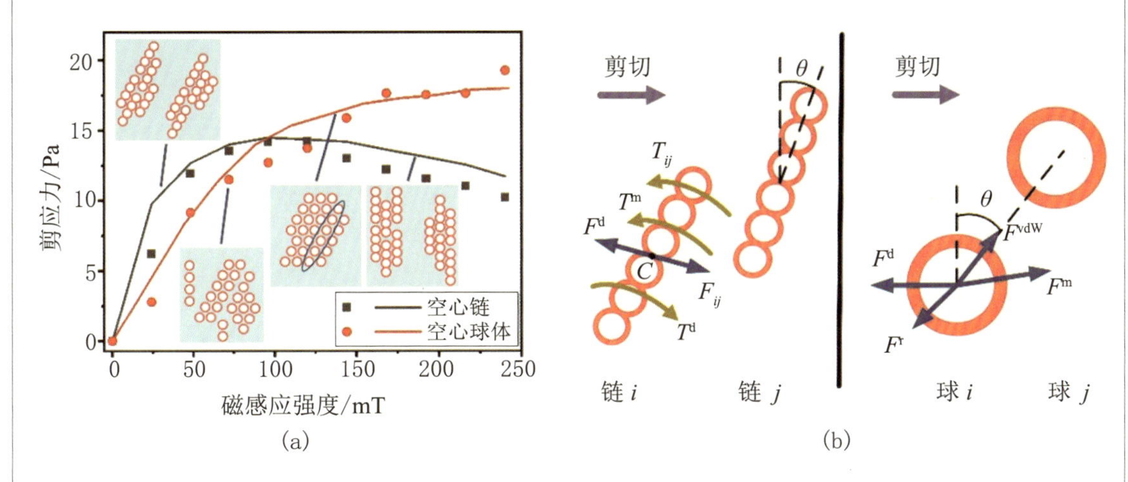

图 3.29 两种磁流变液的剪应力对比和受力分析

(a) 中实线代表实验,点代表模拟.

剪应力来源于磁偶极子力的 x 分量,并且受细观结构倾角的影响. 对于 Fe_3O_4 空心链,每条链受到一个来自其他链的合力,这一合力与流体阻力平衡 (图 3.29(b)). 链还受到来自外磁场的力矩、其他链的相互作用力矩以及来自基体的黏性力矩. 链的倾角代表了细观结构的倾角,主要由力矩平衡主导. 对于 Fe_3O_4 空心球磁流变液,每个空心球受到磁偶极子力、van der Waals 力、排斥力、流体阻力. 空心球的转动不影响受力,这里可以忽略. 空心球 i 到 j 的方向可以反映细观结构的取向,主要由受力平衡主导. 当外磁场增强时,两种磁流变液的磁偶极子力同步增强. 对于 Fe_3O_4 空心链磁流变液,每条链因为受到一个和流体阻力矩相平衡的外磁场力矩,会表现出一个很大的倾角. 磁偶极子力的 x 分量很大,所以产生了很大的剪应力. 对于空心球磁流变液,细观结构的每一部分具有不同的倾角. 空心球之间的磁偶极子力的 x 分量很小,导致剪应力很小. 因此,弱磁场作用下 Fe_3O_4 空心链的剪应力比空心球增长得更快. 如果外磁场进一步增加,则磁偶极子力进一步增强. 强大的重组过程使得 Fe_3O_4 空心链多数时间都竖直排列. 然而对于 Fe_3O_4 空心球磁流变液,细观结构的倾角几乎不变,因此强磁场作用下空心球的磁流变效应超过了空心链.

4

第 4 章

阀式磁流变液减振器

4.1　挤压式磁流变液阻尼器

目前，关于磁流变液基础性能的研究已经比较深入，研究人员也纷纷开始开发其应用，磁流变液主要应用于阻尼器[64]、离合器、刹车、液压系统（如振动控制装置[65]）等领域；大多数设备是工作在磁流变液的剪切模式下的，但是随着近年来大家对磁流变液法向力的关注越来越多，工作在磁流变液法向力模式下的器械也开始出现．在本节中，我们主要研究磁流变液纯挤压阻尼器和挤压–阀混合式阻尼器，发现两者与传统的磁流变液阻尼器相比优势很明显．

4.1.1　磁流变液的基本性能

本节制备了实验中所需的磁流变液．具体流程如下：制备过程中用到的样品有羰基铁粉、二甲基硅油、硬脂酸、吐温-20 和气相二氧化硅. 实验所需的磁流变液样品中羰基铁粉的体积分数为 30%. 首先称量 144 g 羰基铁粉和 2.88 g 硬脂酸,一起加入提前用量筒量好的 75 mL 二甲基硅油中,搅拌均匀之后转移到 100 ℃ 的烘箱中,等到混合物中的硬脂酸完全熔化之后,在混合物中加入 1.44 g 气相二氧化硅和 2 mL 吐温-20,并不停地搅拌. 然后迅速地将混合物转移到球磨罐中,在行星球磨机中球磨 24 h. 球磨完成之后将磁流变液样品取出,放到样品瓶中供实验使用.

首先测量实验中所用的磁流变液在剪切模式下的力学性能. 磁流变液的剪切性能直接由 Physica MCR 301 型流变仪测量,我们分别获得了磁流变液剪切应力与剪切速率和外磁场的关系,如图 4.1 所示. 在测试剪切应力与剪切速率之间关系时,剪切速率从 0.01 s^{-1} 指数增加到 100 s^{-1},外界磁感应强度保持在 0.96 T(图 4.1(a));当测试剪切应力与外磁场关系时,外界磁感应强度从 0 T 线性增加到 0.96 T,剪切速率保持在 100 s^{-1} (图 4.1(b)). 从图 4.1 可以看出,在剪切速率扫描下,磁流变液呈现很明显的屈服现象,即当外界剪切应力小于磁流变液的屈服应力时,磁流变液呈现类固态的性质,只发生变形而不流动,当外界剪切应力大于磁流变液的屈服应力时,磁流变液变为流体,并且最大的剪切应力大约为 40 kPa;磁流变液的剪切应力随着磁场的增加,先是迅速地增加,然后基本保持不变,这是因为磁流变液中的羰基铁粉之间的作用力随着外磁场的增加而增加,但是在铁粉磁化饱和后,它们之间的作用力不再随着外磁场的增加而增加;当外磁场从 0 T 增加到 0.96 T 时,磁流变液的剪切应力从 100 Pa 增加到 40 kPa.

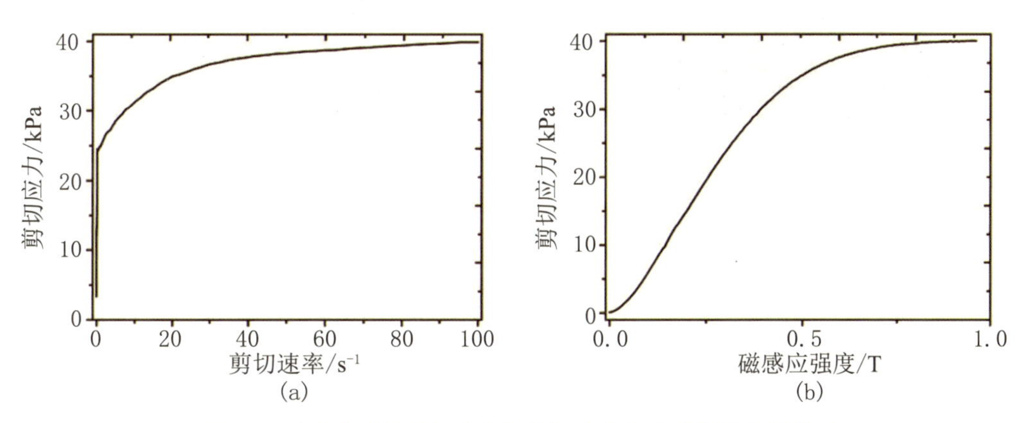

图 4.1　磁流变液的剪切应力与剪切速率和磁感应强度的关系

另外,我们还测试了磁流变液在挤压和拉伸条件下的力学性能. 由于磁流变液阻尼器在工作时,其中的磁流变液的挤压量或者拉伸量大约为 2 mm,远远大于 Physica MCR 301 型流变仪的工作范围,因此我们利用万能拉伸机、Helmholtz 线圈和直流电流源自制了一套可以测量磁流变液拉伸性能和压缩量的装置,如图 4.2(a) 所示. 经过特斯拉计的测量，当直流电流源为线圈提供 1.0 A 电流时，线圈中间的磁感应强度大约为 123 mT. 由于我们的挤压和拉伸幅值相对于线圈铁芯的直径来讲很小，因此我们可以认为在试验过程中，磁感应强度基本保持不变. 测试时使用的磁流变液样品很少，当在线圈中间放入磁流变液样品时，其对磁感应强度分布的影响忽略不计 (因样品体积占比小于 0.5%[66]). 测试开始时，两个线圈中间的间距保持在 2.5 mm，拉伸和挤压测试的幅值分别为 2，1.5，1.0，0.5 mm. 首先测试线圈之间没有磁流变液样品时，线圈之间的吸引力. 然后在线圈之间放入 0.6 mL 磁流变液进行拉压测试，这时测得的力是磁流变液法向力和线圈作用力的合力，因此我们从合力中减去事先测好的线圈之间的作用力，就得到了所需要的挤压力或者拉伸力. 在挤压或者拉伸期间，我们假设磁流变液一直保持圆柱状态，因此磁流变液与线圈的接触面积可以用 $S = V/h$ 直接计算得到，其中 V 是磁流变液的总体积，h 是线圈之间的距离.

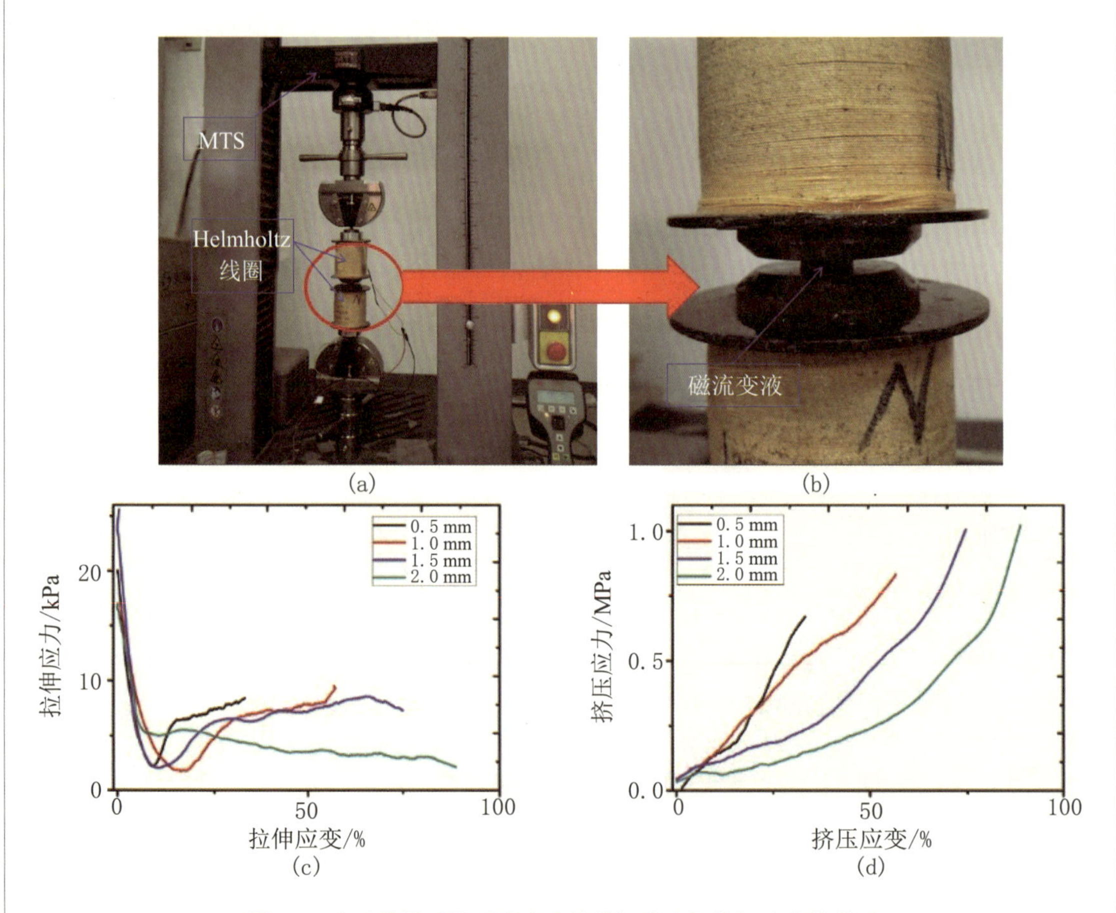

图 4.2　实验装置以及磁流变液的剪切应力与剪切速率的关系

$$\tau_{\text{squeezing}} = \frac{h \cdot F_{\text{squeezing}}}{V}, \quad \tau_{\text{stretching}} = \frac{h \cdot F_{\text{stretching}}}{V} \tag{4.1}$$

我们可以将测得的法向力代入上式，计算得到磁流变液的拉伸应力–应变与挤压应力–应变之间的关系，如图 4.2(c) 和 (d) 所示. 从图 4.2(c) 可以看出，当磁流变液受到拉伸时，拉伸应力从 20 kPa 迅速地下降到 2 kPa，然后在较低的水平保持不变，这是因为磁流变液的拉伸应力仅仅在线圈刚刚分开时才存在，随着拉伸应变的增加而迅速减小. 如图 4.2(d) 可以看出，当挤压应变增加时，挤压应力迅速地从 20 kPa 增加到将近 1 MPa，随着挤压应变的增大，磁流变液内部颗粒在磁场下形成的结构越来越紧实，并且随着挤压的进行，密封效应开始出现，进一步增加了挤压应力，并且挤压应力远远大于剪切应力和拉伸应力.

我们利用 Physics MCR 301 型流变仪和数据采集卡 (美国迪飞公司 SingalCalc ACE 信号分析仪) 测试了磁流变液的响应时间. 测试时，用流变仪测试磁流变液的扭矩，然后在 5 s 时突然打开控制线圈的电流，产生磁场；对样品施加磁场 10 s 后，在 15 s 时突然关掉控制线圈的电流，撤去磁场；并用数据采集卡采集电流信号和流变仪测得的扭矩信号，测得的结果如图 4.3 所示. 可以看出，在对磁流变液突然施加或者突然撤去磁场时，磁流变液扭矩的变化大约滞后电流变化 20 ms，经过 60 ms 的上升时间，扭矩渐渐地趋于平稳，因此磁流变液总的响应时间大约为 80 ms，满足半主动控制的响应时间要求.

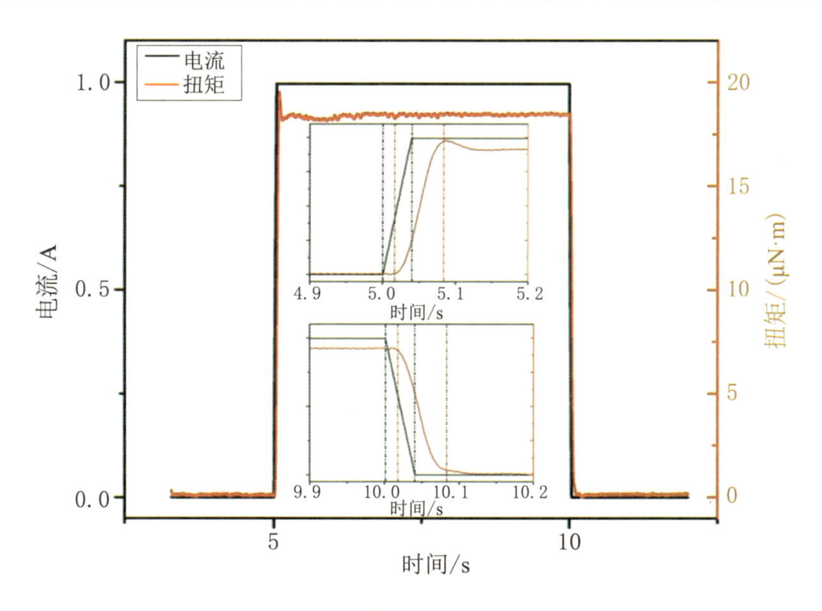

图 4.3　磁流变液响应时间测试结果

4.1.2　纯挤压式磁流变液阻尼器

本小节研究了一种工作在挤压模式下的纯挤压式磁流变液阻尼器，阻尼器的工作方向与外磁场方向平行，磁场由阻尼器的内置线圈产生．利用商业软件 ANSYS 对阻尼器内部的磁场分布进行分析，发现在磁流变液的工作区域磁场均匀，并且磁感应强度也比较高．利用 MTS809 对阻尼器在不同条件下的力学性能进行测试，并对测试结果进行分析，提出一种理论来分析阻尼器输出的阻尼力．测试结果表明，工作在挤压模式下的磁流变液阻尼器虽然体积很小，但是能输出很大的阻尼力，例如当线圈电流为 2 A，振荡频率为 1 Hz，振幅为 1 mm 时，最大的输出阻尼力为 6 kN；并且阻尼力可以通过改变线圈电流和激励振幅、激励频率等改变．阻尼器的力–位移曲线很复杂，为了更好地分析阻尼器的工作原理，基于位移区间的力学响应差异 (如弹性、黏性、磁流变效应)，将曲线划分成四个阶段．阻尼器的输出阻尼力随着电流的增大而迅速增加，并且这种阻尼器具有体积小、输出阻尼力大且可控的特点，因此在精密设备的小振幅隔振方面有着潜在的应用．

所研究的阻尼器，是根据磁流变液挤压模式设计出来的，磁流变液在挤压作用下的工作原理如图 4.4 所示，磁流变液在磁场作用下，受到一个与磁场方向一致的挤压，然后向四周流动．根据磁流变液的这种工作原理，自主设计了一种工作在磁流变液挤压模式下的阻尼器，设计的挤压式阻尼器示意图如图 4.5 所示，可以看出，挤压式阻尼器主要由外壳、线圈、活塞杆、活塞和一些密封圈以及紧固件构成，挤压式阻尼器的磁场由放置在阻尼器内部的线圈提供，磁感线如图 4.5 所示；活塞可上下移动，活塞与上下盖板之间的缝隙就是磁流变液的工作区域，当活塞上下运动时，磁流变液在工作区域中受到挤压，然后向四周流动．根据图 4.5，我们加工并组装了阻尼器，实物图如图 4.6 所示，阻尼器尺寸参数见表 4.1.

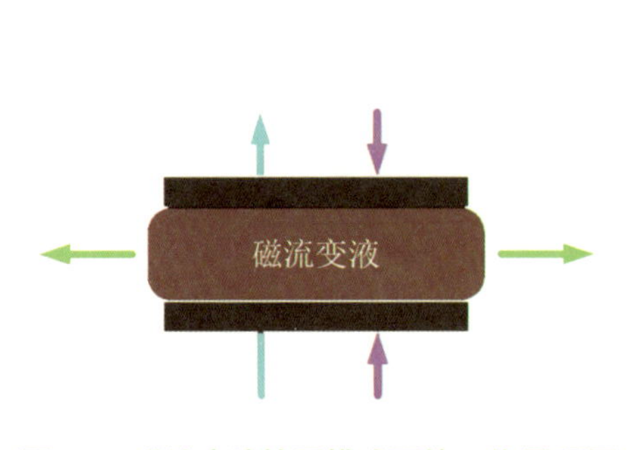

图 4.4　磁流变液挤压模式下的工作原理图

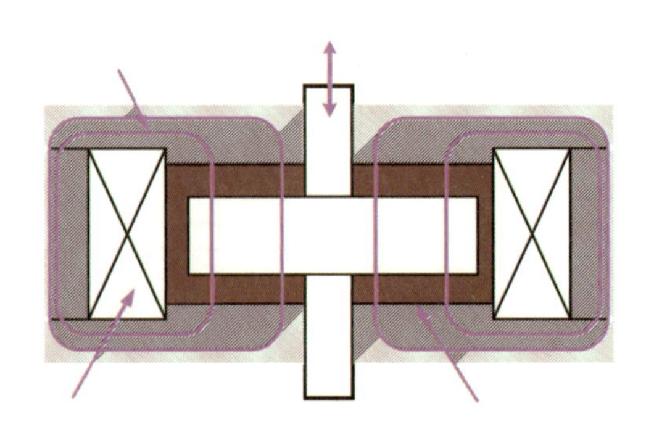

图 4.5　磁流变液挤压阻尼器示意图

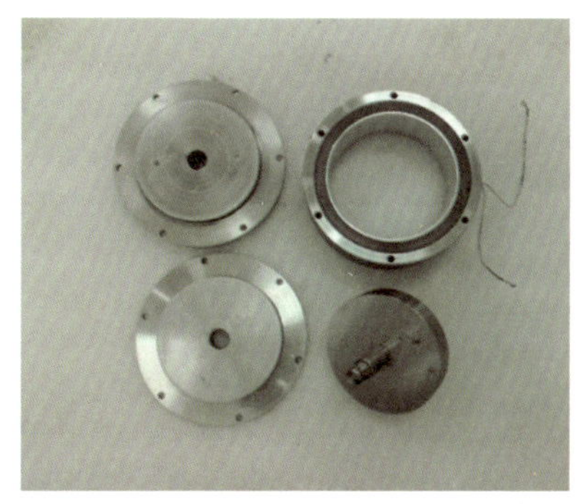

(a) 零件图

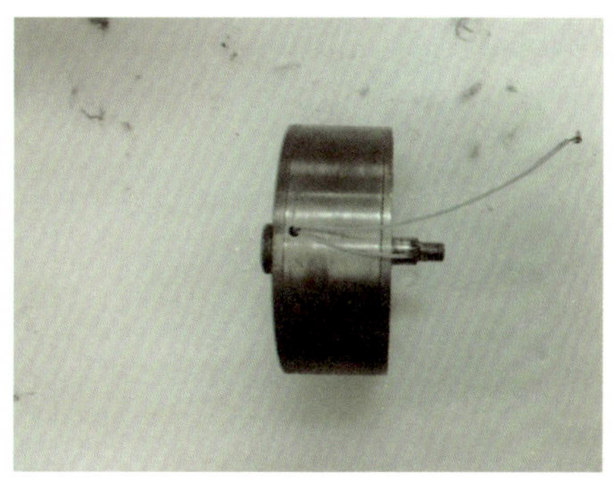

(b) 装配图

图 4.6　阻尼器实物图

由图 4.6 可以清晰地看到，线圈安装在阻尼器内部，在活塞和外壳中间，并且用铝质挡板把线圈和磁流变液隔开，活塞杆和挤压活塞盘固定在一起，安装在阻尼器的中央. 阻尼器外壳、盖板、活塞等用磁导率很高的电工纯铁制成，极大地降低了磁阻，增大了阻尼器中磁流变液工作区域的磁感应强度. 当磁流变液阻尼器工作时，外磁场由内置的线圈提供；当活塞杆上下运动时，固定在上面的活塞挤压盘也随着上下运动，同时挤压阻尼器腔内的磁流变液. 磁流变液受到挤压，向挤压板四周流动，流动方向与外磁场垂直. 通过改变内置线圈的电流，可以控制磁感应强度的大小，进而调整阻尼器输出的阻尼力大小.

表 4.1　阻尼器尺寸参数

零　件	尺　寸
最大位移	1.5 mm
活塞杆直径	16 mm
挤压板直径	95 mm
挤压板厚度	20 mm
阻尼器外径	140 mm
阻尼器厚度	55 mm
线圈匝数	586

磁流变液的磁流变效应受外部磁感应强度的影响至关重要，因此对于磁流变液阻尼器来说，线圈产生的磁场的分布与大小就显得非常重要. 由于阻尼器是圆对称的，因此只需要研究四分之一阻尼器的二维磁场分布. 纯铁和磁流变液的磁化曲线如图 4.7 所示. 模拟时不导磁的活塞杆、铜板以及空气的相对磁导率设置为 1.

当线圈中通入 1 A 电流时，用 ANSYS 模拟的磁场分布如图 4.8(a) 所示. 模拟结果表明，磁感线主要分布在由阻尼器外壳和活塞组成的回路中，与设计预期一致. 可以看出在磁流变液的挤压区域，磁感线的分布很均匀，并且与挤压板表面垂直. ANSYS 模拟的磁感应强度分布如图 4.8(b) 所示，可以看出在磁流变液工作的区域，磁感应强度分布是比较均匀的. 我们还模拟电流分别为 2,3,4 A 时的磁感应强度分布，从模拟结果中提取出阻尼器上、下盖板附近的磁感应强度分布，如图 4.9 所示. 随着线圈中电流强度的增加，磁感应强度也增加．当电流增加到 4 A 时，磁感应强度只能达到 0.27 T，远远小于磁流变液的饱和磁化强度，也就是说，我们的阻尼器还有进一步提升的空间．

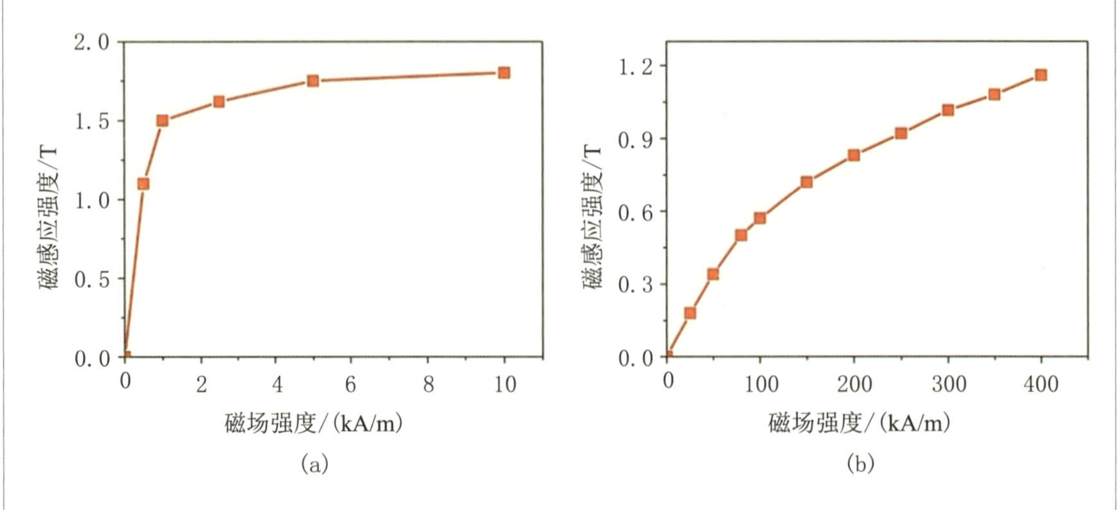

图 4.7　纯铁和磁流变液的磁化曲线

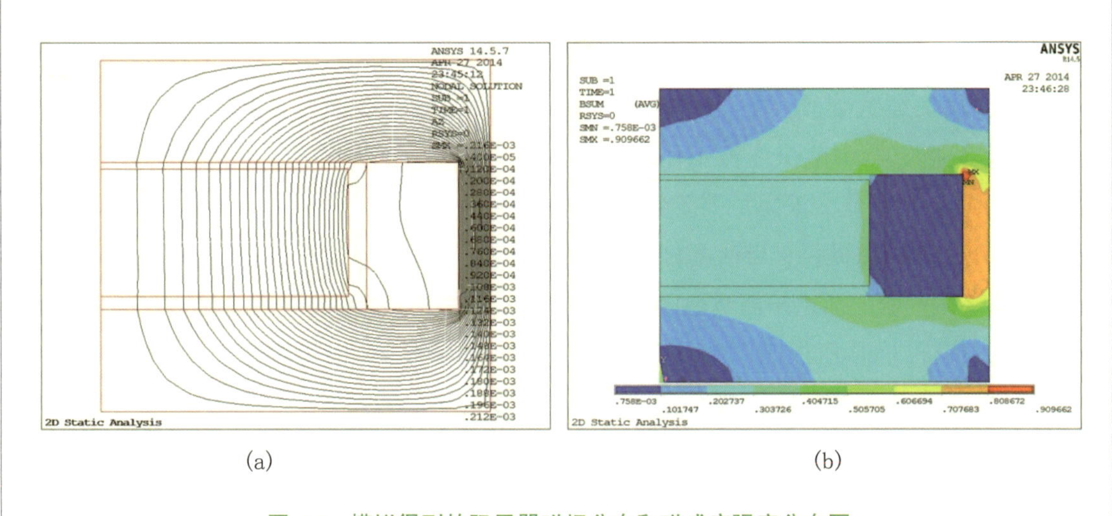

图 4.8　模拟得到的阻尼器磁场分布和磁感应强度分布图

测试之前，首先把阻尼器灌满磁流变液．为了避免阻尼器中出现气泡，有几个步骤需要进行：第一，将磁流变液充分搅拌 5 min，使磁流变液分散更均匀；第二，把搅拌过的磁流变液放进真空干燥箱，静置 1 min，除去气泡；第三，将磁流变液小心地灌入阻尼器中，然后用密封圈密封．实验所用的磁流变液铁粉体积分数为 30%，基体黏度为 500 cSt．测试时，将磁流变液挤压式阻尼器固定在万能试验机 (美国 MTS 公司生产) 的两个夹头之间，如图 4.10 所示，万能试验机下方的夹头可以上下移动，以提供不同的激励频率与激励幅值，同时测试系统受到的力．线圈中的电流由程控直流电源提供，通过调节直流电源输出电流的大小，调节阻尼器内部产生的磁感应强度. 测试得到了在不同频率、不同电流、不同振幅下的阻尼力–速度关系和阻尼力–位移关系.

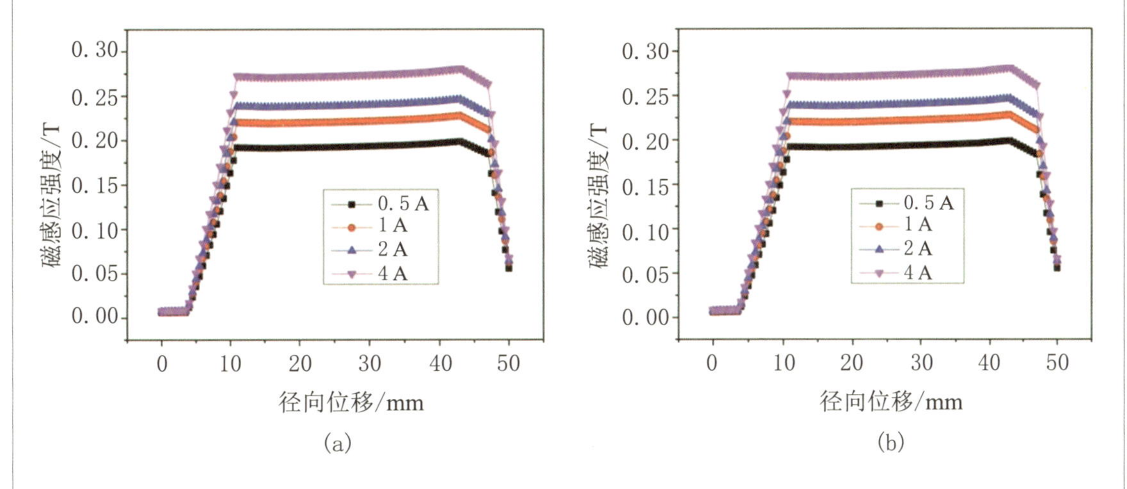

图 4.9　阻尼器上、下盖板附近的磁感应强度分布

图 4.10　阻尼器测试系统

测试中我们改变的参数有电流、振幅和频率. 其中，电流分别设置为 0，0.2，0.4，0.6，0.8，1.0，1.5，2.0 A；激励幅值分别设置为 0.3，0.5，0.8，1.0，1.2 mm；激励频率分别设置为 0.1，0.5，1.0 Hz. 激励幅值、激励频率和电流在每组测试中保证只改变一个值，另外两个保持不变. 不同激励幅值、不同电流下的阻尼力–位移曲线很相似，为了更加简洁，只有一部分曲线拿出来分析. 不同电流和不同激励幅值条件下的阻尼力–位移曲线如图 4.11 所示，这里测试频率为 1.0 Hz，从图中可以看出，随着振幅的增加，输出的最大阻尼力迅速上升. 不同振幅下的曲线很相似，并且都很复杂. 当挤压平板刚刚开始返回的时候，阻尼

力出现负值，并迅速减小；然后，随着挤压板运动到另外一端，阻尼力又迅速地上升. 随着线圈中电流的增加，阻尼力增加，同时曲线围成的面积也增加. 也就是说，阻尼器消耗了更多的能量.

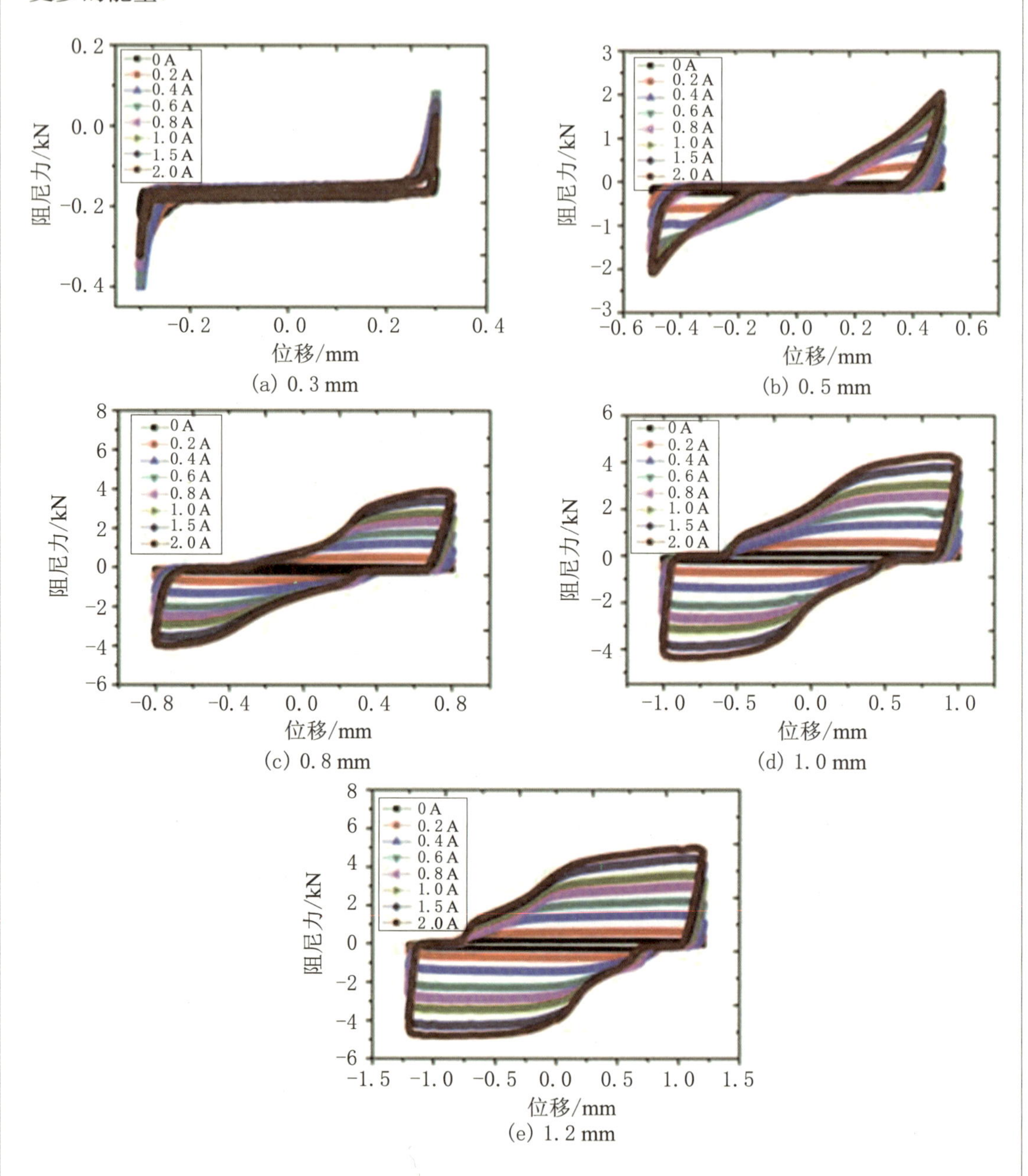

(a) 0.3 mm (b) 0.5 mm (c) 0.8 mm (d) 1.0 mm (e) 1.2 mm

图 4.11　不同电流和不同激励幅值条件下的阻尼力–位移曲线

我们还得到了不同条件下的阻尼力–速度曲线，如图 4.12 所示，可以看出，当挤压板速度为零时，阻尼力达到最大值. 阻尼力呈现出明显的滞后现象，与传统的阻尼器不同的地方是,本小节中的阻尼器在剪切速度为零时,阻尼力最大,而传统的阻尼器一般在剪切速度最大时阻尼力达到最大,这是因为本小节中的阻尼器主要工作在挤压模式下,阻尼器主要由法向力提供,而不是由剪切应力提供.

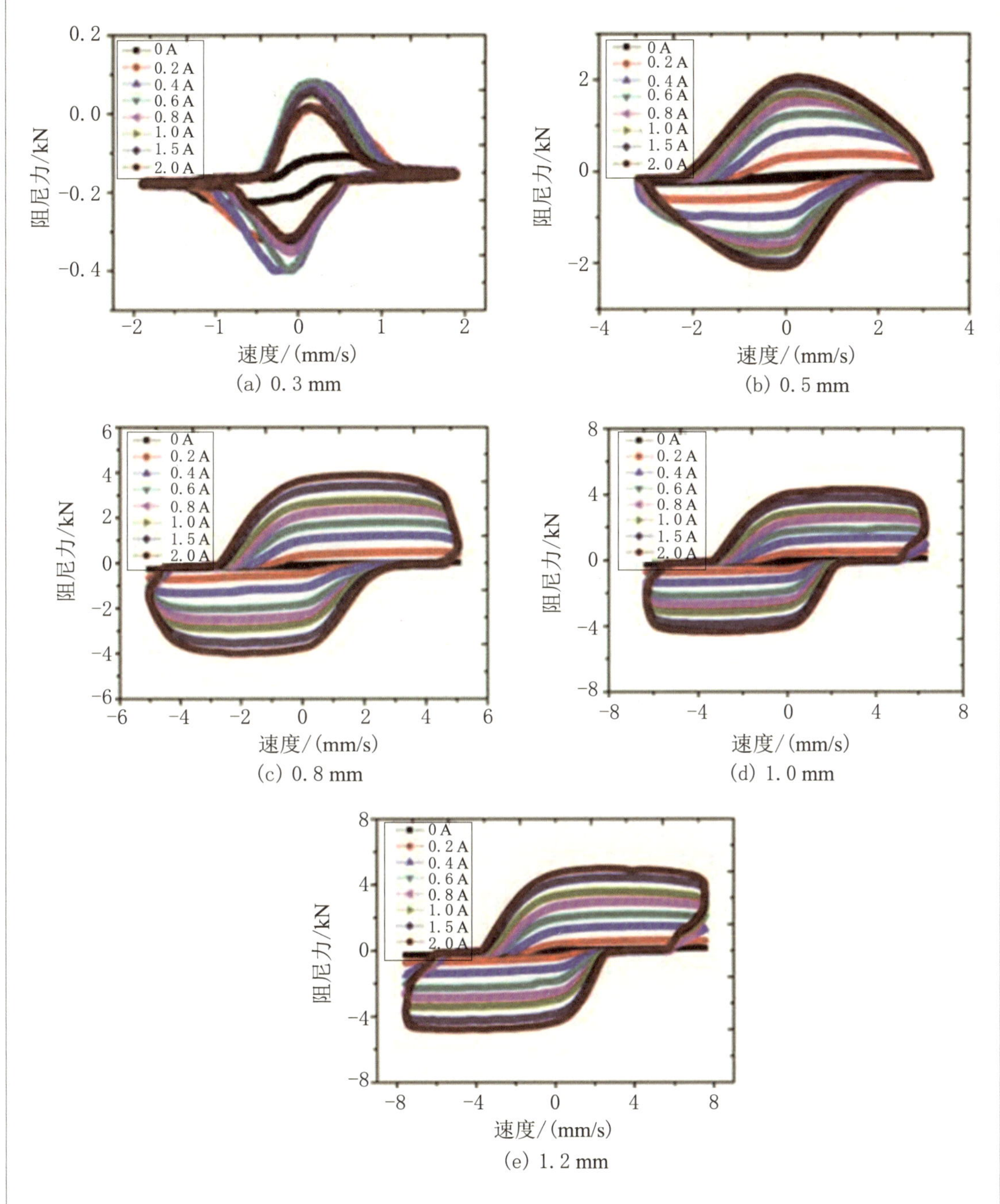

图 4.12　不同电流和激励幅值条件下的阻尼力-速度曲线

不同电流条件下,阻尼器输出的最大阻尼力如图 4.13 所示. 随着电流的增加,最大阻尼力迅速增大,当外界电流大于 1 A 时,增加速度略微下降,这是因为阻尼器中的线圈提供的磁感应强度在电流小于 1 A 时,随着电流的增加迅速增加,在电流大于 1 A 时,随着电流的增加速度变缓,而磁流变液的法向力主要受外磁场的影响,因此输出的阻尼力出现图 4.13 中所示的现象. 当电流从 0 A 增加到 2 A 时,阻尼器输出的阻尼力从 200 N 增加到接近 5 kN,阻尼力的可调节范围很大.

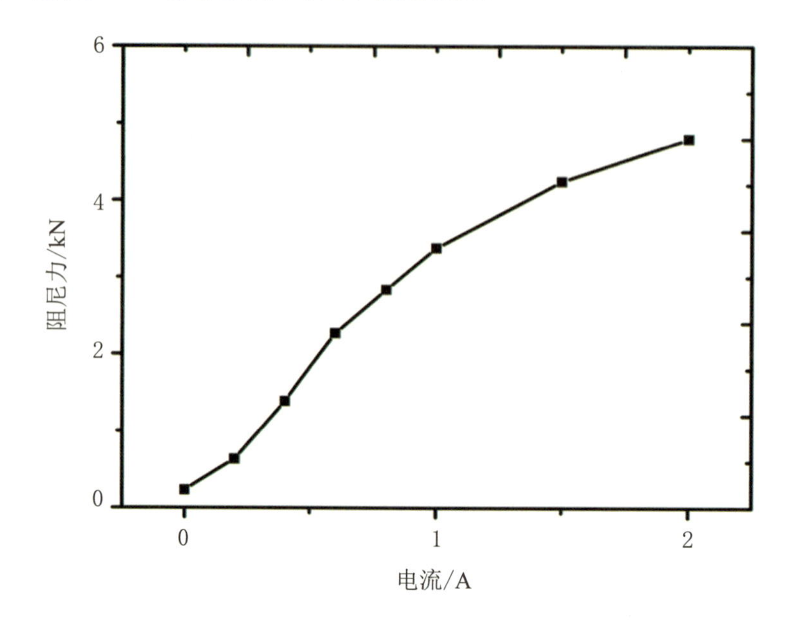

图 4.13　不同电流条件下阻尼器的最大输出阻尼力

我们还得到了当激励振幅为 1.2 mm、电流为 2.0 A 时,不同激励频率条件下的阻尼力–位移曲线,如图 4.14 所示,可以看出,随着振动频率的增加,阻尼器输出的阻尼力几乎不变化,这是因为磁流变液的法向力受挤压速率的影响不像剪切应力那么明显,当挤压速率增加时,磁流变液法向力几乎不变,因此外界激励频率的增加对阻尼力几乎没有影响,这也说明我们的阻尼器可以针对不同外界激励频率做出相同的反应,因此在我们的阻尼器工作时,不用考虑减振对象的振动频率,这在振动频率未知的情况下的减振方面具有很大的应用前景.

我们研究了振动频率为 1.0 Hz、电流为 2.0 A 时,不同激励振幅条件下的阻尼力–位移曲线,如图 4.15 所示,可以看出,随着振幅的增加,最大阻尼力和曲线围成的面积显著增加,这是因为当振幅增大时,活塞磁流变液被挤压得更加严重,而磁流变液的法向力随着挤压应变的增加呈指数上升,因此随着外界激励振幅的增加,阻尼器输出的阻尼力迅速上升.

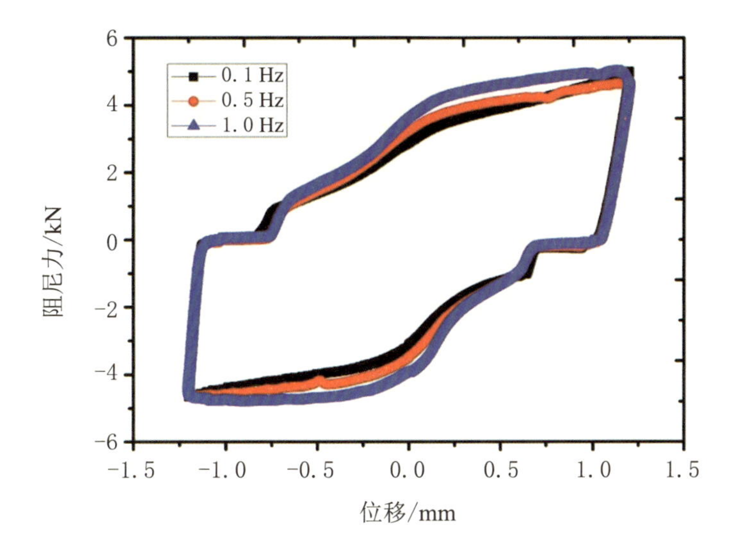

图 4.14　不同激励频率条件下阻尼力–位移曲线

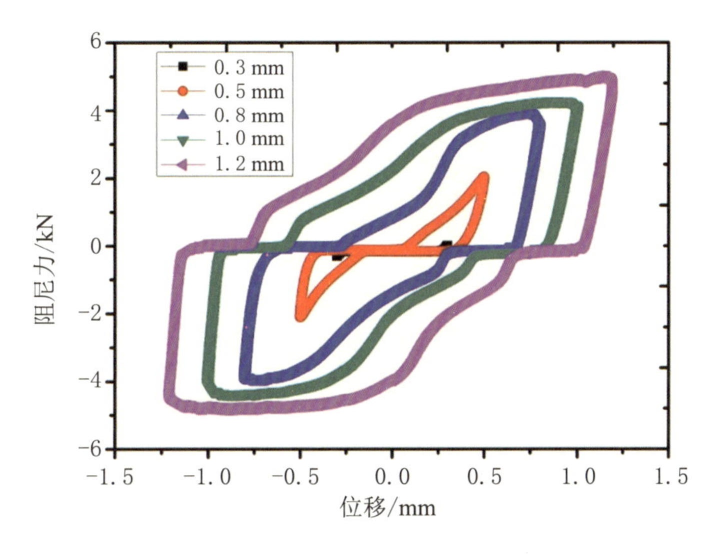

图 4.15　不同激励振幅条件下阻尼力–位移曲线

对磁流变液的阻尼力进行定性分析，通过测试结果可以看到不同条件下的阻尼力–位移曲线很复杂，但是曲线是中心对称的，因此可以只取曲线的上半部分进行研究，如图4.16中的实验曲线所示．当挤压板从一端移动到另一端时，阻尼力变化很复杂，为了便于分析，我们将曲线分为四部分，如图4.16所示．第一部分：阻尼力是负值，并且随着位移增加而迅速减小，这部分迅速地结束，很快进入第二部分；第二部分：阻尼力很小，并且基本不变，随着活塞的运动，逐渐地进入第三部分；第三部分：阻尼力随着位移的增加而迅速增加，然后渐渐趋于平缓，进入第四部分；第四部分：阻尼力缓慢地增加，几乎不变．

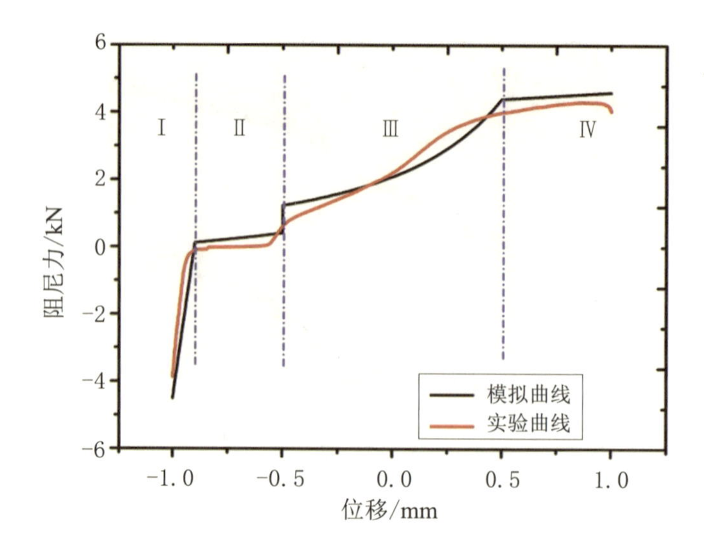

图 4.16 阻尼力–位移曲线

这里初步分析上述四部分出现的原因. 当挤压板在阻尼器中运动时,磁流变液被连续地挤压和拉伸. 当磁流变液从一端被挤压到另外一端时,由于磁流变液被挤压得很严重,发生密封效应,被压紧的磁流变液会比较硬,就像被压缩的弹性体一样,内部储存有弹性能. 当挤压板刚要改变运动方向时,弹性能释放,将活塞推开,这时磁流变液提供的将是一个推力而不是阻力,因此阻尼力在这个区域将会出现负值,这就是第一部分出现的原因. 因为磁流变液的密封效应,铁粉更多地分布在阻尼器的两端,随着阻尼器中活塞不停地运动,颗粒逐渐在两端聚集,在阻尼器的中部,铁粉体积分数很小,当活塞运动到这部分时,基本上只有基体的黏滞阻力在提供阻尼力,因此第二部分出现了. 随着挤压板继续向着另外一端运动,密封效应逐渐开始出现,磁流变液内部的羰基铁粉的体积分数逐渐增加,铁粉沿着磁场方向形成了颗粒簇,并具有了很大的屈服应力,因此阻尼力在这个阶段迅速地增加,这就是第三部分出现的原因. 随着挤压板继续运动,密封效应达到极限,磁流变液内部羰基铁粉的体积分数几乎不再增加,因此阻尼力的增加速度逐渐变缓,这就是第四部分.

根据上面的分析,磁流变液挤压式阻尼器输出的阻尼力可以用下式来描述:

$$F_{\mathrm{n}}=\begin{cases}K_1 s+F_1, & s\in[-0.1,-0.9]\\ \dfrac{3\pi\eta\dot{s}}{2(1.5-s)^3}R_1^4+\tau_s\pi\left(R_1^2-R_2^2\right), & s\in(-0.9,-0.5]\\ \dfrac{4\pi\tau_1 R_1^3}{3\,(1.5-s)}+\dfrac{3\pi\eta\dot{s}R_1^4}{2(1.5-s)^3}, & s\in(-0.5,0.5]\\ K_2 s+F_2, & s\in(0.5,1.0]\end{cases} \tag{4.2}$$

其中 s 是挤压板的位移, K_1 和 F_1 是端部被挤压的磁流变液弹开时的弹性系数和最大弹性力，η 是载液的黏度，$\dot{s}$ 是挤压板移动的速度，τ_1 和 τ_2 分别是磁流变液的拉伸和剪切屈服应力，R_1 和 R_2 分别是活塞管和活塞挤压板的半径，K_2 和 F_2 分别是端部磁流变液被挤压时的弹性系数和最大弹性力．通过将式 (4.2) 与试验结果对比，得到如下各个参数，并列在表 4.2 中．

表 4.2　拟合参数

K_1 /(kN/mm)	F_1 /kN	η /(Pa·s)	τ_s /kPa	τ_1 /kPa	R_1 /mm	R_2 /mm	K_2 /(kN/mm)	F_2 /kN
46	41.5	50	33	10	47.5	8	0.4	4.2

模拟结果如图 4.16 所示，可以看出，模拟结果和试验结果吻合得很好．在区域Ⅰ，由于磁流变液的弹性，阻尼力随着位移线性地变化；在区域Ⅱ，磁流变液浓度很低，磁流变效应很弱，阻尼力主要由黏性力提供，导致阻尼力也很小；在区域Ⅲ，由于密封效应，铁粉体积分数越来越大，导致磁流变效应越来越强，输出的阻尼力随着活塞的运动也迅速地增大；在区域Ⅳ，铁粉体积分数达到极限，很难再继续增大，因此，在这个区域阻尼力增加缓慢．

4.1.3　挤压-阀混合式磁流变液阻尼器

从上一小节中的分析可以看出，纯挤压式阻尼器虽然输出的阻尼力比较大，但是缺点比较明显，就是当活塞运动到阻尼器中间位置附近时，阻尼力很小，阻尼器出现失效的现象．我们对纯挤压式阻尼器进行了改进，设计了一种磁流变液挤压-阀混合式阻尼器．这种阻尼器由挤压和剪切两部分组成，挤压部分可以提供很大的阻尼力，剪切的作用不仅可以提供阻尼力，还可以促进磁流变液在阻尼器内部的流动，降低磁流变液密封效应的程度．用万能试验机对其动态力学性能进行测试，发现其输出的最大阻尼力将近为 6.5 kN，这比相近尺寸的传统阻尼器输出的阻尼力大很多．我们还用前馈式神经网络结构对阻尼力进行了预测，预测结果和试验结果吻合得很好，这也为这种混合式阻尼器的半主动控制提供了依据．这种混合式阻尼器在桥梁和建筑的减震中具有潜在应用，例如高层建筑的风振控制．[67]

我们设计的磁流变液挤压-阀混合式阻尼器的原理图如图 4.17 所示，可以看出，混合式阻尼器主要由外壳、线圈、铝制挡板、上下盖板、活塞组成．与纯挤压式阻尼器不同的地方在于,混合式阻尼器的活塞内部有一个通道,当磁流变液受到挤压时,从活塞内部的通道通过,而不是从活塞四周绕过. 通过控制线圈中的电流,可以调节阻尼器中的磁场大小. 当活塞向下运动时,C 区域的磁流变液受到挤压,B 区域的受到剪切,而 A 区域的受到拉伸;当活塞向上运动时,情况正好相反. 因此,当活塞运动时,阻尼器输出的阻尼力由挤压、剪切和拉伸三部分构成.

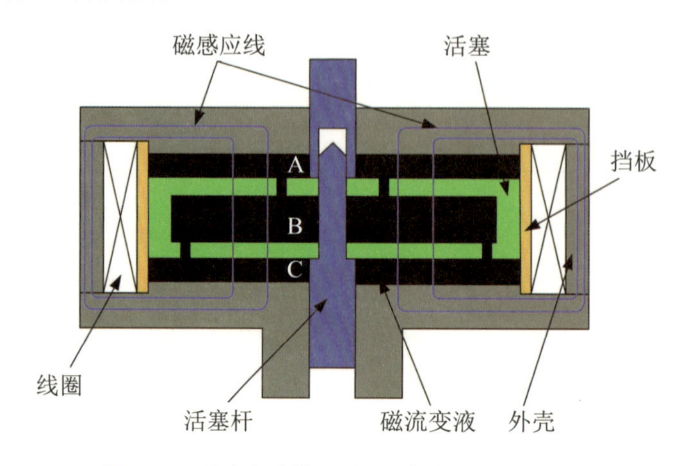

图 4.17　磁流变液挤压–阀混合式阻尼器原理图

为了确定当活塞运动时磁流变液在阻尼器内部的运动情况,我们用多块蚀刻法对阻尼器内部的液体流动进行了数值模拟. 由于阻尼器是轴对称的,因此我们只需要模拟阻尼器四分之一的平面流动情况就可以了. 模拟结果如图 4.18 所示,可以看出,在活塞内部增加磁流变液流动通道之后,混合式阻尼器内部磁流变液的流动很明显,基本上无死角. 这也印证了我们设计思路的正确性,在活塞中加入流动通道可以很好地促进磁流变液的流动,进而阻止磁流变液的沉降问题的发生.

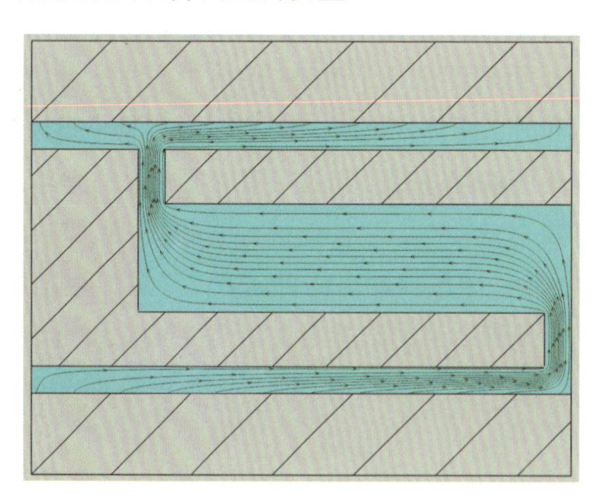

图 4.18　磁流变液挤压–阀混合式阻尼器内部流动模拟结果

根据上述的混合式阻尼器的原理图，我们设计了混合式阻尼器，如图 4.19(a) 所示. 在设计模型图的过程中，还确定了阻尼器的尺寸和每个部件的材料. 为了尽可能增加阻尼器中的磁感应强度，混合式阻尼器的外壳、上下盖板和活塞都选用相对磁导率很大的电工纯铁制作. 而挡板却是用铝材料制成的，铝的相对磁导率很低，以使阻尼器内部的磁场尽可能大地作用在磁流变液的工作区域. 通过对阻尼器材料、尺寸和结构的优化，我们加工了这种混合式阻尼器，装配图和零件图如图 4.19(b) 和 (c) 所示.

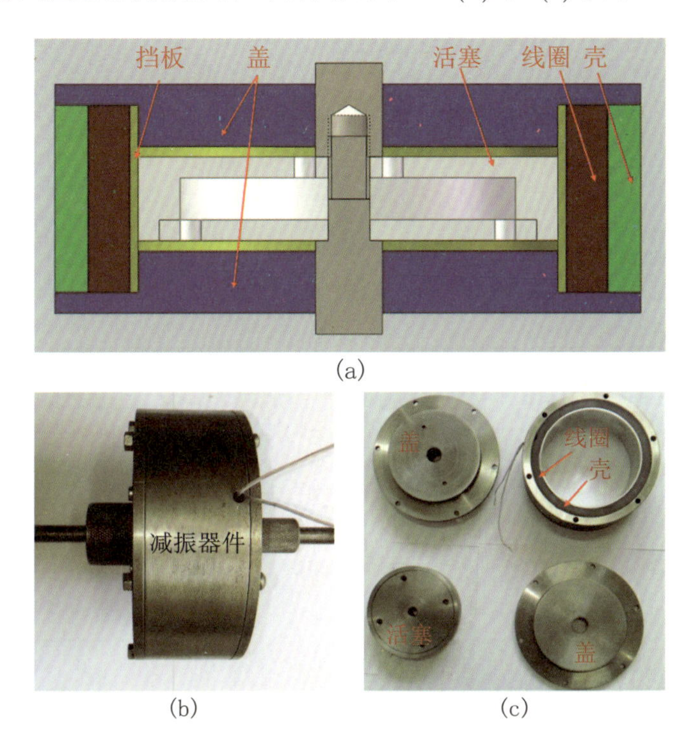

(a)

(b)　　(c)

图 4.19　混合式阻尼器的模型图、装配图和零件图

由于阻尼器内部的磁流变液工作时主要受外磁场的调控，因此我们还研究了阻尼器线圈产生的磁场的分布. 混合式阻尼器与之前所述的纯挤压式阻尼器的材料一样，所用的磁流变液也一样，其磁化曲线如图 4.20 所示. 阻尼器内部的磁场用商业软件 COMSOL 进行了模拟，首先将混合式阻尼器的模型导入软件，然后对混合式阻尼器各个部分的磁导率进行定义，并划分网格，利用安培定律来计算混合式阻尼器内部的磁场分布情况. 图 4.20 展示了电流分别为 0.5，1.0，1.5，2.0 A 时，混合式阻尼器内部的磁场分布情况. 图 4.20(a) 是当电流为 2.0 A 时，混合式阻尼器纵截面的磁场分布云图，4.20(b) 是混合式阻尼器横截面的磁场分布云图，电流为其他值时的分布情况类似，只是大小不一样，因此在这里为了篇幅简洁就不再赘述. 从图 4.20(a) 和 (b) 可以看出，磁场在混合

式阻尼器中磁流变液的工作区域分布很均匀,与预期比较一致.

此外,我们还用特斯拉计直接测量了当线圈中电流为 2.0 A 时,混合式阻尼器上下间隙的磁感应强度,并与模拟结果进行了对比,如图 4.20(c) 和 (d) 所示. 可以看出模拟结果与直接测量得到的结果很接近,并且在磁流变液的工作区域,磁感应强度比较均匀,当电流为 2.0 A 时,大约为 120 mT.

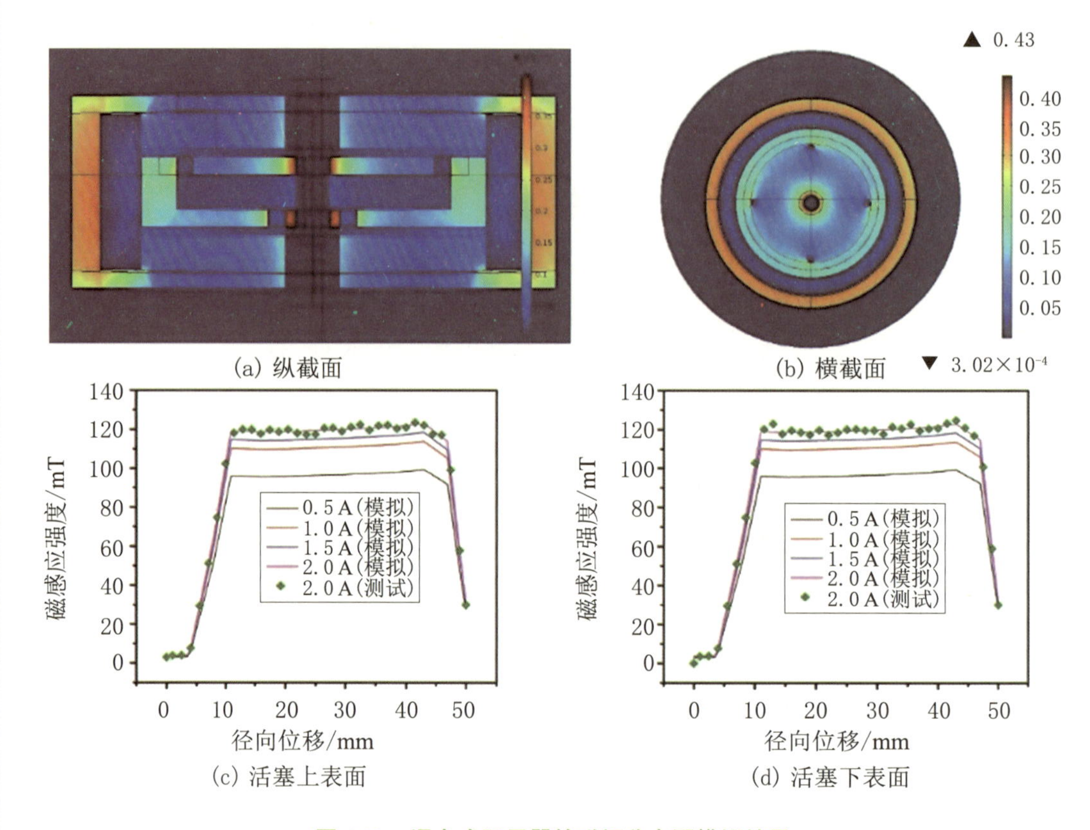

图 4.20　混合式阻尼器的磁场分布图模拟结果

磁流变液混合式阻尼器的力学性能直接用万能试验机测试获得,测试装置如图 4.21 所示. 测试之前,我们先将磁流变液小心地灌入阻尼器,并将阻尼器放在真空环境中 10 min,排出磁流变液中的气泡;然后我们测试了磁流变液混合式阻尼器在不同激励振幅、不同激励频率、不同外界电流条件下的力学性能. 万能试验机施加在磁流变液混合式阻尼器上的是一个正弦的激励信号,$s = A\sin(2\pi ft)$,这里 s 是位移,A 是激励幅值,f 是激励频率,t 是时间.

我们通过测试得到了磁流变液混合式阻尼器在不同条件下输出阻尼力与位移的关系,如图 4.22 所示,可以看出混合式阻尼器输出的阻尼力随着位移的增加而增加,并且增加得越来越快,这是因为磁流变液的法向力对挤压应变很敏感,随着挤压的进行,磁流变液法向力增加得越来越快. 从图 4.22(a) 可以看出,不同激励幅值条件下的阻尼器力–位移关系曲线很相似,这说明我们设计的阻尼器的稳定性非常好,便于控制. 随着激励幅值的增加,曲线围成的面积也越来越大,这预示着阻尼器可以消耗更多的外界振动的能量. 当活塞快要运动到端部时,阻尼器输出的阻尼力最大,这是因为当活塞运动到端部的时候挤压应变最大,这个时候磁流变液法向力对输出的阻尼力起主导作用. 因为挤压应变率对磁流变液的法向力几乎没有影响,因此当激励频率增加时,阻尼器输出的阻尼力基本不变,如图 4.22(b) 所示.

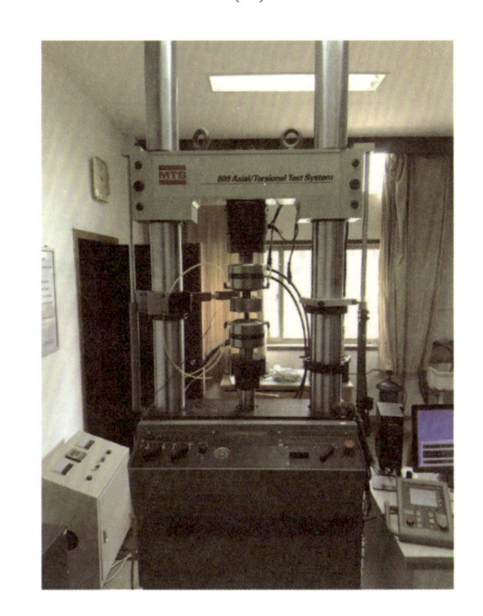

图 4.21　混合式阻尼器测试装置

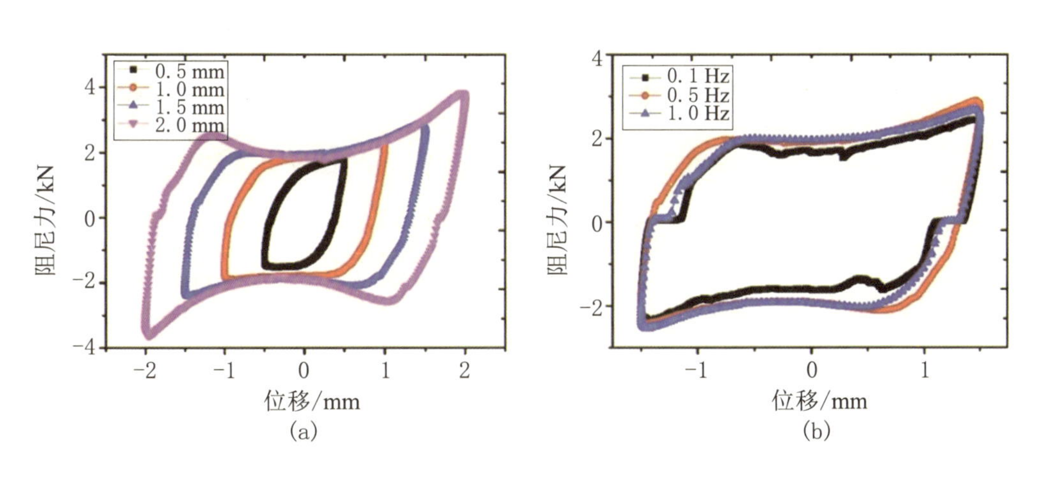

图 4.22　不同激励幅值和不同激励频率条件下阻尼力与位移的关系

此外,我们还研究了激励振幅对混合式阻尼器输出的阻尼力的影响,如图 4.23 所示,可以清晰地看出,阻尼器输出的阻尼力随着电流的增长迅速地增加,电流超过 1 A 之后,增加速度开始变慢,这是因为磁流变液内部的磁性颗粒已磁化饱和. 在磁化饱和之前,磁性颗粒之间的作用力随着外磁场的增加迅速地增加,因此磁流变液的法向力和剪切应力都迅速地增加,但是在磁化饱和后,磁性颗粒之间作用力的增加速度变慢,磁流变液的法向力和剪切应力的增加速度也随之变慢. 当激励幅值增加时,阻尼器输出的阻尼力也增加,并且曲线越来越饱满. 当激励振幅很小时,阻尼力–位移曲线未呈现闭合环状,这是由于经过一段时间的工作,混合式阻尼器内部的磁流变液开始产生密封效应,导致阻尼器中间部分的磁流变液浓度很低. 随着激励幅值的增加,阻尼器内部磁流变液的流动越来越剧烈,密封效应减弱,因此阻尼器的阻尼力–位移曲线重新变得饱满起来.

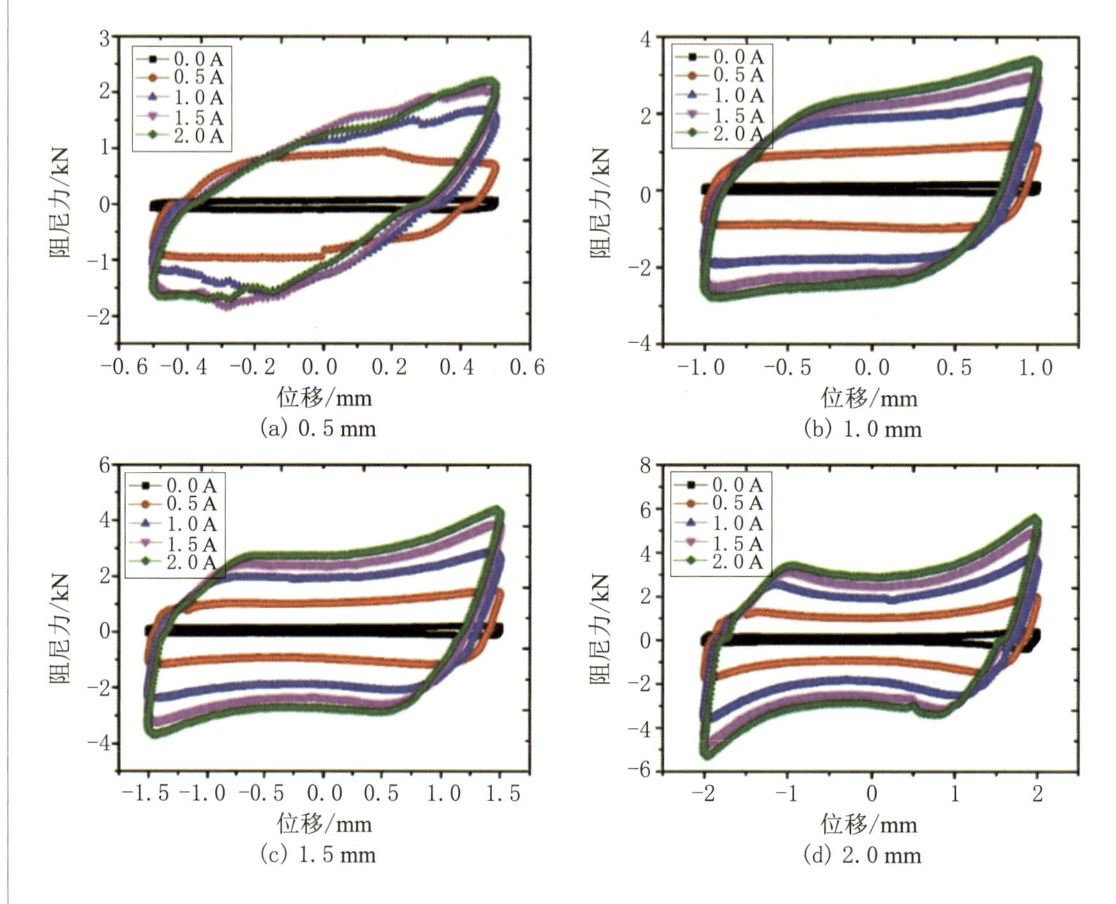

图 4.23 不同激励幅值条件下阻尼力与位移的关系图

激励频率为 0.5 Hz.

为了更加全面地了解混合式阻尼器的力学性能,下面还分析了活塞运动速度对阻尼力的影响. 我们通过对活塞的位移进行微分,得到了活塞的运动速度. 不同激励幅值和激励振幅对阻尼力–速度曲线的影响如图 4.24 所示. 由图 4.24(a)~(c) 可以看出,不同激励振幅条件下的阻尼力–速度曲线很相似，随着激励幅值的增加，混合式阻尼器输出的最大阻尼力增加，并且滞回曲线的宽度增加. 与传统阻尼器不同的是，混合式阻尼器的最大阻尼力出现在速度为零处，而不是速度最大处，这是因为混合式阻尼器的阻尼力主要由挤压法向力提供. 图 4.24(d) 给出了不同激励频率条件下的阻尼力–速度曲线，可以看出滞回曲线的宽度随着频率的增加迅速地增加，但是最大阻尼力基本不变. 这是因为磁流变液的挤压应力几乎不受挤压速率的影响；另外，滞环宽度的增加也预示着混合式阻尼器的可控制性下降，也就是说，频率越大，半主动控制难度也会越大. 外界输入电流对阻尼力–速度曲线的影响如图 4.25 所示，随着电流的增加，阻尼器输出的阻尼力增加，但是滞环的宽度也有所增加. 由上述的分析可以看出，混合式阻尼器输出的阻尼力随着激励幅值和外界输入电流的增加而增加，但同时滞环的宽度也增加. 因此我们在混合式阻尼器半主动控制的应用中，需要在最大输出阻尼力和可控制性之间做出平衡.

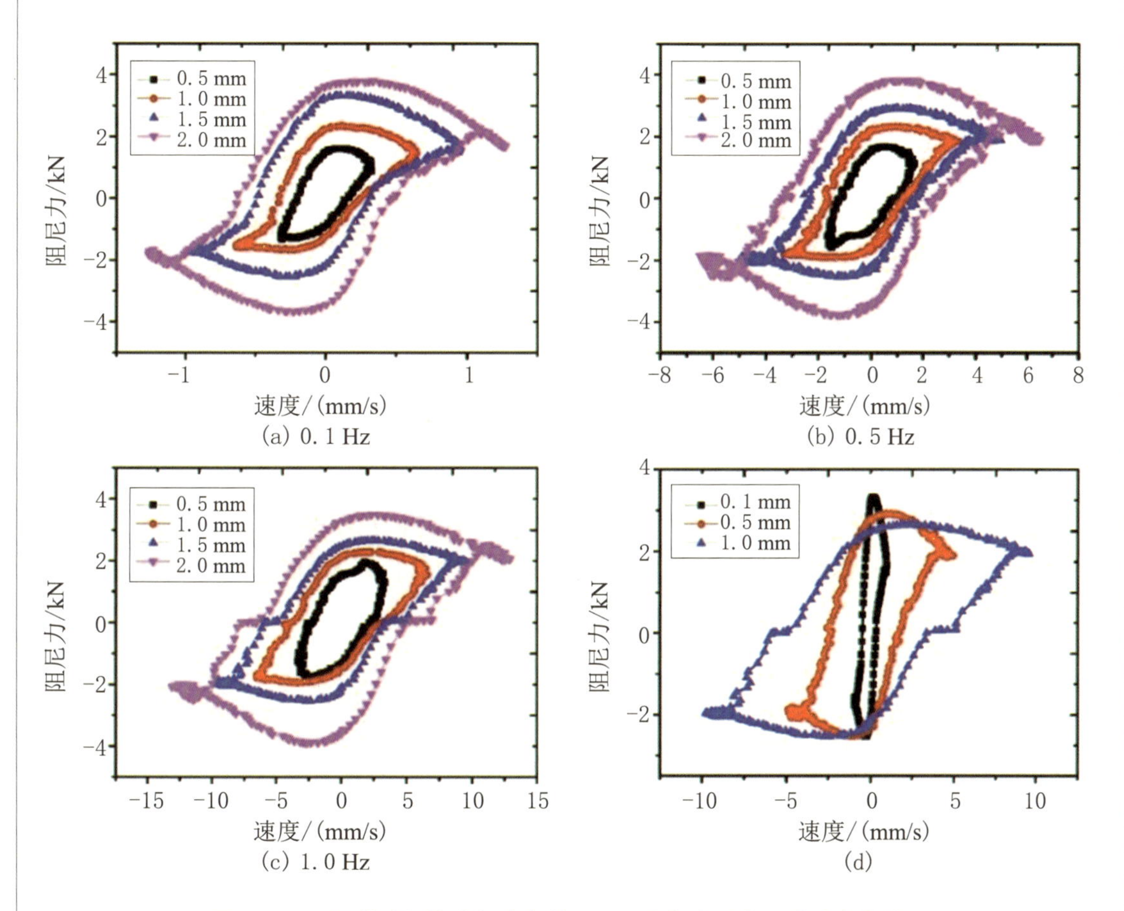

图 4.24　不同激励幅值或频率条件下阻尼力与或活塞运动速度的关系

电流为 1 A.

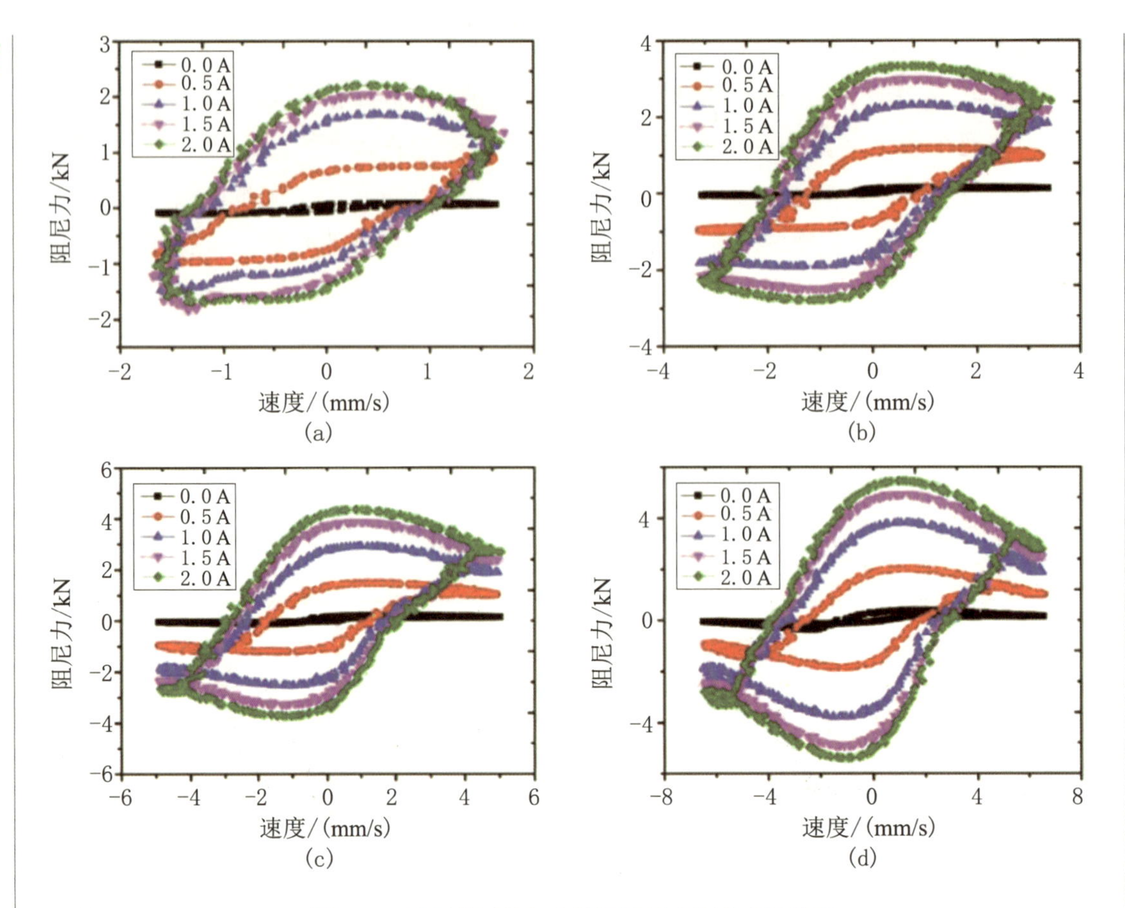

图 4.25　不同外界输入电流下阻尼力与速度的关系

根据测试条件可知，当活塞在阻尼器中部运动时，剪切速率比较大，同时活塞和上下盖板之间的距离也比较大，当活塞运动在阻尼器的两端时，剪切速率较小，活塞和盖板之间的距离也较小．因此，当活塞在阻尼器中部运动时，剪切效应很明显，磁流变液的挤压和拉伸效应很微弱；当活塞运动在阻尼器端部时，剪切效应很微弱，但是挤压效应很强．活塞的运动可以分为两个阶段：活塞从平衡位置运动到端部；活塞从端部运动到活塞的平衡位置．在第一阶段的初始阶段，剪切速率和间距都很大，随着第一阶段的进展，剪切速率和间距逐渐减小，因此在初始阶段剪切应力对阻尼力起着主导作用，但是随着活塞的运动，磁流变液挤压应力越来越大，渐渐地这种主导地位被挤压应力取代，并且这时的拉伸应力可以忽略不计．当活塞运动到端部时，挤压作用达到最大值，阻尼力也达到峰值．然后活塞开始返回到平衡位置，这时进入了第二阶段．当活塞刚刚离开端部时，磁流变液的拉伸应力很大，不能忽略，但是此时挤压间隙很大，因此挤压应力很小，阻尼器主要由拉伸应力主导．随着活塞的运动，拉伸应力迅速地下降，因此阻尼力在活塞刚开始返回时，阻尼力随着活塞的运动下降．随着活塞继续运动，挤压应力和剪切应力开始逐渐增加，这时阻尼力下降的速度开始降低，当活塞通过平衡位置之后继续向另外一端运动时，另外一个第一阶段就开始了. 随着活塞不断运动，第一阶段和第二阶段交替出现，因此阻尼力才会出现上述测试的现象.

本小节所研究的阻尼器有许多优点，例如主要工作模式是挤压模式，因此输出的阻尼力很大，活塞内部的通道可以有效地阻止阻尼器内部磁流变液的沉降问题. 例如 Yazid 等人研究了一种剪切–挤压混合式阻尼器，但是其主要的工作模式是剪切，因此该阻尼器的最大输出阻尼力大约为 200 N，远远小于我们的 6.5 kN. Brigley 等人研究了一种混合式减振器，对多自由度的振动都有很好的抑制效果，但是其输出的阻尼力太小了，大约只有 100 N. Choi 课题组制作了一种可以输出很大阻尼力的混合式阻尼器 (其最大输出阻尼力可达 12 kN)[14]，但是其只能在振幅足够大时才能发挥一小部分的作用，也就是说，一个周期的耗能其实是很小的，减振效果一般；此外，他们还设计了一种结构非常复杂的阻尼器，输出的最大阻尼力将近为 12 kN，但是这种阻尼器结构非常复杂，出现问题后很难维修，而且必须在特定的振动方式下才能发挥其作用. 相对于其他阻尼器而言，我们的阻尼器不仅能够输出很大的阻尼力，而且结构很简单，便于维修和更换零件，活塞中的通道不仅能够提供阻尼力，最大的作用是可以促进阻尼器内部磁流变液的流动，进而阻止磁流变液的沉降.

为了进一步了解阻尼器的耗能性能，通过计算得到了阻尼器的等效阻尼，计算公式如下：

$$c_{\text{eff}} = \frac{E_{\text{loop}}}{\pi\omega A^2} \tag{4.3}$$

式中 E_{loop} 是阻尼器一个循环内的耗能，A 是激励振幅，ω 是激励的角频率. 通过式 (4.3) 我们得到了不同测试条件下的等效阻尼. 图 4.26 展示了外界激励电流对等效阻尼的影响，可看出当电流小于 1 A 时，等效阻尼随着电流的增加直线上升，之后随着电流的上升，增加速度开始减慢. 这是因为当电流小于 1 A 时，阻尼器中的磁性颗粒没有磁化饱和，因此随着电流的上升，阻尼力和等效阻尼都迅速地上升，当电流大于 1 A 时，阻尼器内部的磁性颗粒磁化饱和，在这之后，随着电流的上升，阻尼力和等效阻尼的上升速度都会变慢. 在不同条件下，等效阻尼随着频率的增加而变化的曲线如图 4.27 所示，可以看出阻尼器的等效阻尼随着频率的增加而迅速地降低，这是因为阻尼器输出的阻尼力基本不受频率的影响，因此当频率增加时，阻尼器的能量消耗基本不变，但是外界输出的能量却增加了，所以导致等效阻尼下降. 图 4.28 给出了不同条件下等效阻尼与激励幅值的关系，可以看出，随着激励幅值的增加，等效阻尼略微有所下降，尤其当频率比较大时. 阻尼器输出的阻尼力随着激励幅值的增加而增加，同时外界输入的能量也随之增加，导致等效阻尼下降.

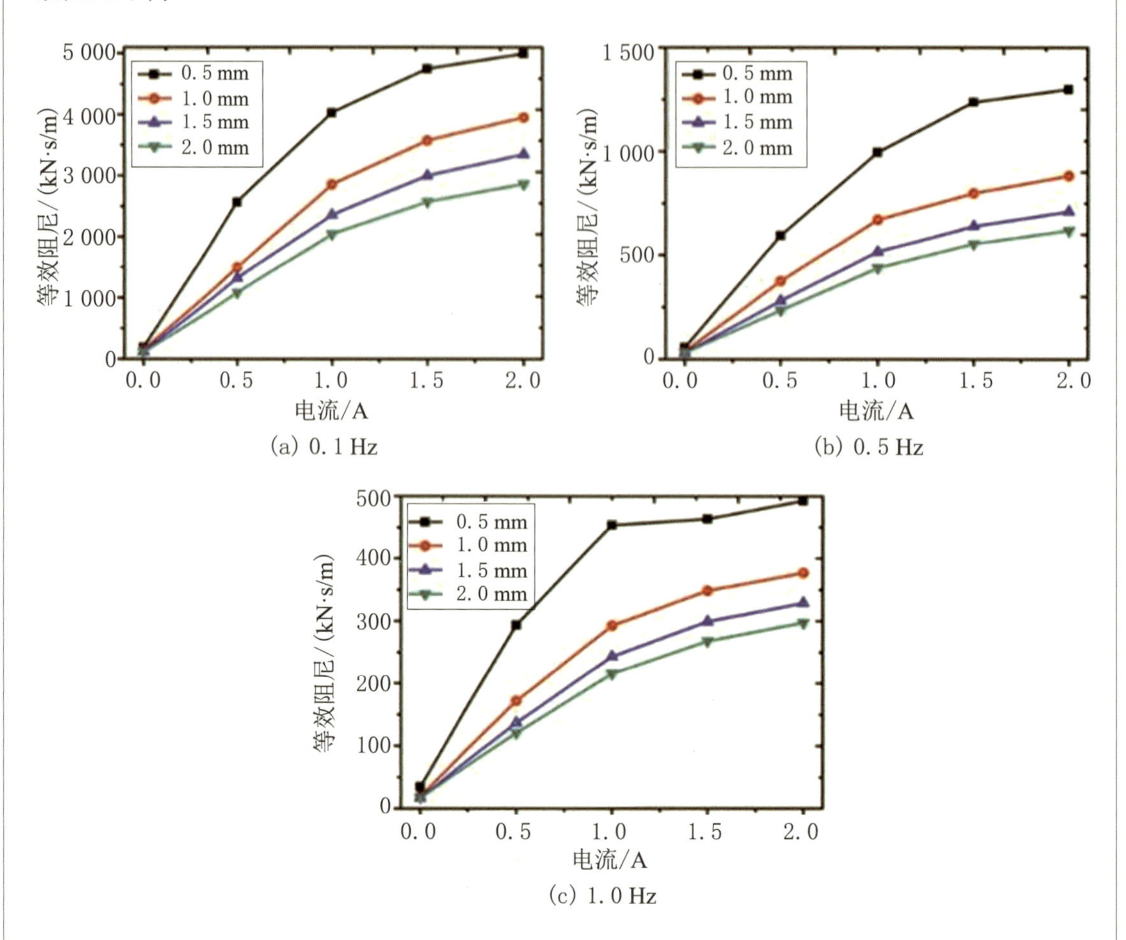

图 4.26 不同激励频率和激励幅值条件下阻尼器的等效阻尼与外界输入电流的关系

通过以上的分析可以看出,阻尼器的等效阻尼随着电流的增加而增加,并且随着激励幅值和激励频率的增加而下降,并且等效阻尼可以在一个很大的范围内变化,例如,当激励频率为 0.5 Hz、激励幅值为 2.0 mm 时,若电流从 0 A 增加到 2 A,则等效阻尼增加 19.7 倍,这说明在外界输入电流的控制下,我们的阻尼器可以在一个很大的范围内得到有效的控制. 阻尼器的等效阻尼在低频率和小振幅的情况下很大,说明我们的阻尼器很适合用于低频、小振幅情况下的振动控制.

为了研究混合式阻尼器半主动控制的性能,我们用 BP(Back Propagation) 神经网络对阻尼器输出的阻尼力进行分析. 之所以选择 BP 神经网络,是因为人工神经网络在处理非线性问题方面有着很大的优势,目前神经网络已经广泛地应用于阻尼器力学模型的建模. 对于我们的阻尼器,输出的阻尼力主要受位移、频率、电流的影响,因此我们将位移、频率和电流作为神经网络的输入函数,将阻尼力作为神经网络的输出量. BP 神经网络隐含层中的神经元设置为 10 个,Sigmoid 函数作为隐含层的激活函数,Purelin 作为输出层的函数,最小均方根误差算法用来训练我们建立的 BP 神经网络. 在训练之后,BP 神经网络用来预测不同条件下的阻尼力,预测结果与试验结果的对比如图 4.29 和图 4.30 所示. 对于每条曲线,预测结果和试验结果之间的误差总和都小于 300,并且当阻尼力较大时,预测结果也更为精确,预测结果与试验结果是非常接近的. 这说明我们的混合式阻尼器的阻尼力可以用 BP 神经网络来进行训练和预测,并且混合式阻尼器可以有效地用于半主动控制.

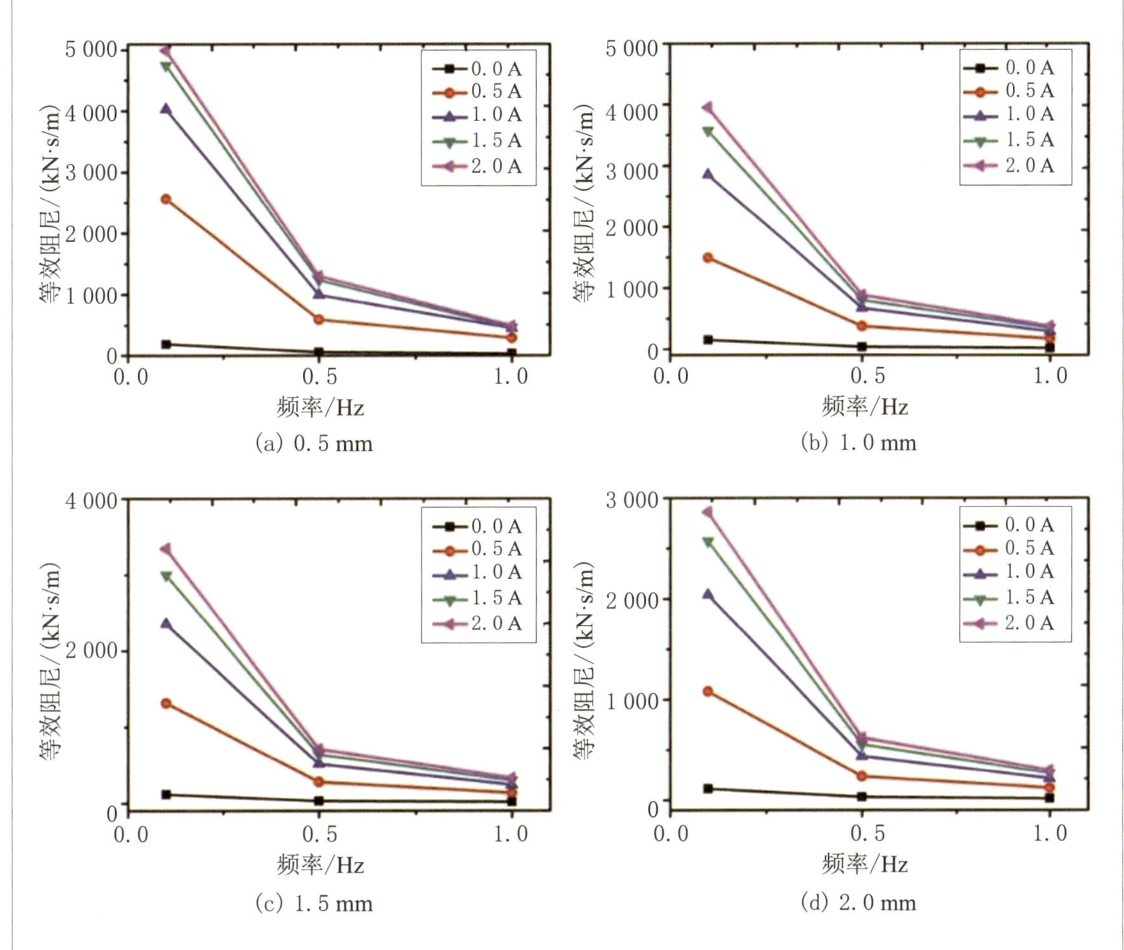

图 4.27　不同外界输入电流和激励幅值条件下等效阻尼与频率的关系

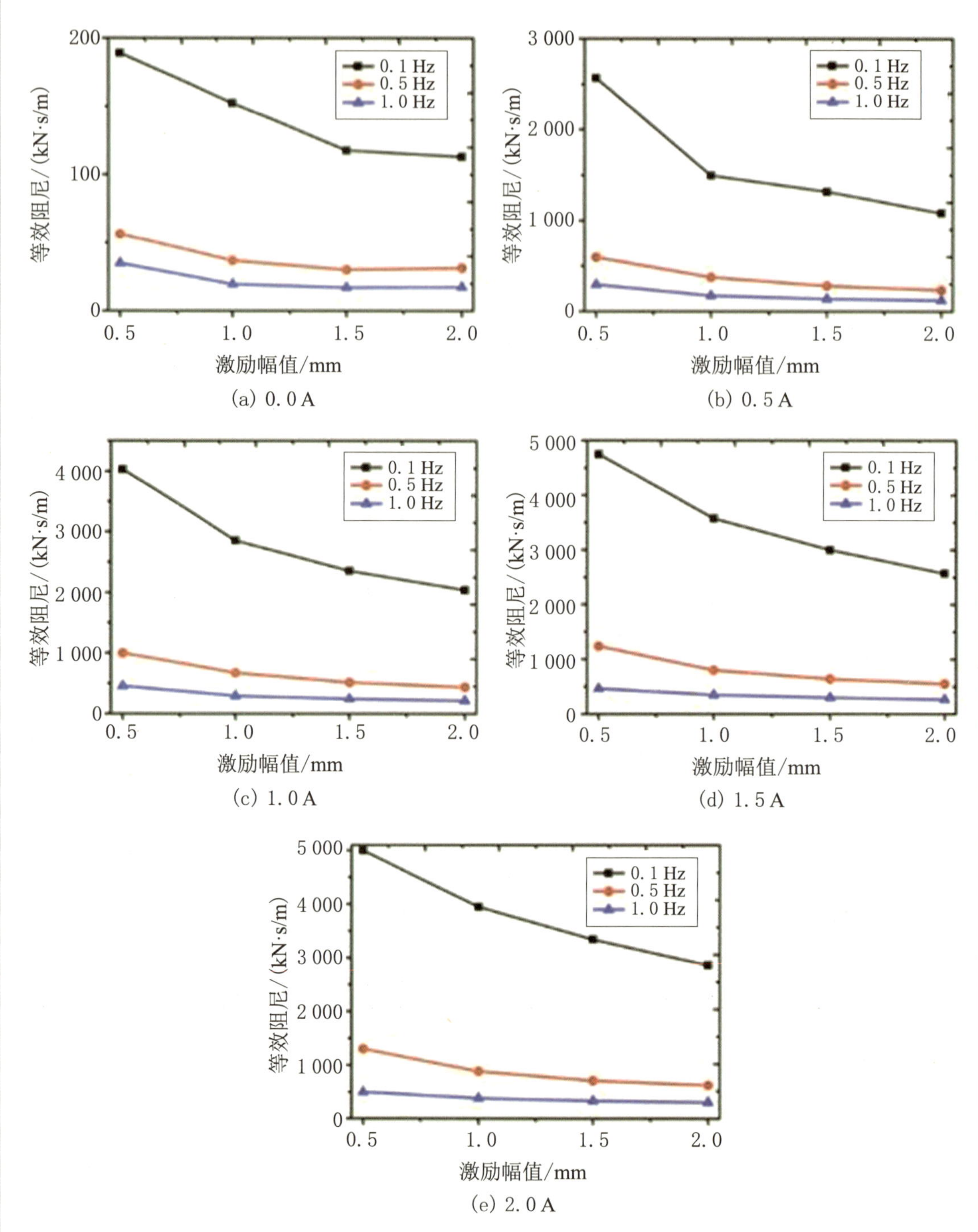

图 4.28　不同条件下等效阻尼与激励幅值的关系

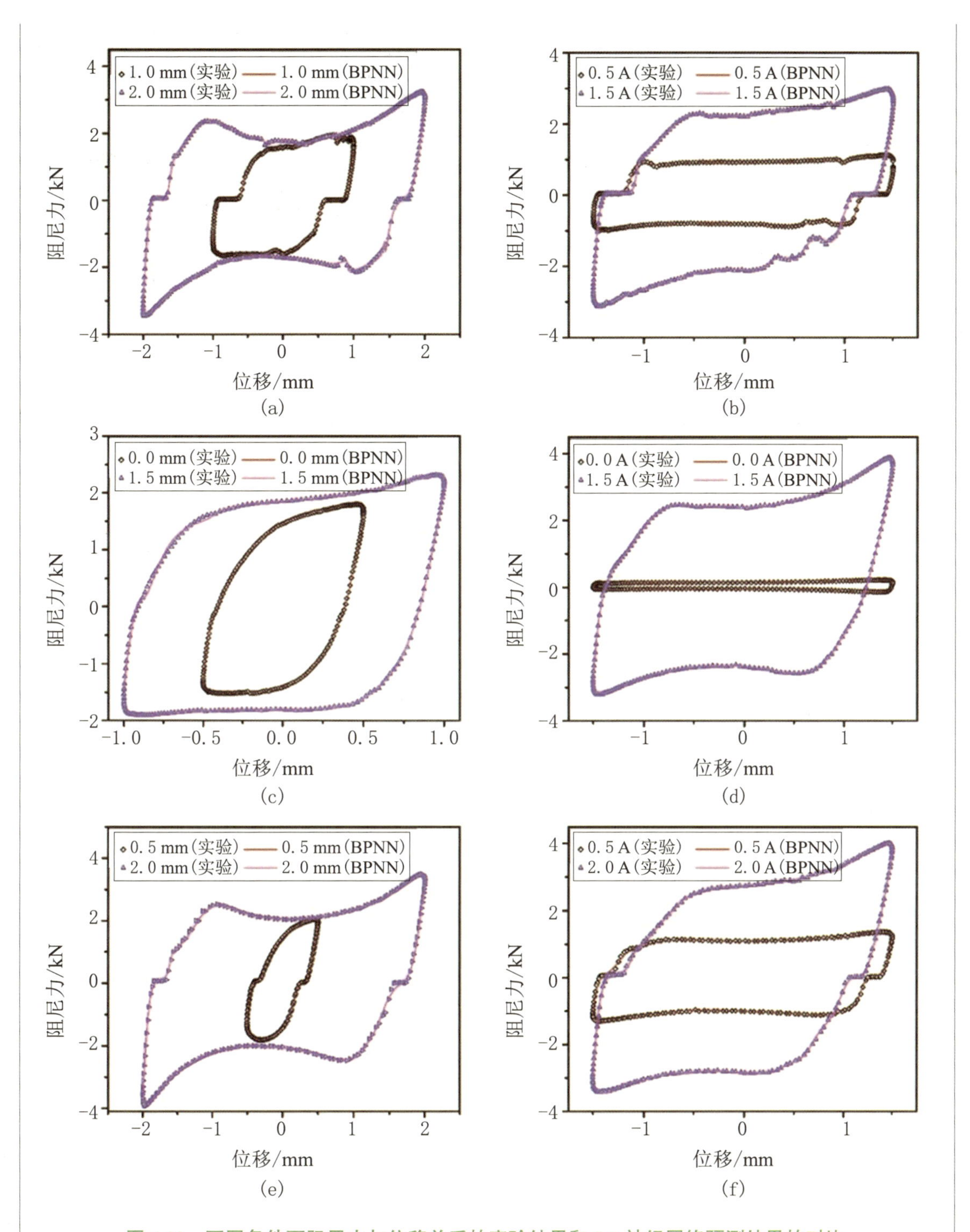

图 4.29　不同条件下阻尼力与位移关系的实验结果和 BP 神经网络预测结果的对比

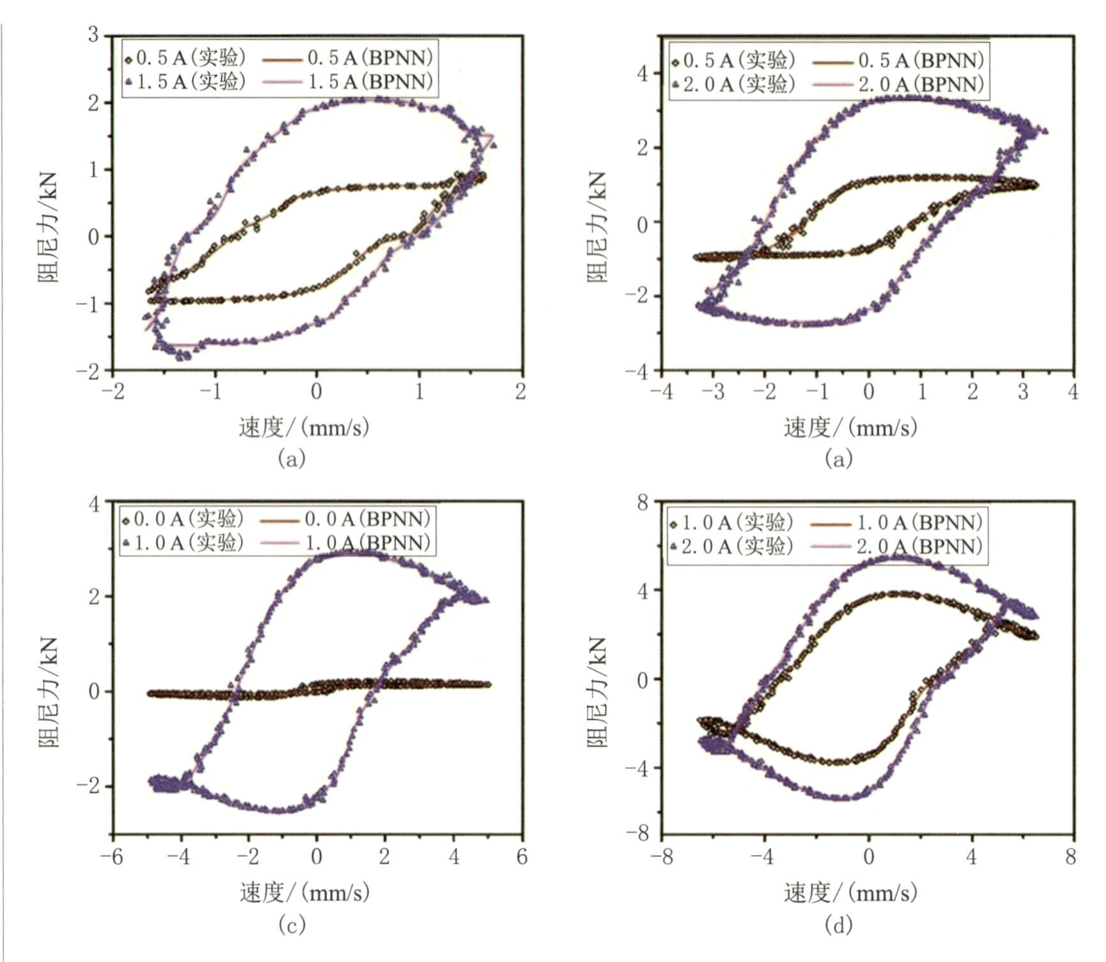

图 4.30　不同条件下阻尼力与速度关系的试验结果和 BP 神经网络预测结果的对比

通过对比两种磁流变液阻尼器不难发现，纯挤压式磁流变液阻尼器可以输出很大的阻尼力，调节范围也很大，但是存在一个致命的缺点，即阻尼器在工作过程中有一段时间磁流变液是失效的，在工程应用中我们要坚决避免这种情况的发生．经过分析发现，当纯挤压式阻尼器中的磁流变液在阻尼器工作时，流动不充分，随着阻尼器工作的进行，磁流变液不断地受到活塞的挤压，因此磁流变液中的颗粒逐渐地在阻尼器的两端聚集，导致阻尼器中间部分磁流变液浓度极低，当阻尼器活塞运动到阻尼器中部时，基本上只能靠基体的黏滞阻力来提供阻尼力，从而导致阻尼器出现失效的现象．为了解决上述问题，我们需要加强阻尼器内部磁流变液的流动，于是设计加工了混合式磁流变液阻尼器．与纯挤压式阻尼器相比，混合式阻尼器最大的特点是阻尼器活塞中间有一个通道，阻尼器中的磁流变液不再从活塞四周绕过，而是从活塞中间的通道流过，这可以极大地促进阻尼器两端的磁流变液的流动．测试结果表明，混合式阻尼器不仅能够输出更大的阻尼力，还可以有效地抑制阻尼器中磁流变液的沉降,进而避免阻尼器在工作过程中失效的发生.

4.2　磁流变液阀式减振器的半主动减振研究

为了更进一步验证磁流变液减振器的半主动减振控制效果,本节设计加工了磁流变液阀式减振器实验原理样机,建立了两自由度的实验平台和控制系统,对磁流变液减振器进行半主动控制进行评价.

图 4.31 为磁流变液减振器实验样机结构示意图. 该减振器的磁流变阀与上文的旁通式磁流变阀的结构类似, 与旁通式阀不同的是, 该磁流变液阀式减振器的磁流变阀安装在工作缸内部, 采用单筒结构形式, 在工作缸外部安装有充满氮气的补偿腔, 用来补偿运动过程中活塞杆体积的变化. 相比旁通式阀结构, 该结构更为简单, 适用于简单的实验研究. 电磁线圈的漆包线通过工作缸壁向外引出, 避免了在活塞杆上钻孔.

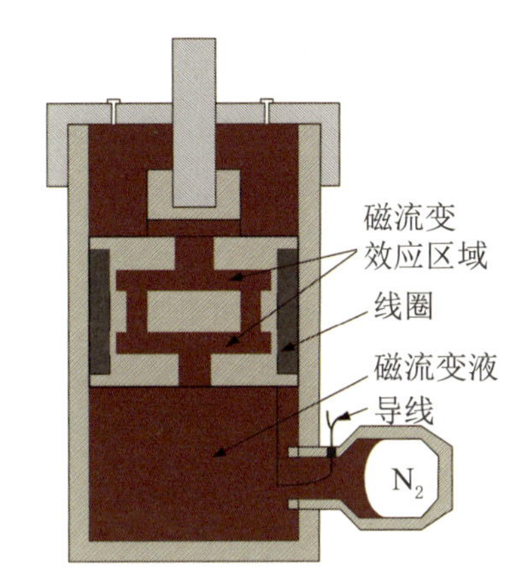

图 4.31　磁流变液减振器实验样机结构示意图

当活塞在充满磁流变液的工作腔内做往复运动时,磁流变液通过活塞内的流场通道在上工作腔和下工作腔中反复流动. 在压缩过程中,下工作腔中的磁流变液通过圆柱通道到达下平板,磁流变液在下平板空腔向四周流动,然后到达上下平板的连接通道,通过该通道进入上平板空腔,在上平板空腔内汇聚到中心点,然后通过活塞内的圆柱通道到达活塞杆上的四个放射状圆柱出口通道,从而进入上工作腔. 拉伸过程中的磁流变液流向与压缩过程相反. 电磁线圈产生磁力线并在活塞和工作缸壁之间形成闭合回路,在活塞内部的两个平板区域内,磁流变液的流向与磁力线方向垂直,产生磁流变效应,从而保证磁流变液减振器产生可控的阻尼力.

图 4.32 和图 4.33 为不同工况下磁流变液减振器样机在 MTS 上测试得到的阻尼力–位移和阻尼力–速度曲线. 测试电流从 0 A 增加到 2.5 A,每隔 0.5 A 测试出一组曲线. 实验样机内灌注的磁流变液的体积分数为 30%,硅油黏度为 10 cSt. 磁流变液减振器样

机表现出良好的磁流变效应，随着电流的增加，减振器输出阻尼力增大．在 $A=10\,\text{mm}$，$f=1$ Hz 的正弦激励下，减振器的阻尼力由 0 A 时的 20 N 增加到 2.5 A 时的 250 N．减振器的压缩阻尼力并不等于回复阻尼力，两者的最大值相差约 20 N．一方面是由于补偿腔的存在，在压缩过程中压缩补偿腔产生一定的弹性力，另一方面由于阻尼器结构设计的非对称性，在拉伸和压缩过程中，磁流变液的出口和进口结构不同使回复力和压缩力有所不同．补偿腔的存在也使实验曲线更加光滑．

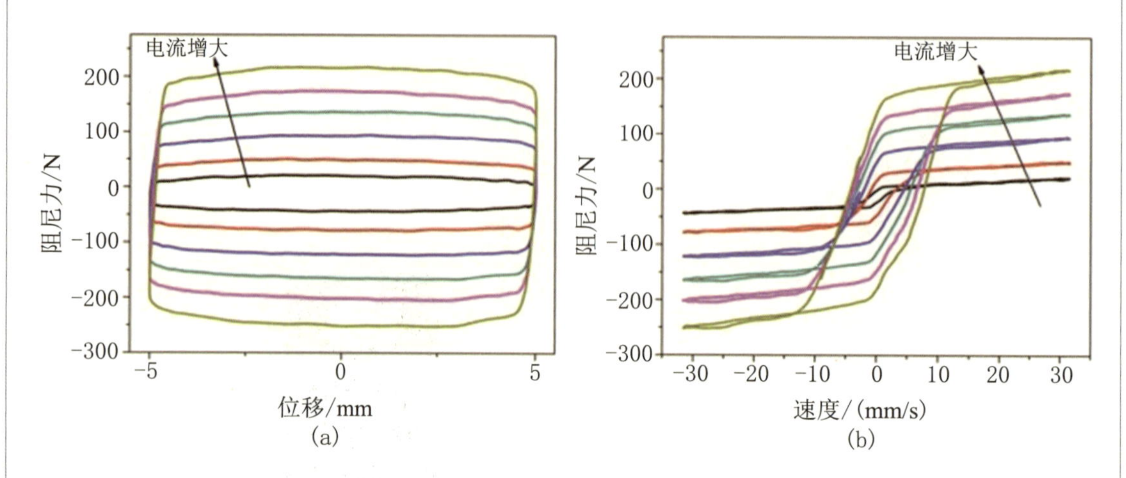

图 4.32　磁流变液减振器实验样机的阻尼力–位移曲线和阻尼力–速度曲线

$A=5$ mm, $f=1$ Hz.

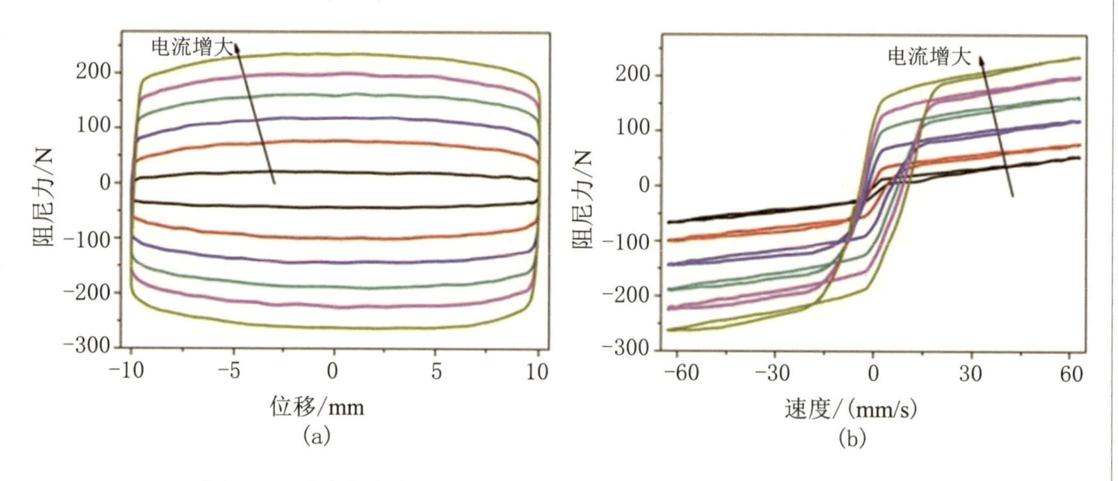

图 4.33　磁流变液减振器实验样机的阻尼力–位移和阻尼力–速度曲线

$A=10$ mm, $f=1$ Hz.

在 MTS 上对磁流变液减振器样机进行位移三角波激励，振幅为 10 mm，频率为 0.5 Hz，在测试过程中使电流在 0 A 和 1 A 之间转换，得到减振器样机的响应时间曲线，如图 4.34 所示．在图 4.34(a) 中，电流从 1 A 降到 0 A，减振器样机输出的阻尼力从 85 N 降到 10 N，经历的时间约为 12 ms；在图 4.34(b) 中，电流从 0 A 增到 1 A，减振器样机输出的阻尼力从 10 N 增加到 80 N，经历的时间约为 14 ms．磁流变液减振器系统的响应时间为十几毫秒，能够满足实时控制的要求．[68]

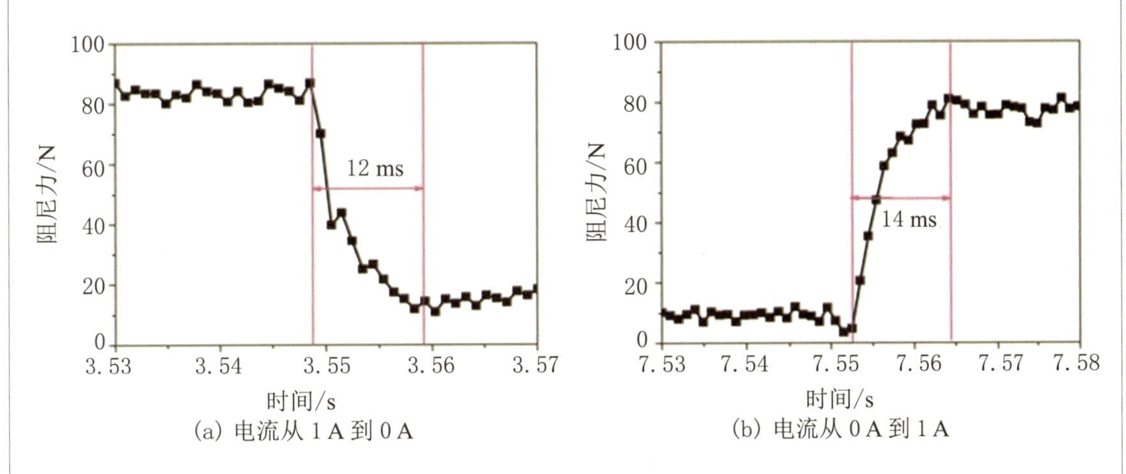

(a) 电流从 1 A 到 0 A　　(b) 电流从 0 A 到 1 A

图 4.34　磁流变液减振器样机的响应时间曲线

仿照一般的车辆悬架系统，建立了一个两自由度的弹簧质量系统实验平台，如图 4.35 所示，主要由导杆、可沿导杆上下滑动的质量块、磁流变液减振器、弹簧、激励系统和数据采集系统组成．四根导杆固定在底座上，通过它们连接上质量块和下质量块，使质量块只能上下运动．下质量块和底座、下质量块和上质量块用弹簧连接．上质量块质量 $m_1 = 100\,\mathrm{kg}$，下质量块质量 $m_2 = 80\,\mathrm{kg}$，上部弹簧刚度 $k_1 = 12.12\,\mathrm{kN/m}$，下部弹簧刚度 $k_2 = 24.24\,\mathrm{kN/m}$．在上下质量块之间安装磁流变液减振器，其可控阻尼力为 $F_{\mathrm{MRD}}(t)$，通过电磁激励器 (型号：HEV-500；江苏联能电子技术有限公司生产) 对下质量块施加正弦激励力 $F_0(t)$，根据上平台的位移评价减振器的减振效果．

天棚阻尼控制由于结构简单、容易实现、能取得较好的减振效果，广泛应用于悬架的半主动控制研究．[65,69] 天棚阻尼控制算法的出发点是假设一个虚拟的“天棚阻尼器”连接在一个固定的刚性墙和上质量块 (车体) 之间，天棚阻尼器直接作用在上质量块上，从而大幅度减缓上质量块的振动．天棚减振器始终处于工作状态以提供减振力．由于天棚减振器是虚拟的，其实际应提供的减振力只能由安装于上质量块 (车体) 与下质量块 (转向架) 间的实际减振器来模拟实现．

假设上质量块的绝对速度为正 (设向上为正)，相对速度也为正 (上质量块相对于下质量块向上运动) 时，虚拟的“天棚减振器”应产生一个向下的力来减缓振动，而实际中的磁流变液减振器此时也产生一个向下的阻尼力，两力的方向相同，故实际减振器提供减振力,且此力的幅值应与天棚减振器所应提供的减振力幅值相同. 当上质量块的绝对速度为正,而相对速度为负时,虚拟的"天棚减振器"应产生一个向上的虚拟力, 如果此时减振器仍采用传统的被动式减振器,则势必产生一个向右的力,则实际值与希望值方向相反,该向右的作用力会加大车体振动. 为减小振动,实际减振器应能够提供相反的作用力, 即要求实际阻尼器能提供负阻尼, 但在磁流变液半主动减振器下无法实现, 因此, 理想的减振措施是使实际的阻尼器不提供作用力, 即使其阻尼值为零. 天棚阻尼控制的数学公式为

$$F_{\mathrm{MRD}}(t)=\begin{cases}F\left(I_{\max}\right), & \dot{x}_1\left(\dot{x}_1-\dot{x}_2\right) \geqslant 0 \\ F(I=0), & \dot{x}_1\left(\dot{x}_1-\dot{x}_2\right)<0\end{cases} \tag{4.4}$$

其中 $\dot{x}_1$ 为上质量块的绝对速度,$\dot{x}_2$ 为下质量块的绝对速度,$\dot{x}_1-\dot{x}_2$ 为上下质量块的相对速度,$F_{\mathrm{MRD}}(t)$ 为需要的输出阻尼力,即在需要进行输出阻尼力时,磁流变液减振器输入最大工作电流或设定的特定电流,当不需要输出阻尼力时,使磁流变液减振器的电流为零. 控制电流的开与关对应于磁流变液减振器的"软"与"硬"两种状态,而控制电流的状态取决于系统所处的状态,由基于天棚阻尼的开关控制算法决定. 控制算法的软件实现流程图如图 4.36 所示.

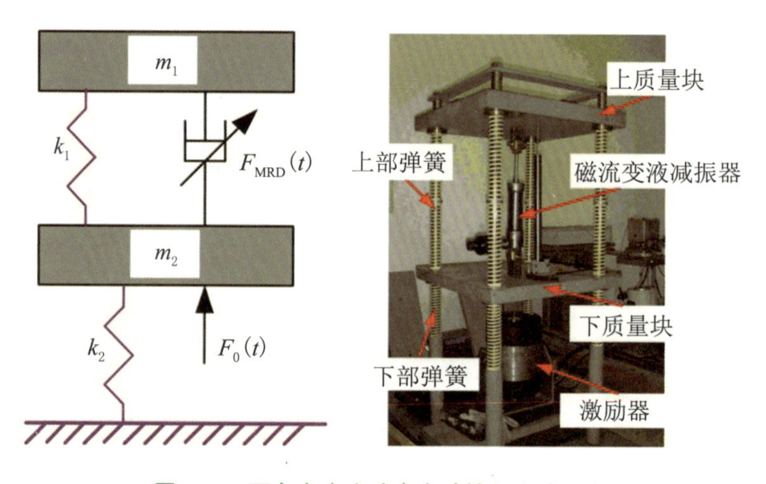

图 4.35 两自由度实验半主动控制实验平台

图 4.37 为磁流变液减振器半主动控制系统实物图,包括模拟车辆系统、控制器 (型号:TMS320F2812DSP;TI 公司生产)、程控电流源、加速度传感器 (型号:CA-YD;江苏联能电子技术有限公司生产) 和电荷放大器 (型号:YE5858A;江苏联能电子技术有限公司生产). 由于速度信号不容易直接测试得到,利用加速度传感器直接测试上、下质量块的加速度信号,然后通过电荷放大器直接积分得到速度信号. 上质量块上安装两个加速度传感器,其中一个通过一次积分得到控制需要的速度信号,另一个通过二次积分得到

上质量块的位移信号，用来评价磁流变液减振器的控制效果，下质量块上有一个加速度信号，通过一次积分得到下质量块的速度信号. 这两路速度信号经过滤波后进入 DSP 控制器，DSP 控制器根据开关控制原理计算所需的输出电流，然后控制程控电流源输出磁流变液减振器需要的电流值.

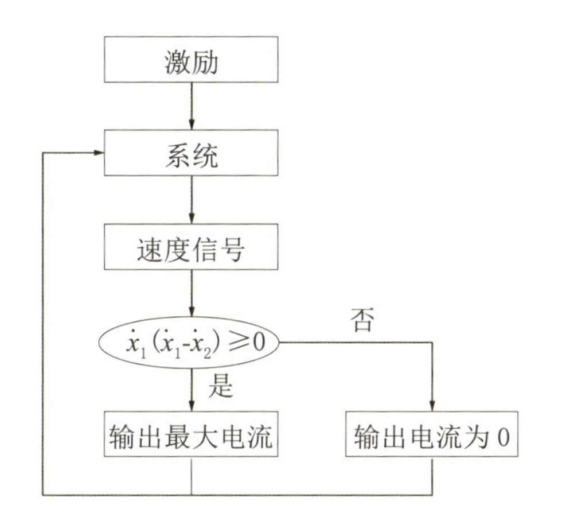

图 4.36　磁流变液减振器开关控制流程图

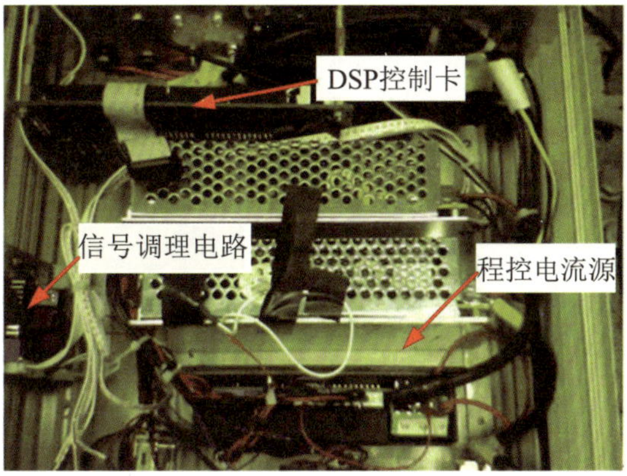

DSP控制卡
信号调理电路
程控电流源

图 4.37　控制系统实物图

为了对比磁流变液减振器的半主动控制效果，实验测试时，首先关闭磁流变液减振器供给电源，使磁流变液减振器处于无控制状态，测量并记录上质量块的位移；然后打开电源，通过半主动控制算法对磁流变液减振器进行控制，测量并记录控制上质量块的位移. 在测试过程中，激励器只对下质量块施加单频正弦激励. 我们测试了不同激励频率下实验平台上质量块的位移. 减振效果的评定方法采用位移幅值减小的百分数，其计算公式如下：

$$f=\frac{A_0-A_{\text{on-off}}}{A_0}\times 100\% \tag{4.5}$$

式中 A_0 为无电流输入时上质量块的位移幅值，$A_{\text{on-off}}$ 为实施开关控制后上质量块的位移幅值.

图 4.38 为在电磁激励器施加的激励力频率为 1.7 Hz 的情况下上质量块在有控制和无控制时的位移–时间曲线. 在不施加控制时，即对磁流变液减振器不施加任何电流时，磁流变液减振器相当于被动式液压减振器，在一个振动周期内，上质量块振动位移的最大值为 5.4 mm；当施加天棚开关控制时，上质量块位移的最大值为 4.6 mm，上质量块的位移幅值减小 15%，即磁流变液减振器的半主动控制效果达 15%. 图 4.39 为施加开关控制时，对磁流变液减振器施加的电流值的变化情况，电流值在 1 A 和 0 A 之间相互转换，保证了磁流变液减振器的阻尼力在最大值和最小值之间快速转换.

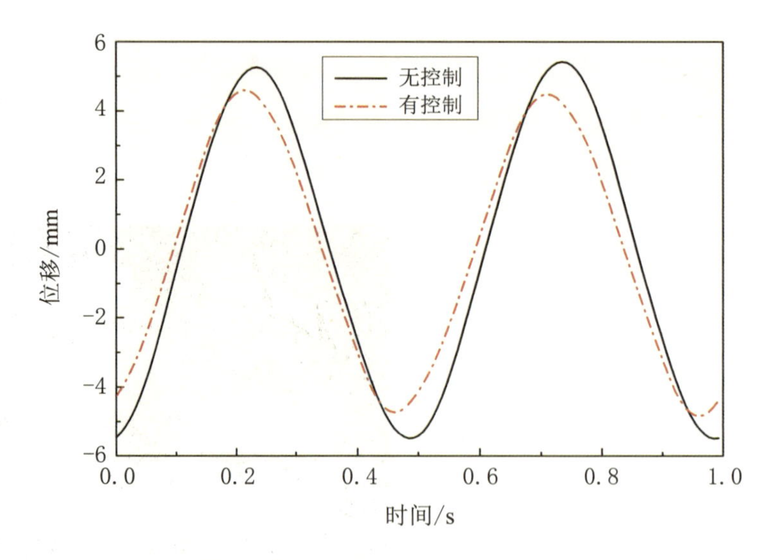

图 4.38　上质量块在有控制和无控制时的位移–时间曲线

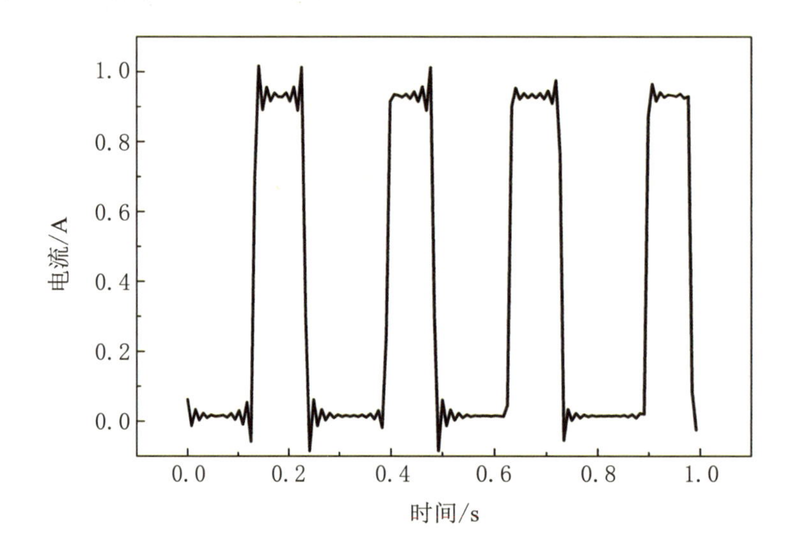

图 4.39　施加控制时的电流–时间曲线

图 4.40 为在不同激励频率下，磁流变液减振器半主动控制对上质量块位移的减振效果曲线. 在动车组横向振动频率 1～2 Hz 范围内，磁流变液减振器对实验平台上质量块有较好的减振效果. 当施加的激励频率与实验平台的共振频率相同 (1.6 Hz) 时，上质量块的减振效果达到最优值 22%，而在总体频率范围内平均减振效果达到 15%. 试验结果表明，研制的磁流变液减振器具有良好的半主动减振控制效果，有望将磁流变减振技术应用于车辆制造等领域，特别是动车组横向减振的研究.

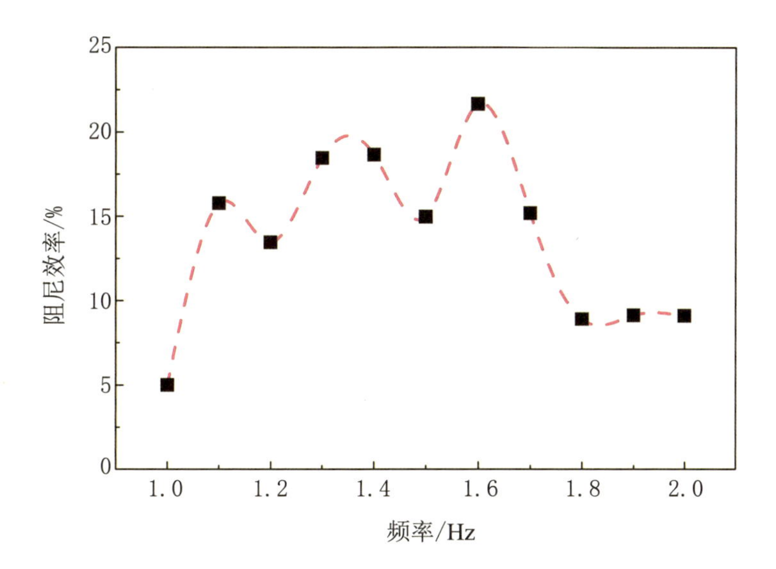

图 4.40　不同激励频率下的减振效果曲线

第5章

智能波轮洗衣机磁流变吊杆

洗衣机是典型的变质量系统. 由于其振源频率会根据电机转速而改变，而且洗衣机在洗衣及脱水时内桶质量发生很大变化，在对洗衣机进行振动控制时，一种有效的方法是采用变参数磁流变减振技术. [70] 家用洗衣机根据结构形式不同可以分为滚筒洗衣机和波轮洗衣机，两种洗衣机的振动能量来源都是内桶质量的不平衡，内桶的振动状况直接关系到洗衣机的性能及洗净率，而且振动会产生噪声，影响人的舒适性. 因此研究洗衣机振动控制问题，不仅可以提高洗衣机的性能，还可以有效增加洗衣机的使用寿命，减小噪声. 本章围绕波轮洗衣机进行振动控制研究，建立波轮洗衣机系统的数学模型，并进行动力学仿真.

5.1 智能波轮洗衣机振动控制

洗衣机是一个变质量振动系统. 相对定质量振动系统,变质量振动系统的质量和固有频率会发生变化,使用变参数 (变刚度和变阻尼) 进行设计的半主动振动控制技术是一种有效的振动控制手段. 科研人员针对变质量振动系统,研究开发了许多半主动悬架. 波轮洗衣机在运行过程中,主要有洗衣和脱水两个状态. 当洗衣机工作在洗衣状态时,电机带动波轮进行正反两个方向短时间交替旋转运行,旋转速度较慢,通常约为 20 r/min; 当洗衣机工作在脱水状态时,电机带动波轮处于单方向高速旋转运行状态,稳定转速会达到 600 r/min,在脱水运行过程中洗衣机转速高,可以达到 800 r/min 左右. 在洗衣机脱水阶段,由于大量水被排出洗衣机,相比于洗衣阶段,质量变化可以达到 40 kg. 而且随着脱水的进行,衣物中的水分逐渐被排出,洗衣机内桶的质量进一步减小. 脱水衣物由于在洗衣机内桶中的不均匀分布而产生较大的偏心质量,在洗衣机脱水阶段,电机的高速运转使得偏心质量产生较大的离心力,从而会引起内桶的强烈振动. 洗衣机的悬挂系统设计将直接决定洗衣机的动力学特性和寿命. 与传统的空气弹簧被动式悬挂系统相比,磁流变液阻尼器具有结构简单、输出阻尼力连续可调、响应快等优点,在家用洗衣机领域具有广阔的应用前景.

在洗衣机悬挂系统的研究方面, Türkay 对滚筒洗衣机的悬挂系统建立了动力学方程,并通过仿真分析优化了其阻尼系数和刚度系数;Conrad 和 Soedel 合作对滚筒洗衣机和波轮洗衣机建立了振动模型,并通过数学建模的方法比较了它们的振动特性;Bartosz 和 Frederik 等人通过研究在不同偏心质量和转速下洗衣机振动加速度均方根值,分析了磁流变液阻尼器对洗衣机振动加速度的影响. 上海交通大学杨晓文等使用 ANSYS 软件对滚筒洗衣机的振动进行了模态分析,得到了洗衣机的各阶振型和固有频率;林浩等使用 ADAMS 软件建立了波轮洗衣机模型,并在高速脱水工况下进行了仿真,获得了洗衣机的振动特性;江南大学钱静和王志伟建立了波轮洗衣机振动模型的振动微分方程,对洗衣机脱水阶段的运动状态进行了仿真,并进一步研究了不同参数对洗衣机振动特性的影响;赵平建立了波轮洗衣机悬挂系统的数学模型,并搭建了一套实验系统用于进行悬挂系统的性能测试,同时进一步验证了模型的正确性. [70]

通过使用半主动控制磁流变液阻尼器,洗衣机的振动控制效果得到提高. 美国 Lord 公司为滚筒洗衣机的悬挂系统设计了一款磁流变液阻尼器,开启了磁流变液技术应用于洗衣机的先河. 实验结果表明,该磁流变液阻尼器具有良好的减振效果. Chrzan 等人设计了用于滚筒洗衣机的磁流变液海绵阻尼器,该阻尼器特别适用于需要进行高度控制的中等强度振动控制问题. 测试结果表明,使用磁流变液海绵阻尼器的洗衣机,在内桶不同的运行速度、负载不平衡状态下运行,能够取得很好的振动控制效果. Previdi 和 Spelta 等人分析并设计了一款半主动摩擦式磁流变液阻尼器,在滚筒洗衣机上进行实验,实验结果表明,该阻尼器能够实现比被动阻尼器更好的振动控制效果. Phu 和 Park 等人设计并实验评价了用于控制滚筒洗衣机振动的多线圈磁流变液阻尼器,该阻尼器采用多线圈设计,提高了阻尼力并减少了结构件的损耗,并在模拟和实验中制定并应用改进的滑模控制. 实验结果表明,多线圈磁流变液阻尼器能够满足洗衣机振动控制的阻尼力要求. Minorowicz 等人提出了一种活塞式磁流变液阻尼器减小滚筒洗衣机振动的新方法. 为了研究磁流变液阻尼器对洗衣机的影响,磁流变液阻尼器使用了开关控制,实验结果表明,新设计的磁流变液阻尼器可以有效减少洗衣机的外壳及塑料部件的振动.

需要指出的是,在滚筒洗衣机中,阻尼器和弹簧是分别进行安装的,弹簧主要起支撑内桶重量的作用. 此外,由于滚筒洗衣机的结构特点,其内桶在振动时,阻尼器的工作行程要小于波轮洗衣机,因此活塞式磁流变液阻尼器可以很好地应用于滚筒洗衣机,而在波轮洗衣机中,由于安装空间和阻尼器工作行程的限制,用于波轮洗衣机的活塞式磁流变液阻尼器的设计难度要大于用于滚筒洗衣机的磁流变液阻尼器.

从以上研究工作来看,磁流变液阻尼器是适用于洗衣机的振动控制的. 然而,关于磁流变液阻尼器用于洗衣机的研究主要集中在滚筒洗衣机上. 磁流变液阻尼器在波轮洗衣机中的应用很少有研究. 对于波轮洗衣机,主要有两种减小洗衣机振动的方法,分别是基于对内桶平衡的控制和基于悬架系统振动控制技术. 国内波轮洗衣机的振动控制研究主要集中在对内桶顶端液体平衡环的设计上. 改进液体平衡环的设计可以在一定程度上减小波轮洗衣机的振动,然而,改进悬架系统才是减小波轮洗衣机振动的根本解决方案.

5.2 波轮洗衣机振动机制分析

在波轮洗衣机内桶中的衣物浸没于洗涤水中,依靠电机带动桶底部的波轮及内桶的旋转桶进行定时相对正反方向转动以清洗衣物. 如图 5.1 所示,洗衣机结构主要包括顶部控制面板、洗衣机箱体、悬挂吊杆、内桶及其顶部的液体平衡环及电机等. 洗衣机主要由四大系统组成,即箱体支撑结构、电气控制系统、洗涤桶系统及减振悬挂系统,其中箱体支撑结构和减振悬挂系统组成了波轮洗衣机的振动系统. 箱体主要起到支撑内桶的作用,减振悬挂系统用于连接内桶和箱体,起到减少内桶振动传递到箱体的作用.

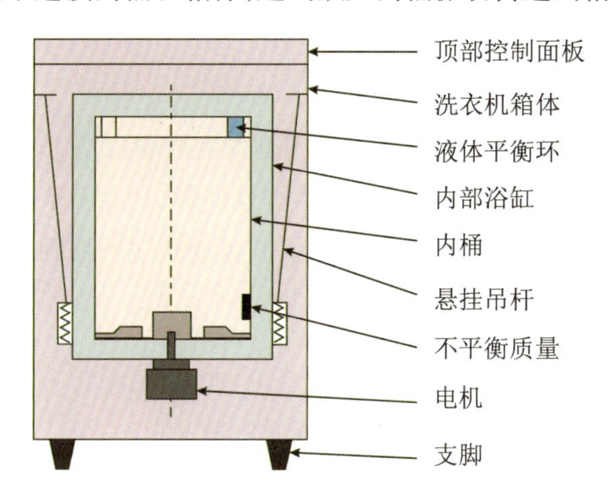

图 5.1 波轮洗衣机结构示意图

在波轮洗衣机的整个洗衣过程中,振动主要发生在脱水阶段. 洗衣机脱水阶段电机转速随时间的变化可用图 5.2 中的曲线说明. 在洗衣机启动后 1 min,洗衣机电机近似匀加速旋转,直到速度达到 600 r/min 左右,此后,洗衣机电机匀速旋转. 在洗衣机运行 4 min 时,电机进行第二次加速旋转,在短时间内转速提升至 800 r/min,持续运行约 30 s,然后速度再次降为 600 r/min,在脱水程序定时结束时,洗衣机经历 30 s 之后停止转动. 整个脱水过程持续约 7 min. 电机带动的波轮及内桶的旋转桶的转速为 $n = 0 \sim 800$ r/min,即由电机引起的内桶的振动频率在 0~15 Hz 范围变化. 由于衣物在经过洗涤后会发生不均匀分布,从而成为脱水过程中内桶的偏心质量. [66]

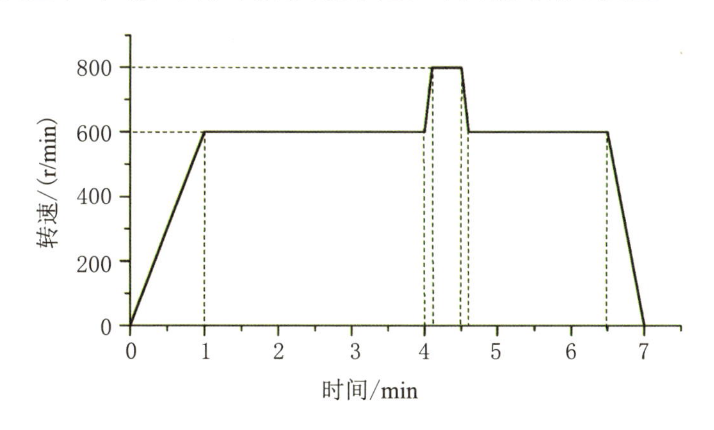

图 5.2 洗衣机电机转速–时间曲线

设内桶中的偏心质量为 m,则偏载为 $G_{\mathrm{p}}=mg$,且偏心质量的作用点的位置随着转速变化而变化. 此时,内桶旋转的离心力为

$$F_{\mathrm{p}}=m\left(\frac{2\pi n}{60}\right)^{2}r \tag{5.1}$$

其中 r 为偏心质量的旋转半径.

波轮洗衣机的内桶在偏载和离心力的作用下发生振动:

(1) 偏载导致悬挂吊杆中的支撑弹簧产生弹性变形,从而上下跳动;

(2) 离心力导致内桶发生水平面内的晃动,其晃动轨迹类似圆锥摆.

5.2.1 波轮洗衣机振动系统的数学模型

1. 振动系统的运动微分方程

应用 Lagrange 方程,洗衣机内桶的振动微分方程可以表示为

$$\boldsymbol{M}\ddot{\boldsymbol{x}}+\boldsymbol{C}\dot{\boldsymbol{x}}+\boldsymbol{K}\boldsymbol{x}=\boldsymbol{F}(t) \tag{5.2}$$

式中质量和刚度分别可以表示成矩阵形式:

$$\boldsymbol{M}=\begin{bmatrix} M & 0 & 0 & 0 & 0 & 0 \\ 0 & M & 0 & 0 & 0 & 0 \\ 0 & 0 & M & 0 & 0 & 0 \\ 0 & 0 & 0 & J_x & 0 & 0 \\ 0 & 0 & 0 & 0 & J_y & 0 \\ 0 & 0 & 0 & 0 & 0 & J_{z1} \end{bmatrix} \tag{5.3}$$

$$\boldsymbol{K}=\begin{bmatrix} k_{11} & 0 & 0 & 0 & k_{15} & 0 \\ 0 & k_{22} & 0 & k_{24} & 0 & 0 \\ 0 & 0 & k_{33} & 0 & 0 & 0 \\ 0 & k_{42} & 0 & k_{44} & 0 & 0 \\ k_{51} & 0 & 0 & 0 & k_{55} & 0 \\ 0 & 0 & 0 & 0 & 0 & k_{66} \end{bmatrix} \tag{5.4}$$

在式 (5.2)~式 (5.4) 中,内桶的六自由度方向的运动位移为 $\boldsymbol{x}=[\boldsymbol{x},y,z,\alpha,\beta,\gamma]^{\mathrm{T}}$,偏心力矩矩阵 $\boldsymbol{F}(t)=[0,0,0,\Delta L\cos\theta,\Delta L\sin\theta,-J_{z1}\varepsilon]^{\mathrm{T}}$ 表示洗衣机内桶在 x,y,z 轴

的转动惯量,J_{z1} 是洗衣机内桶在 z 轴的惯性矩,M 为洗衣机内桶的总质量,悬挂杆与内桶轴线所成角度为 θ. 通过设定刚度矩阵 $\boldsymbol{K}$ 和质量矩阵 $\boldsymbol{M}$ 可以计算出洗衣机的固有振动频率 $\omega_0 = (k/\omega)^{1/2}$.

根据洗衣机系统的特点，可以建立使用被动吊杆时的洗衣机内桶振动模型，如图 5.3 所示. 该振动模型包括内桶质量、空气阻尼器和弹簧，空气阻尼器通过压缩空气产生阻尼力. 此时,系统的运动微分方程可写为

$$M\frac{\mathrm{d}^2 x}{\mathrm{d}\,t^2} + c_{\mathrm{air}}\frac{\mathrm{d}x}{\mathrm{d}t} + Kx = F(t) \tag{5.5}$$

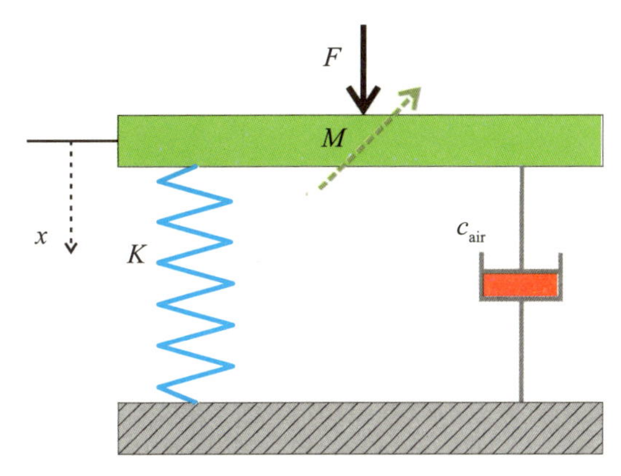

图 5.3　使用空气弹簧被动吊杆时的洗衣机内桶振动模型

外力 F 以一定频率 ω 变化. 令 $F = F_0\cos\omega t$,则微分方程的解可以表示为

$$x = A_0\mathrm{e}^{-\beta t}\cos(\omega_0 t + \varphi) + \frac{F_0}{\omega Z_{\mathrm{m}}}\cos(\omega t + \varphi) \tag{5.6}$$

式中 β 为衰减系数,$\beta = c_{\mathrm{air}}/(2M)$;$\omega_0$ 为洗衣机振动系统的固有频率,$\omega_0 = \sqrt{K/M}$;Z_{m} 为力阻抗,$Z_{\mathrm{m}} = \sqrt{c_{\mathrm{air}}^2 + (\omega M - K/\omega)^2}$. 式 (5.6) 右侧第一部分是瞬态解,它表明振动系统在激励力作用下按照系统固有频率进行振动的响应部分,这一部分由于阻尼的作用将很快按照指数规律衰减;第二部分是稳态解,系统振动频率就是激励力的激振频率且振幅保持恒定,由于该系统为有阻尼系统,在简谐激振力的作用下,系统振动在持续一个比较短的时间后,成为稳态解形式的简谐振动,即

$$x = \frac{F_0}{\omega Z_{\mathrm{m}}}\cos(\omega t + \varphi) \tag{5.7}$$

此时

$$\begin{aligned} Z_{\mathrm{m}} &= \sqrt{c_{\mathrm{air}}^2 + \left(\omega M - \frac{K}{\omega}\right)^2} \\ &= \sqrt{c_{\mathrm{air}}^2 + \left(\frac{M{\omega_0}^2}{K}\left(\frac{\omega^2}{{\omega_0}^2} - 1)\right)\right)^2} \\ &= \sqrt{c_{\mathrm{air}}^2 + \left(\frac{\omega^2}{{\omega_0}^2} - 1\right)} \end{aligned} \tag{5.8}$$

$$
\begin{aligned}
A &= \frac{F_0}{\omega Z_{\mathrm{m}}} = \frac{F_0}{\omega\sqrt{c_{\mathrm{air}}^2 + (\omega M - K/\omega)^2}} \\
&= \sqrt{c_{\mathrm{air}}^2 + \left(\frac{M{\omega_0}^2}{K}\left(\frac{\omega^2}{{\omega_0}^2} - 1\right)\right)^2} \\
&= \sqrt{c_{\mathrm{air}}^2 + \left(\frac{\omega^2}{{\omega_0}^2} - 1\right)}
\end{aligned}
\tag{5.9}
$$

从式 (5.9) 可以得出,稳态解形式的简谐振动的振幅 A 与激振力大小 F_0、频率 ω 以及系统的力阻抗 Z_{m} 有关. 当 $\omega = \omega_0 = \sqrt{K/M}$ 时, $Z_{\mathrm{m}} = c_{\mathrm{air}}$ 为极小值. 此时,系统的振幅最大,其值为

$$
A = \frac{F_0}{\omega c_{\mathrm{air}}} \tag{5.10}
$$

可以得出,在振动频率或激振力改变时,若要进行振动控制,需要通过调整减振系统的阻尼来降低振动系统振幅.

振动微分方程 (5.5) 可改写为

$$
M\ddot{x} + c_{\mathrm{air}}\dot{x} + Kx = F_0 \mathrm{e}^{\mathrm{i}\omega t} \tag{5.11}
$$

设 $x = \bar{x}\mathrm{e}^{\mathrm{i}\omega t}$, $\bar{x}$ 为稳态响应的复振幅. 代入式 (5.11),可得

$$
\bar{x} = H(\omega) F_0 \tag{5.12}
$$

其中 $H(\omega)$ 为复频响应函数,可以表示为

$$
H(\omega) = \frac{1}{K - M\omega^2 + \mathrm{i}c_{\mathrm{air}}\omega} \tag{5.13}
$$

此时,振动微分方程为

$$
\ddot{x} + 2\xi\omega_0\dot{x} + \omega_0^2 x = B\omega_0^2 \mathrm{e}^{\mathrm{i}\omega t} \tag{5.14}
$$

其中 B 表示静变形,

$$
B = \frac{F_0}{K} \tag{5.15}
$$

引入 $s = \omega/\omega_0$, 则系统的复频响应函数可以表示为

$$
H(\omega) = \frac{1}{K} \cdot \frac{1 - s^2 - 2\xi s\mathrm{i}}{(1 - s^2)^2 + (2\xi s)^2} = \frac{1}{K}\beta \mathrm{e}^{-\mathrm{i}\theta} \tag{5.16}
$$

其中 ξ 为阻尼比, $\xi = \dfrac{c_{\mathrm{air}}}{2\sqrt{KM}}$; $\beta(s)$ 为振幅放大因子,可表示为

$$
\beta(s) = \frac{1}{\sqrt{(1 - s^2)^2 + (2\xi s)^2}} \tag{5.17}
$$

由此可得到系统的振幅放大因子与频率比关系曲线，如图 5.4 所示. 从图 5.4 可以得出：

(1) 当 $s \ll 1$ $(\omega \ll \omega_0)$ 时，稳态振幅 A 与静位移 B 相当；

(2) 当 $s \gg 1$ $(\omega \gg \omega_0)$ 时，响应振幅很小；

(3) 在以上两个区域 $(s \ll 1, s \gg 1)$，可以按无阻尼情况考虑；

(4) 当 $s \approx 1, \omega \approx \omega_0$ 时，无阻尼共振振幅无穷大；

(5) 对于有阻尼系统，$\beta_{\max}$ 并不出现在 $s = 1$ 处，而是稍偏左，对应的 ω 为

$$\omega = \omega_0\sqrt{(1-2\zeta^2)} \tag{5.18}$$

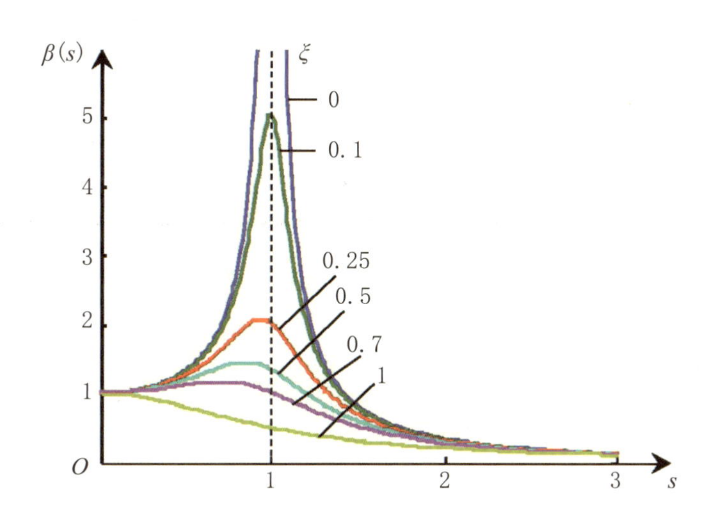

图 5.4　幅频特性曲线

根据式 (5.10)，为了降低振幅，需要适当增大系统的阻尼. 在洗衣机中，洗衣机内桶的质量由于脱水的进行随时间减小，而根据 ξ 阻尼比公式及式 (5.17)，为了减小振幅放大因子，需要适当减小系统的阻尼. 因此，对于洗衣机这一变质量系统，系统的阻尼存在最佳值或最佳范围，而不能采用过大阻尼或过小阻尼进行洗衣机振动控制.

2. 波轮洗衣机模态分析实验

在实验室中，利用动态分析系统软件，使用力锤对洗衣机进行模态分析实验，采集洗衣机时域振动加速度信号，然后将时域加速度数据经过 Fourier 变换后可以得到洗衣机箱体振动幅频特性曲线，由此可以得出洗衣机箱体的固有频率.

如图 5.5 所示，根据实验结果可以得出洗衣机一阶和二阶振动的固有频率分别为 2.15 和 4.4 Hz，由此可以计算出对应的转速为 129 和 264 r/min. 由图 5.2 可以看出，转速为 129 和 264 r/min 在洗衣机电机的加速和减速阶段内，时间较短，可以很快避开共振.

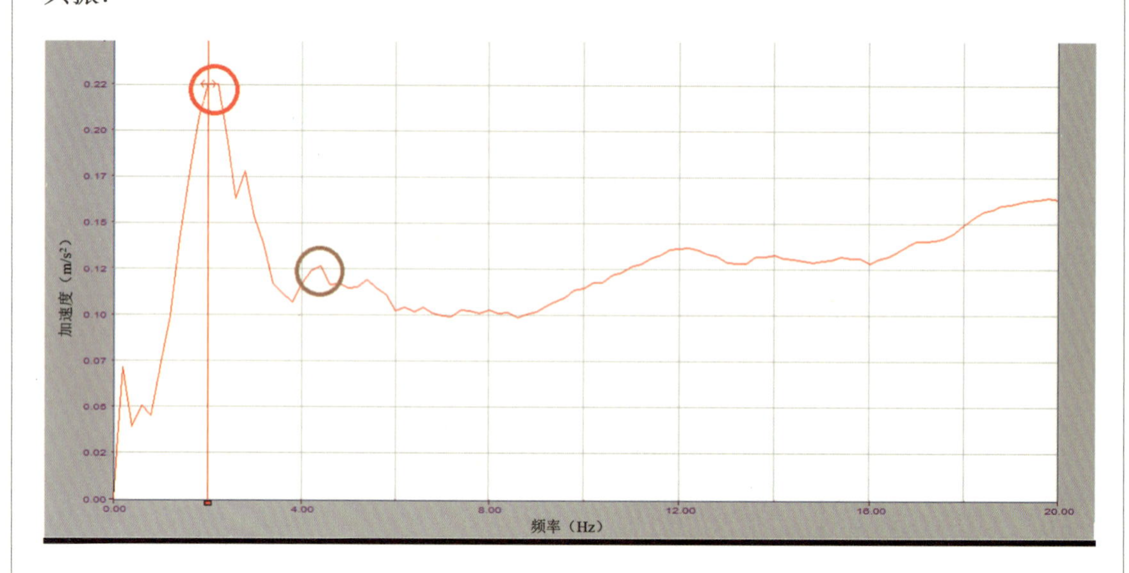

图 5.5　一阶和二阶振动的固有频率

如图 5.6 所示，根据实验结果可以得出洗衣机三阶振动的固有频率为 12 Hz，对应的转速为 720 r/min，此转速高于洗衣机平稳转速，洗衣机不会发生共振.

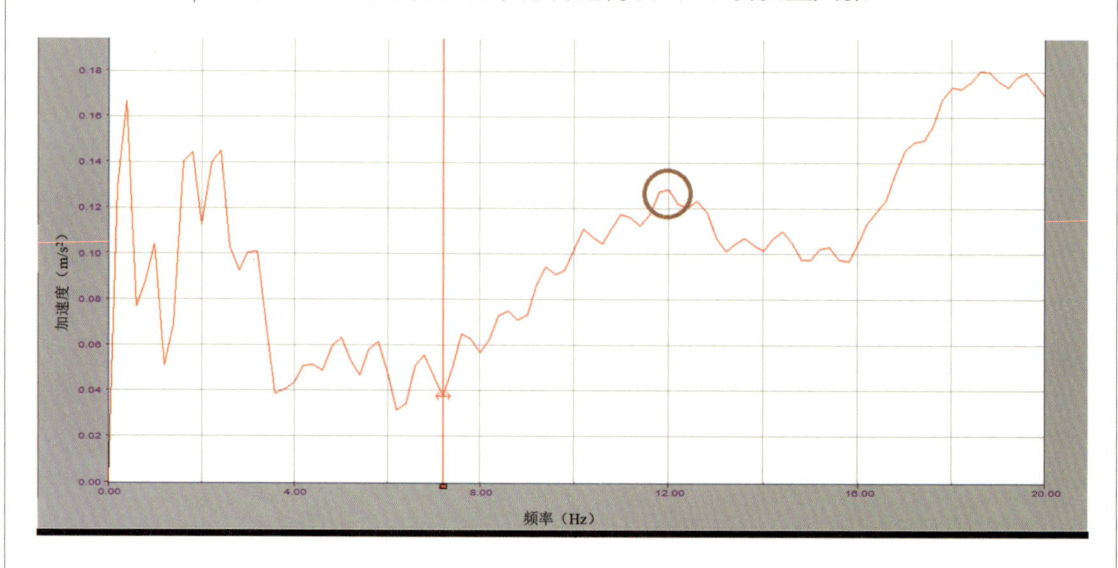

图 5.6　三阶振动的固有频率

如图 5.7 所示，根据实验结果可以得出洗衣机四阶振动的固有频率为 15 Hz，对应的转速为 900 r/min，此转速高于洗衣机第二次加速之后的最高速度，洗衣机不会发生共振.

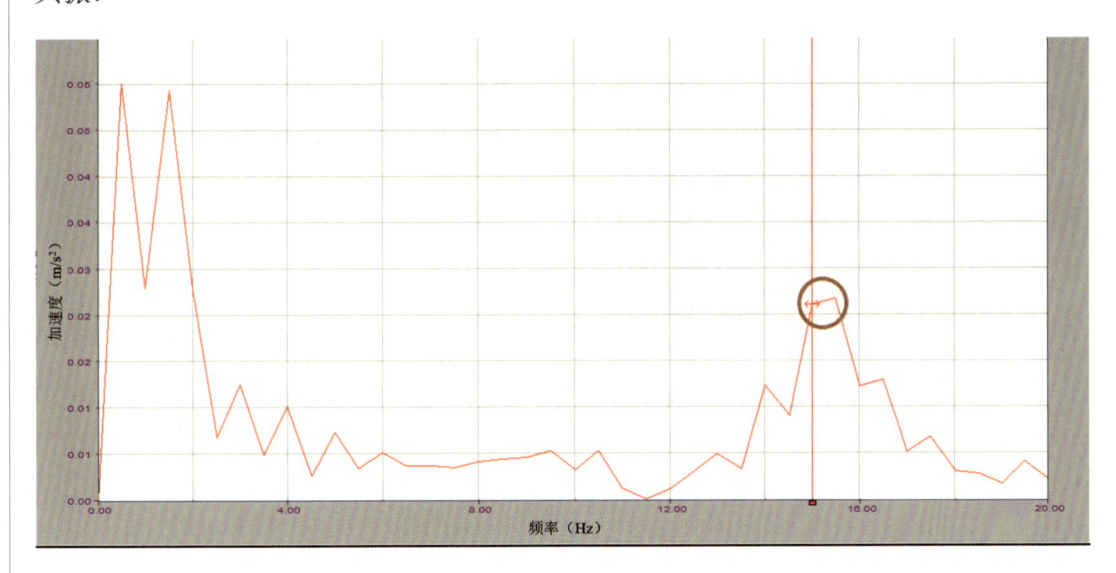

图 5.7　四阶振动的固有频率

根据模态实验可以看出，洗衣机电机引起的振动频率避开了洗衣机共振频率，在经过共振频率点时，洗衣机电机加速越过，短时间不会发生共振. 在洗衣机悬挂系统基本结构不发生改变时，洗衣机的共振频率基本不会发生变化.

5.2.2　波轮洗衣机系统的动力学仿真

使用计算机辅助分析软件 ADAMS 对波轮洗衣机建立动力学模型，可以在理论上研究洗衣机的动力学特性. 由此模拟估算出对洗衣机进行振动控制时悬挂吊杆的阻尼值范围，并对阻尼对洗衣机脱水阶段的振动控制效果进行研究.

通过 SolidWorks 软件绘制波轮洗衣机的主要结构，并将此结构导入 ADAMS 软件，在 ADAMS 软件中建立洗衣机振动系统的动力学模型，如图 5.8 所示. 设置洗衣机箱体的质量为 15 kg，箱体与地面间的动摩擦系数为 0.4. 洗衣机悬挂吊杆可以等效为线性刚度和非线性阻尼并联的减振器件，弹簧的刚度为 2.2 N/mm，最大行程为 45 mm. 非线性空气被动悬挂吊杆在电机转速为 600 mm/min 左右时能提供的阻尼力为 10~15 N，在洗衣机振动频率为 4 Hz、内桶振幅为 25 mm 时能提供的最大阻尼力为 50 N；在振动频率为 10 Hz、振幅为 5 mm 时最大阻尼力为 20 N. 洗衣机中衣物的不均匀分布产生的偏心质量使用偏心集中载荷代替, 设置质量为 500 g, 偏心距离为 0.1 m. 在仿真时, 对内桶的底部施加一对垂直的力模拟偏心质量产生的离心力, 力的频率与洗衣机内桶转动的频率一致. 单独分析洗衣机内桶时, 其振动系统为受迫振动, 对整个洗衣机振动系统而言, 其振动系统为电机引起的自激振动.

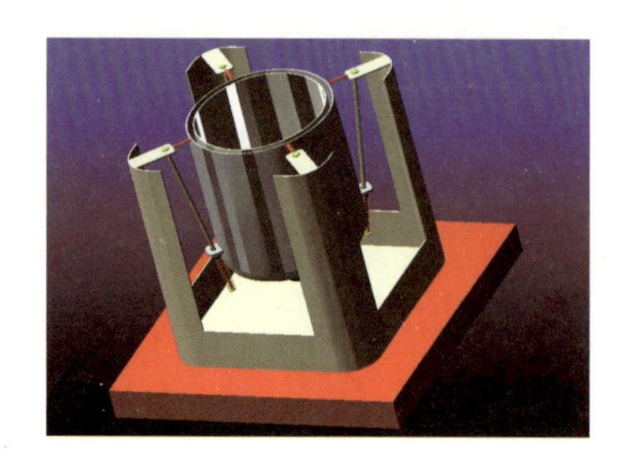

图 5.8　洗衣机悬挂系统 ADAMS 模型

在仿真过程中, 设置偏心质量不改变, 电机从静止加速至正常转速, 阻尼 c 分别设为 0.1, 0.3, 0.4, 0.8, 1.0, 1.2 N · s/m, 仿真研究阻尼对洗衣机振动控制的影响情况. 图 5.9～图 5.11 分别为洗衣机内桶相对于箱体 x, y, z 三个轴方向上位移–时间曲线. 由上述分析可以得出结论: 随着洗衣机悬挂系统的阻尼不断增加, 洗衣机的振幅有逐渐减小的趋势, 即洗衣机的振动幅度逐渐减小. 当 $c = 0.1$ N · s/m 时, 内桶相对于箱体 x, y, z 三个轴方向位移变化幅度最大, x 轴方向最大变化量约为 5 mm, y 轴方向最大变化量约为 30 mm, z 轴方向最大变化量约为 20 mm; 当 $c = 1.2$ N · s/m 时, 内桶相对于箱体 x, y, z 三个轴方向位移变化幅度最小, x 轴方向最大变化量约为 1 mm, y 轴方向最大变化量约为 20 mm, z 轴方向最大变化量约为 5 mm.

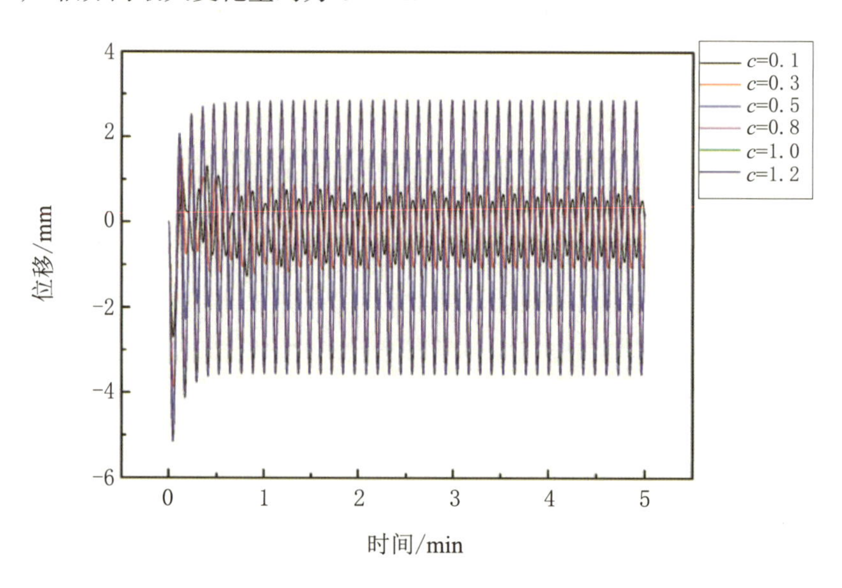

图 5.9　不同阻尼时内桶相对于箱体的 x 轴方向位移

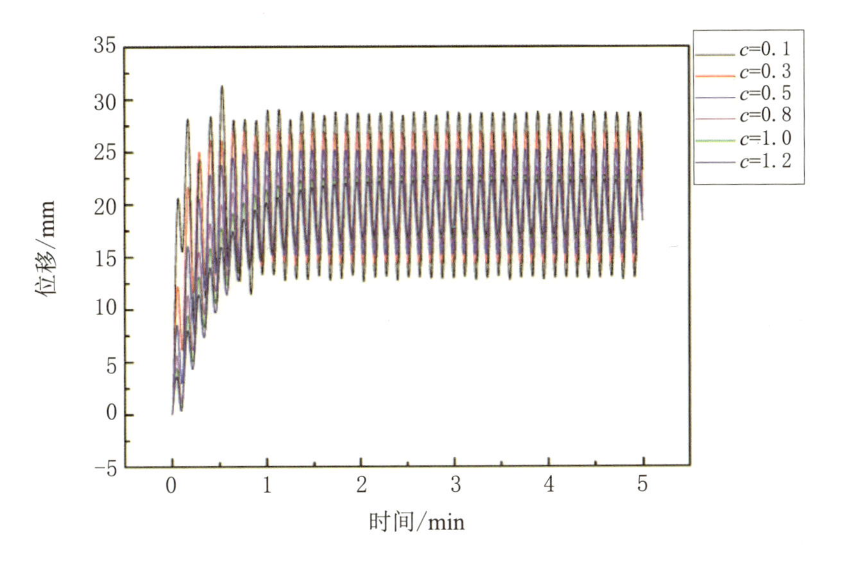

图 5.10　不同阻尼时内桶相对于箱体的 y 轴方向位移

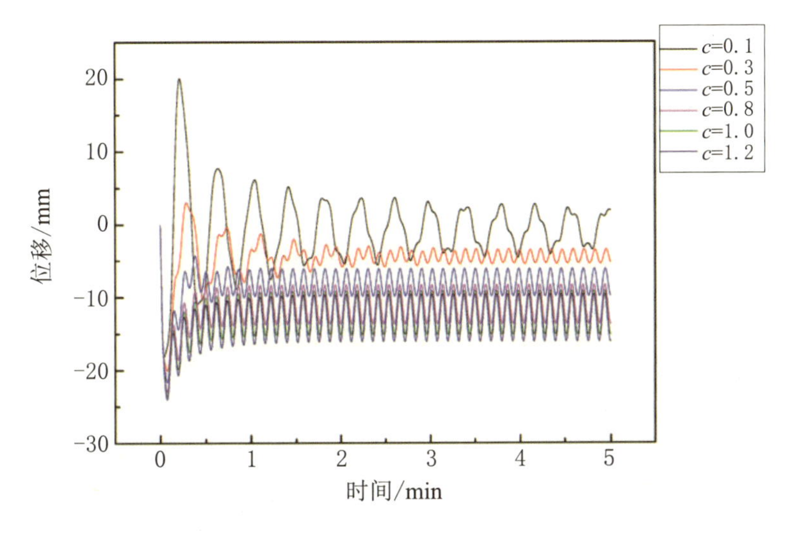

图 5.11　不同阻尼下内桶相对于箱体的 z 轴方向位移

5.3　全自动洗衣机悬挂系统

图 5.12 展示了空气阻尼器被动悬挂吊杆的照片和结构，其结构简单，主要包括塑料外壳、螺旋弹簧、杆和用于密封并压缩空气的橡胶圆盘. 该悬挂吊杆通过橡胶圆盘在塑料

外壳内部压缩空气产生阻尼力,结合螺旋弹簧,从而实现减振效果. 空气阻尼器的阻尼力和洗衣机内桶振动速度有关,而在洗衣机不平衡载荷不同时,虽然洗衣机内桶振动频率在转速作用下变化不大,但是洗衣机内桶的振动速度 (或振幅) 会发生变化以调整空气阻尼器的阻尼力,此时的阻尼力以牺牲振幅为代价的被动调整,使得振动控制效果较差.

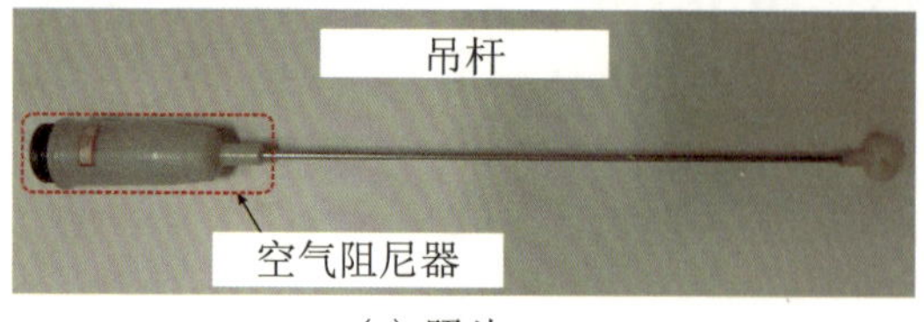

(a) 照片

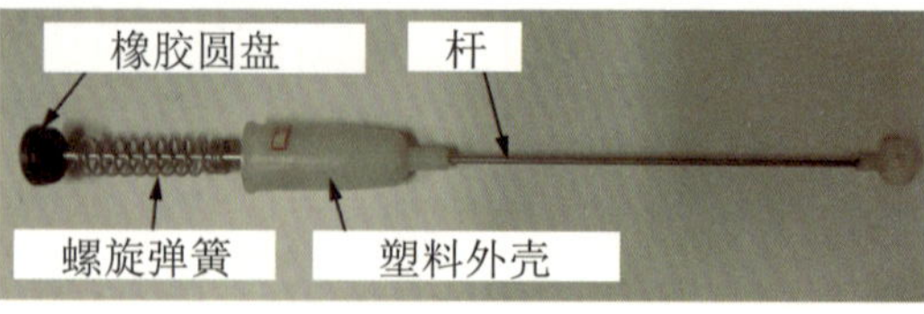

(b) 结构

图 5.12 被动悬挂吊杆的照片和结构

实验中使用的全自动波轮洗衣机如图 5.13(a) 所示. 在图 5.13(b) 所示的波轮洗衣机悬挂系统中,洗衣机悬挂吊杆底端安装在洗衣机内桶的底部,吊杆顶端钩挂在洗衣机箱体的四个顶角. 内桶通过四根吊杆悬空在洗衣机箱体中,类似于单摆的形式. 该洗衣机的净重是 35 kg,额定洗涤容量是 6 kg. 在洗衣机运行时,其内桶中可加入 40 kg 左右水. 在洗衣阶段,洗衣机的内桶中装有大量的水,洗衣机电机以低转速运行,且转动方向定时交替;在脱水阶段,洗衣机在电机启动之前,排出大量水,然后电机以高转速运行. 特别地,实验时建立了图 5.13(b) 中的坐标系,用于定义传感器测量方向.

(a) 实物照片

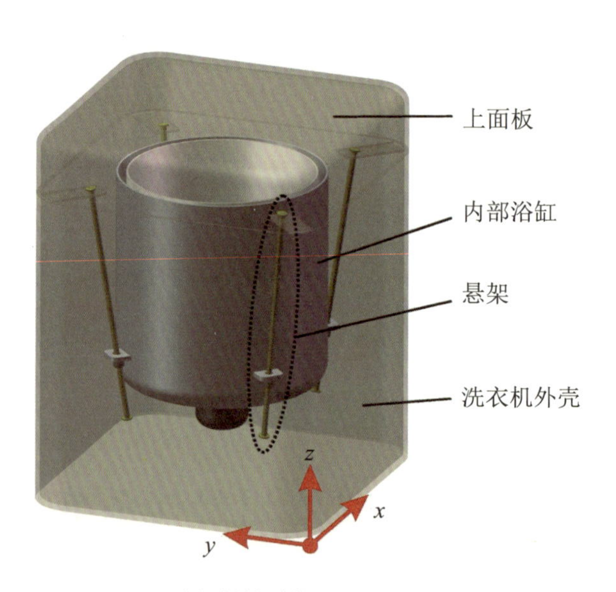

(b) 悬挂系统

图 5.13 全自动波轮洗衣机

当不平衡质量存在时，电机的高速运转会使不平衡质量产生很大的离心力，该离心力会引起内桶晃动，从而使得洗衣机振动剧烈. 传统的空气阻尼器被动悬挂吊杆通过压缩空气产生的阻尼力和线性弹簧进行振动控制，由于洗衣机在不同工作条件及不同衣物重量条件下，振动控制所需要的阻尼力不能实现主动调整，所以被动悬挂吊杆振动控制效果不佳. 本章将采用磁流变半主动振动控制技术对该型洗衣机进行改进，以减小洗衣机运行时的振动.

本章提出将磁流变液阻尼器与空气阻尼器进行结合，使得悬挂吊杆既能具有空气阻尼器与振动速度有关的阻尼力特性，在高速振动时，迅速提供阻尼力，又具有磁流变液阻尼器半主动特性，阻尼力在一定范围内可调. 使用与空气阻尼器结合的磁流变悬挂吊杆时，洗衣机内桶的振动模型如图 5.14 所示，该模型包括磁流变液阻尼器、空气阻尼器、内桶质量和弹簧，磁流变液阻尼器通过施加电流产生变化的阻尼力，当洗衣机不平衡载荷不同时，洗衣机内桶振动速度会发生变化，通过调整施加的电流大小可以改变阻尼力，从而使得洗衣机内桶的振动得到控制.

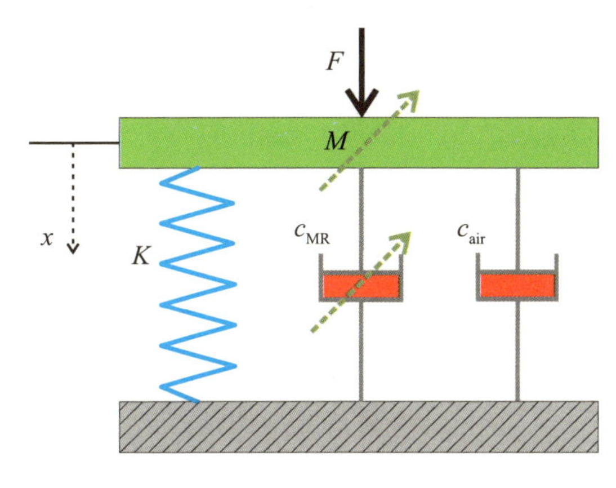

图 5.14　使用磁流变悬挂吊杆时内桶振动模型

5.4　磁流变智能吊杆的设计

5.4.1　磁流变液性能分析

本节设计的用于洗衣机的磁流变悬挂吊杆使用的是密度为 3.05 g/cm^3 的磁流变液.

对于密度为 3.05 g/cm^3 的磁流变液，图 5.15 给出了磁流变液的剪切应力与电流之间的关系，数据来源于磁流变液供应商. 从图 5.15 可以看出，随着电流增大，磁流变液的剪切应力也增大，在电流为 0.5~2 A 时，磁流变液的剪切应力与电流近似呈线性关系. 在 2.5 A 之后，随着电流增大，磁流变液的剪切应力增大趋势变缓，这表明磁流变液正在趋于磁饱和. 在电流为 3.5 A 时,磁流变液的剪切应力可以达到 84 kPa. 表 5.1 为实验得出的磁流变液的主要性能参数,表中列出了在实验条件下得出的磁流变液中的磁感应强度、剪切速率、磁感应强度、剪切应力、黏度等实验结果. 根据这些实验数据,可以得到各参数之间的相互关系曲线.

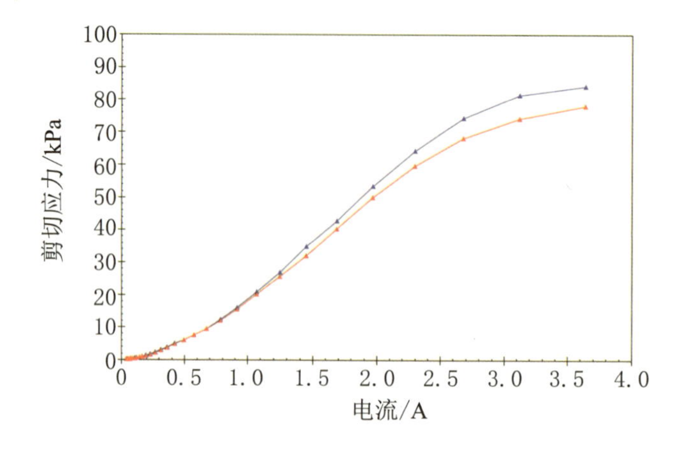

图 5.15 3.05 g/cm³ 的磁流变液的剪切应力与电流之间的关系

表 5.1 3.05 g/cm³ 的磁流变液的主要性能参数

	电流 /A	磁感应强度/T	剪切速率 /s^{-1}	磁场强度 /(A/m)	时间 /s	剪切应力 /Pa	黏度 /(Pa·s)
1	0.037 41	0.010 43	9.997	3 131	10	144	14.41
2	0.050 3	0.015 23	9.999	4 377	30	188.2	18.82
3	0.068 13	0.021 89	10	5 966	50	265.5	26.55
4	0.092 38	0.030 99	10	7 938	70	395.7	39.57
5	0.125 1	0.043 28	10	10 410	90	621.2	62.12
6	0.169 7	0.059 97	9.999	14 220	110	1 020	102
7	0.230 5	0.084 08	9.999	19 540	130	1 737	173.7
8	0.312 9	0.117 2	9.998	26 550	150	3 005	300.5
9	0.425	0.161 6	9.993	35 460	170	5 022	502.6
10	0.577 4	0.221 5	9.988	46 750	190	7 452	746
11	0.784	0.301 7	9.994	60 780	210	12 380	1 239
12	1.066	0.408 3	9.983	77 940	230	20 940	2 098
13	1.448	0.545	9.967	98 000	250	34 720	3 484
14	1.969	0.715 5	9.943	126 600	270	53 370	5 368
15	2.675	0.915	9.943	159 900	290	74 320	7 475
16	3.637	1.115	9.969	192 400	310	84 100	8 436

5.4.2 磁流变悬挂吊杆设计

在系统质量不变的振动系统中，其固有频率一般不会发生改变，而且由于振动系统的质量不会发生变化，在进行振动控制时，若选定合适的系统刚度，则阻尼器所需的工作行程较小．在使用磁流变技术进行系统振动控制时，一般只考虑设计大小合适的阻尼力以适应振动系统．相对于定质量振动系统，变质量振动系统的质量和固有频率会发生变化，阻尼器所需的工作行程较大，在使用磁流变技术进行系统振动控制时，不仅要考虑设计大小合适的阻尼力以适应振动系统，而且要选择结构合适的阻尼器以保证阻尼器的工作行程．根据前文对波轮洗衣机振动系统的理论分析，在洗衣机中不断进行实验的基础上，本小节提出了用于洗衣机振动控制的无活塞式磁流变悬挂吊杆，应用的磁流变液阻尼器工作模式为剪切模式．特别说明，本小节提及的磁流变悬挂吊杆为整体设计的洗衣机悬挂吊杆，包含磁流变液阻尼器、空气阻尼器和弹簧等部分，当讨论磁流变悬挂吊杆阻尼力相关内容时，使用磁流变液阻尼器等进行说明．

通过前面对洗衣机振动的原因分析，本小节提出了与空气阻尼器结合的多级线圈剪切式磁流变悬挂吊杆．磁流变液阻尼器的阻尼力与运动速度密切相关，其准静态响应和动态响应不同，设计时经常采用的剪切阀式磁流变液阻尼器由于在高速运动时，阻尼力过大，不再适用于洗衣机的振动控制．而剪切式磁流变液阻尼器在高频振动时可以快速响应，而且阻尼力不会因为高速运动而变得太大．磁流变液阻尼器可以通过增加励磁线圈数量，来提高磁场作用磁流变液的范围和磁流变阻尼通道的尺寸，以增大磁流变液阻尼器的初始阻尼力和阻尼力可调范围．

1. 结构设计

在磁流变液工作在剪切模式时，根据剪切应力与剪切应变的关系，可以建立如图 5.16 所示的剪切式磁流变液阻尼器的平板模型．假设上极板静止，下平板发生相对运动，磁流变液不主动流动．在下极板运动时，由于磁流变液的黏滞作用，磁流变液会发生剪切，磁流变液在下极板边缘区域的剪切应力最大，随着向上极板方向远离下极板，剪切应力线性减小．可以得出，在剪切模式下，两极板间磁流变液的剪切应力，即磁流变液产生的阻尼力为

$$F_1 = \frac{\eta b L}{h} v + bL\tau_y \tag{5.19}$$

其中 η 为磁流变液的黏度，b 为平板的纵向宽度，L 为平板通道的长度，h 为平板的间距，v 为平板之间的相对运动速度，τ_y 为磁流变液在下平板处最大剪切屈服应力.

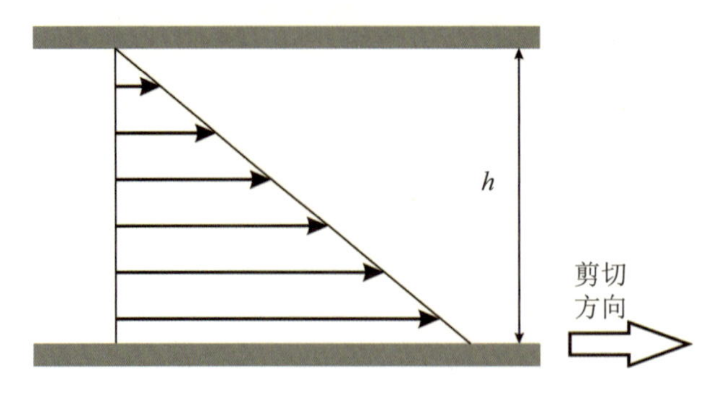

图 5.16　剪切式磁流变液阻尼器的平板模型

单线圈剪切式磁流变液阻尼器原理图如图 5.17(a) 所示，其结构主要包括吊杆、励磁线圈、磁芯和阻尼缸体等. 励磁线圈处于磁芯中间位置，磁芯固定在缸体内壁上且都为磁路的一部分，吊杆使用导磁材料，组成完整磁路. 吊杆与磁芯之间的空隙为阻尼通道，吊杆沿轴向往复运动剪切磁流变液，磁场从该阻尼通道穿过，从而作用于磁流变液，改变磁流变液的特性，进而产生变化的阻尼力. 为获得合适的阻尼力变化范围，应该设计合适的励磁线圈磁路和磁流变阻尼通道参数. 单线圈剪切式磁流变液阻尼器由于阻尼通道的长度不能做到非常大，因此该结构的阻尼器的阻尼力一般较小.

在单线圈剪切式磁流变液阻尼器的基础上，为提高磁流变液阻尼器的阻尼力，设计的多线圈剪切式磁流变液阻尼器的剖视图如图 5.17(b) 所示，它由一个磁流变阻尼缸体、一个端盖、四个励磁线圈、四个圆柱环和五个磁芯组成. 每个线圈缠绕在圆柱环上，并且每个线圈的缠绕方向彼此相反. 为了方便施加控制电流，四个线圈串联连接. 励磁线圈通过磁芯固定在阻尼缸体内壁上，磁芯和吊杆之间的空隙形成磁流变阻尼通道，该通道的尺寸等参数决定了所设计的磁流变液阻尼器的初始阻尼力. 由于设计的磁流变液阻尼器为无活塞结构，磁流变液阻尼器的工作行程在理论上是无限的.

为了使磁流变悬挂吊杆在低速振动条件下正常工作，将阻尼力与速度非线性相关的空气阻尼器与磁流变液阻尼器串联，如图 5.18 所示. 在磁流变液阻尼器的底部外面，使用螺纹连接空气阻尼器的塑料外壳. 空气阻尼器的几何参数与空气被动悬挂吊杆相同. 在空气阻尼器内部放置被动悬挂吊杆的线性弹簧. 特别地，在磁流变悬挂吊杆的末端，橡胶密封盘的位置使用螺母进行限制. 在磁流变液阻尼器内部，磁芯和励磁线圈不发生运动，阻尼缸体内部不需要额外的运动空间，而且阻尼通道的体积非常小，每个磁流变液阻尼器只需要 2 mL 磁流变液，大大降低了制造成本.

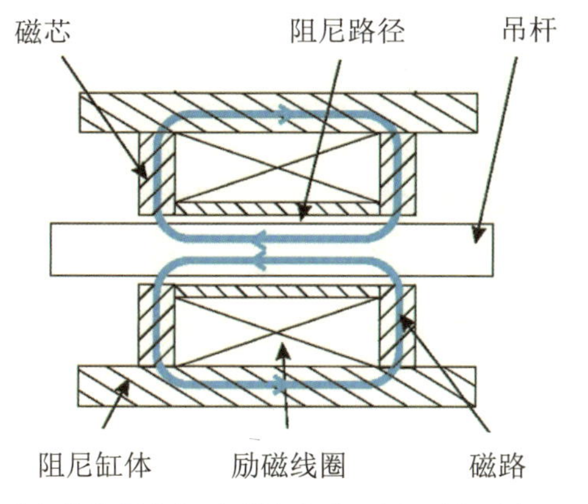

(a) 单线圈剪切式磁流变液阻尼器原理图

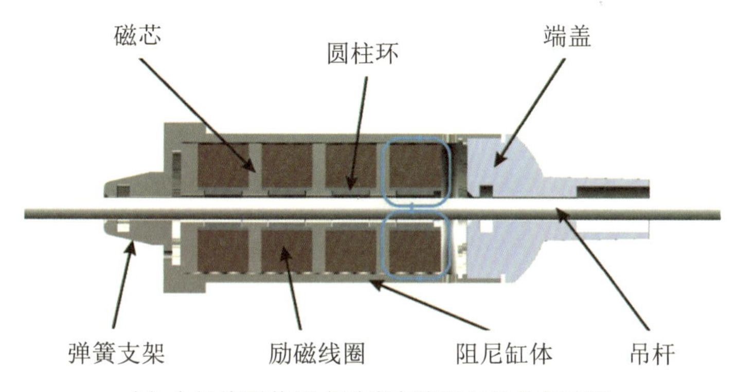

(b) 多级线圈剪切式磁流变液阻尼器的剖视图

图 5.17　剪切式磁流变液阻尼器

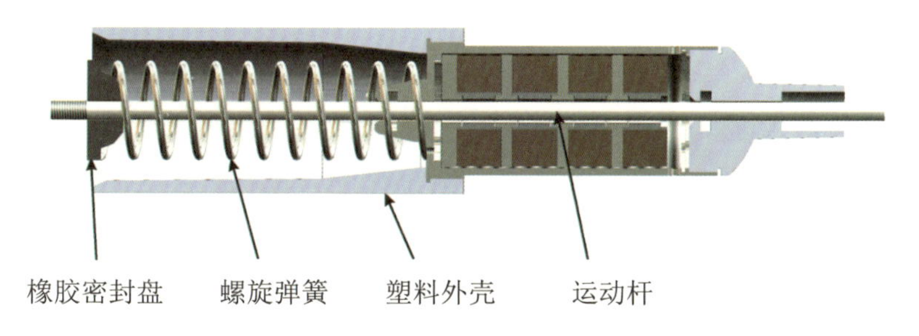

图 5.18　无活塞式磁流变悬挂吊杆剖视图

无活塞式磁流变悬挂吊杆的原理图如图 5.19(a) 所示. 组装好的无活塞式磁流变悬挂吊杆实物如图 5.19(b) 所示. $H_1 = 620$ mm 是磁流变吊杆的总高度, $D_{\max} = 45$ mm 是最大直径, $H_2 = 436$ mm 是内桶和洗衣机箱体安装位置之间的高度. H_1 和 H_2 可通过螺母位置进行调整,因此该设计扩大了该磁流变悬挂吊杆的适用范围.

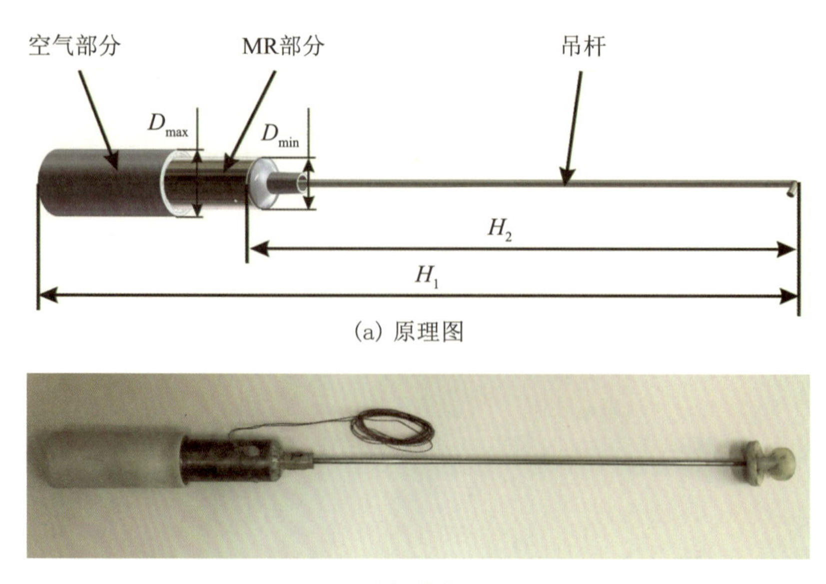

(a) 原理图

(b) 照片

图 5.19　无活塞式磁流变悬挂吊杆的原理图和实物照片

2. 磁路仿真设计

本部分进行磁场强度模拟以优化磁流变液阻尼器的磁路结构参数. 磁流变液阻尼器磁路原理示意图如图 5.20 所示. D_1, D_2 和 D_3 分别是吊杆、端盖和阻尼缸体的直径. h, L_{c1} 和 l_1 分别是阻尼通道、励磁线圈和端盖的宽度. l_2 表示端盖和磁芯之间的距离. L_{c2}, L_1 和 L 分别是励磁线圈、磁芯和磁流变液阻尼器的长度. 磁流变液阻尼器关键参数的具体数据见表 5.2. 因为每个励磁线圈的缠绕方向彼此相反, 所以由四个线圈产生的磁场的方向交替地反转, 从而相邻两个线圈产生的磁通量方向在磁芯中是相同的, 如图 5.20 中红色箭头所示, 增强了阻尼通道间隙处的磁场强度. 由于磁流变液阻尼器为中心轴旋转对称结构, 因此在仿真软件中, 构建几何模型时可以选择磁流变液阻尼器剖面结构的一半进行磁路仿真.

在仿真中, 使用 COMSOL Multiphysics 软件对磁流变液阻尼器进行磁场模拟的全面数值研究. 软件中构建的磁流变液阻尼器剖面结构的几何构建和有限元网格划分如图 5.21 所示. 构建的几何图形是实际设计结构的简化, 主要是对于端盖结构的简化, 因为端盖为非导磁性材料, 本处的简化不影响仿真结果. 其余几何尺寸和磁流变液阻尼器设计尺寸一致.

在仿真过程中, 磁芯、吊杆和阻尼缸体设置的材料为 1010 低碳钢, 在 COMSOL 中可以直接获得该材料的 B-H 曲线，如图 5.22 所示．1010 低碳钢的 B-H 曲线来自软件，与《常用钢材磁特性曲线速查手册》中的曲线一致．其余材料如端盖、圆柱环等选择了铝合金材料，磁流变液区域设置为弱导磁材料，查阅资料，磁流变液的相对磁导率为 3~9，仿真时，磁流变液的相对磁导率设置为 5．在设计的磁流变液阻尼器中，电流方向不影响磁感应强度大小，在仿真时，设置四个励磁线圈中电流交替反向，电流值相同．

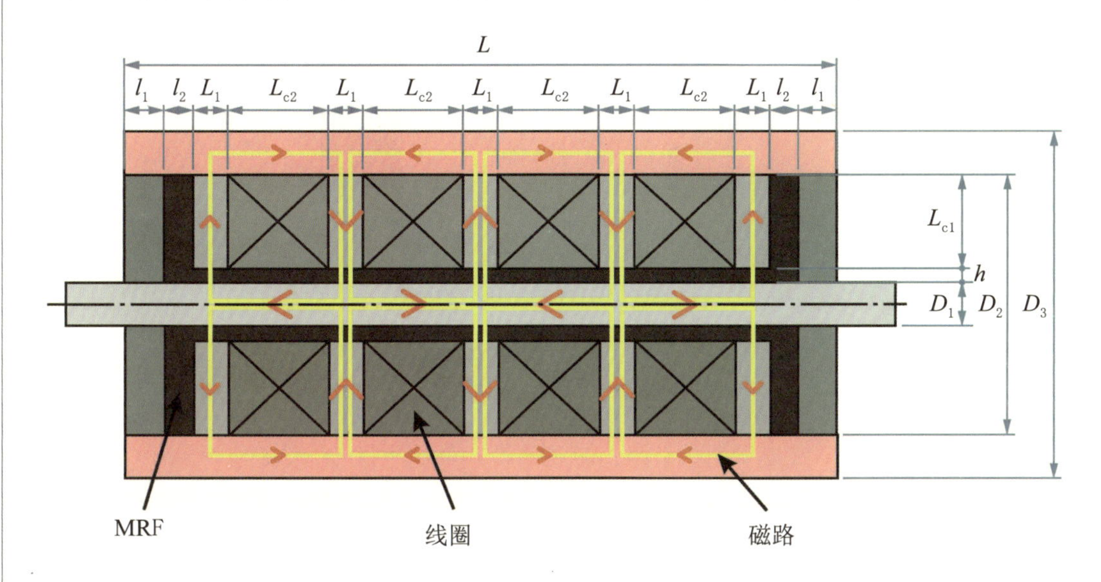

图 5.20　磁流变液阻尼器磁路原理示意图

表 5.2　磁流变液阻尼器参数

部　件	关键参数	参数值
吊杆	直径 D_1	5 mm
阻尼路径	宽度 h	0.8 mm
线圈	直径 d	0.59 mm
	径向宽度 L_{c1}	10 mm
	轴向长度 L_{c2}	10 mm
磁芯	匝数	160
	内径 $D_1 + 2h$	6.6 mm
	外径 D_2	31 mm
端盖	轴向长度 L_1	4 mm
	轴向宽度 l_1	5 mm
MR 部分	MRF 体宽度 l_2	3 mm
	轴向长度 L	76 mm
	外径 D_3	35 mm

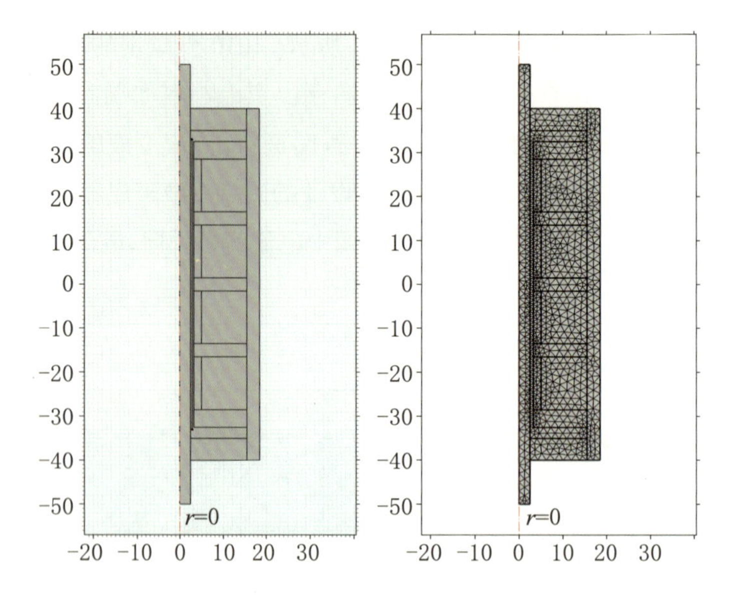

图 5.21　仿真设置

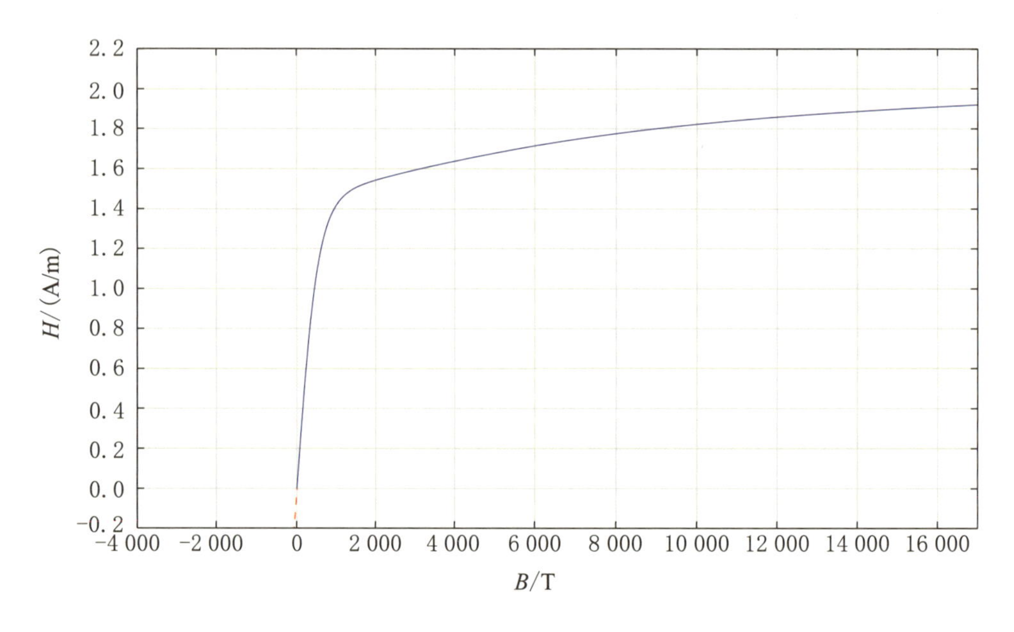

图 5.22　1010 低碳钢的 B-H 曲线

图 5.23 给出了磁流变液阻尼器在阻尼通道间隙中心处磁感应强度分布模拟的结果，其中励磁线圈施加的电流分别为 0.5，1.0，1.5 和 2.0 A．在电流较小时，即 1.0 A 以下时，中间磁芯的磁感应强度小于相邻两侧的磁感应强度，这是因为中间磁芯的磁感应强度是四个励磁线圈合磁场的结果，有相互加强的，也有相互减弱的．在电流较大时，中间磁芯的磁感应强度基本与相邻两个磁芯持平，说明随着电流增大，磁感应强度相互增强的作

用优势开始体现出来. 当电流为 2.0 A 时,磁感应强度可以达到 1.1 T. 从仿真结果可以得出,在磁流变液阻尼器中主要提供磁场的区域是中间三个磁芯,由于两端只有一个励磁线圈的作用,磁感应强度要小很多.

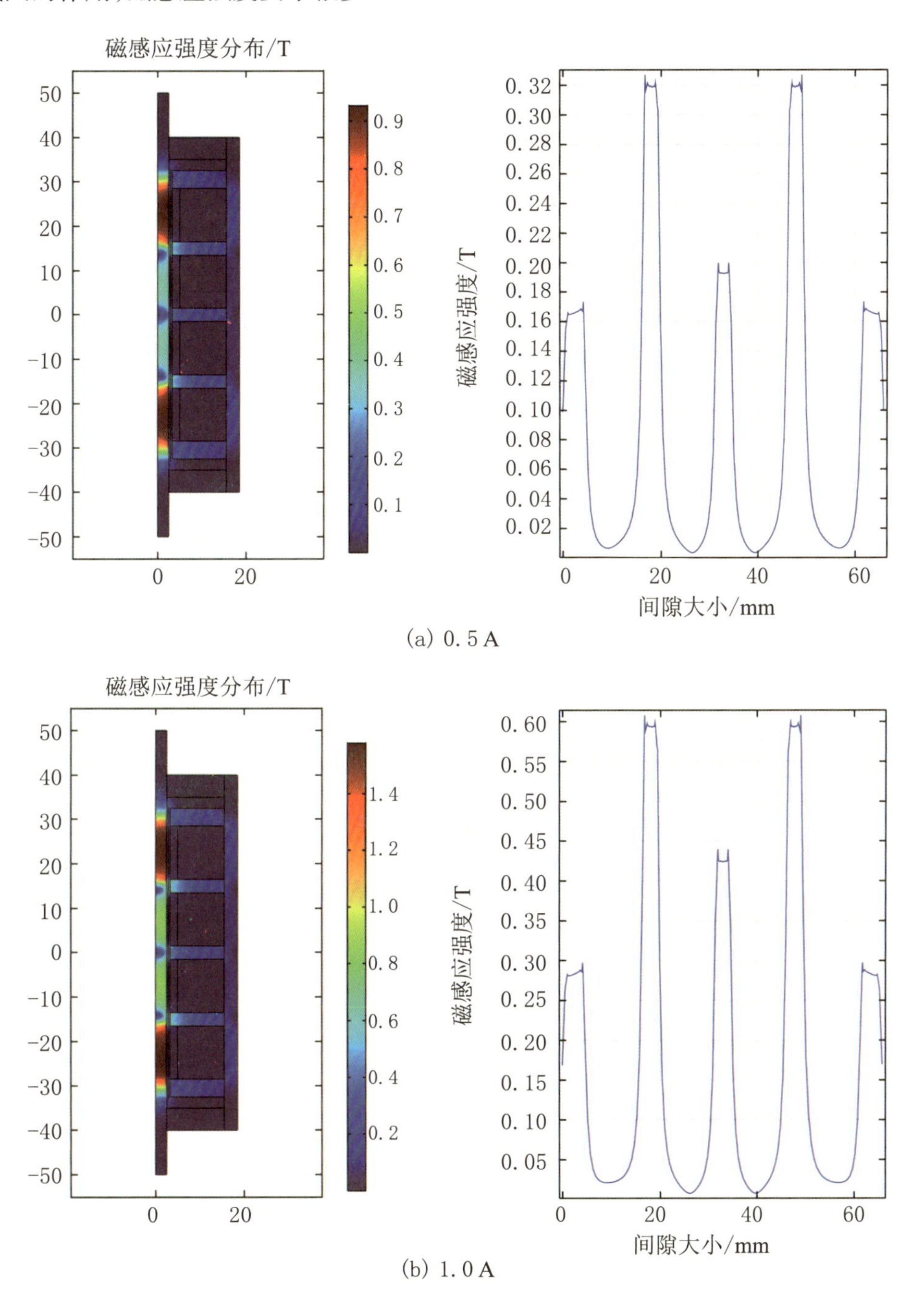

图 5.23　磁流变液阻尼器在阻尼通道间隙中心处磁感应强度分布模拟的结果

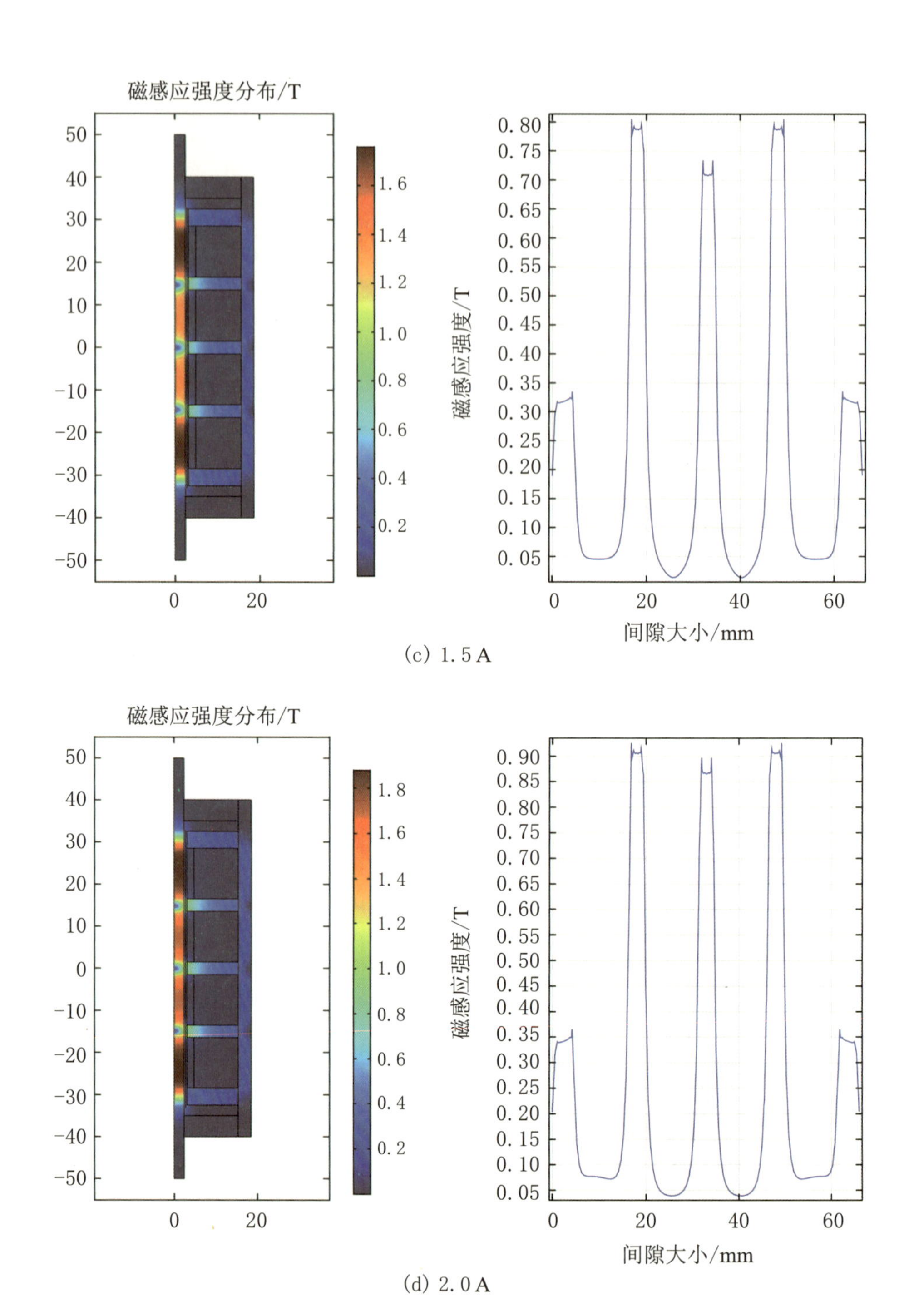

图 5.23　磁流变液阻尼器在阻尼通道间隙中心处磁感应强度分布模拟的结果 (续)

5.4.3 实验系统

在磁流变悬挂吊杆设计之后,需要进行实验以测试设计的悬挂吊杆性能是否符合设计目标. 实验主要分为两部分: 使用 MTS 测试磁流变液阻尼器的阻尼力变化, 获得阻尼力–位移力回环曲线; 使用动态分析仪通过记录加速度传感器信号获得洗衣机振动加速度.

1. 磁流变液阻尼器的阻尼力实验系统

为了测试磁流变液阻尼器的基本性能, 使用 MTS (型号: MODEL C43.304E; 力传感器最大可测量 30 kN) 设备来测试磁流变液阻尼器的阻尼力变化情况. 图 5.24 展示了实验中所使用的设备, 实验装置由 MTS、磁流变液阻尼器、电流源和计算机等组成. MTS 连接到计算机上以记录力与位移数据, 电流源可以向磁流变液阻尼器施加恒定电流. 磁流变液阻尼器悬挂吊杆的顶部连接到 MTS 的上夹头, 将磁流变液阻尼器的底部连接到 MTS 底部夹头. MTS 的上夹头在垂直方向按照电脑中预设的程序运行, 通过正弦运动压缩和拉伸磁流变液阻尼器以获得力和位移数据. 实验完成后, 数据被记录到电脑中以便后续实验数据处理.

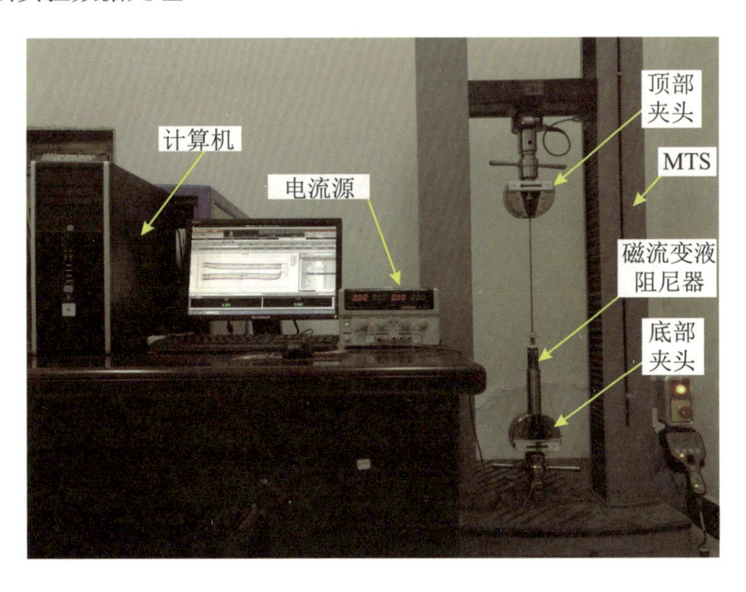

图 5.24 磁流变液阻尼器的阻尼力实验系统

波轮洗衣机需要使用四个磁流变悬挂吊杆进行振动控制. 四个磁流变液阻尼器的阻尼力性能是否一致,决定了其能否实现最佳的振动控制,因此需要对四个磁流变液阻尼器都进行阻尼力测试. 本节对磁流变液阻尼器完成了四组实验,每组实验的 MTS 软件设置是相同的,对电流源输出的恒定电流值也进行了设置. 对每个固定的电流值,MTS 对磁流变液阻尼器进行一次力回环测试,实验完成后可以获得不同电流时,磁流变液阻尼器的力回环,从而可以看出磁流变液阻尼器的阻尼力随电流的变化情况.

2. 洗衣机振动实验系统

在获得磁流变液阻尼器的阻尼力性能曲线之后,还需要将磁流变悬挂吊杆安装到洗衣机中进行振动控制实验,将使用磁流变悬挂吊杆的振动控制效果与使用空气被动悬挂吊杆的效果进行对比. 图 5.25 为洗衣机振动测试实验装置,由洗衣机、24 位 ADC 模块、电流源和计算机组成. 加速度传感器固定在洗衣机上,传感器的测量信号被传送到 ADC 模块. ADC 模块连接到计算机以记录振动加速度结果. 电流源为磁流变液阻尼器提供恒定电流.

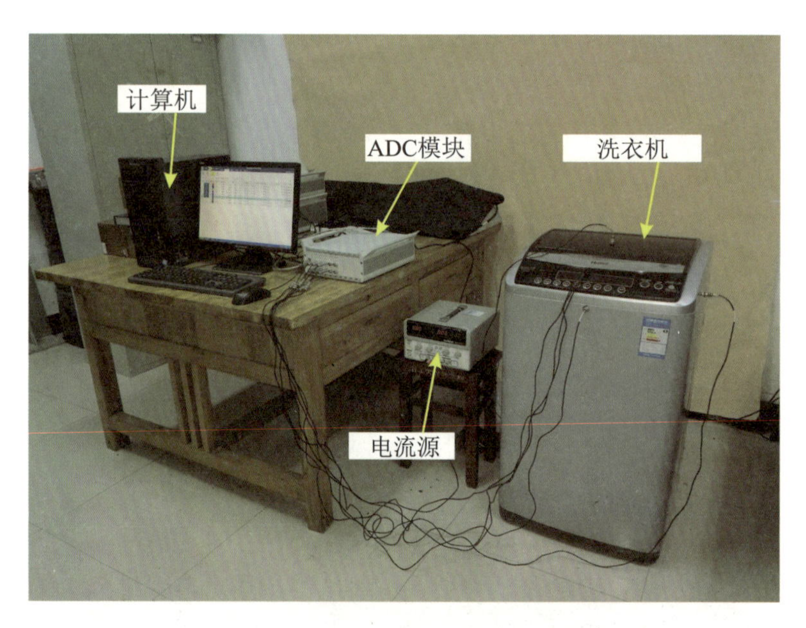

图 5.25 洗衣机振动测试实验装置

如图 5.26 所示,实验中使用了四个加速度传感器,并且共输出六个加速度信号. 在图 5.26(a) 中,三个单向加速度传感器安装在洗衣机的顶部面板、前面板和侧面板上. 在图 5.26(b) 中,一个三轴加速度传感器安装在内桶的顶部. 所有加速度传感器的最大测量值是 5 000 m/s^2,带宽为 10 kHz. 采用东华 DH5922 动态信号测试分析系统的 24 位 ADC 模块以 1 000 Hz 的采样频率测量加速度信号. 在洗衣机的实际运行中,由于在脱水阶段的振动最明显,故在实验期间,洗衣机工作在脱水阶段. 实验包括洗衣机空载、500 g 不平衡质量负荷以及使用衣物和水三种情况. 在上述三种情况下,洗衣机悬架分别使用了空气被动悬挂吊杆和磁流变悬挂吊杆进行实验. 为了研究用于控制洗衣机振动的磁流变悬挂吊杆的性能,将恒定电流施加到磁流变液阻尼器. 三个单向加速度传感器和三轴加速度传感器同时记录数据. 实验完成后,比较实验结果以验证通过将磁流变悬挂吊杆应用于洗衣机来实现振动控制的有效性.

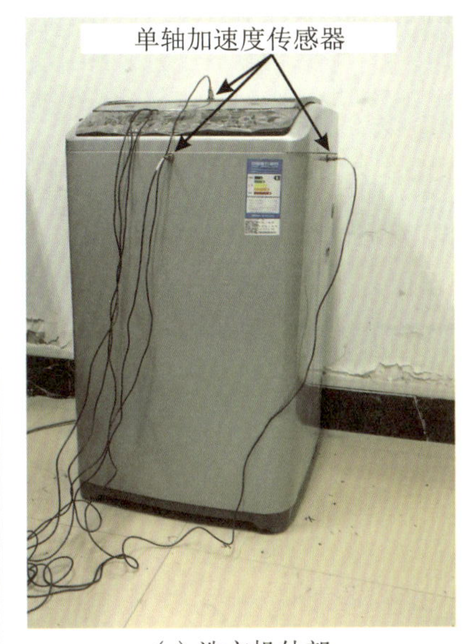

(a) 洗衣机外部

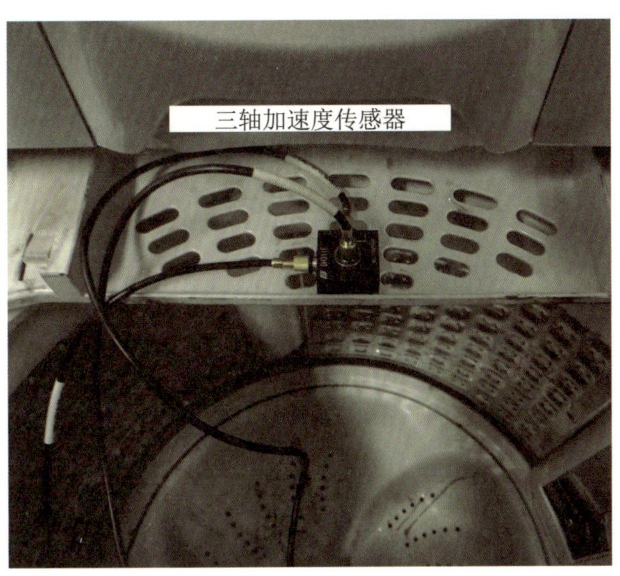

(b) 洗衣机内部

图 5.26　加速度传感器的安装

3. 实验过程及结果分析

(1) 阻尼力实验结果. 在 MTS 拉伸实验中,设置上夹具的振幅为 ±10 mm,正弦拉伸频率为 0.1 Hz,运行 6 个周期. 将阻尼器的励磁线圈接线端与直流电源连接,分别在电流为 0.0,0.5,1.0,1.5,2.0 A 情况下,对 4 个与多级线圈剪切式磁流变液阻尼器的输出力进行测试,磁流变液阻尼器分别记作 G1,G2,G3,G4. 测试结果如图 5.27 所示.

从测试结果可以看出:

① 阻尼器 G1 在 0.0,0.5,1.0,1.5,2 A 下的峰值载荷分别为 5,7,13,16,18 N. 在改变电流大小时,阻尼力变化很明显.

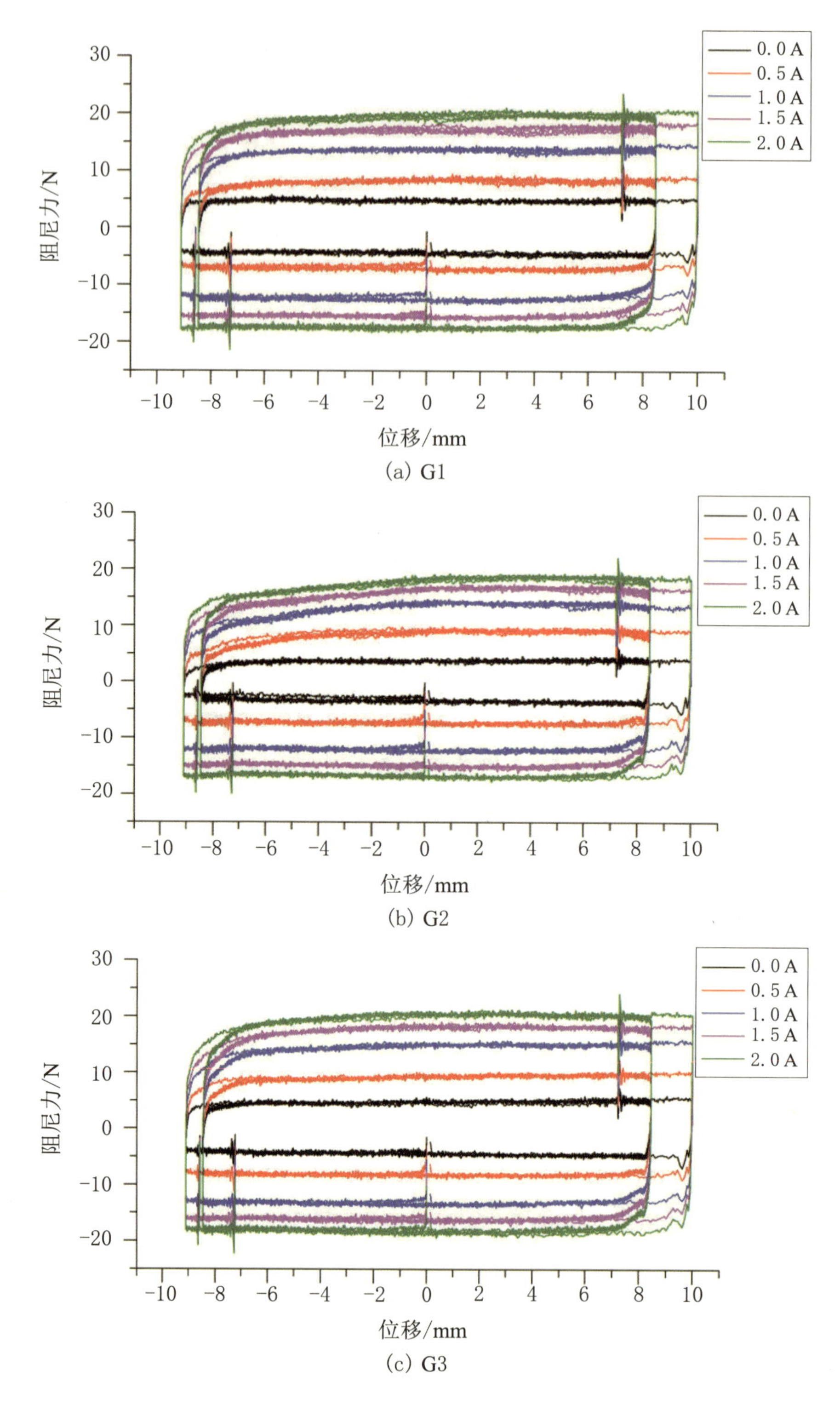

图 5.27 无活塞式磁流变液阻尼器阻尼力测试结果

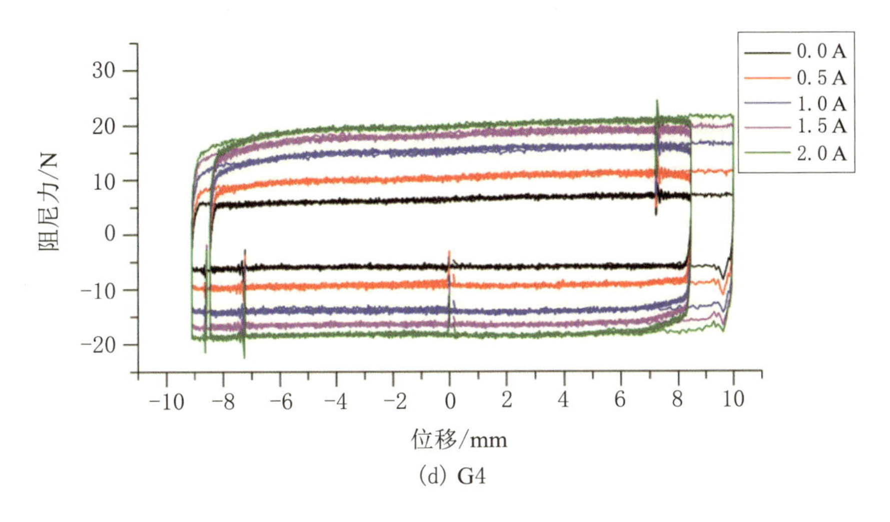

(d) G4

图 5.27 无活塞式磁流变液阻尼器阻尼力测试结果 (续)

② 阻尼器 G2 在 0.0,0.5,1.0,1.5,2 A 下的峰值载荷分别为 4,8,13,16,17 N. 在改变电流大小时,阻尼力变化很明显.

③ 相较于前两次实验,阻尼器 G3 的实验结果比较好,曲线抖动较小. 阻尼器 G3 在 0.0,0.5,1.0,1.5,2 A 下的峰值载荷分别为 5,8,14,17,20 N. 在改变电流大小时,阻尼力变化很明显.

④ 阻尼器 G4 在 0.0,0.5,1.0,1.5,2 A 下的峰值载荷分别为 6,9,14,17,19 N. 在改变电流大小时,阻尼力变化很明显.

综合实验结果,可以得到:

① 零场时磁流变液阻尼器初始输出阻尼力为 4 ~ 6 N,G4 的初始阻尼力较大.

② 通入电流后,阻尼力变化较为明显,阻尼力变化最大可达到 15 N 左右,相对于初始阻尼力来说,磁流变效应明显.

③ 在 1.0 A 电流之后,阻尼力变化趋势随电流增大开始减弱,这是因为随电流增加,磁芯内部磁路逐渐趋于饱和.

④ 从图 5.27 可以看出,每个阻尼器在每次运动接近最大位移时,发生力的瞬时抖动,这是因为阻尼器内部存在欠压,由于持续时间很短,因此可以忽略对振动控制性能的影响.

⑤ 四个阻尼器的阻尼力相对来说抖动很小,阻尼力稳定,四个阻尼器在初始阻尼力和最大阻尼力方面非常接近,表明四个阻尼器的动态性能是一致的.

(2) 洗衣机振动控制实验结果. 在上述三种情况下,洗衣机的悬挂吊杆分别使用空气被动悬挂吊杆和磁流变悬挂吊杆. 以下系列实验结果图中,虚线表示振动加速度平均加速度，实线表示振动加速度峰值. 为便于表述，脱水时间记为 T，实验数据表示洗衣机箱体在 x 轴、y 轴和 z 轴方向 (图 5.13(b)) 上的振动加速度结果.

当洗衣机在空载的情况下运行时，使用两种悬挂吊杆测量箱体振动加速度的结果，如图 5.28～图 5.30 所示. 在 x 轴方向上，使用空气被动吊杆时的平均加速度为 0.6 m/s^2，峰值为 3.2 m/s^2. 相比之下，在施加 0 和 0.5 A 电流时，使用磁流变吊杆时的平均加速度降低到 0.4 m/s^2，在 0.5 A 的电流下，峰值可以减小到 2.2 m/s^2，这几乎是空气被动吊杆结果的一半. 在 y 轴方向上，振动情况与 x 轴方向结果相比，处于相同的水平. 空气被动吊杆的平均加速度为 0.4 m/s^2，峰值为 2.8 m/s^2，而磁流变吊杆的平均加速度可降至 0.3 m/s^2，在施加 0.5 A 电流时，对于磁流变吊杆，峰值为 1.7 m/s^2. 在 z 轴方向上，振动加速度较小. 对于空气被动吊杆，平均加速度为 0.2 m/s^2，峰值为 1.2 m/s^2. 对于磁流变吊杆，当电流为 0.5 A 时，平均加速度可以减小到 0.1 m/s^2，峰值为 0.7 m/s^2. 在这种情况下，使动态性能最佳的电流为 0.5 A.

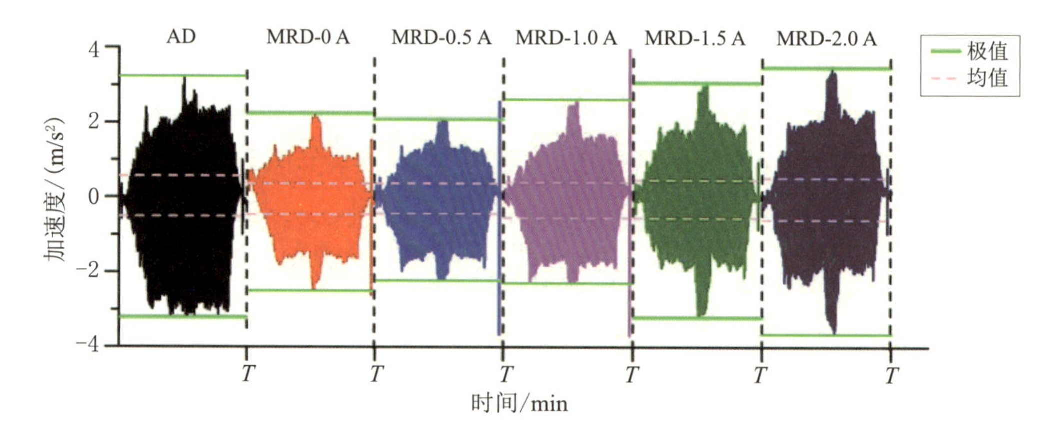

图 5.28 空载时 x 轴方向振动加速度

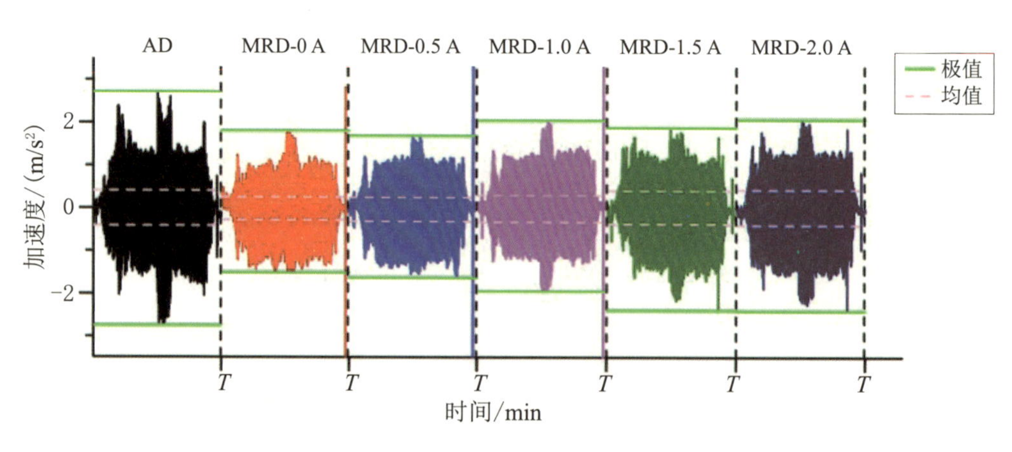

图 5.29 空载时 y 轴方向振动加速度

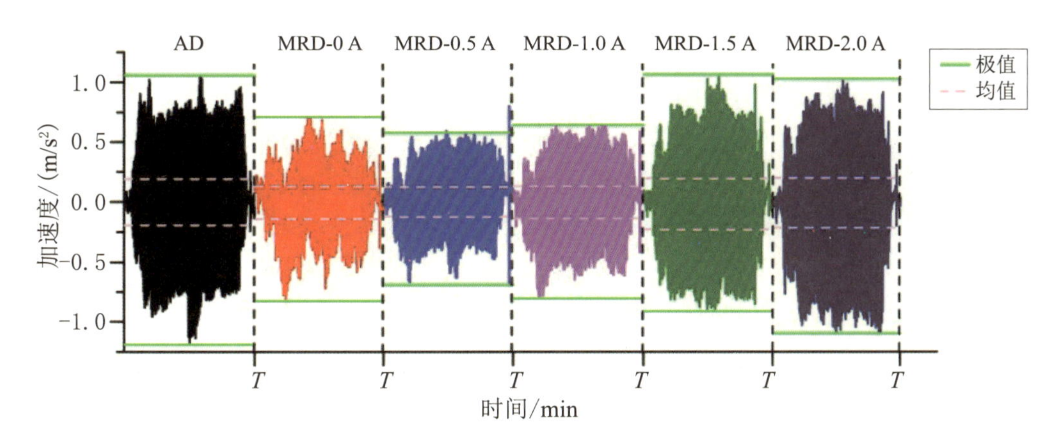

图 5.30　空载时 z 轴方向振动加速度

接下来进行内置 0.5 kg 偏心质量负载情况下的洗衣机脱水运行实验. 与图 5.28～图 5.30 的设置相同,振动测量结果显示在图 5.31～ 图 5.33 中.

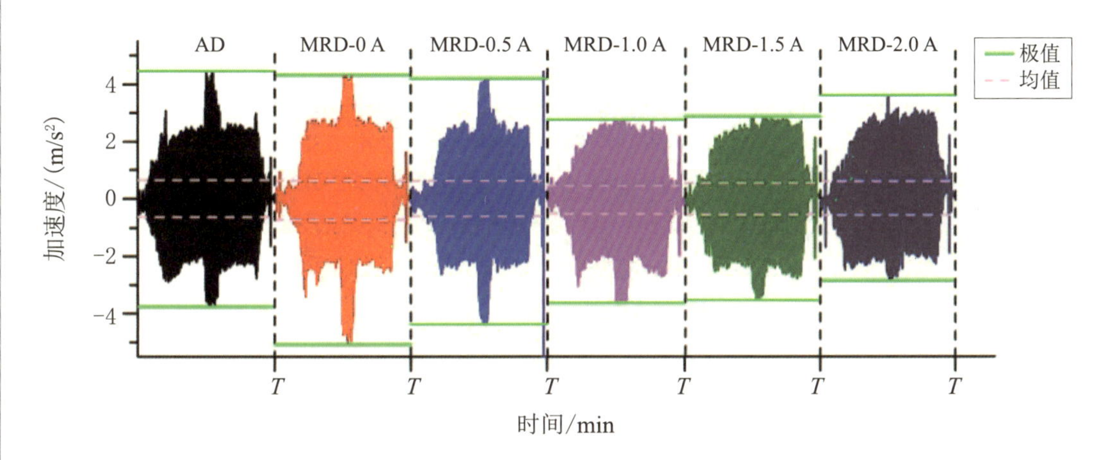

图 5.31　0.5 kg 负载时 x 轴方向振动加速度

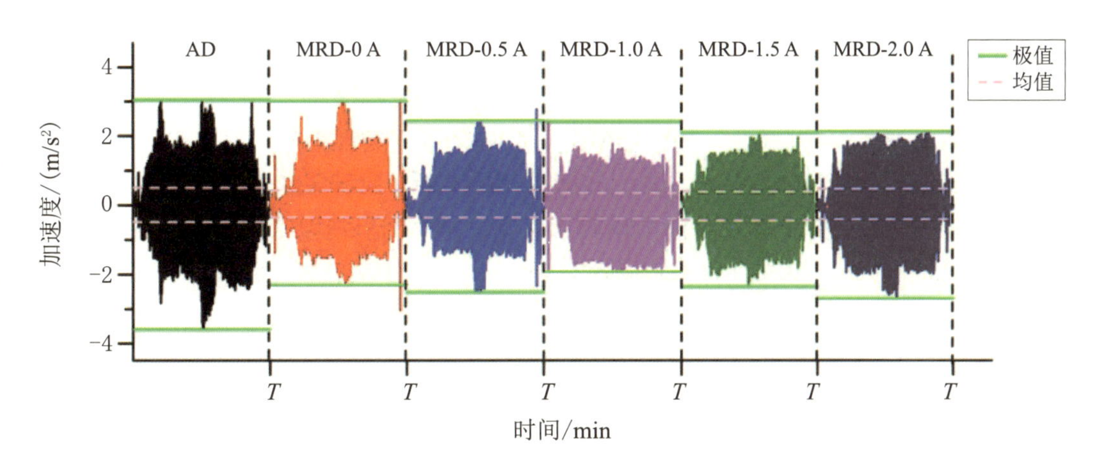

图 5.32　0.5 kg 负载时 y 轴方向振动加速度

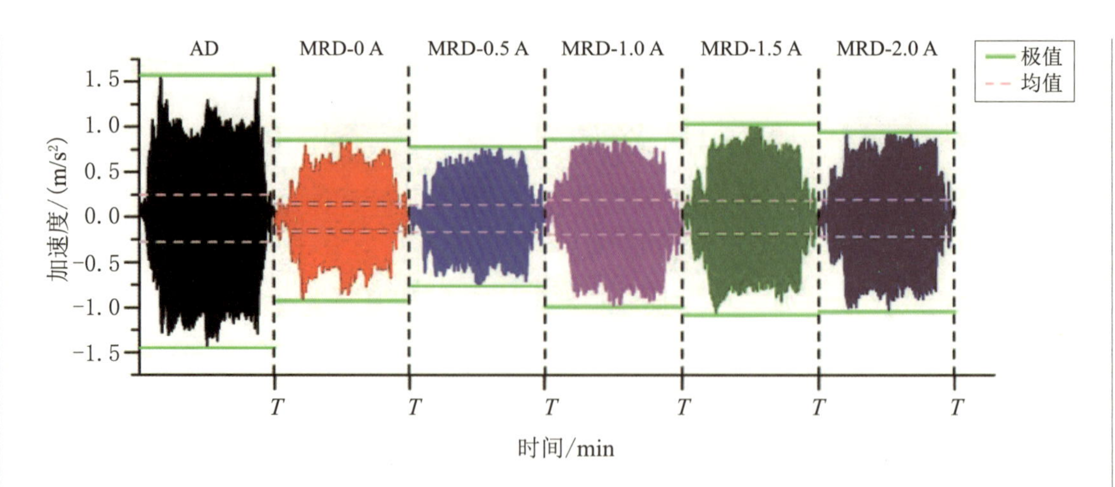

图 5.33　0.5 kg 负载时 z 轴方向振动加速度

通过比较测量结果,使用空气被动吊杆时,洗衣机箱体在 x 轴和 y 轴方向上,振动加速度的平均值分别为 0.7 和 0.5 m/s^2,振动加速度的峰值分别为 4.5 和 3.6 m/s^2. 对于磁流变吊杆,在施加 1.0 A 电流时,x 轴和 y 轴方向上的加速度平均值分别降至 0.5 和 0.4 m/s^2. 在施加 1.5 A 电流时,峰值分别降低到 3.5 和 2.4 m/s^2. 值得注意的是,未施加电流时和施加较大电流时,磁流变吊杆具有较大的振动加速度,这意味着在不平衡质量负载条件下,阻尼力应该在适当的范围内,不能过小,也不能过大. 在 z 轴方向上,空气被动吊杆的振动加速度平均值和峰值分别为 0.3 和 1.6 m/s^2. 对于磁流变吊杆,当电流为 0.5 A 时,加速度平均值和峰值可以分别减小到 0.2 和 0.8 m/s^2.

在添加 4 kg 衣物和 35 kg 水的情况下,洗衣机脱水运行实验结果如图 5.34~图 5.36 所示. 在 x 轴和 y 轴方向上,对于磁流变吊杆,当施加电流为 0~1.5 A 时,振动加速度平均值接近 0.4 m/s^2,低于使用空气被动吊杆时的振动加速度平均值. 在 z 轴方向上,与空气被动吊杆相比,加速度平均值可以从 0.2 m/s^2 减小到 0.1 m/s^2. 三个轴方向上,通过使用磁流变吊杆,所有振动加速度结果都可以减小到使用空气被动吊杆时的一半.

总体而言,通过在线圈上施加不同的电流测试和验证了设计的与空气阻尼器结合的剪切阀式磁流变吊杆的可变阻尼性能. 洗衣机在不同偏心质量负载条件下的振动测试验证了所设计的与空气阻尼器结合的剪切阀式磁流变吊杆的振动控制有效性. 通过使用磁流变吊杆,洗衣机箱体的振动加速度几乎可以减小到使用空气被动吊杆时的一半. 对于闭环控制,考虑采用天棚式滑动模式控制器来改善洗衣机的振动控制,将在后面的工作中继续进行研究.

从实验结果可以看出,在不同负载条件下,控制洗衣机内桶振动需要的控制电流不同,即需要的阻尼不同. 通常,较大的阻尼可以使得振动系统在共振时的振动较小,但在共振频率之外,较大的阻尼会引起振动系统较大的振动,特别是对于变质量系统. 针对阻尼和刚度的控制参数优化,许多学者已经进行了研究. 为测试磁流变吊杆能否实现优化空气被动吊杆,现阶段对磁流变吊杆采用的是开环控制,对于磁流变技术,已经发展了很多控制策略,例如开关控制、PID 控制、调制电流控制和滑模控制等. Choi 和 Li 对磁流变技术的相关控制策略写了一篇综述报道.

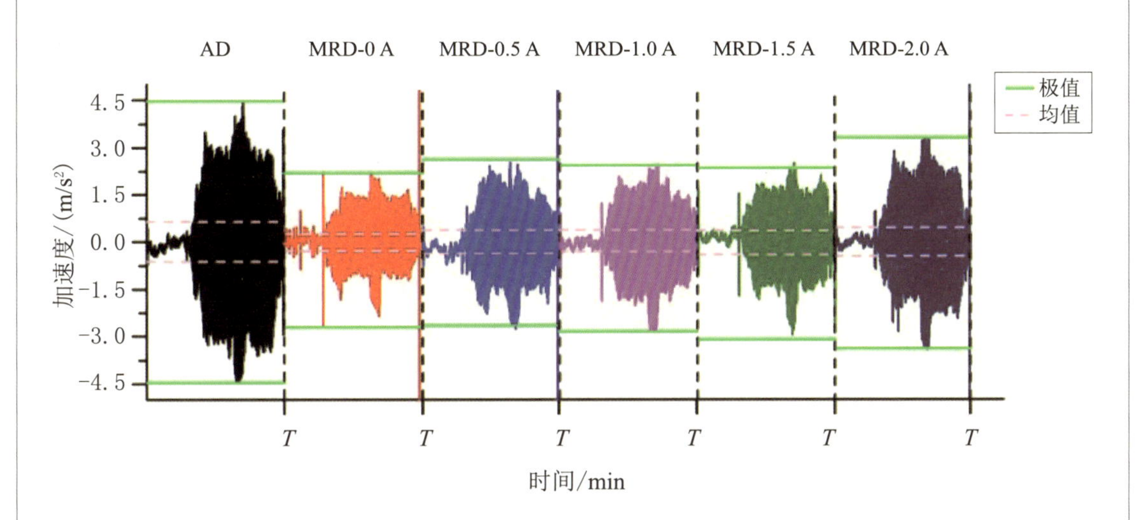

图 5.34　有负载时 x 轴方向振动加速度

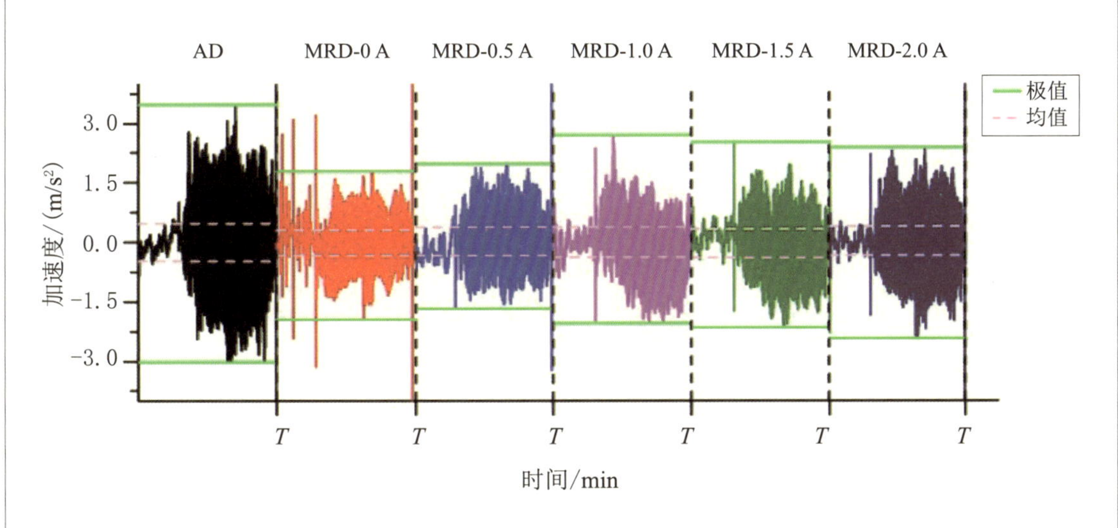

图 5.35　有负载时 y 轴方向振动加速度

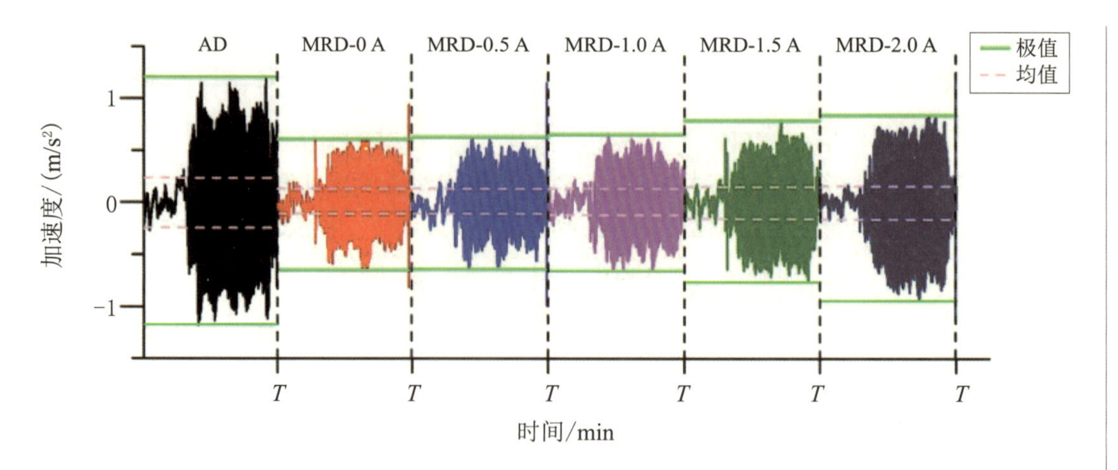

图 5.36　有负载时 z 轴方向振动加速度

第 6 章

智能变刚度磁流变液阻尼器

6.1 变刚度变阻尼磁流变液阻尼器

传统的磁流变液阻尼器可以通过控制电流的变化来改变阻尼的大小，却不可以改变刚度的大小. 在本构模型的分析中，传统磁流变液阻尼器可看作由一个回环、一个线性弹性元件、一个可调节阻尼元件并联而成. 回环的作用是描述迟滞现象，并不影响其刚度的大小. [67,71]

故在传统简单磁流变液阻尼器中，系统的刚度就等于模型单个线性弹簧的刚度，其刚度为一个定值，所能够改变的只有随磁流变液黏度变化而改变的阻尼. 对于一个用来控制振动的系统，在实现阻尼可变滞后，人们进一步研究其刚度变化的可能，以求达到更佳的减振效果. [72]

6.1.1 阻尼器的数学模型

1. 模型一

我们提出一种基于磁流变液特性的变刚度变阻尼振动控制系统模型,同时研究其在时域与频域的变刚度变阻尼特性.

所提出的变刚度变阻尼系统基于磁流变液,这里使用 Bouc-Wen 模型来描述磁流变液的特性.振动控制系统物理模型如图 6.1 所示,系统整体由一个迟滞回环单元与一个阻尼刚度串并联单元并联而成,阻尼刚度串并联结构又由两个弹簧阻尼单元串联而构成.[73]

对于图 6.1 所示的系统,其变刚度变阻尼特性主要由其串并联结构起作用,故可以把其串并联结构单独提取出来分析,如图 6.2(a) 所示.图 6.2(a) 所示的串并联结构,由两个黏壶模型串联而成,每个黏壶模型由一个刚度元件与一个阻尼元件并联构成.图 6.2(b) 为图 6.2(a) 所示串并联结构的等效模型,即一个弹性元件与一个阻尼元件并联构成的结构,其刚度与阻尼大小即为系统的刚度与阻尼大小.在图 6.2(b) 中,x 与 x_0 所表示的意义与图 6.2(a) 一样,k' 与 c' 分别为系统的等效刚度与等效阻尼.

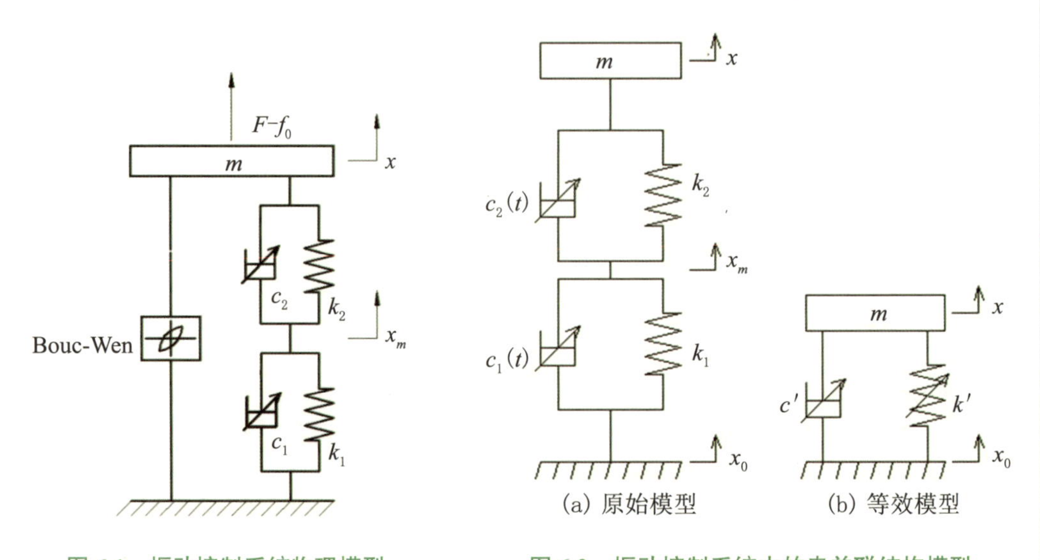

图 6.1　振动控制系统物理模型

图 6.2　振动控制系统中的串并联结构模型

基于图 6.2(a),可以得出此半主动振动控制系统的动力学方程为

$$m\ddot{x}=-k_2\left(x-x_m\right)-c_2(t)\left(\dot{x}-\dot{x}_m\right) \tag{6.1}$$

$$k_2(x-\dot{x})+c_2(t)\left(\dot{x}-\dot{x}_m\right)=k_1\left(x_m-x_0\right)+c_1(t)\left(\dot{x}-\dot{x}_0\right) \tag{6.2}$$

其中 $\ddot{x}$ 表示加速度,$\dot{x}$ 表示速度.

根据式 (6.1) 与式 (6.2),可以得到半主动振动控制系统的输出位移 $X(s)$ 与输入位移 $X_0(s)$ 的传递函数:

$$\frac{X(s)}{X_0(s)}=\frac{c_1c_2s^2+\left(k_1c_2+k_2c_1\right)s+k_1k_2}{m\left(c_1+c_2\right)s^3+\left(k_1m+k_2m+c_1c_2\right)s^2+\left(k_1c_2+k_2c_1\right)s+k_1k_2} \tag{6.3}$$

用 $\mathrm{i}\omega$ 替换 s,可得

$$\begin{aligned}\frac{X(\mathrm{i}\omega)}{X_0(\mathrm{i}\omega)}=&\left(\left(k_1k_2-c_1c_2\omega^2\right)\left(k_1+k_2\right)+\left(k_1c_2+k_2c_1\right)\left(c_1+c_2\right)\omega^2\right)\\&\div\left(-m\omega^2+\frac{\left(k_1k_2-c_1c_2\omega^2\right)\left(k_1+k_2\right)+\left(k_1c_2+k_2c_1\right)\left(c_1+c_2\right)\omega^2}{\left(k_1+k_2\right)^2-\left(c_1-c_2\right)^2\omega^2}\right.\\&\left.+\mathrm{i}\omega\frac{\left(k_1c_2+k_2c_1\right)\left(k_1+k_2\right)-\left(k_1k_2-c_1c_2\omega^2\right)\left(c_1+c_2\right)}{\left(k_1+k_2\right)^2-\left(c_1-c_2\right)^2\omega^2}\right)\end{aligned} \tag{6.4}$$

基于图 6.2(b),可以得出等效振动模型的动力学方程为

$$mx+k'\left(x-x_0\right)+c'\left(\dot{x}-\dot{x}_0\right)=0 \tag{6.5}$$

根据式 (6.4),可以得到等效模型的输入位移 $X(s)$ 与输入位移 $X_0(s)$ 的传递函数:

$$\frac{X(s)}{X_0(s)}=\frac{c's+k'}{ms^2+c's+k'} \tag{6.6}$$

用 $\mathrm{i}\omega$ 替换 s,可得

$$\frac{X(\mathrm{i}\omega)}{X_0(\mathrm{i}\omega)}=\frac{k'+\mathrm{i}c'\omega}{-m\omega^2+k'+\mathrm{i}c'\omega} \tag{6.7}$$

由于式 (6.7) 是其等效模型的传递函数,故其意义与式 (6.4) 一样,通过合并系数与化简,再比较式 (6.7) 与式 (6.4),可得其等效刚度与等效阻尼的表达式:

$$k'=\frac{\left(k_1k_2-c_1c_2\omega^2\right)\left(k_1+k_2\right)+\left(k_1c_2+k_2c_1\right)\left(c_1+c_2\right)\omega^2}{\left(k_1+k_2\right)^2-\left(c_1-c_2\right)^2\omega^2} \tag{6.8}$$

$$c'=\frac{\left(k_1c_2+k_2c_1\right)\left(k_1+k_2\right)-\left(k_1k_2-c_1c_2\omega^2\right)\left(c_1+c_2\right)}{\left(k_1+k_2\right)^2-\left(c_1-c_2\right)^2\omega^2} \tag{6.9}$$

由式 (6.8) 与式 (6.9) 可以看出,等效刚度 k' 与系统参数 k_1,k_2,c_1,c_2 相关. 其中 k_1 和 k_2 由磁流变液阻尼器设计因素决定,在阻尼器设计好后其刚度系数就不再发生变化. c_1 和 c_2 由控制电流产生的电磁场来决定. ω 为输入的频率. 此半主动振动控制系统的阻尼与刚度可以通过控制这些参数来改变,以实现变刚度变阻尼的效果.

在半主动振动控制系统中,磁流变液阻尼器的阻尼是可变的. 为了分析系统内单个阻尼系数以及其他的参数变化对于系统等效阻尼与等效刚度变化的影响,用 MATLAB 依据传递函数作出系统的频率响应曲线,如图 6.3 与图 6.4 所示.

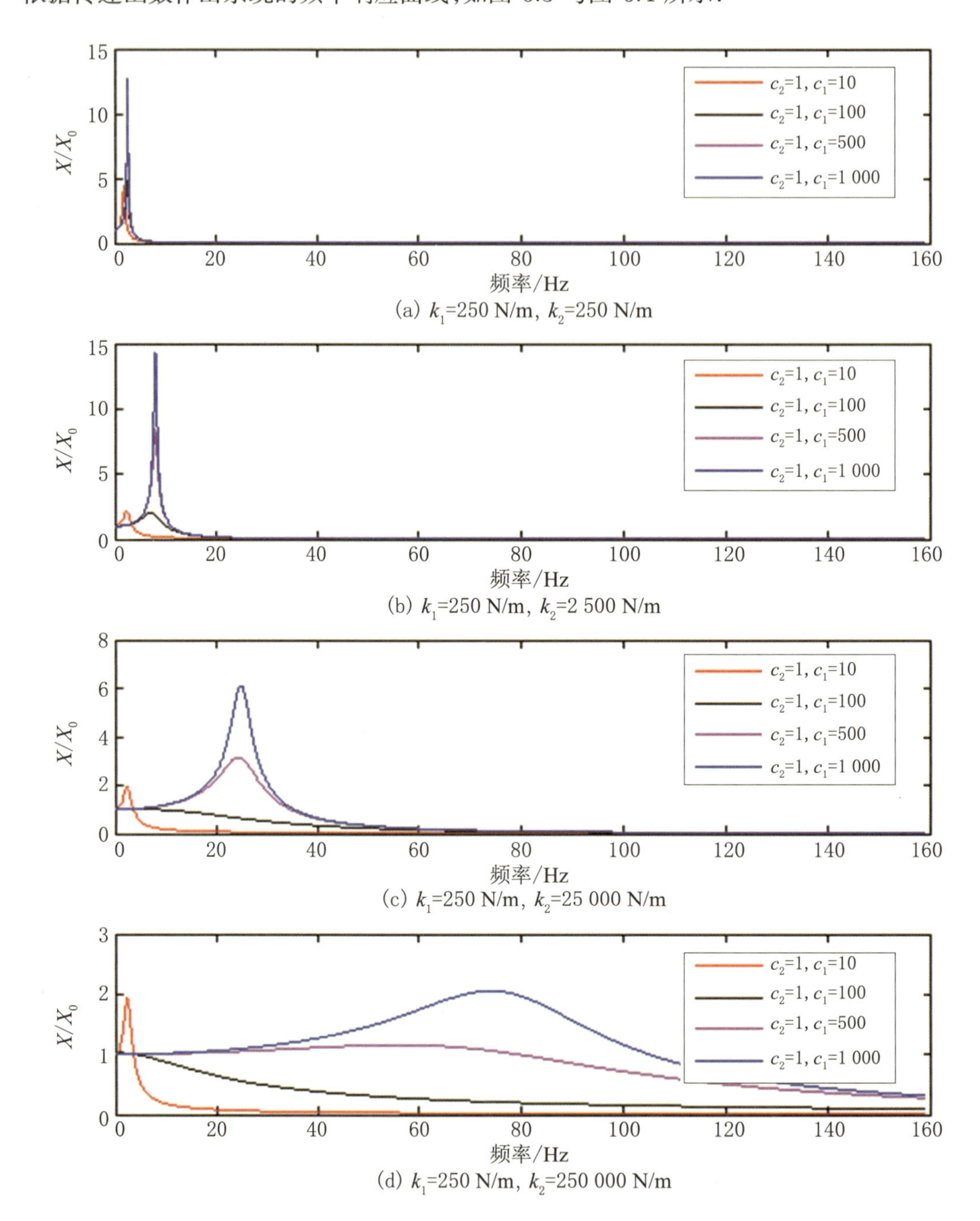

图 6.3 不同参数下系统的频率响应曲线 (c_2 固定, c_1 可变)

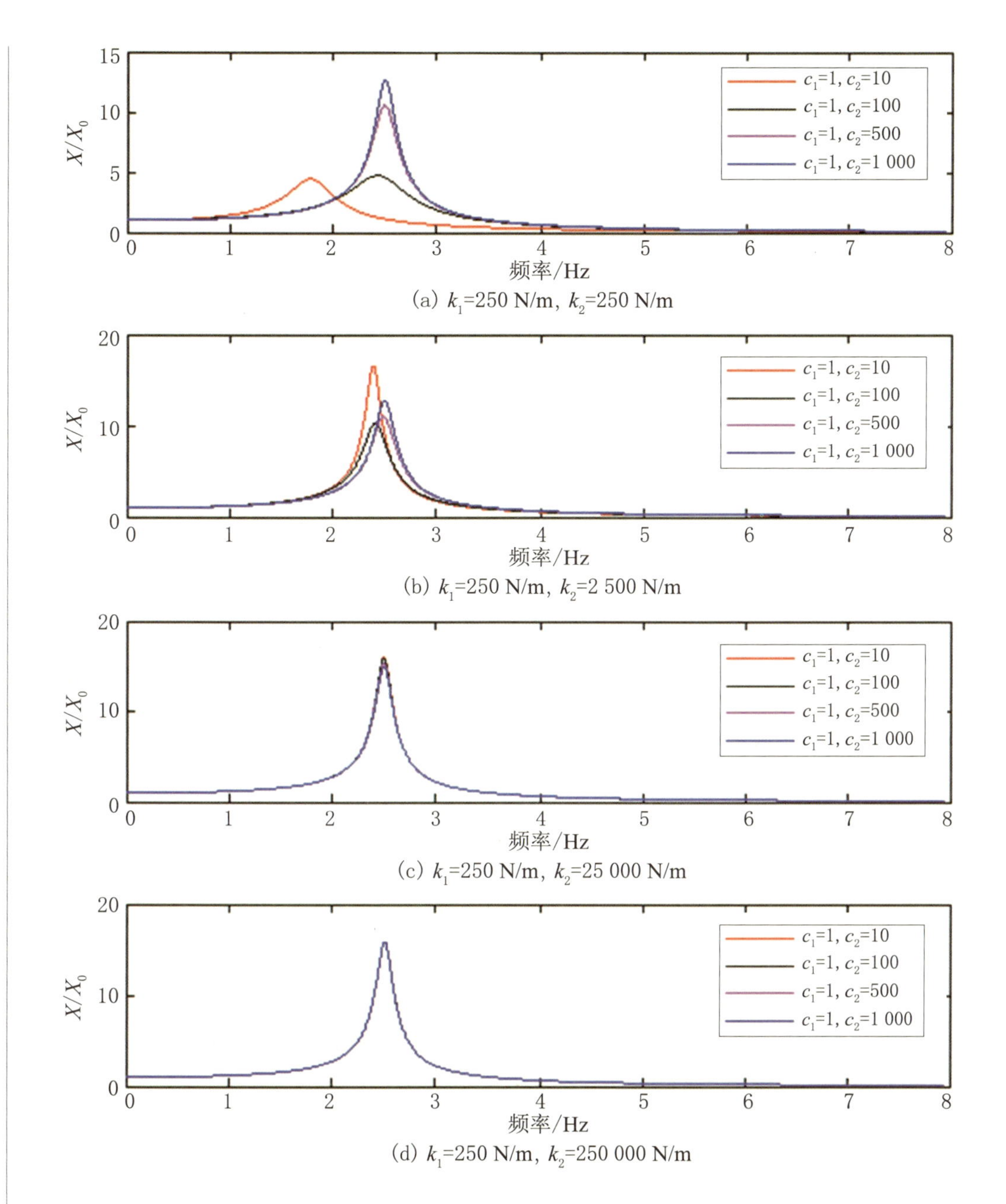

(a) k_1=250 N/m, k_2=250 N/m

(b) k_1=250 N/m, k_2=2 500 N/m

(c) k_1=250 N/m, k_2=25 000 N/m

(d) k_1=250 N/m, k_2=250 000 N/m

图 6.4　不同参数下系统的频率响应曲线 (c_1 固定, c_2 可变)

图 6.3 与图 6.4 分别包含四幅子图,在同一幅图的四幅子图中,每一幅子图中的两弹簧比值都不相同. 这些在同一幅图中的子图被用来分析两弹簧的刚度系数 k_1 与 k_2 的比值的变化对于等效阻尼 c 移频特性的影响. 在每一幅子图中,只有一个参数 (c_1 或者 c_2) 改变,所以通过观察可以很明显地发现等效阻尼的移频特性及移频能力的强弱. 设 $\alpha = k_2/k_1$,详细分析如下:图 6.3 的每一幅子图为不同弹簧刚度系数比值下的系统频率

响应. 在图 6.3 中,设置 c_1 可变而 c_2 为定值. 在振动控制系统频域曲线中,每一条曲线的波峰所对应的横坐标的数值变化反映固有频率的变化. 在图 6.3(a) 中,随着 c_1 增大,系统的固有频率发生变化,但是并不明显. 但在图 6.3(b)~(d) 中,固有频率随着 c_1 增大而增大,幅度也不断增大. 图 6.3(a) 和 (b) 中弹簧刚度比值 α 的数值从 10 增大到 1 000,比较两幅子图中 c_1 由 10 到 1 000 变化而引起的固有频率变化,图 6.3(a) 中红色曲线的波峰与蓝色曲线的波峰相差 1 Hz,图 6.3(d) 中则相差 70 Hz. 通过图 6.3 中子图的比较,可以发现随着两弹簧刚度系数比值的增大而变得明显. 当 c_1 不变,两弹簧刚度系数比值 ($\alpha \geqslant 1$) 小时,频响曲线的波峰尖锐并且所对应的峰值大;保持 c_1 不变,两弹簧刚度系数比值 ($\alpha \geqslant 1$) 大时,频响曲线的波峰平滑并且所对应的峰值小. 这反映了系统的阻尼随着两弹簧刚度系数比值的增大而增加.

图 6.4 与图 6.3 一样,唯一不同之处在于 c_1 为固定的,而 c_2 为可变的. 通过图 6.4(a) 可以发现,随着 c_2 增大,固有频率的变化很小. 并且在图 6.4(b)~(d) 中,随着 c_2 增大,固有频率的变化越来越小. 比较图 6.4 中的四幅子图,可以发现随着两弹簧刚度系数比值的增大,移频特性越发不明显. 在图 6.4(d) 中,两弹簧刚度系数比值 $\alpha = 1\,000$,随着 c_2 由 10 增加到 1 000,对应于四个不同阻尼值的曲线重合,其固有频率并没有显著变化. 系统的移频特性并不明显,并且随着两弹簧刚度系数比值的增加而降低.

比较图 6.3 与图 6.4,在此系统中 c_1 变化比 c_2 变化所带来的移频特性要明显,并且这一作用将随着弹簧刚度系数比值的增大而增加.

2. 模型二

变刚度变阻尼振动系统的数学模型如图 6.5 所示,该振动系统包括两个阻尼元件和两个刚度元件,具体来说,先将一个阻尼元件与一个刚度元件并联,再串联另一个刚度元件,最后再与另一个阻尼元件并联.

根据图 6.5,可以得出变刚度变阻尼器振动系统的振动微分方程为

$$\begin{cases} m\ddot{x} = -k_1(x - x_1) - c_1\ddot{x} \\ k_1(x - x_1) = c_2(\dot{x}_1 - \dot{x}_0) + k_2(x_1 - x_0) \end{cases} \tag{6.10}$$

将上述运动方程进行 Laplace 变换,得到变刚度变阻尼振动系统的传递函数,其输出位移 $x(s)$ 与输入位移 $x_0(s)$ 的关系式为

$$\begin{cases} ms^2x(s) = -k_1x(s) + k_1x_1(s) - c_1sx(s) \\ k_1x(s) - k_1x_1(s) = c_2sx_1(s) - c_2sx_0(s) + k_2x_1(s) - k_2x_0(s) \end{cases} \tag{6.11}$$

$$\frac{x(s)}{x_0(s)}=\frac{k_1k_2+k_1c_2s}{c_2ms^3+(c_1c_2+k_1m+k_2m)\,s+k_1k_2+(c_1k_1+c_2k_1+c_1k_2)\,s} \tag{6.12}$$

用 $\mathrm{i}\omega$ 替换 s,可得

$$\frac{x(\mathrm{i}\omega)}{x_0(\mathrm{i}\omega)}=\frac{k_1k_2+\mathrm{i}k_1c_2\omega}{-\mathrm{i}c_2m\omega^3-(c_1c_2+k_1m+k_2m)\,\omega^2+k_1k_2+\mathrm{i}\,(c_1k_1+c_2k_1+c_1k_2)\,\omega} \tag{6.13}$$

假定振动系统简化之后的等效模型如图 6.6 所示,类似地可以将等效振动模型的动力学方程表示为

$$m\ddot{x}++k_{\mathrm{eq}}\,(x_1-x_0)+c_{\mathrm{eq}}\,(\dot{x}_1-\dot{x}_0)=0 \tag{6.14}$$

对公式进行 Laplace 变换,得出等效模型的传递函数,其输出位移 $x(s)$ 与输入位移 $x_0(s)$ 的关系式为

$$\frac{x(s)}{x_0(s)}=\frac{c_{\mathrm{eq}}s+k_{\mathrm{eq}}}{ms^2+c_{\mathrm{eq}}s+k_{\mathrm{eq}}} \tag{6.15}$$

用 $\mathrm{i}\omega$ 替换 s,可得

$$\frac{x(\mathrm{i}\omega)}{x_0(\mathrm{i}\omega)}=\frac{\mathrm{i}c_{\mathrm{eq}}\omega+k_{\mathrm{eq}}}{-m\omega^2+c_{\mathrm{eq}}\omega+k_{\mathrm{eq}}} \tag{6.16}$$

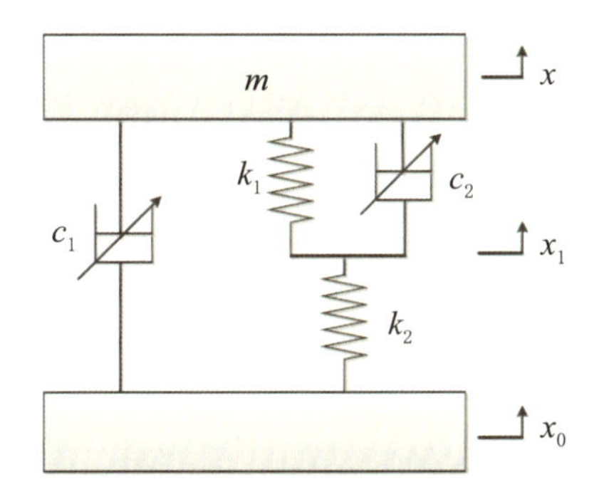

图 6.5　变刚度变阻尼振动系统模型

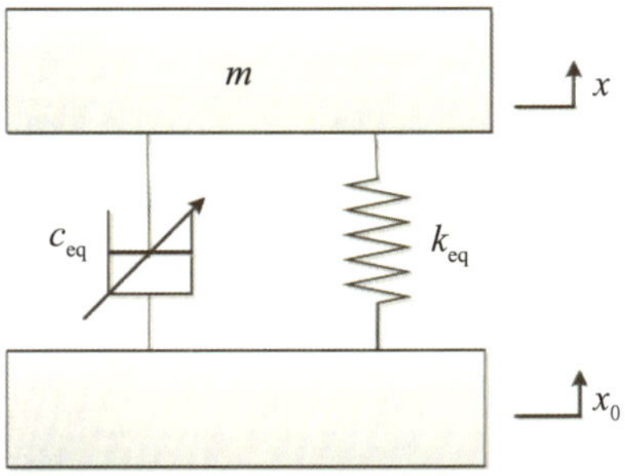

图 6.6　振动系统等效模型

将变刚度阻尼器原模型的传递函数与等效模型的传递函数相比较,经过计算和化简,可以得出系统的等效刚度 k_{eq} 和等效阻尼 c_{eq} 的表达式如下:

$$k_{\mathrm{eq}}=\frac{k_1m\omega^2\,(c_2k_2m\omega+k_1k_2m+k_2^2m+c_1c_2k_1-2c_1c_2k_2)}{(c_2m\omega+k_1m+k_2m+c_1c_2)\,\omega^2+(k_1+k_2)^2\,c_1^2} \tag{6.17}$$

$$c_{\mathrm{eq}}=\frac{k_1m\,((c_2m\omega+k_1m+k_2m+c_1c_2)\,\omega^2c_2+(k_1+k_2)\,k_2c_1)}{(c_2m\omega+k_1m+k_2m+c_1c_2)\,\omega^2+(k_1+k_2)^2\,c_1^2} \tag{6.18}$$

由式 (6.17) 和式 (6.18) 可以看出,等效刚度 k_{eq} 和等效阻尼 c_{eq} 均与系统参数 k_1, k_2, c_1, c_2, ω 有关,其中 k_1, k_2 的值取决于磁流变液阻尼器的结构参数设计,一旦选用合

适的弹簧,其值即被确定不再发生改变,c_1,c_2 则是由施加在线圈上的控制电流大小决定的,ω 与输入系统的激励信号频率相同,因此通过改变结构中的这些参数即可以对系统的刚度和阻尼特性实现有效的调控.

6.1.2 结构设计和性能仿真

为了进一步验证阻尼器的变刚度和变阻尼能力,下面建立物理模型进行力学分析,分析阻尼器不同工作阶段及各项因子对阻尼器等效刚度的影响.

1. 变刚度磁流变液阻尼器的结构

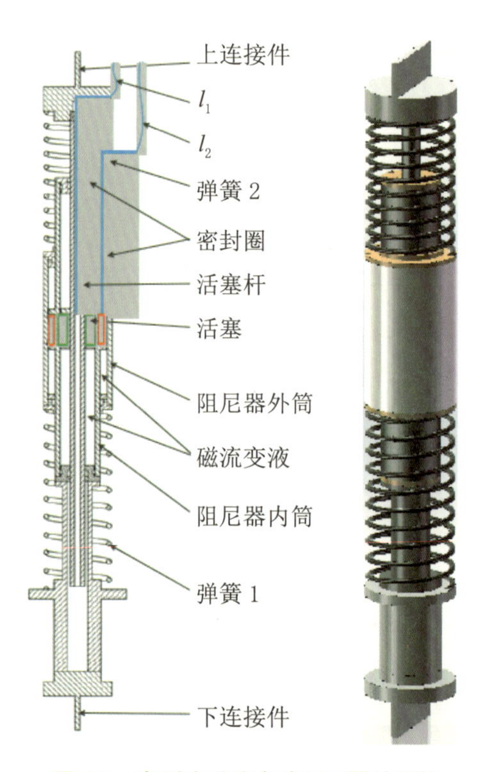

图 6.7 变刚度磁流变液阻尼器的结构

变刚度磁流变液阻尼器的结构如图 6.7 所示,其原理是将两个阻尼元件与两个弹性元件集成在一个减振器中,该阻尼器的结构由上下连接件、活塞杆、两个刚度大小不同的弹簧、阻尼器内筒、阻尼器外筒、上下端盖、密封圈和线圈等主要器件组成. 阻尼器的内筒与外筒的活塞上分别缠绕有一组线圈,并在连接处置有相应的密封结构,通过活塞杆连接内外双筒,内筒外壁同时作为外筒结构的活塞杆,磁流变液充分填充于内外筒的阻尼通道间隙中,两个弹簧分别将阻尼器外筒与上下连接件相接,用以提供支撑和传递外力. 阻尼器的内外筒结构相互独立,两者中的磁流变液没有相对流动,如图 6.7 所示,绿色框线和红色框线分别代表由内筒和外筒中线圈所产生的磁场.

变刚度磁流变液阻尼器与传统的磁流变液阻尼器最大的区别在于传统的磁流变液阻尼器仅仅可以通过控制外加电流来改变阻尼器的阻尼,而不能对刚度产生影响. [74] 而该变刚度磁流变液阻尼器通过给内筒和外筒线圈加上不同大小的电流以产生磁场，实现对阻尼器内外筒的独立控制[75-76]，既可以改变阻尼的大小又可以改变刚度的大小，同时亦能保证活塞具有较大的运动行程[77].

2. 变刚度磁流变液阻尼器的受力分析与建模

对变刚度阻尼器进行受力分析，力在各部分元件之间的传递如图 6.8 所示，F_1，F_2 和 F_3 分别代表内筒活塞、外筒活塞及外筒外壁上的受力，其具体表达式如下：

$$F_1 = F - F_{\mathrm{fi}} - F_{\mathrm{di}} \tag{6.19}$$

$$F_2 = F_{\mathrm{di}} + F_{\mathrm{do}} + F_{\mathrm{fi}} + F_{\mathrm{fo}} \tag{6.20}$$

$$F_3 = F_{\mathrm{k1}} - F_{\mathrm{k2}} - F_{\mathrm{fo}} - F_{\mathrm{do}} \tag{6.21}$$

其中 F 为施加在阻尼器装置上的外力；F_{k1} 和 F_{k2} 分别是弹簧 1 和弹簧 2 产生的弹性力，取决于两弹簧的刚度与形变量；F_{fi} 是活塞杆与内筒之间的摩擦力，F_{fo} 是内筒外壁与外筒之间的摩擦力，可根据运动状态分为静摩擦力 F_{s} 和滑动摩擦力 F_{μ}；F_{di} 和 F_{do} 分别是内筒和外筒中磁流变液所产生的剪切应力，其值与阻尼器的工作模式相关.

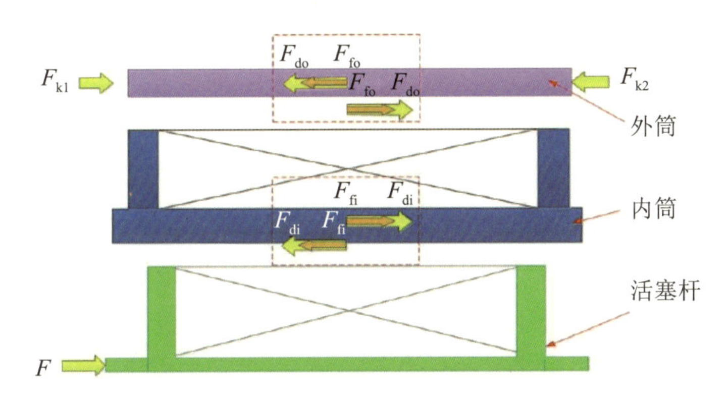

图 6.8 变刚度阻尼器受力分析示意图

根据变刚度磁流变液阻尼器的设计原理可知，阻尼器的工作模式为剪切阀模式. 基于经典的流变力学理论，可以推导得到剪切阀式磁流变液阻尼器的阻尼力简化计算模型，即 Bingham 平板模型，计算公式如下：

$$F = F_\eta + F_\tau = \left(\frac{12\eta L A_{\mathrm{p}}^2}{\pi D h^3} + \frac{\pi D \eta L}{h}\right) v + \left(\frac{3 L A_{\mathrm{p}}}{h} + \pi D L\right) \tau \tag{6.22}$$

其中 F_η 为与速度有关的黏滞阻尼力，F_τ 为随磁场而改变的 Coulomb 阻尼力，$A_{\mathrm{p}} = \pi(D^2 - d^2)/4$ 为活塞的工作面积，v_0 为活塞相对于缸体的运动速度，h 为活塞与缸体间的阻尼通道间隙，D 为活塞外径，L 为活塞总长度，η 为零磁场下磁流变液的黏度系数，τ 为磁流变液的屈服剪切应力.

当活塞的纵向结构尺寸远大于节流通道的尺寸时，液体受到的阻尼主要为阀式工作模式下的，阻尼力的表达式可以简化为

$$F=\frac{12\eta LA_{\mathrm{p}}^{2}}{\pi dDh^{3}}v+\frac{3LA_{\mathrm{p}}\tau}{h}\operatorname{sgn}(\nu) \tag{6.23}$$

因此，变刚度磁流变液阻尼器内筒和外筒的阻尼力可分别表示为

$$F_{\mathrm{di}}=\frac{12\eta_{1}L_{1}A_{\mathrm{p1}}^{2}}{\pi D_{1}h_{1}^{3}}v+\frac{3L_{1}A_{\mathrm{p1}}\tau_{1}}{h_{1}}\operatorname{sgn}(v) \tag{6.24}$$

$$F_{\mathrm{do}}=\frac{12\eta_{2}L_{2}A_{\mathrm{p2}}^{2}}{\pi D_{2}h_{2}^{3}}v'+\frac{3L_{2}A_{\mathrm{p2}}\tau_{2}}{h_{2}}\operatorname{sgn}\left(v'\right) \tag{6.25}$$

$$\tau(i)=F_{\min}+\left(F_{\max}-F_{\min}\right)\left(\frac{I_{i}}{I_{\max}}\right)^{\alpha} \tag{6.26}$$

其中 $F_{\max}$ 和 $F_{\min}$ 分别是垫圈产生摩擦力的塑性阈值和磁流变装置的磁饱和力的最大值与最小值，$I_{\max}$ 是磁流变装置工作过程中的最大电流，α 是一个常数，$\tau(i)$ 的大小可通过外加电流 I_i 控制，$F_{\max}$，$F_{\min}$ 及 α 的值可通过一系列实验进行参数识别.

根据受力分析建立变刚度磁流变液阻尼器的物理模型，将其工作过程分为如下三个阶段：

(1) 内筒和外筒均保持静止. 在变刚度磁流变液阻尼器工作的起始阶段，外力直接作用于阻尼器的上连接件，上连接件与活塞杆相连，由于活塞杆和内筒之间存在静摩擦力，并且内筒中的磁流变液属于 Bingham 流体，只有当外力超过最小剪切应力时，流体才开始流动，并产生剪切变形. 因此，当阻尼器上连接件的受力大小未达到活塞杆与内筒间的摩擦力及内筒磁流变液的屈服力之和时，磁流变液不产生剪切流动，活塞杆与内筒之间的相对位移为零. 随着阻尼器所受的外力不断增大，直到内筒活塞克服这个摩擦力及磁流变液的屈服力之和时，活塞杆才开始有相对运动的趋势.

故由第一阶段进入第二阶段的转折点为阻尼器内筒虽然保持静止状态，但已具有运动的趋势. 设内筒活塞的速度趋近于零，其力的表达式可近似为

$$F=F_{\mathrm{di}}+F_{\mathrm{fi}}=\frac{3L_{1}A_{\mathrm{p1}}\tau_{1}}{h_{1}}\operatorname{sgn}\left(v_{i}\right)+F_{\mathrm{fi}} \tag{6.27}$$

(2) 内筒运动而外筒保持静止. 随着第一阶段中施加于阻尼器上连接件上的力不断增加，磁流变液受到的力也不断增加，一旦受力超过式 (6.27) 中的力值，活塞杆与内筒之间就会产生相对滑动，活塞杆与内筒之间的摩擦力由静摩擦转变为滑动摩擦，内筒中的磁流变液产生剪切应力. 同时，施加的外力通过阻尼器的上连接件传递至线性弹性元件

弹簧 2 上，弹簧受到压缩后产生正比于压缩量的弹性力，弹簧 2 的另一端与阻尼器外筒相接，因此该弹性力传递到阻尼器外筒上．在此阶段中，传递至阻尼器外筒上的力大小未达到外筒内磁流变液的最小剪切应力与内外筒之间的静摩擦力之和，故外筒仍然保持静止，可与内筒筒壁看作一个整体，外筒中的磁流变液不产生流动．

此时阻尼器的上连接件受到的力可以看作分别作用于弹簧 2 和内筒上，弹簧 2 与内筒活塞具有相同的位移量，其物理模型如图 6.9 所示，该模型由一个弹性元件与一个阻尼元件并联而成，阻尼器的等效刚度与等效阻尼即为 k_2 与 c_1．

第二阶段所产生的阻尼力如式 (6.28) 所示，可以表示为磁流变液产生的阻尼力与弹簧 2 产生的弹性力之和：

$$F=F_{\mathrm{di}}+F_{\mathrm{k2}}+F_{\mathrm{fi}}=\frac{12\eta_1 L_1 A_{\mathrm{p1}}^2}{\pi D_1 h_1^3}V_i+\frac{3L_1 A_{\mathrm{p1}}\tau_1}{h_1}\operatorname{sgn}(v_i)+k_2X+F_{\mathrm{fi}} \tag{6.28}$$

$$k_2X=\frac{3L_1 A_{\mathrm{p1}}\tau}{h_1}\operatorname{sgn}(v_0)+F_{\mathrm{f_0}} \tag{6.29}$$

其中 x 为活塞杆的运动位移量，k_2 为上弹簧的刚度．

故由第二阶段进入第三阶段的转折点为阻尼器外筒保持静止状态但有相对运动的趋势，此时外筒活塞的速度无限小而趋近于零，通过计算得转折点 x^* 的表达式为

$$x^*=\frac{3L_2 A_{\mathrm{p_2}}\tau_2\operatorname{sgn}(v_0)+F_{\mathrm{fo}}h_2}{k_2h_2} \tag{6.30}$$

(3) 内筒和外筒同时运动．弹簧 2 受到外力的作用不断压缩，产生的弹性力正比于变形量且不断增加，则传递到外筒上的力也不断增大，若该力的大小超过磁流变液的最小屈服应力，外筒中的磁流变液便会屈服，并开始流动．内筒外壁可以看作外筒的活塞杆，与外筒之间产生相对位移．此时内筒和外筒均产生运动，弹簧 1 亦产生弹性变形，受到压缩后产生相应的弹性力．分析可知，弹簧 2 所传递的力与外筒产生的阻尼力和弹簧 1 所产生的弹性力之和相等，同时弹簧 2 受到的力与阻尼器内筒产生的阻尼力之和等于阻尼器受到的外力，弹簧 1 与外筒活塞具有相同的位移量．由此可以得出此阶段的物理模型如图 6.10 所示，模型由两个弹性元件和两个阻尼元件构成，即弹性元件 1 与阻尼元件 2 并联后，与弹性元件 2 串联，同时弹性元件 1、阻尼元件 2 和弹性元件 2 组成一个整体，再和阻尼元件 1 相并联．阻尼器的等效刚度与等效阻尼为 k_{eq} 和 c_{eq}．我们有

$$F=\frac{12\eta_1 L_1 A_{\mathrm{p1}}^2}{\pi D_1 h_1^3}v_i+\frac{3L_1 A_{\mathrm{p1}}\tau_1}{h_1}\operatorname{sgn}(v_i)+k_2x_2+F_{\mathrm{fi}} \tag{6.31}$$

$$k_2x_2=\frac{12\eta_2 L_2 A_{\mathrm{p2}}^2}{\pi D_2 h_2^3}v_0+\frac{3L_2 A_{\mathrm{p2}}\tau_2}{h_2}\operatorname{sgn}(v_0)+k_1x_1+F_{\mathrm{fo}} \tag{6.32}$$

$$x=x_1+x_2 \tag{6.33}$$

其中 x_1 和 x_2 分别是弹簧 1 与弹簧 2 的形变量.

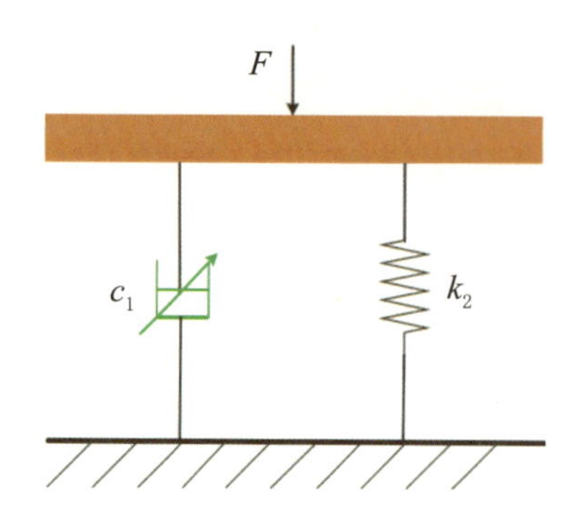

图 6.9　变刚度磁流变液阻尼器作用第二阶段的物理模型

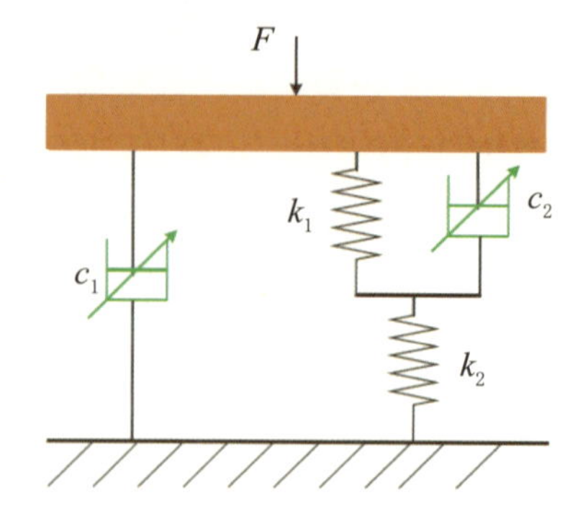

图 6.10　变刚度磁流变液阻尼器作用第三阶段的物理模型

通过上述分析可知,当 $x^* \leqslant x$ 时,系统的整体等效刚度可以表示为

$$k_{\mathrm{eq}} \approx \frac{k_2\left(k_1 h_2 x + 3L_2 A_{\mathrm{p}2}\tau_2 + F_{\mathrm{fo}} h_2\right)}{\left(k_1 + k_2\right) h_2 x} \tag{6.34}$$

如果 $x^* > x$,磁流变液阻尼器仅工作在第一和第二阶段,系统的整体等效刚度近似为弹簧 2 的刚度,即 $k_{\mathrm{eq}} \approx k_2$.

式 (6.34) 给出了变刚度阻尼器等效刚度与各项参数之间的关系,影响参数包括弹簧 1 的刚度 k_1、弹簧 2 的刚度 k_2、外筒线圈上的电流 I_2 和磁流变液阻尼器外筒的结构参数 L_2,$A_{\mathrm{p}2}$ 和 h_2.

6.2　微振动磁流变液减振器的设计及实验

前文对洗衣机的悬挂系统进行了研究,设计了具有变阻尼特性的无活塞式磁流变悬挂吊杆,在洗衣机中能够实现较好的减振效果. 前文所设计的无活塞式磁流变液阻尼器能改变输出阻尼,却不能够改变系统的刚度. 在 Bouc-Wen 模型中,磁流变液阻尼器由两个阻尼元件、两个弹性元件和一个磁滞回环元件组成. 在改变阻尼时,模型中的弹性元件固定不变. [78] 但是对于一个振动控制系统来说,如果能够同时实现可控的变刚度变阻尼,理论上可以达到更好的振动控制效果. 本节以微振动控制为设计目标,设计并实验研究了具有变刚度变阻尼特性的双弹簧磁流变液减振器.

当前世界正处于科技高速发展时期,人类在工业、航空航天、精密工程等新兴领域取得了伟大的成就. 同时,这些领域由于涉及众多学科,具有系统复杂、系统集成度高、系统过于精密而易受环境影响等特点. 其中,环境振动尤其是环境微振动和系统内部的结构微振动是影响这些复杂系统稳定性的一个非常重要的因素. 微振动具有随机性,幅值小和频率复杂 (往往有大量低频成分) 等特点. 而这些特点也导致微振动的控制充满挑战,微振动控制技术也因此成为一个前沿学科.[79]

在精密工程领域,许多物理实验和精密系统都需要隔振装置以减少外界环境中的振动干扰,例如扫描隧道显微镜、重差计 (测定密度用)、原子干涉测量仪、原子力显微镜、对撞机和空间定位等装置. 近年来,引力波理论和引力波探测成为科研人员研究的一个热点问题. 引力波探测器要求能够实现测量能力,因此对振动控制提出了极其严格的要求,需要能够实现 0.1~100 Hz 的超高精度隔振. 为了达到这一目的,LIGO 探测器使用了液压外真空预隔离器 (HEPI)、内真空抗振隔振器 (ISI) 和多级被动悬挂系统 (SUS) 等隔振技术. 2016 年美国 LIGO 引力波的测试结果一经发表,就引发大量的争论. 其中测试结果是否排除了微振动的影响是一个争论的焦点. 直到 2017 年 8 月 14 日,位于美国华盛顿和路易斯安娜的 LIGO 引力波天文台、意大利的 Virgo 引力波天文台同时探测到了新的引力波,瑞典皇家科学院才宣布 2017 年诺贝尔物理学奖授予引力波探测计划的三位关键科学家. 微振动隔振的研究无疑在探测过程中有着非常关键的意义.

对于微振动的控制,被动控制是常见的一种手段,美国南卡罗来纳大学的 Davis 等人设计一种被动黏性阻尼的吸振器,其固有频率可以达到 1.5 Hz,运用于霍尼韦尔 hm-1800 反作用轮上,可以有效地控制频率在 2~300 Hz 范围内. 印度 ISRO 卫星中心的 Kamesh 等人设计了一个由折叠的连续梁组成的低频柔性空间平台来安装反应轮组件,可以有效隔离反应轮的干扰对在轨航天器高精度载荷的影响. Vaillon 和 Philippe 用与空间环境兼容的弹性体材料来设计反作用飞轮被动隔振器. 我国对于防微振的研究始于 20 世纪 60 年代,经过几代人的努力,形成了一系列微振动控制的理论基础和实验基础. 但被动控制系统一般结构较为复杂,且不能随着外部振动激励的改变而做出改变,因而达到的振动控制效果有限. 为了达到更高的控制要求,学者们深入研究了主动控制方法,Joel M. Hensley 等人应用主动–被动复合控制方法对垂直方向的低频微振动进行了隔离研究,S. J. Richman 等人对多级低频微振动隔离进行了研究,G. J. Stein 应用压电驱动器及前馈与反馈控制算法对交通工具座椅振动主动隔离系统进行了研究. 国内研究学者同样对基于压电堆驱动器的主动隔振系统进行了初步研究,田晓耕、沈亚鹏等人对基于压电堆驱动器的支架振动隔离进行了实验研究,谭平等人采用反馈控制算法对基于压电堆驱动器的主动隔振系统进行了控制研究,盖玉先等人应用压电堆驱动器对超精密机床进行了振动主动隔离实验．相对于压电材料，超磁致伸缩材料具有更大的伸缩应变，且输出应力高，日本 Toshiba 公司的 T. Kobayashi 采用超磁致伸缩材料作为驱动器核心驱动元件设计了微进给装置，Maryland 大学也对超磁致伸缩驱动器进行了研究．在国内，清华大学、上海交通大学、浙江大学等也同样对主动防微振平台进行了研究．然而主动控制虽然能达到很好的振动控制效果，但是需要较高的外部能量输入，且稳定性较差．

在微小尺度条件下，磁流变材料界面之间的作用进一步增强，研究磁流变材料的非线性力学特性及其产生机制，是磁流变液减振器件的应用基础，也是微振动隔振平台设计和控制策略研究的先决条件．同时，磁流变材料的非线性力学特性和内部作用机制本身也充满了科学魅力．磁流变材料是一种以黏性或黏弹性材料为基体、微型颗粒为掺杂的复合材料．在小尺度条件下，其表现出的非线性力学特性的产生机制以及实验和理论研究具有重要的应用价值和科学意义．迄今为止，国内外对于磁流变减振装置的研究多是针对宏观大尺度的减振对象，深入研究磁流变材料在微振动隔振领域的应用需要系统地研究磁流变材料在微小尺度载荷条件下的非线性力学特性，尤其是界面对磁流变材料力学性能的影响，揭示其内部作用机制，建立力磁耦合模型，使磁流变材料能够在微纳加工和精密制造领域发挥更加关键的作用，是本节研究的追求之所在．

6.2.1　变刚度变阻尼磁流变液减振器原理

传统的磁流变液阻尼器是通过调节控制电流的大小来控制输出阻尼力的值的，却不能实现刚度的改变．在振动模型中，磁流变液阻尼器充当可调阻尼单元，其与一个线性弹性元件并联，然后和质量元件组成振动系统．改变磁流变液阻尼器的阻尼力，并不影响系统刚度的大小．系统刚度等于模型中单个线性弹簧的刚度，且为一定值．对于一个用来控制振动的系统，在实现变阻尼后，人们进一步研究其变刚度的可能，以求达到更佳的减振效果．

目前已经提出了通过改变磁流变液的阻尼力来改变振动系统的等效刚度，从而实现变刚度变阻尼的振动模型．

所提出的变刚度变阻尼磁流变减振以 Bouc-Wen 模型为基础，变刚度变阻尼磁流变液减振器由两个简单的磁流变液减振器组成，分别记为磁流变液减振器 1 和 2．磁流变液减振器 1 由一个弹性元件和一个阻尼元件并联组成，同样，磁流变液减振器 2 也由一个弹性元件和一个阻尼元件并联组成．统一使用同一种磁流变材料，忽略磁流变液减振器安装时磁流变液内存在气泡等其他因素带来的影响,可以认为磁流变液阻尼器磁滞回环具有统一性,即磁流变液减振器 1 和 2 具有共同的磁滞现象. 由此得出两个磁流变液减振器串联后和一个磁滞回环元件并联组成的变刚度变阻尼磁流变液减振器. 图 6.11 为变刚度变阻尼磁流变液减振器振动系统模型,其等效模型如图 6.12 所示.

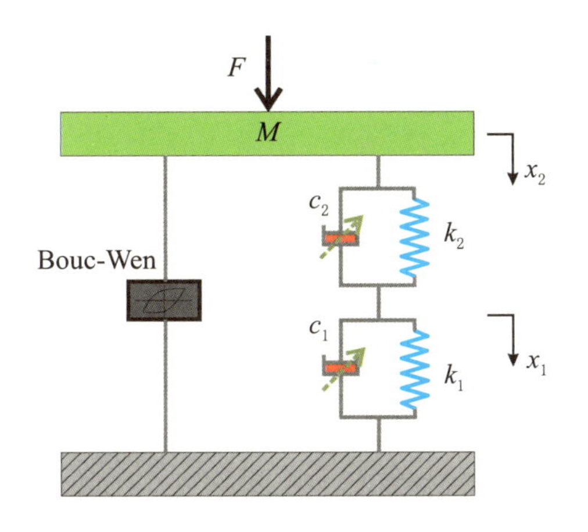

图 6.11　变刚度变阻尼振动系统模型

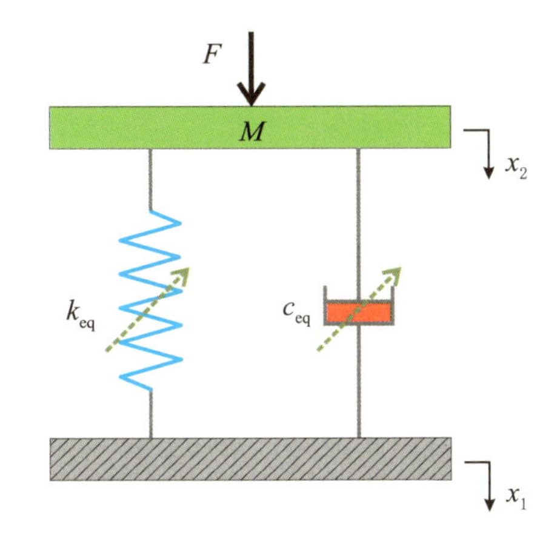

图 6.12　变刚度变阻尼振动系统的等效模型

根据图 6.11,基于上述构成建立相应的动力学微分方程如下:

$$M\ddot{x} = -k_2(x - x_2) - c_2(t)(\dot{x} - \dot{x}_2) \tag{6.35}$$

$$k_2(x - x_2) + c_2(t)(\dot{x} - \dot{x}_2) = k_1(x_2 - x_1) + c_1(t)(\dot{x} - \dot{x}_1) \tag{6.36}$$

其中 $\dot{x}$ 为绝对运动速度, $\ddot{x}$ 为绝对运动加速度.

根据式 (6.35) 及式 (6.36),可以推导出变刚度变阻尼减振系统的传递函数

$$\frac{X(s)}{X_0(s)} = \frac{c_1c_2s^2 + (k_1c_2 + k_2c_1)s + k_1k_2}{M(c_1 + c_2)s^3 + (k_1M + k_2M + c_1c_2)s^2 + (k_1c_2 + k_2c_1)s + k_1k_2} \tag{6.37}$$

根据图 6.12,可得变刚度变阻尼减振系统等效模型的动力学方程为

$$M\ddot{x} + k_{\text{eq}}(x_2 - x_1) + c_{\text{eq}}(\dot{x}_2 - \dot{x}_1) = 0 \tag{6.38}$$

从而可以推导出等效模型的传递函数

$$\frac{X(s)}{X_{\text{eq}}(s)} = \frac{c_{\text{eq}}s + k_{\text{eq}}}{Ms^3 + c_{\text{eq}}s + k_{\text{eq}}} \tag{6.39}$$

将式 (6.38)、式 (6.39) 频域化后合并系数并化简,通过比较可以得出等效模型中的等效刚度、等效阻尼的函数表达式:

$$k_{\text{eq}} = \frac{(k_1c_2 + k_2c_1)(c_1 + c_2)\omega^2 + (k_1k_2 - c_1c_2\omega^2)(k_1 + k_2)}{(k_1 + k_2)^2 - (c_1 - c_2)^2\omega^2} \tag{6.40}$$

$$c_{eq}=\frac{(k_1c_2+k_2c_1)(k_1+k_2)-(k_1k_2-c_1c_2\omega^2)(c_1+c_2)}{(k_1+k_2)^2-(c_1-c_2)^2\omega^2} \tag{6.41}$$

根据式 (6.40)、式 (6.41),可知减振系统的等效刚度 k_{eq} 和等效阻尼 c_{eq} 由 k_1,k_2,c_1,c_2,ω 决定,在变刚度变阻尼磁流变液减振器设计好后,其刚度 k_1,k_2 不可改变,而阻尼 c_1 和 c_2 可在改变它们各自的控制电流时,改变系统的阻尼和刚度,从而实现系统的变阻尼变刚度效果.

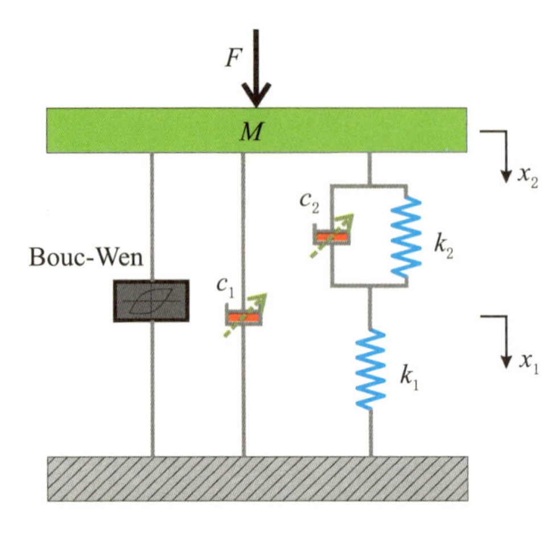

图 6.13　改变的变刚度变阻尼振动系统模型

在图 6.11 所示的模型基础上,改变阻尼器 1 的结构,变成图 6.13 所示的模型. 在该模型中,磁流变液减振器 1 的阻尼器作用于整个减振模型,其弹性单元与磁流变液减振器 2 串联. 磁流变液阻尼器 2 可以通过调节阻尼力来控制弹性元件 1 和 2 进行串联. 弹性元件 1 的刚度小于弹性元件 2,在振动模型发生振动时,当弹性元件 1 变形后的弹性力不足以克服磁流变液阻尼器 2 的阻尼力时,弹性元件 2 不发生变形,振动系统的等效阻尼为 c_1,等效刚度为 k_1. 当弹性元件 1 变形后的弹性力克服磁流变阻尼器 2 的阻尼力时,弹性元件 2 发生弹性变形. 此时,两个弹性元件串联,振动模型的等效刚度为 $k_1k_2/(k_1+k_2)$.

6.2.2　双弹簧磁流变液减振器工作原理

在变刚度变阻尼磁流变液减振器的基础上,本节提出用于微振动控制的双弹簧磁流变液减振器设计. 图 6.14 是在图 6.13 改变变刚度变阻尼磁流变液减振器振动系统模型的基础上变化而来的双弹簧磁流变液减振器振动系统模型. 将被减振对象放置到两个简单的磁流变液减振器串联的中间位置,模型顶端固定到机架或使用控制器保持其位置相对振源激励静止. 在该模型中,$k_2 \gg k_1$,当振源激励力 F 较小时,其作用于弹簧 1 和阻尼器 1,通过弹簧 1 传递到被减振对象 M 的力不足以克服阻尼器 2 的初始阻尼力,此时,弹簧 2 不发生弹性变形. 由于弹簧 2 的一端相对静止,因此被减振对象也保持静止.

此时，整个振动模型可以看成一个阻尼–弹簧减振系统. 若振源激励力 F 较大，通过弹簧 1 传递到被减振对象 M 的克服 C_2 的初始阻尼力并且作用于弹簧 2，此时，系统刚度为两个弹簧串联后的刚度，即 $k_{eq}=k_1k_2/(k_1+k_2)$.

根据图 6.14，设计了用于微振动控制的双弹簧磁流变液减振器基本结构，其原理图如图 6.15 所示.

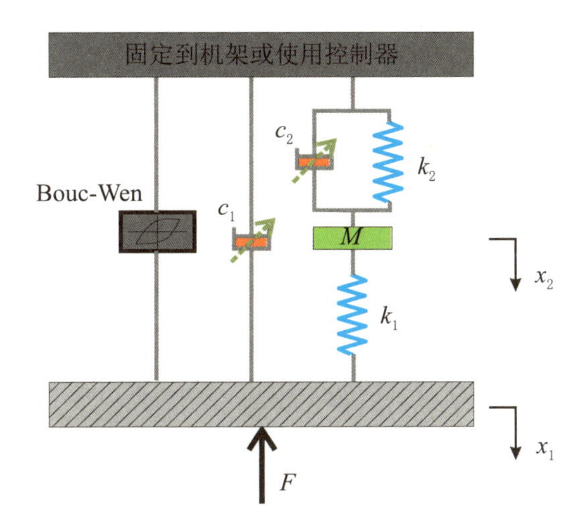

图 6.14　双弹簧磁流变液减振器振动系统模型

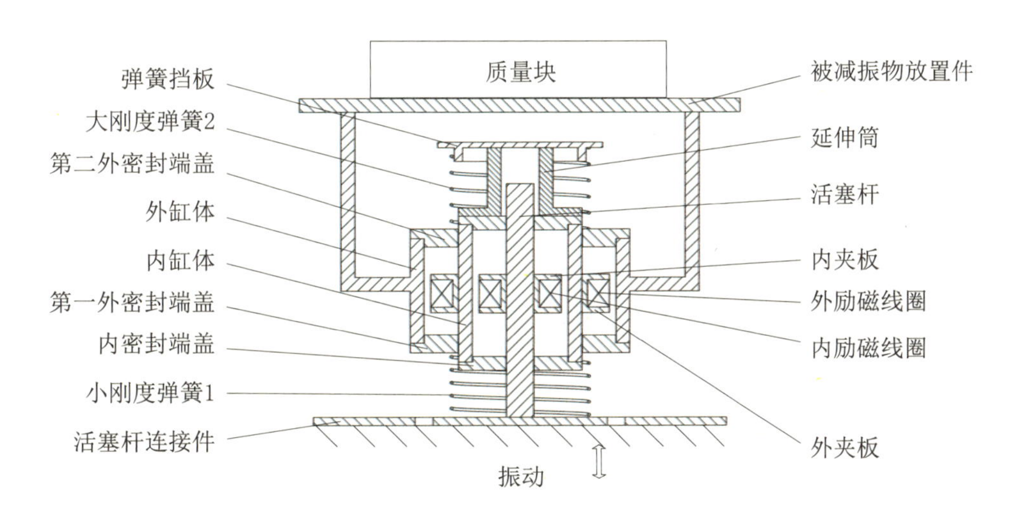

图 6.15　双弹簧磁流变液减振器原理图

设该双弹簧磁流变液减振器的内阻尼器结构中内缸体两端固定密封端盖与活塞杆之间的滑动摩擦力为 $f_{动1}$，内阻尼器环形节流通道中磁流变液的剪切屈服应力为 $f_{磁1}$，外阻尼器结构中外缸体两端固定密封端盖与内阻尼器外壁之间的静摩擦力为 $f_{静}$，滑动摩擦力为 $f_{动2}$，外阻尼器环形节流通道中磁流变液的剪切屈服应力为 $f_{磁2}$，弹簧 1 的弹性系

数为 k_1,弹簧 2 的弹性系数为 k_2,弹簧 1 的变形量为 x_1,弹簧 2 的变形量为 x_2.

(1) 当振源激励力很小时,$f \leqslant f_{磁1} + f_{动1}$,不足以引起该双弹簧磁流变液减振器的振动. 在实际情况中,该情形可以忽略.

(2) 当振源振动较小时,$f \geqslant f_{磁1} + f_{动1}$,活塞杆相对内缸体运动,弹簧 1 变形产生的力为 $f_1 = k_1 x_1$,当 $f_1 \leqslant f_{静}$ 或 $f_1 \geqslant f_{静}$ 且 $f_1 \leqslant f_{静} + f_{磁2}$ 时,弹簧 1 不足以推动外阻尼器结构相对内阻尼器结构运动. 由于 $f_{动1}$ 和 $f_{磁1}$ 的存在,部分振动能量被内磁流变液阻尼器消耗. 因为内阻尼器结构顶端与固定机架或控制器相连,此时外阻尼器结构也相对静止,被减振对象不发生振动,可以达到减振的目的.

(3) 当振源振动大时,弹簧 1 变形产生的力为 $f_1 = k_1 x_1$,当 $f_1 \geqslant f_{动2} + f_{磁2}$ 时,弹簧 1 可以推动外阻尼器结构相对内阻尼器结构运动,此时,弹簧 2 的变形量为 x_2,但是由于弹簧 2 的弹性系数为 k_2,大于弹簧 1 的弹性系数 k_1,因此,弹簧 2 的变形量 x_2 很小,即需要较大的弹簧 1 的变形量 x_1,才能使弹簧 2 有较小的变形量 x_2,此时,外阻尼器结构相对内阻尼器结构振动振幅很小. 由于 $f_{动1}$ 和 $f_{磁1}$ 的存在,消耗部分振动能量,使得内筒结构振动振幅较小. 又由于 $f_{动2}$ 和 $f_{磁2}$ 的存在,进一步消耗了部分振动能量,外阻尼器结构相对内阻尼器结构振动振幅进一步减小,因此可以达到减振的目的.

6.2.3 双弹簧磁流变液减振器的设计

1. *磁路仿真设计*

由于外磁流变液阻尼器的磁流变阻尼通道尺寸较大,为了降低磁流变阻尼力,采用了剪切式结构设计. 内磁流变液阻尼器承担振动的主要能量,因此采用剪切阀式结构设计以增大阻尼力,耗散振动能量. 在仿真中,使用 COMSOL Multiphysics 软件对双弹簧磁流变液减振器进行磁场仿真. 软件中构建的磁流变液减振器剖面结构的几何图形和有限元网格划分如图 6.16 所示. 材料参数等设置和第 3 章中磁路仿真设置相同.

首先仿真单线圈通电时磁流变液阻尼器中磁感应强度分布情况,即只对内阻尼器通不同电流,外阻尼器不通电,或只对外阻尼器通不同电流,内阻尼器不通电. 图 6.17 为内磁流变液阻尼器施加不同电流,外磁流变液阻尼器未施加电流时磁感应强度仿真结果,由仿真结果可以看出,内磁流变液阻尼器的磁感应强度较小,在电流为 2.0 A 时为 0.35 T 左右. 这是由于磁流变阻尼通道间隙尺寸较大,漏磁较严重.

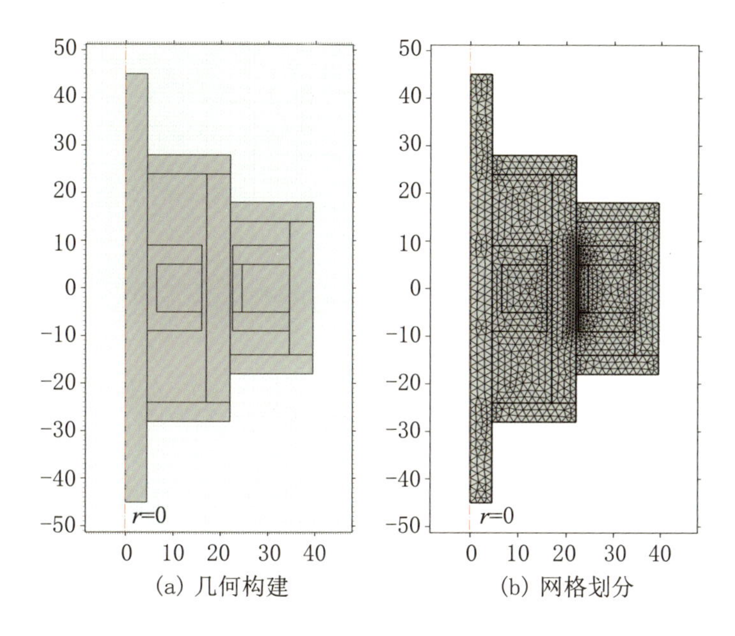

图 6.16　仿真设置

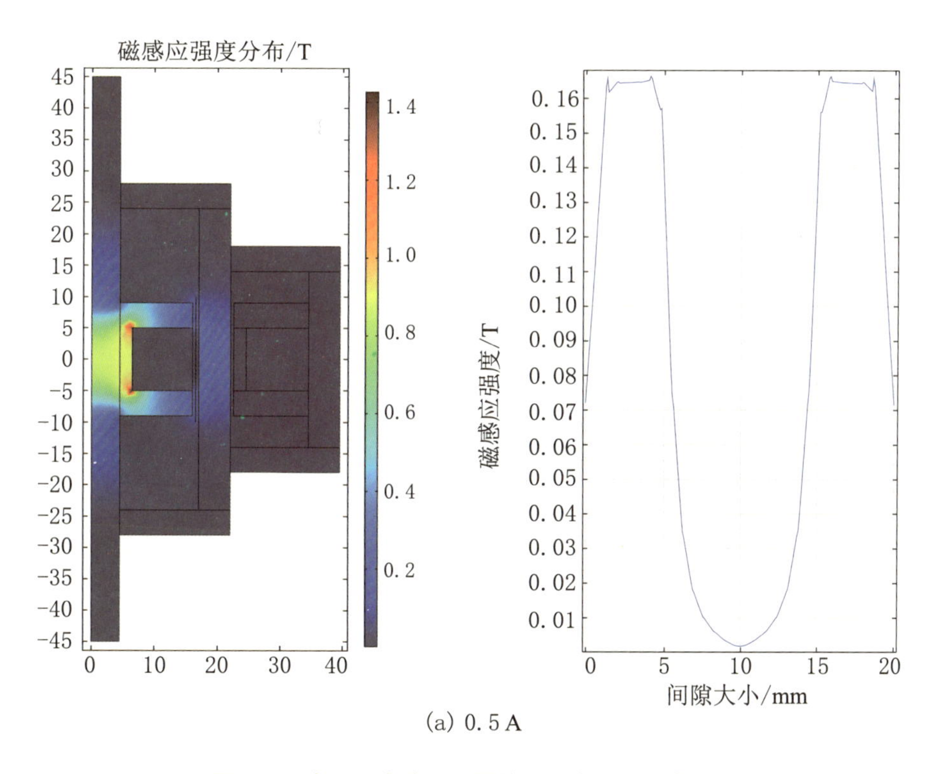

(a) 0.5 A

图 6.17　内磁流变液阻尼器的磁感应强度仿真结果

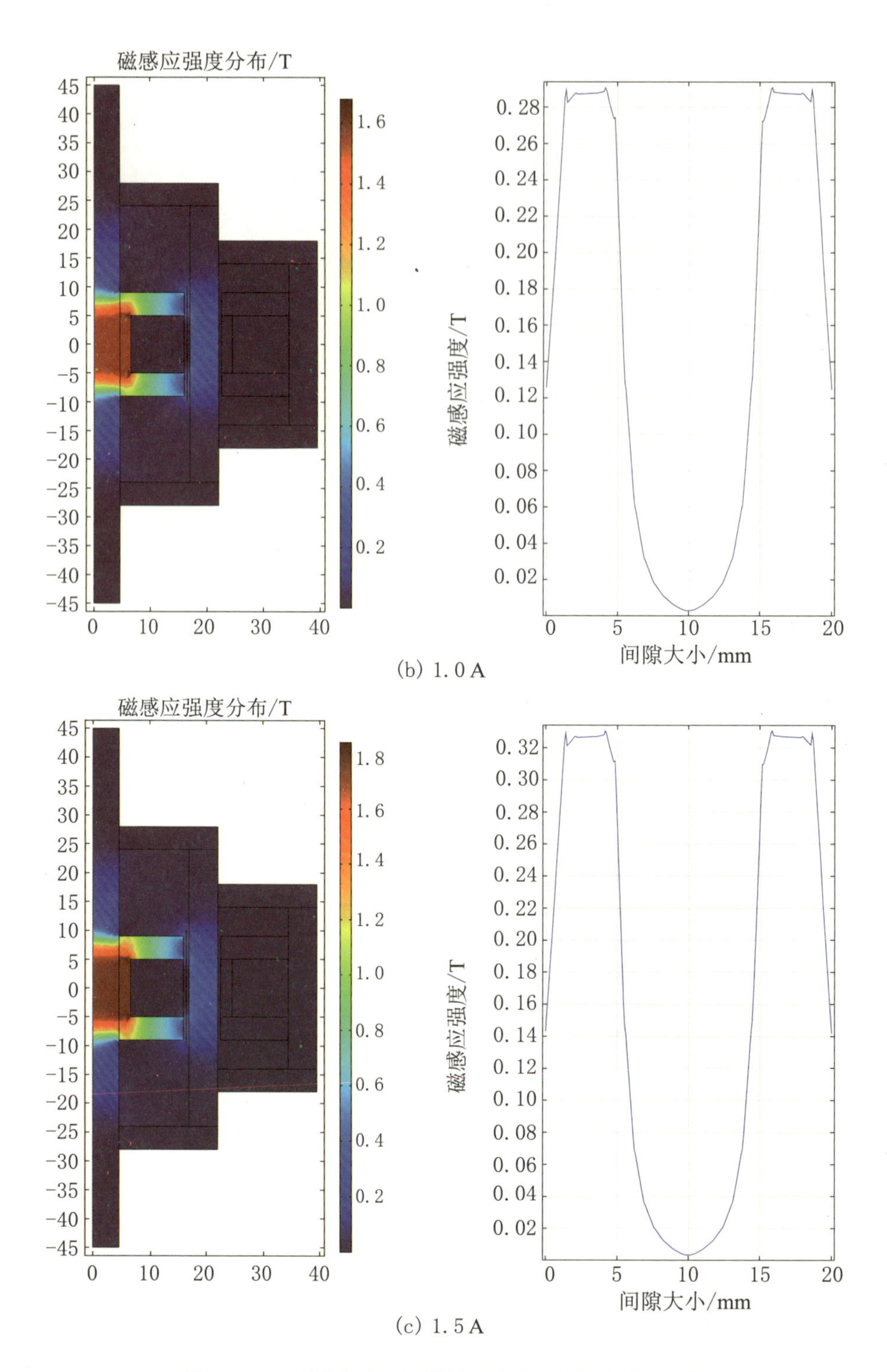

(b) 1.0 A

(c) 1.5 A

图 6.17　内磁流变液阻尼器的磁感应强度仿真结果 (续)

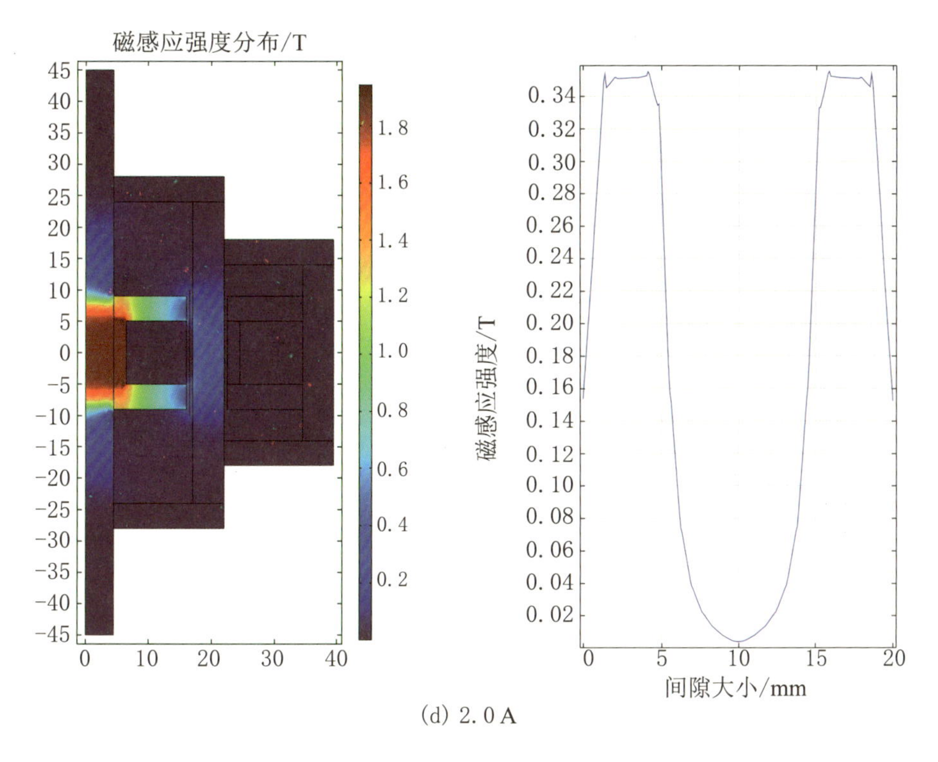

(d) 2.0 A

图 6.17　内磁流变液阻尼器的磁感应强度仿真结果 (续)

图 6.18 为对外磁流变液阻尼器施加不同电流，内磁流变液阻尼器未施加电流时磁感应强度仿真结果. 由仿真结果可以看出，外磁流变液阻尼器的磁感应强度比图 6.17 中仿真的结果大，在电流为 0.5 A 时磁感应强度就可以达到 0.34 T 左右，在电流为 2.0 A 时，磁感应强度可以达到 1.25 T 左右.

然后仿真内外励磁线圈通电时磁流变液阻尼器中磁感应强度分布情况，即考虑两个励磁线圈产生磁场的综合影响. 仿真时，两个线圈中电流值相等，电流方向发生改变.

图 6.19 为内外励磁线圈施加同向电流时的磁路仿真结果，可以看出，同时施加电流与各线圈单独施加电流的仿真结果很接近，说明内外励磁线圈同时施加电流时，内外励磁线圈产生的磁场几乎不会相互影响. 在其中任一个磁流变阻尼通道中心处，可以忽略另一个励磁线圈中电流的影响.

图 6.20 为内外励磁线圈施加反向电流时的磁路仿真结果，可以看出，同时施加电流与各线圈单独施加电流的仿真结果很接近. 由于磁场叠加原理，磁流变阻尼间隙处磁感应强度略有减小，其值可以忽略. 这说明即使内外励磁线圈施加反向电流，内外励磁线圈产生的磁场相互影响也很小. 在其中任一个磁流变阻尼通道中心处，可以忽略另一个励磁线圈中电流的影响.

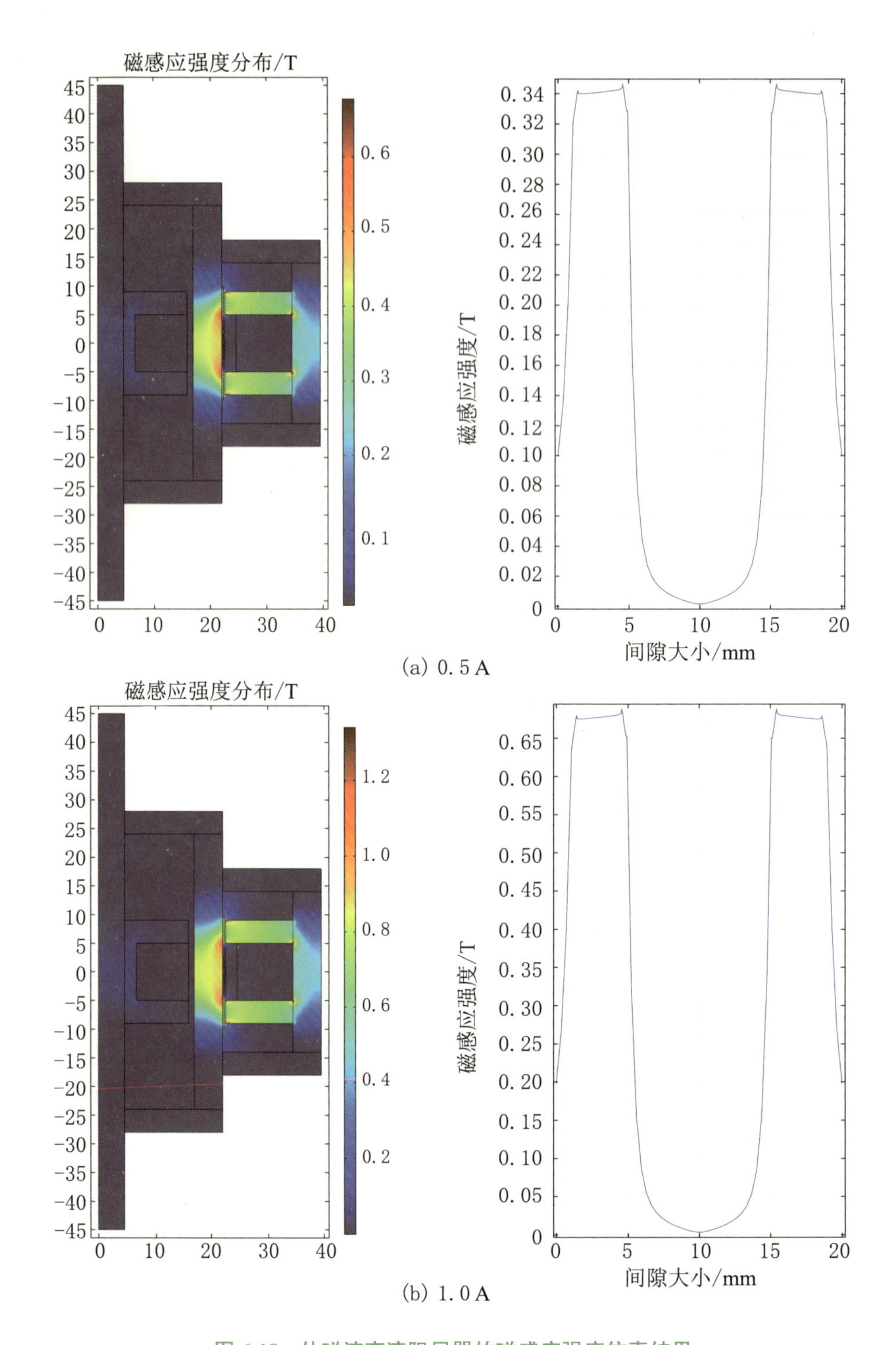

图 6.18　外磁流变液阻尼器的磁感应强度仿真结果

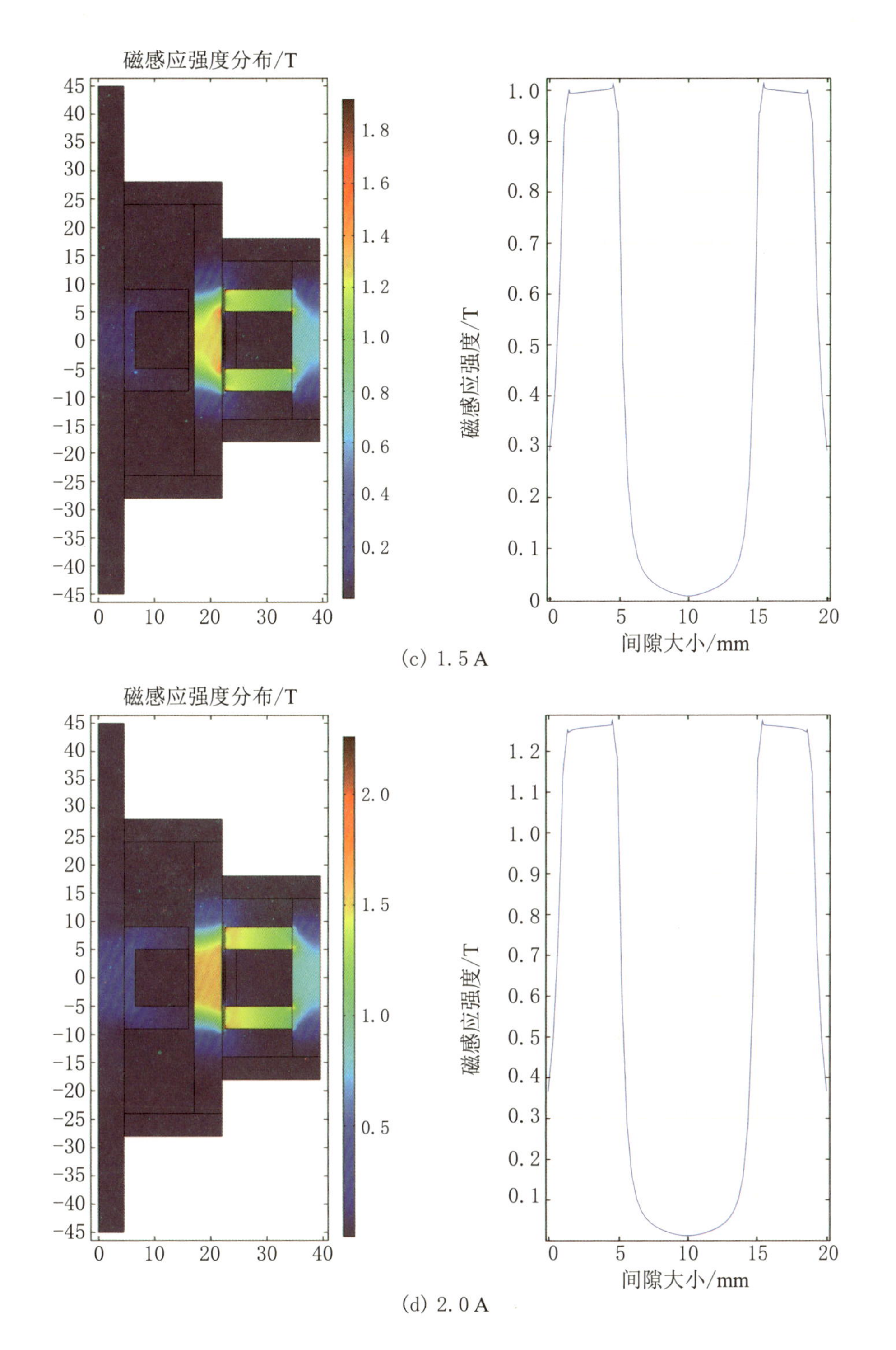

(c) 1.5 A

(d) 2.0 A

图 6.18 外磁流变液阻尼器的磁感应强度仿真结果 (续)

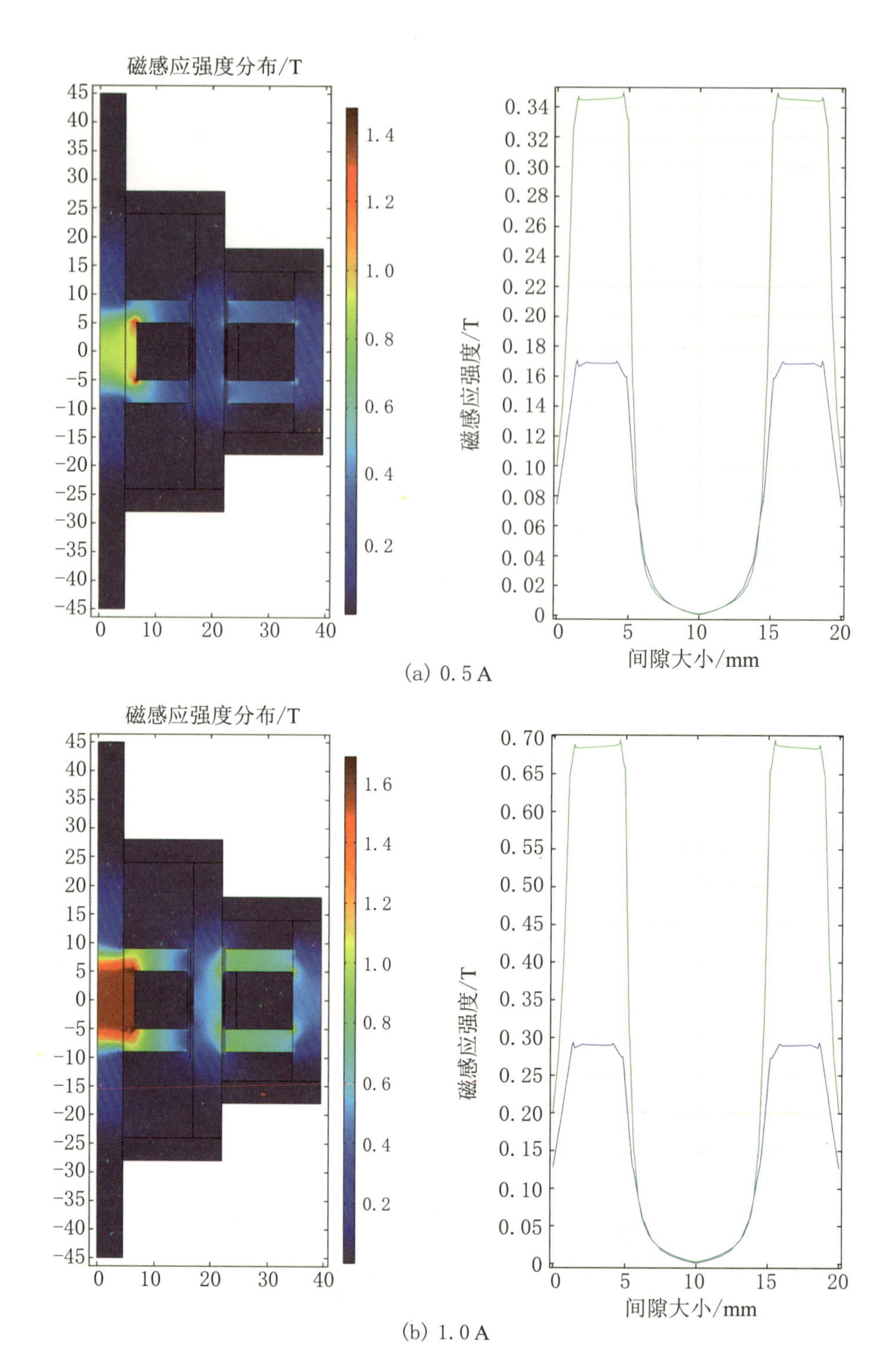

图 6.19 电流同向时磁流变液阻尼器的磁感应强度仿真结果

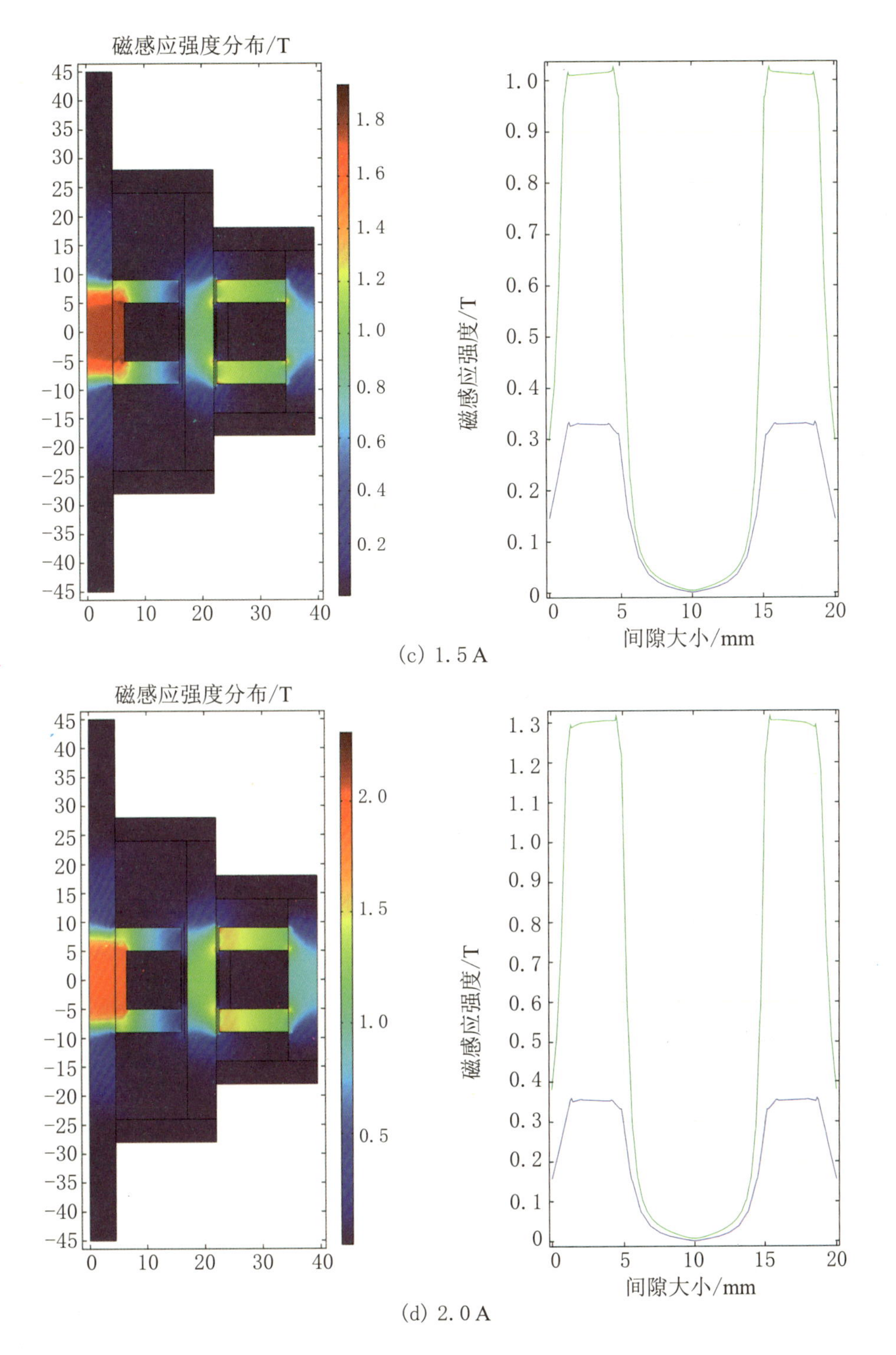

图 6.19 电流同向时磁流变液阻尼器的磁感应强度仿真结果 (续)

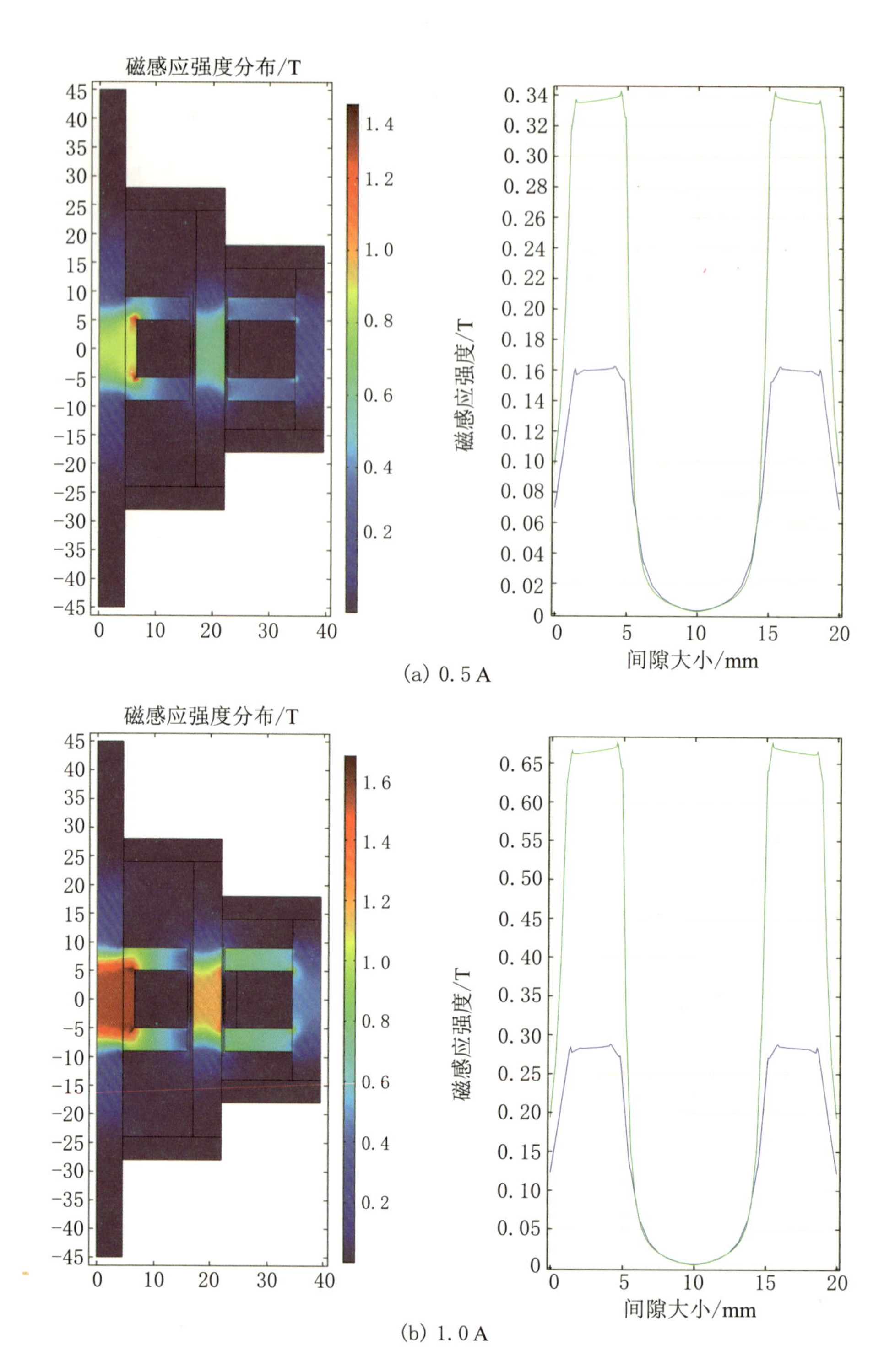

图 6.20　电流反向时磁流变液阻尼器的磁感应强度仿真结果

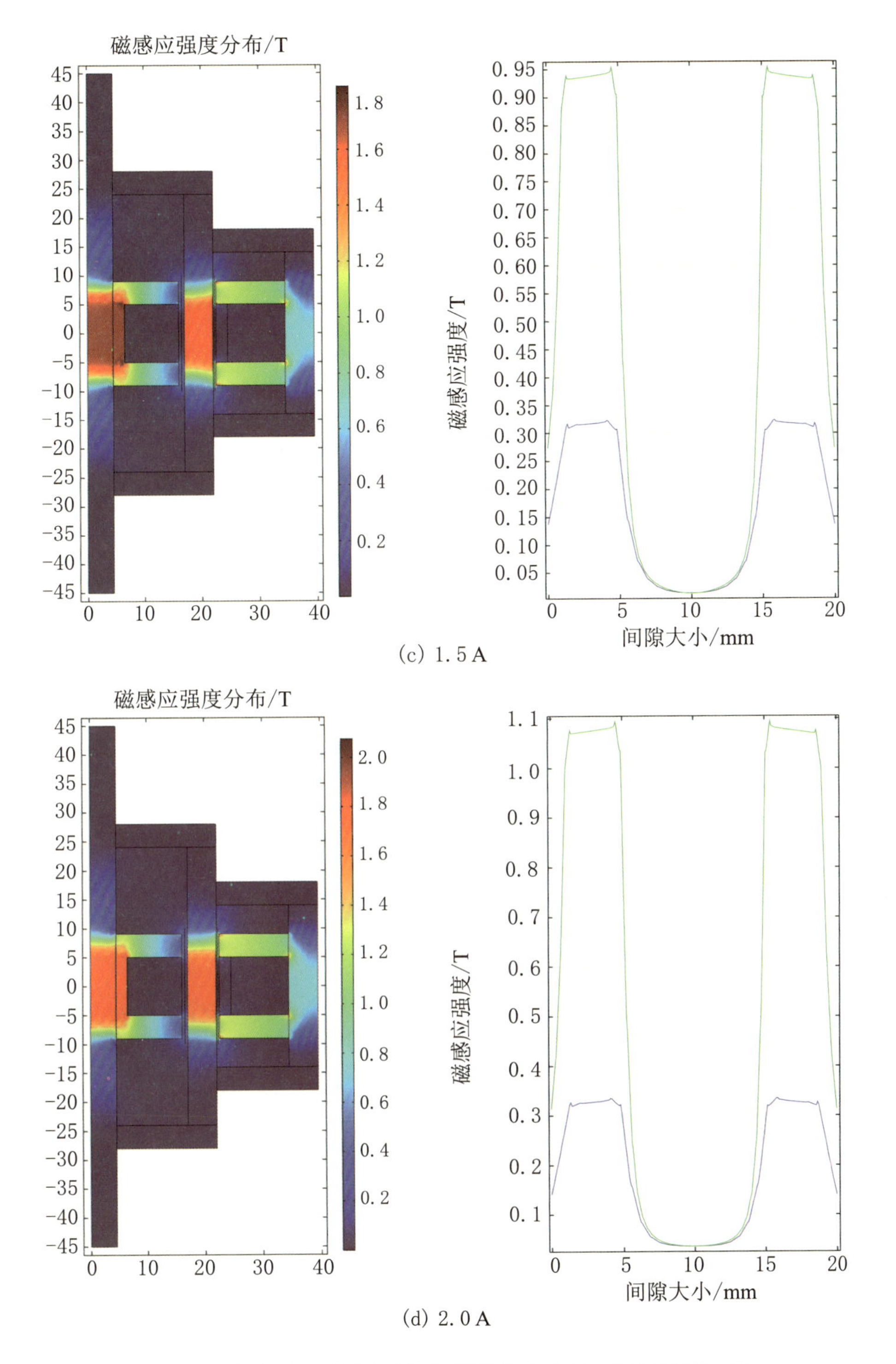

(c) 1.5 A

(d) 2.0 A

图 6.20　电流反向时磁流变液阻尼器的磁感应强度仿真结果 (续)

综合以上仿真结果，内外励磁线圈中任一个线圈中的电流大小和方向几乎不会对另一个线圈产生影响，在进行减振器控制时，可以不必考虑控制电流方向.

2. 结构设计

图 6.21 为双弹簧磁流变液减振器设计结构图. 双弹簧磁流变液减振器主要包括两个相互嵌套安装的磁流变液阻尼器，分别记为内磁流变液阻尼器和外磁流变液阻尼器，外磁流变液阻尼器采用剪切式工作原理，内磁流变液阻尼器采用剪切阀式工作原理，其中活塞杆的一端和振源激励连接，另一端伸出内磁流变液阻尼器. 两个磁流变液阻尼器均采用双出杆的形式. 两个不同刚度的弹簧安装在外磁流变液阻尼器两端，弹簧 1 的一端承受振源激励力，另一端安装在外磁流变液阻尼器端盖上，在达到一定力值时可以推动外阻尼器相对内阻尼器运动. 弹簧 2 用于传递内外阻尼器之间的力，在内磁流变液阻尼器的一端使用延长结构设置一个弹簧座用于安装弹簧 2，使得外阻尼器上的力通过弹簧 2 传递到内阻尼器上. 在外阻尼器外壁上设计一个被减振对象安装平台，用于安装精密电子设备等需要振动控制的对象. 根据该设计，加工了双弹簧磁流变液减振器，图 6.22 展示了加工的零件，对部分低碳钢导磁零件为了防止氧化进行了发黑处理，不影响零件的导磁性能. 为防止阻尼器缸体端盖等其他结构对磁路产生影响，加工时使用了铝合金材料.

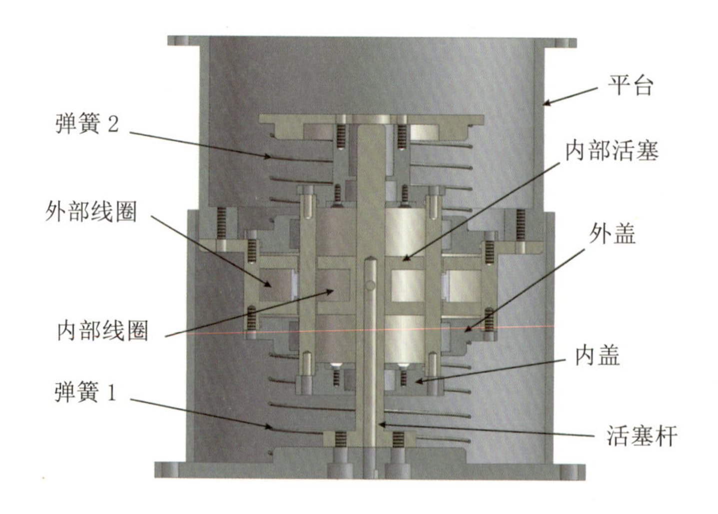

图 6.21　双弹簧磁流变液减振器设计结构图

图 6.23 为内阻尼器中活塞杆和缠完线圈之后的活塞结构，为了便于引线，励磁线圈的引线从活塞杆内部穿过，从磁流变液阻尼器底部引出. 通过测量阻值可以简单判断励磁线圈是否发生短路或断路等. 通过测量，励磁线圈电阻值为 2.3 Ω，线圈匝数为 100，漆包铜线直径为 0.5 mm，电阻值在正常范围. 使用特斯拉计，简单测量了通电状态下励磁

线圈产生的磁场大小,在电流为 1.5 A 时,能够产生 30 mT 左右的磁场,在电流为 2 A 时,能够产生 40 mT 左右的磁场,活塞结构磁饱和电流较大. 为防止线圈过热而损坏励磁线圈,电流大小控制在 2 A 以内.

图 6.22　双弹簧磁流变液减振器的零件

图 6.24 为外阻尼器中缠完线圈之后的励磁线圈结构,励磁线圈结构固定在外阻尼器内壁上,不作为活塞使用. 励磁线圈的引线从外缸体壁上引出. 同内阻尼器励磁线圈,其电阻值为 3.7 Ω,电阻值在正常范围,励磁线圈无短路或断路. 使用特斯拉计,简单测量了通电状态下励磁线圈产生的磁场大小,在电流为 1.5 A 时,能够产生 20 mT 左右的磁场,在电流为 2 A 时,能够产生 25 mT 左右的磁场,励磁线圈结构的磁饱和电流较大. 由于线圈直径的增大,空间磁感应强度要小于内阻尼器励磁线圈. 为保护线圈,电流大小控制在 2 A 以内.

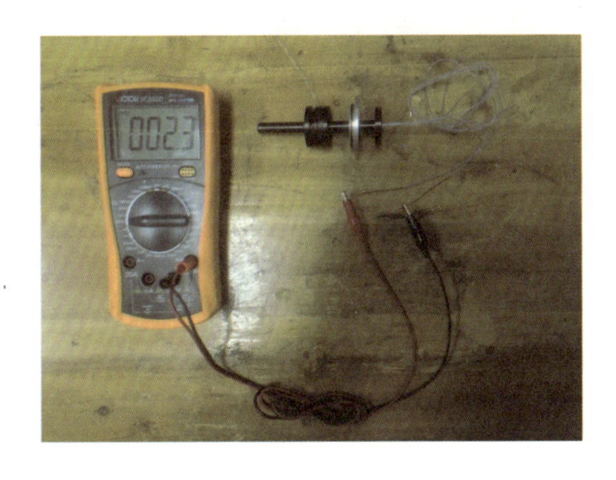

图 6.23　内阻尼器中的活塞结构

图 6.24　外阻尼器中的励磁线圈结构

6.3 力学性能与实验结果分析

6.3.1 外缸体阻尼器的实验内容

1. 使用 U 形圈作为密封圈的实验内容

外阻尼器和内阻尼器及内阻尼器和活塞杆之间的摩擦力对弹簧刚度的计算和选择有一定影响,因此需要较准确地知道各零件之间的摩擦力大小. 最初使用的是 U 形密封圈,规格尺寸是 44 mm × 52 mm × 4.6 mm,实际内径尺寸为 44 mm. 安装好外阻尼器励磁线圈后,可以测试外阻尼器与内阻尼器外壁之间的摩擦力. 图 6.25(a) 为测试时阻尼器的结构,图 6.25(b) 是在测试外筒与内筒之间的摩擦力时,阻尼器在 MTS 中的安装状态.

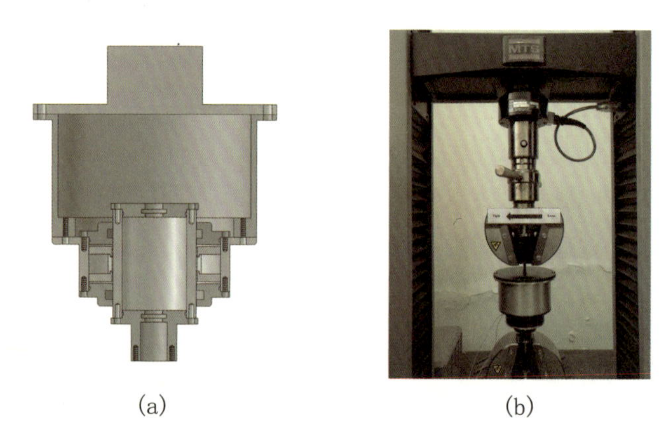

(a) (b)

图 6.25 阻尼器的结构及安装状态

在 MTS 上进行了多组实验. 进行内筒固定、外筒运动实验时,实验条件设置如下:MTS 夹头正弦运动频率 0.1 Hz,行程 5 mm,运行 2 个周期;0.01 Hz,5 mm,运行 4 个周期. 摩擦力的测试结果如图 6.26 所示,其值约为 30 N.

在测完摩擦力以后,在内阻尼器中添加磁流变液,测试外筒磁流变阻尼力大小及其随电流的变化情况,获得阻尼力变化曲线. 将磁流变液 (密度是 3.05 g/cm^3) 添加到外阻尼器内,进行实验时阻尼器安装方式和测试外阻尼器摩擦力时一样,如图 6.25(b) 所示.

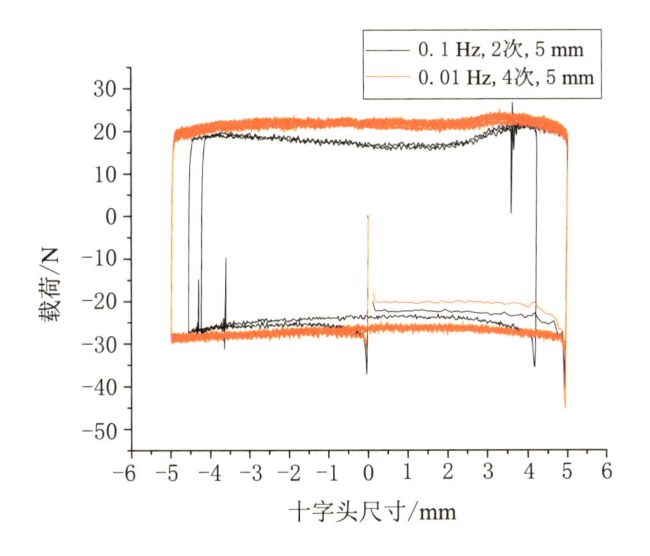

图 6.26　外阻尼器摩擦力测试结果

实验条件设置如下：MTS 夹头正弦运动频率 0.1 Hz，行程 5 mm，运行 6 个周期. 外筒加不同电流时的实验结果如图 6.27 所示，可以看出，在改变电流时，阻尼力的变化很明显，在电流为 2 A 时，阻尼力发生了 200 N 左右的变化.

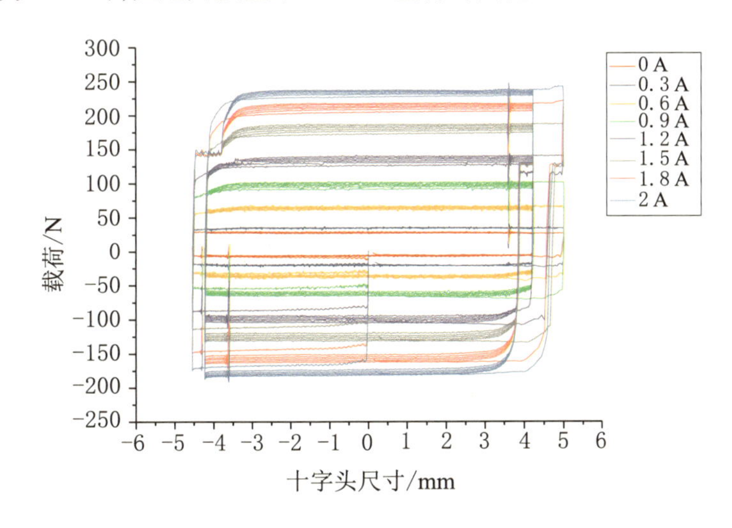

图 6.27　通入不同电流时外阻尼器阻尼力测试结果

在实验时，由于密封效果不好，磁流变液仍然跟随密封圈运动，导致渗漏严重. 添加磁流变液重新进行实验，改变条件进行多次实验. 首先实验条件设置：MTS 夹头正弦运动频率 0.1 Hz，行程 5 mm，运行 3 个周期；通入不同大小电流，实验结果如图 6.28 所示. 然后实验条件设置为：MTS 夹头正弦运动频率 0.05 Hz，行程 5 mm，运行 3 个周期；通入 1.8 A 电流，与实验条件为“0.1 Hz、3 个周期、5 mm、通入 1.8 A 电流”实验进行对比，实验结果如图 6.29 所示.

从测试结果看,通入 0,1,1.8 A 电流时,阻尼力变化很明显,在 1 A 左右时外筒开始表现出欠压现象. 通过不同频率实验的对比,在低频时,测试曲线更加平稳,阻尼力稍微有所增加. 虽然添加了磁流变液,但是欠压现象仍然存在,应该是实验时外筒内部仍然没有完全充满磁流变液及磁流变液泄漏造成的.

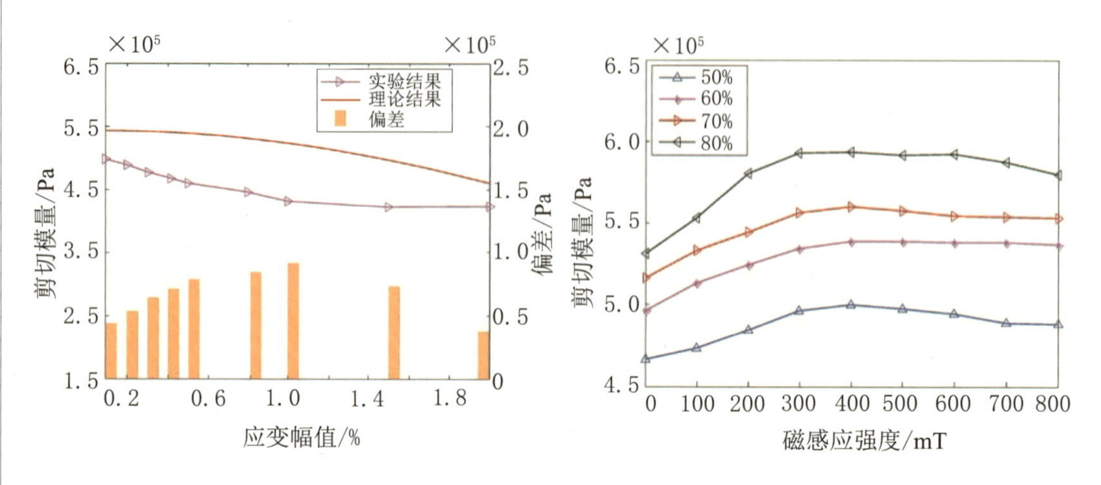

图 6.28　外阻尼器阻尼力测试结果 (Ⅰ)

图 6.29　外阻尼器阻尼力测试结果 (Ⅱ)

在外筒运动方向发生改变的位置处,微小的位移不足以使磁流变液发生屈服,此时 MTS 施加的力小于临界屈服应力值. 随着位移继续增加,MTS 施加的力大于临界屈服应力值,磁流变液屈服,磁流变液发生剪切. 同时,从测试结果可以看出外筒内应该是存在欠压的. 在外筒运动方向发生改变的位置处,通入较大电流时,磁流变液的临界屈服应力变得更大. 由于筒内一侧欠压,磁流变液在磁流变液阻尼间隙处与筒壁或励磁线圈极板之间发生相对滑动而未能破坏临界屈服应力发生剪切运动,磁流变液被带向欠压一侧. 随着位移继续增加,欠压一侧充满磁流变液,欠压一侧的低压变为高压,MTS 施加的力继续增大,直至大于临界屈服应力值,磁流变液屈服,磁流变液才发生剪切.

2. 使用 O 形圈作为密封圈的实验内容

考虑 U 形圈密封效果不好,实验使用 O 形圈进行密封. 在安装完成后进行实验,实验条件设置为:MTS 夹头正弦运动频率 0.1 Hz,行程 5 mm,运行 6 个周期;未通入电流,进行了两次实验,实验结果如图 6.30 所示. 从实验结果看,曲线较不平稳,使用 O 形圈进行密封会影响外筒阻尼力值. 可以看出,在外筒运动方向发生改变时,应该是由于 O 形圈受到的摩擦力方向发生改变,O 形圈发生滚动和弹性变形,使摩擦力发生较大非线性变化. 但是使用 O 形圈密封能够实现较好的密封效果，在外筒运动时，磁流变液发生很少的泄漏，O 形圈只会带出一层很少的磁流变液. 为了验证该设想和更加精细看出使用 O 形圈时力的变化，改变条件进行实验，实验条件设置为 MTS 夹头正弦运动频率 0.05 Hz，行程 5 mm，运行 3 个周期；MTS 夹头正弦运动频率 0.05 Hz，行程 3.5 mm，运行 3 个周期. 实验结果如图 6.31 所示. 从图 6.30 和图 6.31 中的实验结果可以看出使用 O 形圈进行密封会对力的变化有较大影响. 因此，放弃使用 O 形圈，按照初始设计，继续使用 U 形圈进行密封.

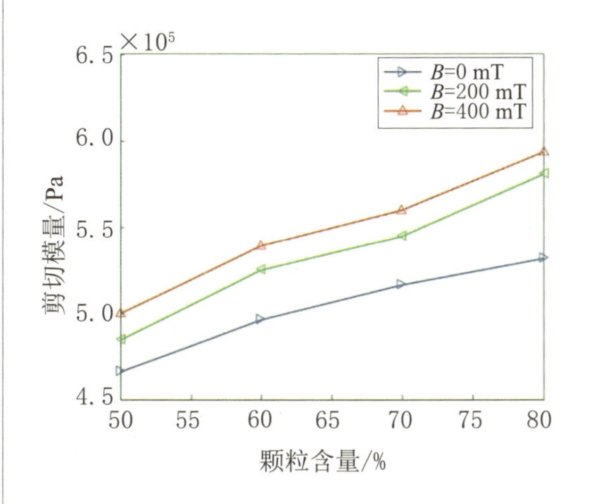

图 6.30　更换 O 形圈后外阻尼器阻尼力测试结果（Ⅰ）

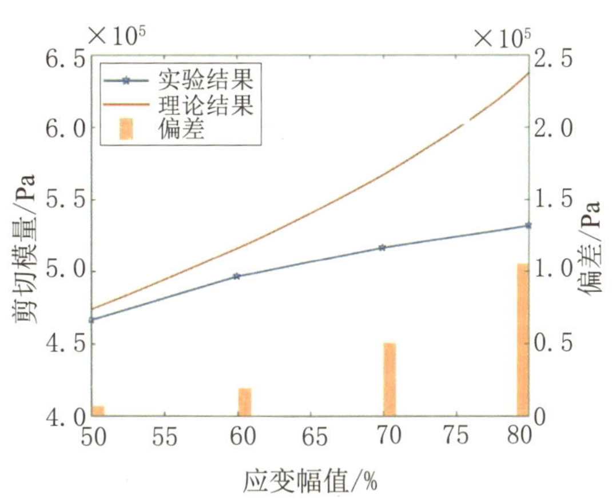

图 6.31　更换 O 形圈后外阻尼器阻尼力测试结果（Ⅱ）

6.3.2　内缸体阻尼器的实验内容

在后续的实验中，在内筒里添加磁流变液，其密度为 3.05 g/cm^3. 添加磁流变液后将内筒两端安装夹头安装到 MTS 上，安装状态如图 6.32 所示.

图 6.32　内阻尼器阻尼力测试

实验条件设置为：MTS 夹头正弦运动频率 0.1 Hz，行程 5 mm，运行 6 个周期. 实验结果如图 6.33 所示.

从实验结果来看，通入电流为 0 A 时，可以看出内筒输出阻尼力在 50 N 左右. 在通入电流为 0.6 A 时,实验中磁流变液泄漏量增多,开始出现欠压现象. 在活塞通入电流时,由于磁流变液阻尼通道处磁流变液黏度增大,磁流变液流动时黏滞阻力增大,导致活塞运动方向一侧的磁流变液压强增大,将磁流变液通过密封圈挤出,发生泄漏. 同样,在电流大于 0.6 A 之后,欠压现象更加明显. 整体上看,阻尼力变化还是很明显的,曲线较平稳,没有很大的抖动. 实验时,由于使用的 U 形圈材质较软,内唇不光滑,不能很好地起到密封作用,磁流变液发生渗漏现象.

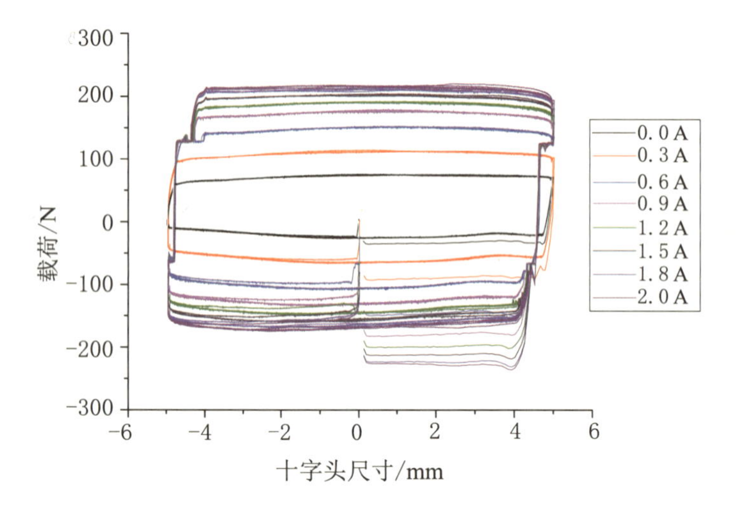

图 6.33　内阻尼器阻尼力测试结果

6.3.3　双弹簧磁流变液减振器实验结果

图 6.34　双弹簧磁流变液减振器安装状态

将安装完成的双弹簧磁流变液减振器安装到 MTS 上进行力的测试,其安装状态如图 6.34 所示. 双弹簧磁流变液减振器的底部通过夹具连接到 MTS 的下夹头, 实验时, 其固定不动. 减振器的减振平台通过夹具与 MTS 的上夹头连接, 实验时做正弦运动. 安装时, 调节内磁流变液阻尼器活塞处于内缸体中间位置, 并使外磁流变液阻尼器的励磁线圈也处于内缸体的中间位置，这样做可以使上夹头运动时，磁流变液阻尼器的活塞不会触碰阻尼器端盖，起到保护阻尼器的作用.

选择小刚度弹簧的刚度为 6000 N/m，大刚度弹簧的刚度为 12000 N/m，安装完成双弹簧磁流变液减振器后，初步在 MTS 上测试其力的变化关系. 实验条件设置为：MTS 夹头正弦运动频率 0.1 Hz，行程 5 mm，运行 6 个周期. 实验时对外阻尼器施加电流，内阻尼器不施加电流. 实验结果如图 6.35 所示. 实验中发现，由于外缸体端盖与内缸体外壁之间的摩擦力过大，而且动摩擦力和静摩擦力之间变化不稳定，两者转换时会发生突变. 在小刚度弹簧发生变形时，推动外磁流变液阻尼器相对内磁流变液阻尼器运动时，力值会突然发生变化. 部分实验结果数据可以体现双弹簧磁流变液减振器能够改变刚度，但是由于摩擦力的影响，变刚度效果很差.

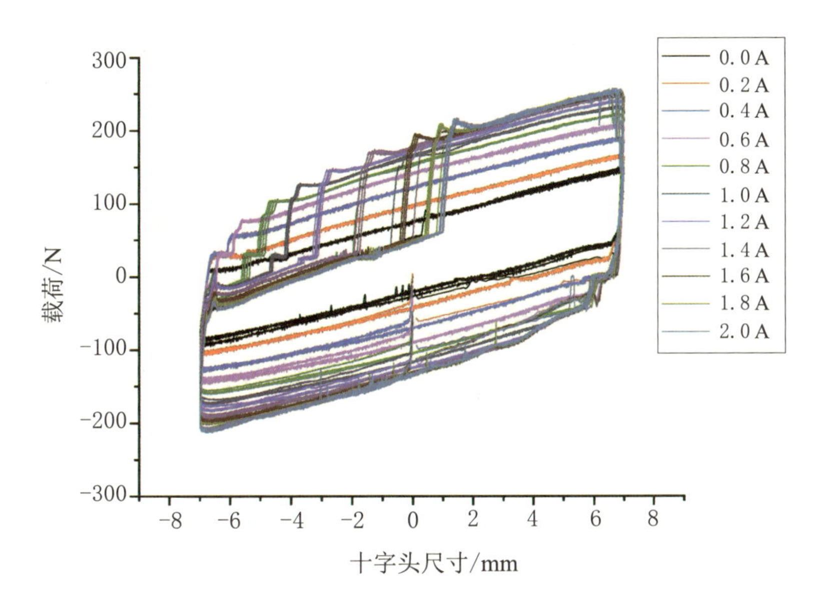

图 6.35　双弹簧磁流变液减振器测试结果

将双弹簧磁流变液减振器安装到振动台上进行实验. 实验时，安装状态如图 6.36 所示，并建立如图 6.37 所示的振动台实验系统. 减振器内磁流变液阻尼器的顶端通过横梁进行固定，使其相对不动. 使用便携式动态分析仪记录实验数据，其中一个加速度传感器安装到振动台上，一个加速度传感器安装到减振器的减振平台上.

图 6.38 为随机振动激励时的实验结果，此时，减振平台上未安装质量块. 从图 6.38 可以看出，减振器能够达到减振目的，当随机激励为 20 m/s^2 左右时，减振平台上的振动为 6 m/s^2 左右.

由于未安装质量块时，磁流变液减振器能够实现较好的减振效果，因此在减振平台上安装质量块以进一步测试减振器减振效果．图 6.39 为路谱振动条件下的实验结果，可以看出减振器能够达到减振目的，在振源振动较大时，该磁流变液减振器减振效果较差．注意到，在实验初始阶段，当振动加速度很小时，减振效果较好，这也符合微振动的振动特点．

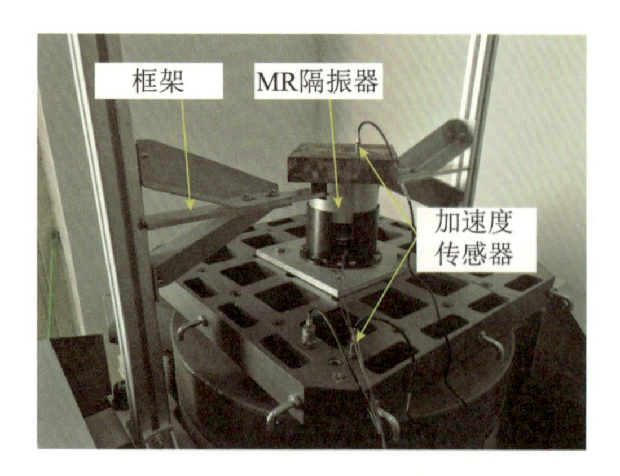

图 6.36　双弹簧磁流变液减振器在振动台上的安装状态

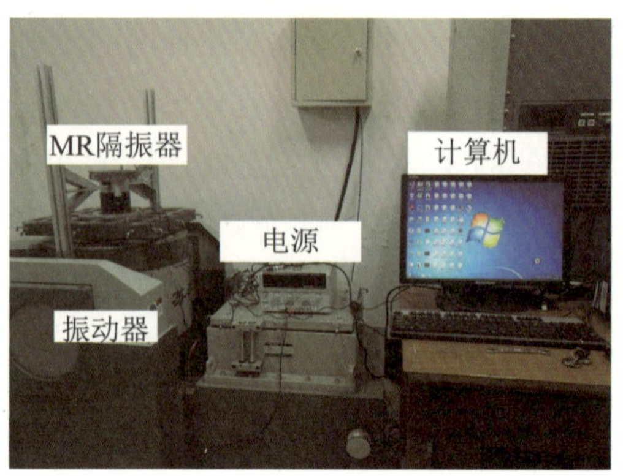

图 6.37　振动台实验系统

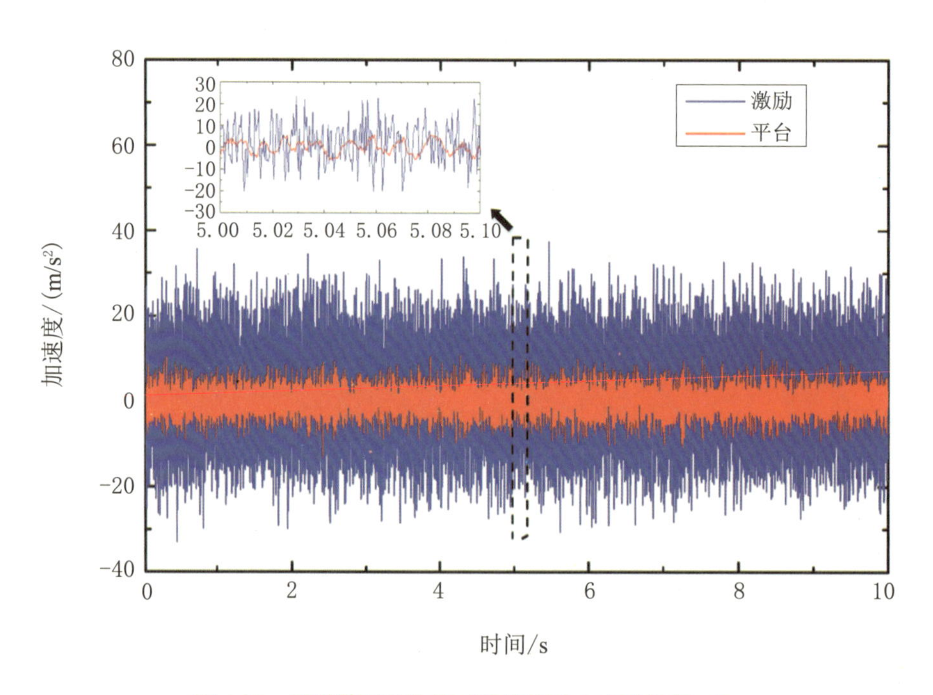

图 6.38　双弹簧磁流变液减振器振动台实验结果（Ⅰ）

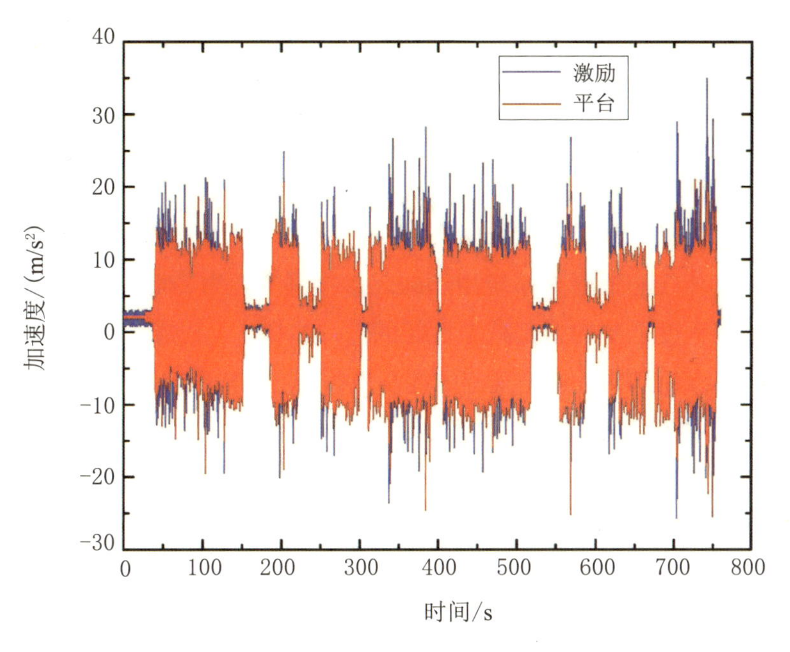

图 6.39　双弹簧磁流变液减振器振动台实验结果(Ⅱ)

6.4　磁流变座椅半主动控制

车辆是一个复杂的动力学系统,行驶过程中的振动会严重影响乘员的操作和健康,尤其在特种车辆上,复杂恶劣的路况使振动问题更为突出. 长期承受高强度振动会对乘员的腰椎、脊柱等部位造成伤害,还会引发疲劳. 因此,减少传递到乘员身上的振动,不仅能保护乘员安全,还能提高车辆的机动性和越野能力.

为减少乘员受到的振动影响,研究人员从车辆的轮胎、底盘悬架及座椅悬架等各个环节寻找解决的办法. 轮胎气压的降低对于提高车辆行驶的平顺性、减少乘员所受的振动影响具有一定的作用,但是较低的轮胎气压会使得车辆行驶过程中轮胎的变形增加,影响轮胎的使用寿命;通过改变车辆的地盘悬架参数也可以达到减少振动的目的,但是由于车辆悬架不仅关乎车辆的行驶平顺性,同时也与车辆的操控稳定性和制动稳定性息息相关,因而在设计车辆悬架时要兼顾车辆的平顺性和稳定性. 座椅悬架系统作为车上人员与车身直接接触的纽带,改变座椅悬架的参数对于车辆的使用性能影响很小,而对于提高车辆的乘坐舒适性具有明显的作用,且兼具制造方便、研发周期短、成本低及减振效果好等特点，对于工作路况复杂恶劣的特种车辆来说，采用座椅悬架提高其乘坐舒适性是最简单、最经济的方法.

传统的被动式座椅悬架系统通常由弹性元件和阻尼元件构成，其刚度与阻尼系数一经确定，便无法调整，且系统的振动特性保持恒定. 在特定的路面条件及车辆行驶状态下，此类悬架系统能够实现较为理想的减振效果. 然而，特种车辆所面临的工作路况极为复杂且变化多端，传统座椅悬架系统由于缺乏参数调节能力，难以有效适应多样化的路面状况，这在一定程度上制约了其减振性能的进一步提升. 智能悬架技术则能够依据车辆的行驶状态以及路面状况，遵循既定的控制规律，对悬架的工作状态实施实时调控，从而有效地弥补被动悬架系统的固有缺陷.

主动座椅悬架本质上是一种动力驱动系统，其通过监测座椅及车辆的运动状态，并借助控制执行器对座椅悬架系统施加相应的控制力，以实现对系统振动的有效抑制. 主动座椅悬架在应对复杂行驶路况时展现出较强的适应性，并具备卓越的减振性能. 然而，其复杂的结构设计以及高昂的制造成本在一定程度上限制了其广泛应用. 相比之下，半主动座椅悬架能够依据预设的控制策略实时调整系统的刚度或阻尼系数，从而达到与主动悬架相媲美的振动抑制效果. 此外，半主动悬架还具有能耗低、成本相对较低等显著优势，在振动控制领域展现出广阔的应用前景.

随着特种车辆功能的更新，对特种车辆的越野能力和行驶速度提出了更高的要求. 开发一种能够适应复杂路况的半主动座椅悬架，可以有效减少车辆乘员受到的振动伤害、保障乘员的人身安全，对于提高乘员的持续作业能力、改善特种车辆的激动性能和越野性能具有重要意义. [80]

6.4.1 磁流变座椅动力学分析

特种车辆多从事针对性任务，其工作路况常为山地、野外等道路崎岖地面，由此引发的振动对乘员的身体健康造成严重威胁，但是限于悬架系统的可靠性要求和车辆本身的成本限制、空间限制，我国的特种车辆上还是以使用被动悬架为主，传统的被动座椅悬架系统主要由弹性单元和阻尼单元组成[81]，其简化的理想模型如图 6.40 所示.

在激励面和座椅面之间并联有弹性元件和阻尼元件，其运动微分方程可表示为

$$m\ddot{x}_2 + c(\dot{x}_2 - \dot{x}_1) + k(x_2 - x_1) = 0 \tag{6.42}$$

式中 m 为簧载质量；x_1和x_2 分别为激励位移和座椅位移；k 和 c 分别为弹性单元的刚度系数和阻尼单元的阻尼系数.

做 Laplace 变换,可得

$$\frac{X_2(s)}{X_1(s)}=\frac{cs+k}{ms^2+cs+k} \tag{6.43}$$

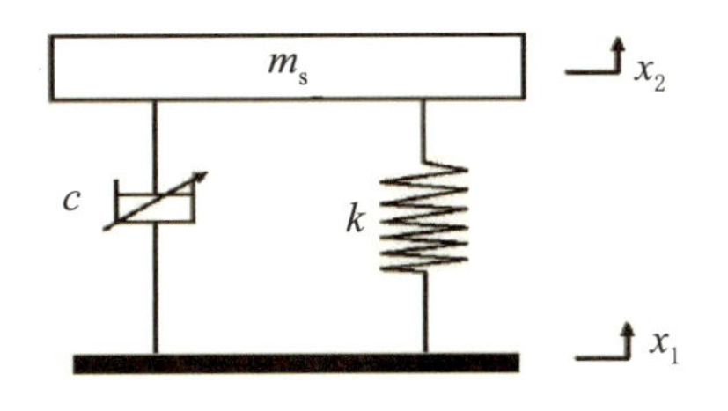

图 6.40　座椅悬架简化模型

则该系统的频率响应函数为

$$\frac{X_2(s)}{X_1(s)}=\frac{\mathrm{ci}\omega+k}{-m\omega^2+\mathrm{ci}\omega+k} \tag{6.44}$$

系统的固有圆频率为 $\omega_0=\sqrt{k/m}$，系统的阻尼比为 $\zeta=c/(2\sqrt{mk})$，频率比为 $s=\omega/\omega_0$,代入上式,可得

$$\left|\frac{X_2(s)}{X_1(s)}\right|=\sqrt{\frac{(2\zeta s)^2+1}{(1-s^2)^2+(2\zeta s)^2}} \tag{6.45}$$

系统的传递率和频率比、阻尼比的关系如图 6.41所示,可以看出：

(1) 当 $s\ll 1\,(\omega\ll\omega_0)$ 时,系统的传递率趋向于 1;随着 s 的增大,当 $s\approx 1\,(\omega\approx\omega_0)$ 时,系统会出现共振现象,座椅的响应会变大;而当 $s\gg 1\,(\omega\gg\omega_0)$ 时,系统的传递率非常小.

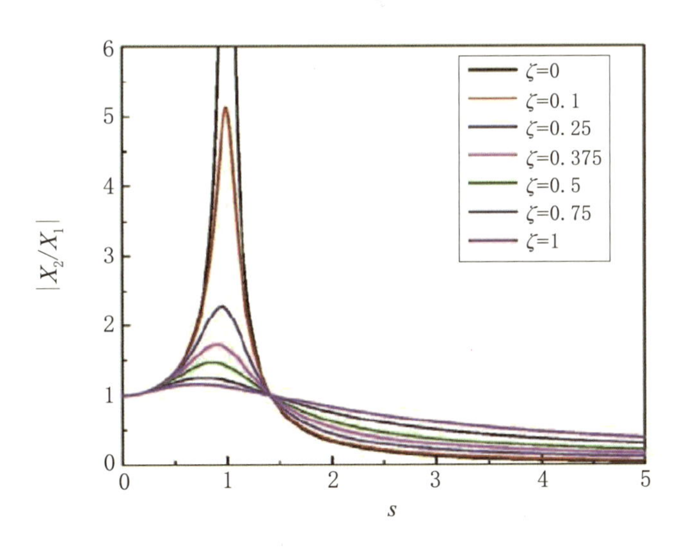

图 6.41　座椅传递率特性

(2) 增大阻尼可以减小系统共振区的幅值,但是对 $s>\sqrt{2}$ 的频段,增大阻尼反而会使得系统的传递率增大,即减振性能变差.

对处于受迫振动下的座椅系统而言，阻尼能够吸收激励振动传递到座椅上的能量，通过适当地改变阻尼大小可以减少座椅受到的振动能量，进而抑制座椅的振动，尤其是在共振区，增大阻尼可以有效地减少共振峰的幅值. 而对于减少座椅的共振峰的幅值来说，避开座椅系统的共振区是另外一种更加有效的方法. 通过图 6.41 可以看出，座椅系统的固有频率决定了共振峰的位置，在系统其他参数不变的情况下，以阻尼系数 0.25 为例，将座椅系统的固有频率分别设为 1，2，3 和 4 Hz，其传递率如图 6.42 所示，可以看出，改变固有频率可以有效地跳过座椅系统的共振区，且座椅固有频率与共振频率差别越大，共振峰的幅值越小.

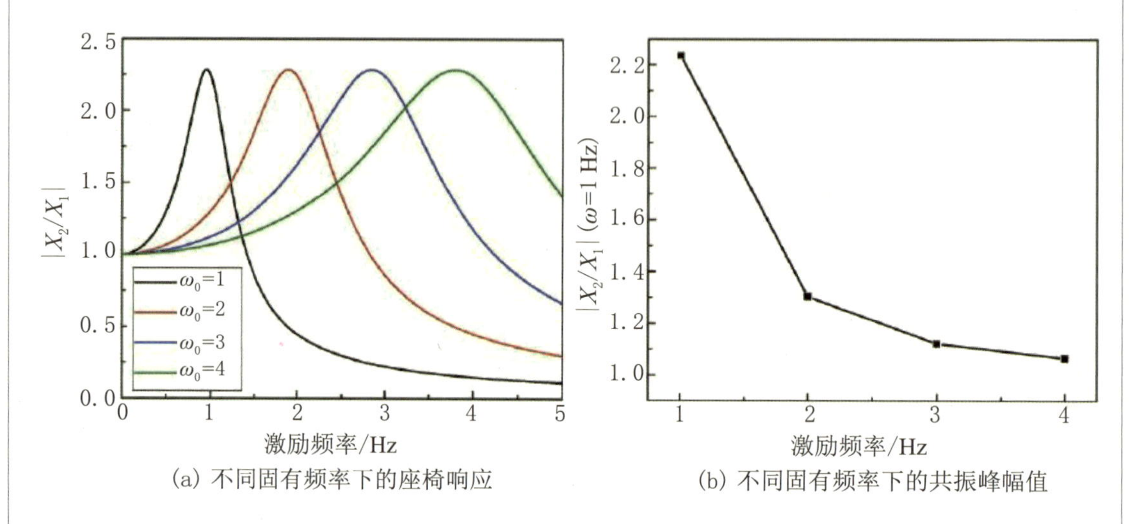

(a) 不同固有频率下的座椅响应　　(b) 不同固有频率下的共振峰幅值

图 6.42　座椅传递率与固有频率的关系

依据上述分析结果，座椅系统的固有圆频率仅与座椅质量以及座椅系统的刚度系数存在关联，而座椅质量属于非设计变量. 因此，若需改变座椅系统的固有圆频率，唯有通过调整系统刚度系数方可实现. 基于此原理，本小节研究借助磁流变液的流变特性，提出一种磁流变座椅设计方案，该方案能够同时实现刚度与阻尼的动态调节.

6.4.2　刚度阻尼可变磁流变座椅悬架

传统的磁流变座椅悬架系统主要由弹性单元 (线性弹簧) 与阻尼单元 (磁流变液阻尼器) 构成. 通过调节磁流变液阻尼器，可实现对系统阻尼特性的控制；然而，座椅系统的刚度仅由线性弹簧的刚度决定，致使传统磁流变座椅仅能改变系统阻尼，而无法对刚度进行调节. 为解决这一问题，本小节研究提出一种变刚度变阻尼座椅系统模型

(图 6.43). 该模型采用两个磁流变装置: 其一直接连接于激励源与座椅椅面之间; 其二与线性弹簧并联,形成 Kelvin 单元,随后借助承载装置与另一线性弹簧串联, 构成变刚度单元. 在此基础上,通过并联变刚度单元, 实现了对座椅系统刚度与阻尼的同时调节. 根据图 6.43,可以建立如下动力学方程:

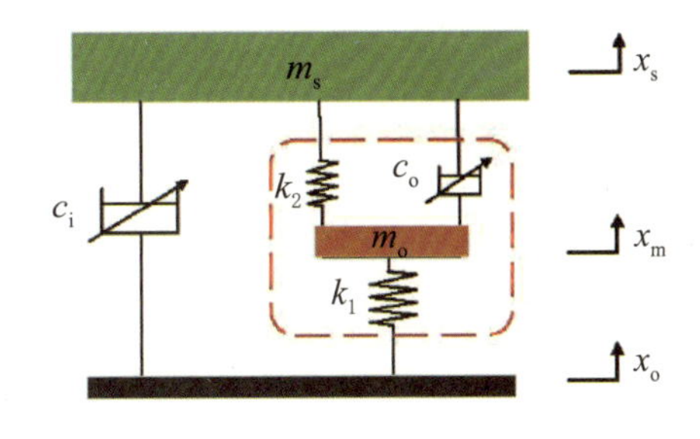

图 6.43 变刚度变阻尼座椅悬架模型

$$\begin{aligned} m_s\ddot{x}_s &= -k_2(x_s - x_m) - c_o(\dot{x}_s - \dot{x}_m) - c_i(\dot{x}_s - \dot{x}_o) \\ m_o\ddot{x}_o &= k_2(x_s - x_m) + c_o(\dot{x}_s - \dot{x}_m) - k_1(x_m - x_o) \end{aligned} \tag{6.46}$$

其中 m_s 和 m_o 分别为座椅质量和承载装置质量; k_1 和 k_2 分别为下弹簧刚度和上弹簧刚度; x_s, x_m 和 x_o 分别为座椅位移、外筒位移和激励位移; c_i 和 c_o 为磁流变装置的黏滞阻尼系数.

由式 (6.46),可得

$$\frac{X_s}{X_0} = \frac{m_o c_o s^3 + c_i c_o s^2 + Cs + k_1 k_2}{m_s m_o s^4 + As^3 + Bs^2 + Cs + k_1 k_2} \tag{6.47}$$

其中 $A = m_s c_o + m_o c_i + m_o c_o$, $B = c_i c_o + m_s k_2 + m_s k_1 + m_o k_1$, $C = c_i k_2 + c_o k_2 + c_i k_1$.

6.4.3 磁流变座椅悬架结构设计

为了提高座椅悬架的减振效果和实用性,要求座椅悬架的结构紧凑、简单而有效. 本小节所提出的座椅悬架的具体结构如图 6.44 所示,通过两个磁流变液阻尼器分别支撑座椅的两侧,椅面和两根吊杆之间可以做垂直的相对运动,这种结构的目的是通过长吊杆实现更好的能量吸收并且使得安装空间更加紧凑. 车身引发的垂直振动经过吊杆传递到磁流变液阻尼器上,通过半主动控制策略控制磁流变液阻尼器,振动在经过磁流变液阻尼器时会被大幅度降低,从而减少传递到乘员身上的振动强度.

本书所提出的变刚度变阻尼磁流变液阻尼器的结构如图 6.45 所示. 该阻尼器采用双筒并联嵌套及双弹簧串联的结构,主要包括两个部分: 内筒阻尼单元和外筒阻尼单元. 为了扩大磁流变液阻尼器的运动行程,防止座椅在运动行程过大时发生活塞碰撞端盖的现象，内筒不设置活塞头而采用剪切模式．但是剪切模式下磁流变液阻尼器的出力范围太小，为了保证磁流变液阻尼器能提供足够的阻尼力，采用多级线圈的内筒结构，每个线圈和相邻磁芯的组合都可以看作一级活塞，内筒阻尼器的输出阻尼力为多级活塞产生阻尼力的叠加．同时，多个线圈之间产生的磁场会相互影响，为提高磁场的利用率，相邻的励磁线圈上导线的缠绕方向彼此相反，且所有线圈采用串联连接．励磁线圈与磁芯固定在内筒壁上，磁芯与吊杆之间的间隙形成磁流变阻尼通道．外筒阻尼单元包括外筒励磁线圈和外筒壁，外筒单元与弹簧1、弹簧2串联作为变刚度结构．

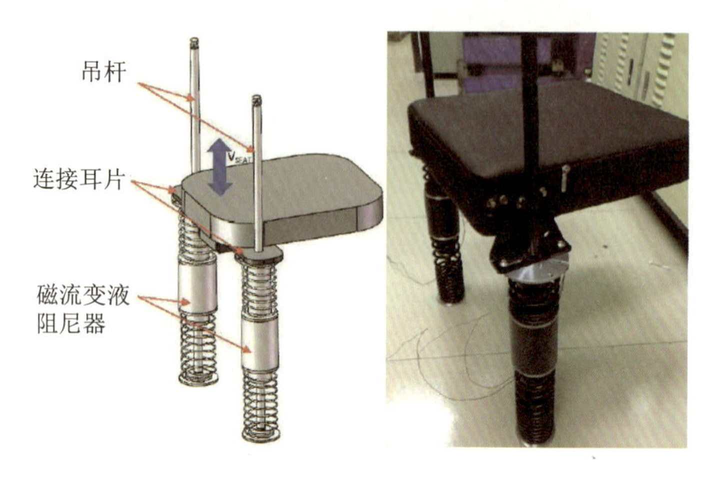

图6.44　变刚度变阻尼磁流变半主动座椅悬架

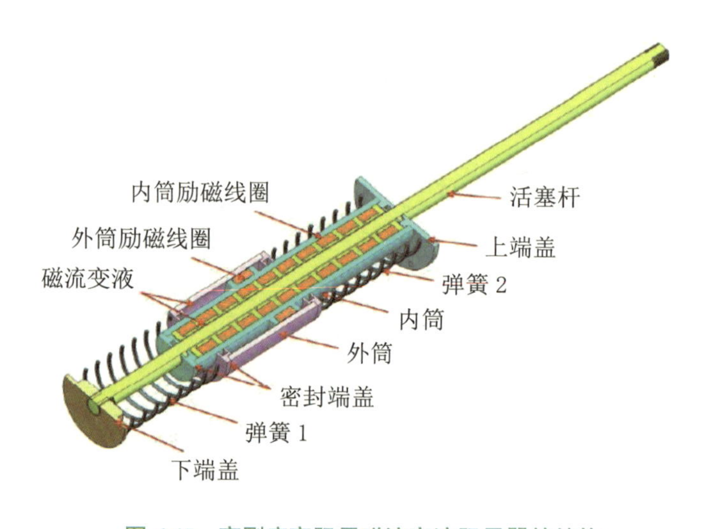

图6.45　变刚度变阻尼磁流变液阻尼器的结构

磁流变液阻尼器结构参数如6.46所示．D_{d1}，D_{d2}，D_{s1} 和 D_{s2} 分别为吊杆半径、内筒外半径、外筒活塞半径和外筒外半径；L_{d1}，L_{d2}，L_{s1} 和 L_{s2} 分别为单个内筒励磁线圈宽度、单个内筒磁芯宽度、外筒励磁线圈宽度和外筒磁芯宽度；L_d 和 L_s 分别为内筒长度和外筒长度；h_d 和 h_s 分别为内筒阻尼通道宽度和外筒阻尼通道宽度.

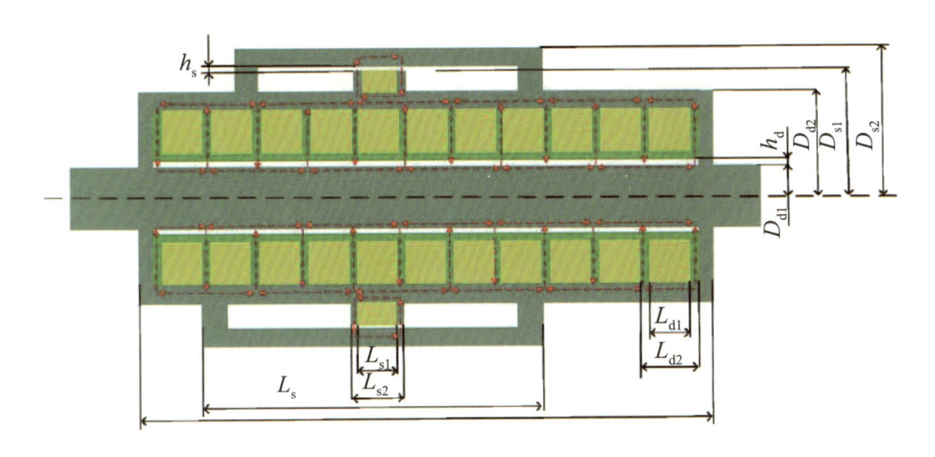

图 6.46 磁流变液阻尼器的机构参数

6.4.4 磁流变液阻尼器的磁场仿真

磁流变液阻尼器作为一种新型的低能耗半主动器件，需要在外磁场作用下才能正常工作，励磁线圈产生的磁场对于引发磁流变液的黏度变化具有重要作用，为了尽可能地降低磁流变液阻尼器的能量消耗，必须保证阻尼器中的磁场得到充分、有效的利用，使得磁流变液阻尼器能够以较小的电压输入获得较大的磁场强度，因而在磁流变液阻尼器的设计中，研究磁场的分布对于研究磁流变液阻尼器的性能具有重要作用，本小节对磁流变液阻尼器的磁场分布及磁场强度进行了模拟和分析.

保持外筒输入电流 I_s 为 0 A，分别对内筒施加 0.5，1.0 和 1.5 A 的电流，所得的仿真结果如图 6.47 所示. 可以看出，内筒电流 I_d 能够在内筒磁芯处产生较大的磁感应强度，且随着内筒电流 I_d 的增加，内筒磁芯处产生的磁感应强度不断增强，从 $I_d = 0.5\,\mathrm{A}$ 时的最大磁感应强度 0.4 T 增加到 $I_d = 1.5\,\mathrm{A}$ 时的 1.1 T. 从图中的磁通线分布可以看出，所设计的多级活塞的每个励磁线圈都能在相邻的磁芯、活塞杆和内筒壁之间形成闭合磁回路，而由于磁通线的相互叠加作用，最外侧两个磁芯的磁通线数量要多于其余的磁芯，导致最外侧的磁芯处的磁感应强度最大. 而且从仿真结果中的外筒磁感应强度可以看出，内筒施加电流对外筒的影响很小，当内筒电流为 1.5 A 时，在外筒磁芯产生的磁感应强度只有 0.013 T，可以忽略不计.

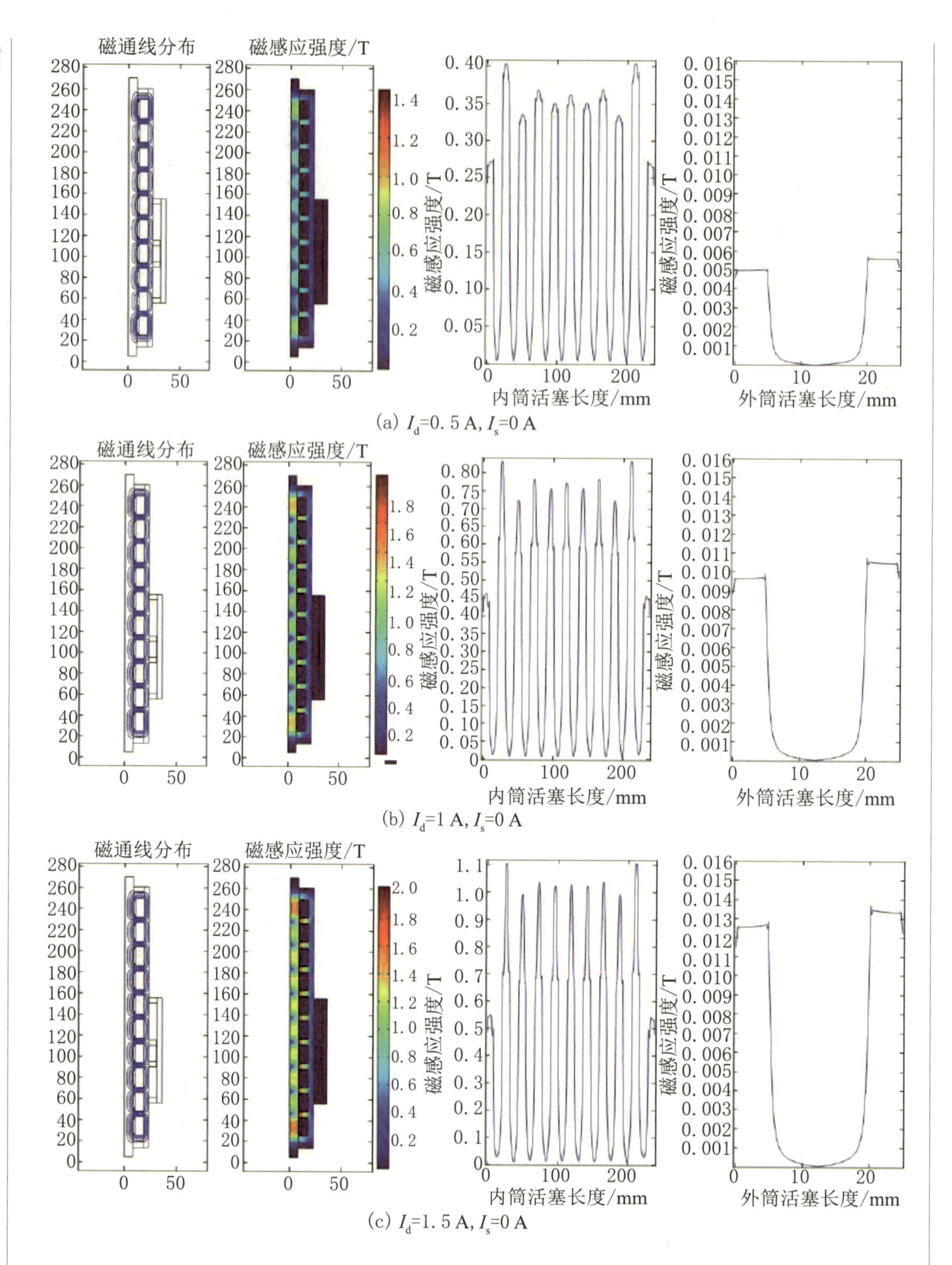

图 6.47 磁流变液阻尼器内筒阻尼单元的仿真结果

6.4.5 磁流变液阻尼器的性能测试

本小节研究提出的变刚度变阻尼磁流变座椅悬架的核心组件为两个用于悬吊座椅的变刚度变阻尼磁流变液阻尼器,其性能直接决定了座椅悬架的整体性能. 因此,对阻尼器性能进行深入研究具有重要意义. 为此,本小节研究基于力学测试与模拟系统构建了一套完整的试验系统 (图 6.48). 该系统主要由测试软件、控制器以及主体框架三部分组成. 通过测试软件设定激励信号形式,并将其传输至控制器;控制器根据接收到的信号,驱动主体框架上与力传感器相连的上夹头进行上下运动. 磁流变液阻尼器的活塞杆上端及上端盖分别与上夹头和下夹头固定连接,当上夹头运动时,带动磁流变液阻尼器同步运动,此时力传感器能够实时测量阻尼器所受的力. 最终,将试验过程中记录的位移信号与力信号传输至计算机进行数据处理与分析. 在实验过程中,采用直流电源分别对变刚度变阻尼磁流变液阻尼器的内筒和外筒阻尼单元通入不同电流,以测试其性能表现. 本小节实验选用频率为 x、振幅为 y 的正弦波作为激励信号,用以评估所设计的变刚度变阻尼磁流变液阻尼器在不同工况下的性能特性.

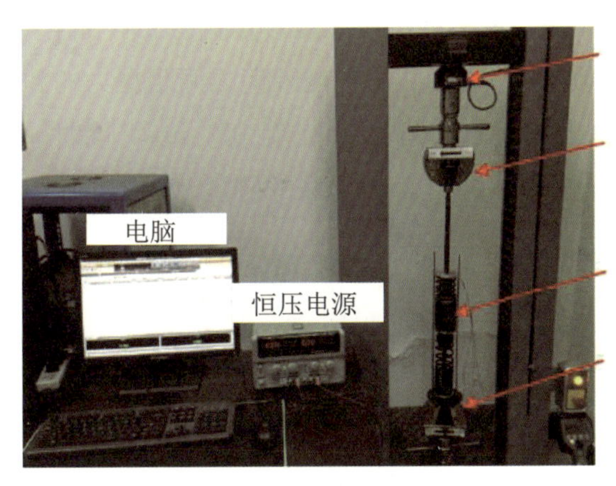

图 6.48 MTS 测试系统

通过上述实验分别测试了磁流变液阻尼器的变阻尼和变刚度性能, 测试结果如图 6.49 所示. 在保持内筒电流 $I_d = 0\,\text{A}$,外筒电流 I_s 分别为 0 和 2 A 时,图中给出了描述变刚度变阻尼磁流变液阻尼器的变刚度特性的力–位移滞回曲线. 为了说明阻尼器的力–位移滞回曲线中的变刚度特性,以 $I_d = 0\,\text{A}$ 和 $I_s = 0\,\text{A}$ 的滞回曲线为例,字母 $A\sim F$ 按照顺时针方向表示滞回曲线的每个拐点. 在 AB 段,虽然内外筒都没有施加电流,但是内筒阻尼单元仍存在初始阻尼力，施加于阻尼器的外力首先要克服内筒的初始阻尼力，才会使得活塞杆与内筒之间产生相对位移，因而在此阶段位移几乎不发生变化，但是产生的力会不断增大到最后等于初始阻尼力，而随着内筒电流 I_d 的增大，内筒阻尼单元的阻尼力增大，要求的外力也随着增大，导致 AB 段长度变长. 当施加于阻尼器的外力增大到大于内筒的初始阻尼力时，活塞杆和内筒会产生相对位移，活塞杆带动下端盖运动，使得弹簧 1 被压缩，而由于外筒和内筒之间也存在初始阻尼力，所以当弹簧 1 产生的弹性力小于外筒与内筒之间的力时，外筒和内筒之间不会产生相对位移，此时阻尼器的刚度可以由弹簧 1 表示，如图 6.49(a) 中 BC 段所示. 随着弹簧 1 被不断压缩，产生的弹性力大于外筒与内筒之间的阻尼力时，外筒和内筒之间产生相对位移，外筒运动会导致弹簧 2 也被压缩，此时阻尼器刚度可以由弹簧 1 和弹簧 2 串联表示，如图 6.49(a) 中 CD 段所示. 可以看出，CD 段的斜率要明显小于 BC 段的斜率，阻尼器的等效刚度可以由 BD 段的斜率来表示. 由于外筒和内筒之间的力决定了拐点 C 的位置，而外筒电流 I_s 的大小决定了内外筒之间力的大小，因而可以通过控制外筒电流 I_s 的大小改变阻尼器的等效刚度. 当活塞杆反向运动时，首先要克服内筒阻尼单元的初始阻尼力，如 DE 段所示，此阶段位移几乎不变化而施加于阻尼器的外力会一直增大到超过内筒阻尼单元的初始阻尼力. 在活塞杆开始运动后，被压缩的弹簧 1 会渐渐恢复，此阶段只有弹簧 1 工作而外筒和弹簧 2 保持不动，因而阻尼器的等效刚度可以由弹簧 1 的刚度表示，如 EF 段所示. 随着弹簧 1 的恢复，弹簧 1 产生的弹力与内外筒之间阻尼力的和小于弹簧 2 产生的弹力，此时弹簧 2 会推动外筒，使其与内筒之间产生相对位移，同时弹簧 2 也会得到释放，则阻尼器的等效刚度等于弹簧 1 和弹簧 2 串联的刚度，如 FA 段所示.

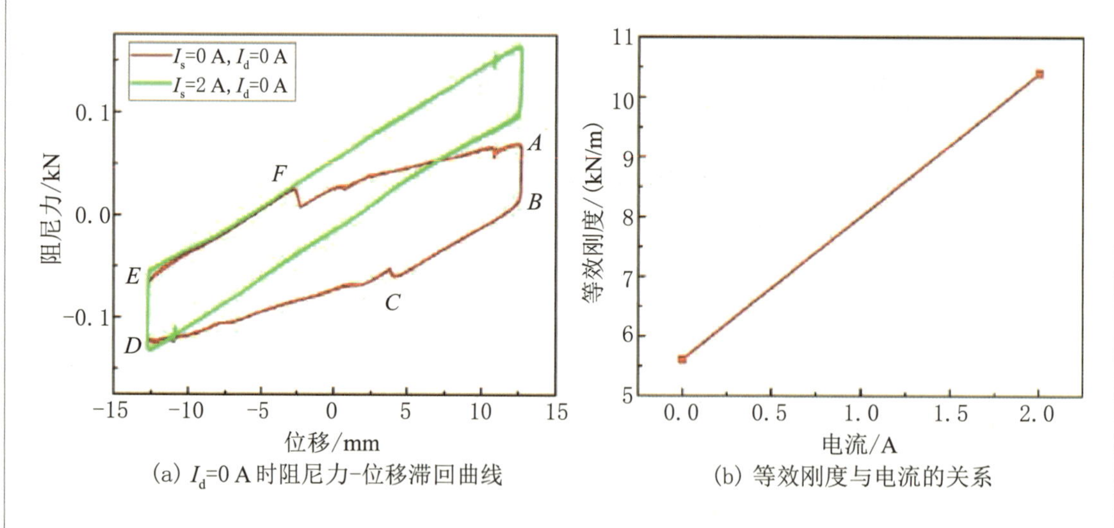

(a) I_d=0 A 时阻尼力-位移滞回曲线　　(b) 等效刚度与电流的关系

图 6.49　变刚度变阻尼磁流变液阻尼器的变刚度特性

从图 6.49(a) 可以看出，AB 段、BC 段和 CD 段分别与 DE 段、EF 段和 FA 段平行，与上述分析一致. 随着外筒电流 I_s 的不断增大，外筒与内筒之间的阻尼力也越来越大，则 BC 段和 EF 段的长度不断变长而 CD 段和 FA 段的长度不断变短，当外筒电流 $I_s = 2\,\text{A}$ 时，CD 段和 FA 段的长度变为零，这就表明外筒与内筒之间的阻尼力在整个测试区间都大于弹簧 1 的弹性力，内外筒之间保持相对固定，弹簧 2 不工作. 尽管测试结果中对应区段会有一些不对称，但是阻尼器的整体等效刚度随着外筒电流 I_s 的增大而增大. 等效刚度与外筒电流 I_s 的关系如图 6.49(b) 所示，当电流 I_s 从 0 A 增加到 2 A 时，阻尼器的等效刚度从 5.6 kN/m 增加到 10.4 kN/m.

保持外筒电流 $I_s = 0\,\text{A}$ 不变，分别设置内筒输入电流 I_d 为 0，0.5 和 1 A 时，图 6.50(a) 给出了变刚度变阻尼磁流变液阻尼器的变阻尼特性的力–位移滞回曲线. 从图中可以看出，力–位移滞回曲线的封闭区域的面积随着电流 I_d 的增大而增大，这就说明阻尼器的等效阻尼力随电流 I_d 的增大而增大. 图 6.50(b) 给出了等效阻尼力与电流 I_d 的关系，可以看出，电流 $I_d = 1\,\text{A}$ 时磁流变液阻尼器产生的阻尼力相对电流 $I_d = 0\text{A}$ 时增长了近 5 倍. 图中拉伸位移小于 15 mm 是由于采用的 MTS 是基于丝杠原理，在拉伸频率较高时难以达到预设的行程.

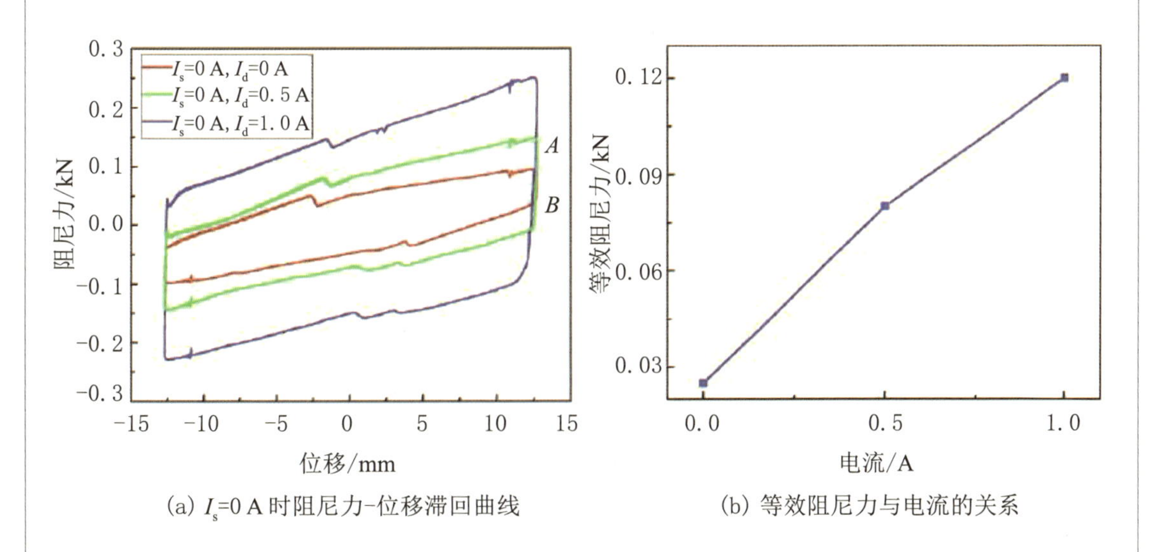

(a) I_s=0 A 时阻尼力-位移滞回曲线　　(b) 等效阻尼力与电流的关系

图 6.50　变刚度变阻尼磁流变液阻尼器的变刚度特性

6.5 控制策略与控制效果

6.5.1 座椅激励输入模型

车辆系统的振动主要来源于路面不平度，路面不平度引发的振动通过底盘悬架传递到车身上，由此引发的车身振动再通过座椅悬架传递到乘员身上，因而在考虑车辆系统座椅的减振性能时，可以将路面不平度引发的车身振动信号作为座椅激励信号．本小节建立座椅激励输入模型，分为两步：第一步是利用路面功率谱建立路面不平度的时域模型；第二步是利用建立的路面激励模型和车辆 1/4 悬架模型进行仿真分析，求得车身的振动信号，并作为座椅的激励信号．

路面谱密度的表示方法有多种，《机械振动　道路路面谱测量数据报告》(GB/T 7031—2005) 中建议将路面功率谱密度 $G_{\mathrm{q}}(n)$ 表示为

$$G_{\mathrm{q}}(n) = G_{\mathrm{q}}(n_0)\left(\frac{n}{n_0}\right)^{-w} \tag{6.48}$$

式中 n 为空间频率，$n_0 = 0.1\,\mathrm{m}^{-1}$ 为参考空间频率，$G_{\mathrm{q}}(n_0)$ 为参考空间频率下的路面功率谱密度值，w 为频率指数．

根据路面功率谱密度把路面按不平度分为 8 个等级．表 6.1 给出了不同等级路面的不平度系数 $G_{\mathrm{q}}(n_0)$ 的变化范围，分级路面谱的频率指数 $w = 2$．

表 6.1　路面不平度 8 级分类标准

路面等级	$G_{\mathrm{q}}(n_0)/(10^{-6}\ \mathrm{m}^3)$, $n_0 = 0.1\ \mathrm{m}^{-1}$		
	下　限	几何平均值	上　限
A	8	16	32
B	32	64	128
C	128	256	512
D	512	1 024	2 048
E	2 048	4 096	8 192
F	8 192	16 384	32 768
G	32 768	63 536	131 072
H	131 072	262 144	524 288

在上述空间频率功率谱描述中，并没有出现速度，因而需要把空间频率函数转变为时间频率函数. 假设车辆以车速 v 驶过空间频率为 n 的路面，等效的时间频率为 $f=v\times n$,则空间与时间频率功率谱密度存在如下关系：

$$G_{\mathrm{q}}(f)=\frac{1}{v}G_{\mathrm{q}}(n) \tag{6.49}$$

所以可得时间频率功率谱密度为

$$G_{\mathrm{q}}(f)=G_{\mathrm{q}}\left(n_{0}\right)n_{0}^{2}\frac{v}{f^{2}} \tag{6.50}$$

当车辆以速度 v 匀速行驶时，由于 $\omega=2\pi f$，时域路面不平度功率谱密度可以改写成

$$G_{\mathrm{q}}(\omega)=4\pi^{2}G_{\mathrm{q}}\left(n_{0}\right)n_{0}^{2}\frac{v}{\omega^{2}} \tag{6.51}$$

当 $\omega\rightarrow 0$ 时, $G(\omega)\rightarrow\infty$, 说明上式对于低频段的路面谱表述得不够准确,因此引入下截止角频率 ω,上述功率谱密度可以表示为

$$G_{\mathrm{q}}(\omega)=4\pi^{2}G_{\mathrm{q}}\left(n_{0}\right)n_{0}^{2}\frac{v}{\omega^{2}+\omega v^{2}} \tag{6.52}$$

可以看作白噪声激励的一阶线性系统的响应. 根据随机振动理论,可知

$$G_{\mathrm{q}}(\omega)=|H(\omega)|^{2}S_{\omega} \tag{6.53}$$

式中 $H(\omega)$ 为传递函数,S_{ω} 为白噪声 $W(t)$ 的功率密度谱,通常取 $S_{\omega}=1$,

$$H(\omega)=\frac{2\pi n_{0}\sqrt{G_{\mathrm{q}}\left(n_{0}\right)v}}{\omega_{0}+\mathrm{i}\omega} \tag{6.54}$$

可得

$$\dot{q}(t)+2\pi n_{00}vq(t)=2\pi n_{0}\sqrt{G_{\mathrm{q}}\left(n_{0}\right)v}W(t) \tag{6.55}$$

式中 $n_{0}=0.01\ \mathrm{m}^{-1}$ 为下截止空间频率,$G_{\mathrm{q}}\left(n_{0}\right)$ 为路面不平度系数,$W(t)$ 为均值为零的 Gauss 白噪声,$q(t)$ 为路面轮廓.

式 (6.55) 为路面输入的时域模型，其中 $G_{\mathrm{q}}\left(n_{0}\right)$ 的值对应不同的路面等级，如图 6.51 所示. 为了简化计算,本节采用的车辆悬架模型为常见的二自由度 1/4 车辆模型,利用 MATLAB/Simulink 结合路面输入模型和车辆模型进行仿真计算,求出簧载质量 (车身) 的振动信号,并以此作为座椅的激励输入信号. 特种车辆的工作路况复杂多变,因而可能需要对不同路况下的座椅振动控制效果进行分析,本节以 B 级路面和 E 级路面为例,针对不同的路面等级和不同的车辆行驶速度分别进行了研究. 图 6.51(a) 和 (b) 给

出了在 B 级路面上，车辆分别以 40 和 60 km/h 车速行驶时获得的座椅激励输入信号，图 6.51(c) 和 (d) 给出了在 E 级路面上，车辆分别以 40 和 60 km/h 车速行驶时获得的座椅激励输入信号．

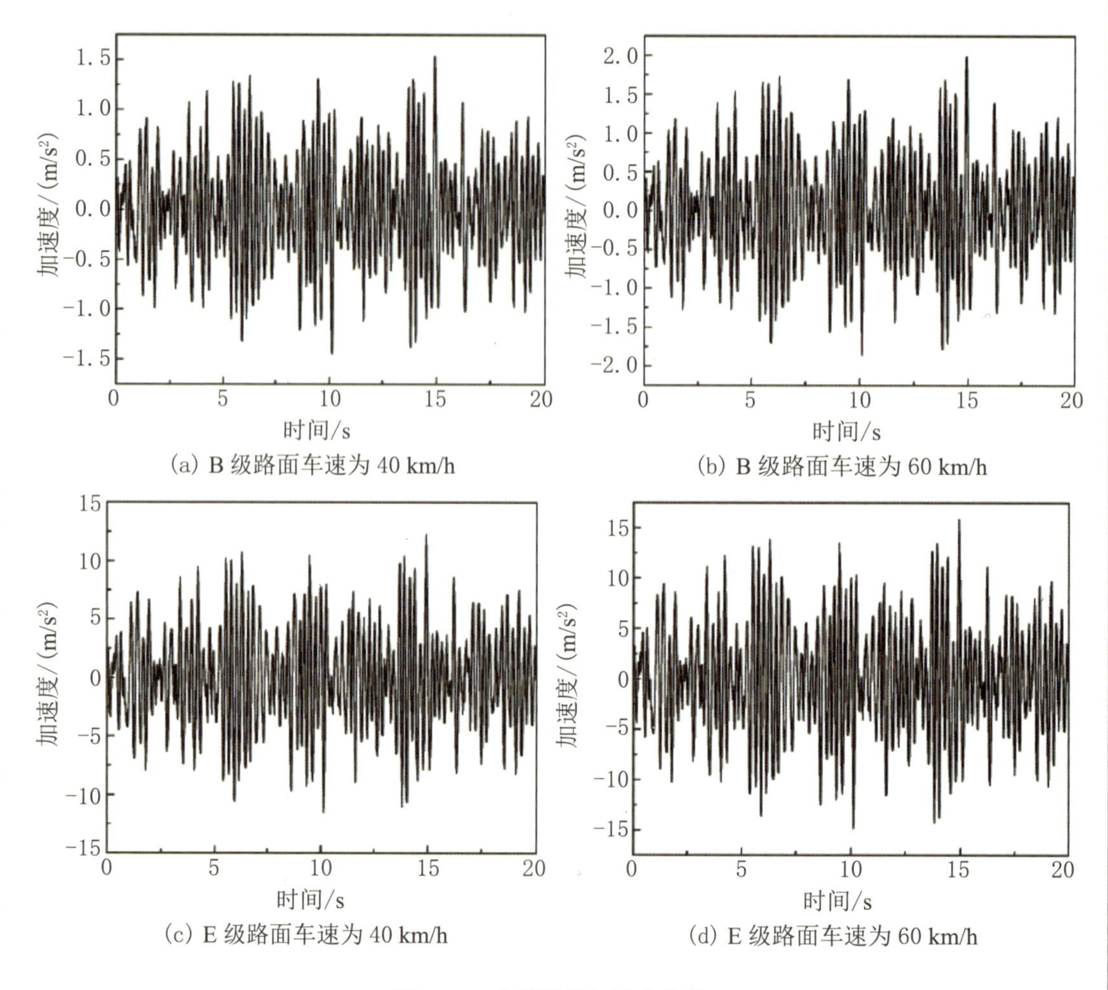

(a) B 级路面车速为 40 km/h (b) B 级路面车速为 60 km/h

(c) E 级路面车速为 40 km/h (d) E 级路面车速为 60 km/h

图 6.51 座椅激励加速度信号

6.5.2 座椅悬架模型的建立

根据上面的公式可知，磁流变液阻尼器产生的阻尼力分为黏滞阻尼力和 Coulomb 阻尼力两部分，其中黏滞阻尼力只与速度有关，Coulomb 阻尼力受磁场控制，为可控阻尼力．参照建立的座椅悬架模型可以建立磁流变半主动座椅悬架的模型，如图 6.52 所示．

其动力学方程可表示为

$$
\begin{aligned}
m_s\ddot{x}_s &= -k_2(x_s - x_o) - c_o(\dot{x}_s - \dot{x}_o) - c_i(\dot{x}_s - \dot{x}) + F_{MR1} + F_{MR2} \\
m_o\ddot{x}_o &= k_2(x_s - x_o) + c_o(\dot{x}_s - \dot{x}_o) - k_1(x_o - x) - F_{MR2}
\end{aligned}
\tag{6.56}
$$

其中 m_s 和 m_o 分别为座椅质量和外筒质量，k_1 和 k_2 分别为下弹簧刚度和上弹簧刚度，x_s, x_m, x_o 分别为座椅位移、外筒位移和激励位移，c_i 和 c_o 分别为内筒黏滞阻尼系数和外筒黏滞阻尼系数，F_{MR1} 和 F_{MR2} 分别为内筒和外筒的 Coulomb 阻尼力.

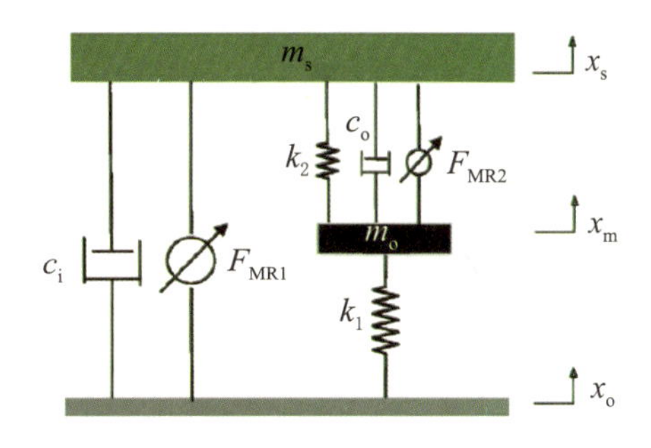

图 6.52　磁流变半主动座椅悬架模型

取状态变量

$$
\boldsymbol{X} = [x_1, x_2, x_3, x_4]^{\mathrm{T}}
$$

其中

$$
x_1 = x_s - x_m, \quad x_2 = \dot{x}_s, \quad x_3 = x_m - x_o, \quad x_4 = \dot{x}_m \tag{6.57}
$$

系统输出变量为

$$
\boldsymbol{Y} = [y_1, y_2, y_3, y_4]^{\mathrm{T}}
$$

其中

$$
y_1 = x_1, \quad y_2 = x_2, \quad y_3 = x_1 + x_3, \quad y_4 = x_4 \tag{6.58}
$$

方程组 (6.56) 可以改写为

$$
\begin{cases}
\dot{\boldsymbol{X}} = \boldsymbol{AX} + \boldsymbol{Bu}(t) \\
\boldsymbol{Y} = \boldsymbol{CX} + \boldsymbol{Du}(t)
\end{cases}
\tag{6.59}
$$

其中

$$
\begin{gathered}
\boldsymbol{A} = \begin{bmatrix} 0 & 1 & 0 & -1 \\ -\dfrac{k_2}{m_s} & -\dfrac{c_i + c_o}{m_s} & 0 & \dfrac{c_o}{m_s} \\ 0 & 0 & 0 & 1 \\ \dfrac{k_2}{m_o} & \dfrac{c_o}{m_o} & -\dfrac{k_1}{m_o} & -\dfrac{c_o}{m_o} \end{bmatrix}, \quad \boldsymbol{B} = \begin{bmatrix} 0 & 0 & 0 & 0 \\ 0 & \dfrac{c_i}{m_s} & \dfrac{1}{m_s} & \dfrac{1}{m_s} \\ 0 & -1 & 0 & 0 \\ 0 & 0 & 0 & 1 \end{bmatrix} \\
\boldsymbol{u}(t) = \begin{bmatrix} x \\ \dot{x} \\ F_{MR1} \\ F_{MR2} \end{bmatrix}, \quad \boldsymbol{C} = \begin{bmatrix} 1 & 0 & 0 & 0 \\ 0 & 1 & 0 & 0 \\ 1 & 0 & 1 & 0 \\ 0 & 0 & 0 & 1 \end{bmatrix}, \quad \boldsymbol{D} = \begin{bmatrix} 0 & 0 & 0 & 0 \\ 0 & 0 & 0 & 0 \\ 0 & 0 & 0 & 0 \end{bmatrix}
\end{gathered}
\tag{6.60}
$$

6.5.3 天棚阻尼控制策略

1. 座椅悬架天棚“on-off”阻尼控制器的设计

在磁流变悬架的半主动控制策略中，Karnopp 等人于 1974 年提出的天棚阻尼控制算法是非常经典的半主动控制算法之一. 根据 Karnopp 等人提出的天棚阻尼控制原理，可将其控制模型简化为图 6.53(a)，磁流变液阻尼器安装在惯性系与被减振对象之间，通过控制阻尼器的输出阻尼力抑制振动，理想的天棚阻尼力为

$$F_{\text{sky}} = -c_{\text{sky}} \cdot \dot{x}_2 \tag{6.61}$$

式中 c_{sky} 是天棚阻尼系数. 天棚阻尼控制的实质是提供与被减振对象运动方向相反的阻尼力，但天棚阻尼在实际应用中不可能实现，通常人们采用一些等效模型在一定程度上达到天棚阻尼控制的效果.

图 6.53(b) 为一种典型的半主动形式的等效天棚阻尼控制模型，地面与减振目标之间安装有阻尼力可控的磁流变液阻尼器. 根据与天棚阻尼等效的原则，磁流变液阻尼器 Coulomb 阻尼力应该尽量满足 $F_{\text{MR}} = F_{\text{sky}}$. 当 $\dot{x}_2$ 与 $\dot{x}_2 - \dot{x}_1$ 同向时，Coulomb 阻尼力 F_{MR} 与 F_{sly} 同向；当 $\dot{x}_2$ 与 $\dot{x}_2 - \dot{x}_1$ 反向时，F_{MR} 与 F_{sky} 反向，为了使等效阻尼的控制效果最优，应该使 $F_{\text{MR}} = 0$.

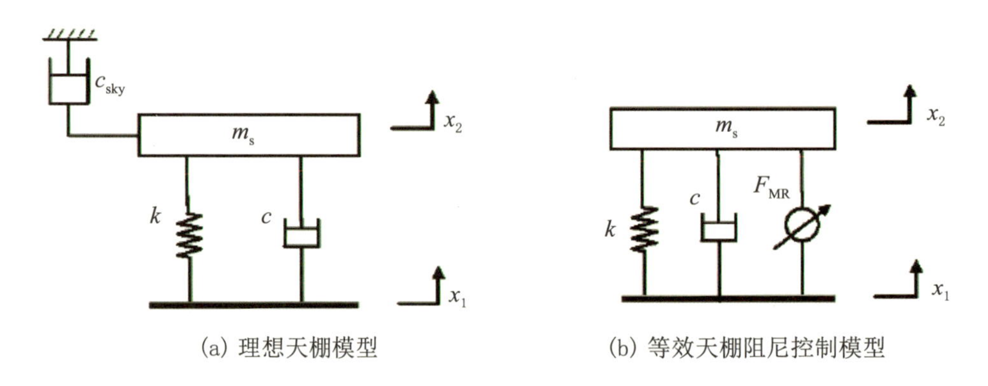

(a) 理想天棚模型　　(b) 等效天棚阻尼控制模型

图 6.53　天棚控制模型

由于本章所提出的两自由度的座椅悬架包含内、外筒两个阻尼单元，且具有不同的控制目的，因而需要设计两个控制器对其分别控制. 由于在实际座椅悬架系统中，座椅面垂直振动的绝对速度难以获得，因此采用一种改进型的加速度天棚阻尼控制算法，用座

椅面的绝对加速度来代替其绝对速度 $\dot{x}_s$[81-83]，如图 6.53 所示．对于座椅–人体质量 m_s 与激励之间的内筒阻尼单元 F_{MR1}，根据天棚阻尼控制原理，需定义座椅面的加速度 $\ddot{x}_s$ 以及座椅面相对于激励的速度 $\dot{x}_s-\dot{x}_0$；而对于座椅–人体质量 m_s 与外筒之间的外筒阻尼单元 F_{MR2}，需定义座椅面加速度 $\ddot{x}_s$ 以及座椅面相对于外筒的相对速度 $\dot{x}_s-\dot{x}_m$．磁流变液阻尼器的输出力分为与速度相关的黏滞阻尼力以及与输入电流相关的 Coulomb 阻尼力，因而天棚阻尼控制只能通过调节阻尼器的输入电压来实现．根据天棚阻尼控制原理，可得磁流变半主动座椅的天棚“on-off”控制算法为

$$F_{MR1}=\begin{cases}F_{MAX1}, & \ddot{x}_s(\dot{x}_s-\dot{x}_0)\geqslant 0\\ 0, & \ddot{x}_5(\dot{x}_s-\dot{x}_0)<0\end{cases} \tag{6.62}$$

$$F_{MR2}=\begin{cases}F_{MAX2}, & \ddot{x}_s(\dot{x}_s-\dot{x}_m)\geqslant 0\\ 0, & \ddot{x}_s(\dot{x}_s-\dot{x}_m)<0\end{cases} \tag{6.63}$$

其中 F_{MAX1} 和 F_{MAX2} 分别为内外筒阻尼单元在“on”状态时对应的输入电压引发的 Coulomb 阻尼力．

2. 计算机仿真和结果分析

利用 MATLAB/Simulink 建立如图 6.54 所示的座椅系统天棚阻尼控制模型，并进行仿真分析，将得到的座椅激励信号作为磁流变半主动座椅悬架的激励输入信号，分别在三种控制模式下对磁流变座椅悬架的减振性能进行研究．“Passive”即被动模式，表示不对座椅系统施加任何控制，“VD”表示只对内筒阻尼单元进行控制，“VSVD”表示同时对内筒阻尼单元和外筒阻尼单元进行控制．

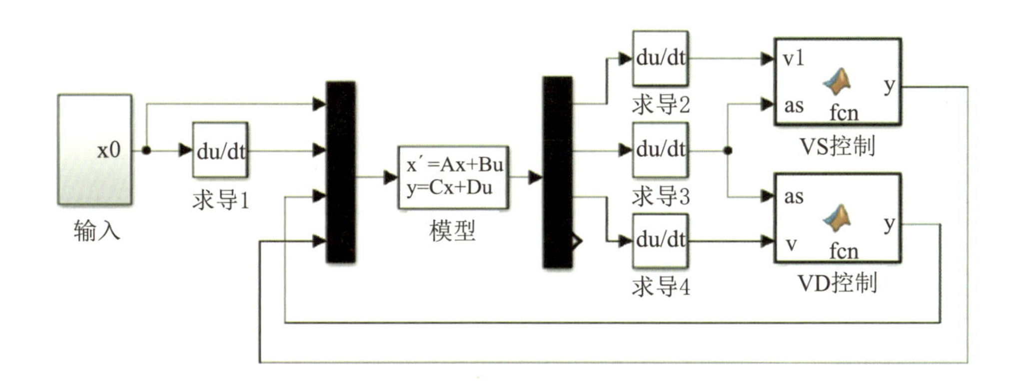

图 6.54　天棚控制策略仿真

将车辆分别以 40 和 60 km/h 速度行驶在 B 级路面上时引发的振动作为磁流变

座椅的激励信号，得到座椅悬架在三种模式下的减振结果对比，如图 6.55 所示．从图 6.55(a) 可以看出，相对于被动模式的座椅悬架，VD 控制下和 VSVD 控制下的座椅悬架的加速度响应的幅值都有明显的减小，并且 VSVD 控制下座椅悬架加速度响应的幅值最小．为了研究各频段下座椅的减振效果，将时域信号进行 Fourier 变换得到频域信号，如图 6.55(b) 所示，在共振区频段，VD 控制和 VSVD 控制都能大幅度降低座椅加速度响应的幅值，且 VSVD 控制下的减振效果最好．而对高于共振区的频段，三种模式下的座椅悬架均能达到很好的减振效果，但是 VD 控制和 VSVD 控制相对于被动模式而言，并没有提升座椅的减振能力．

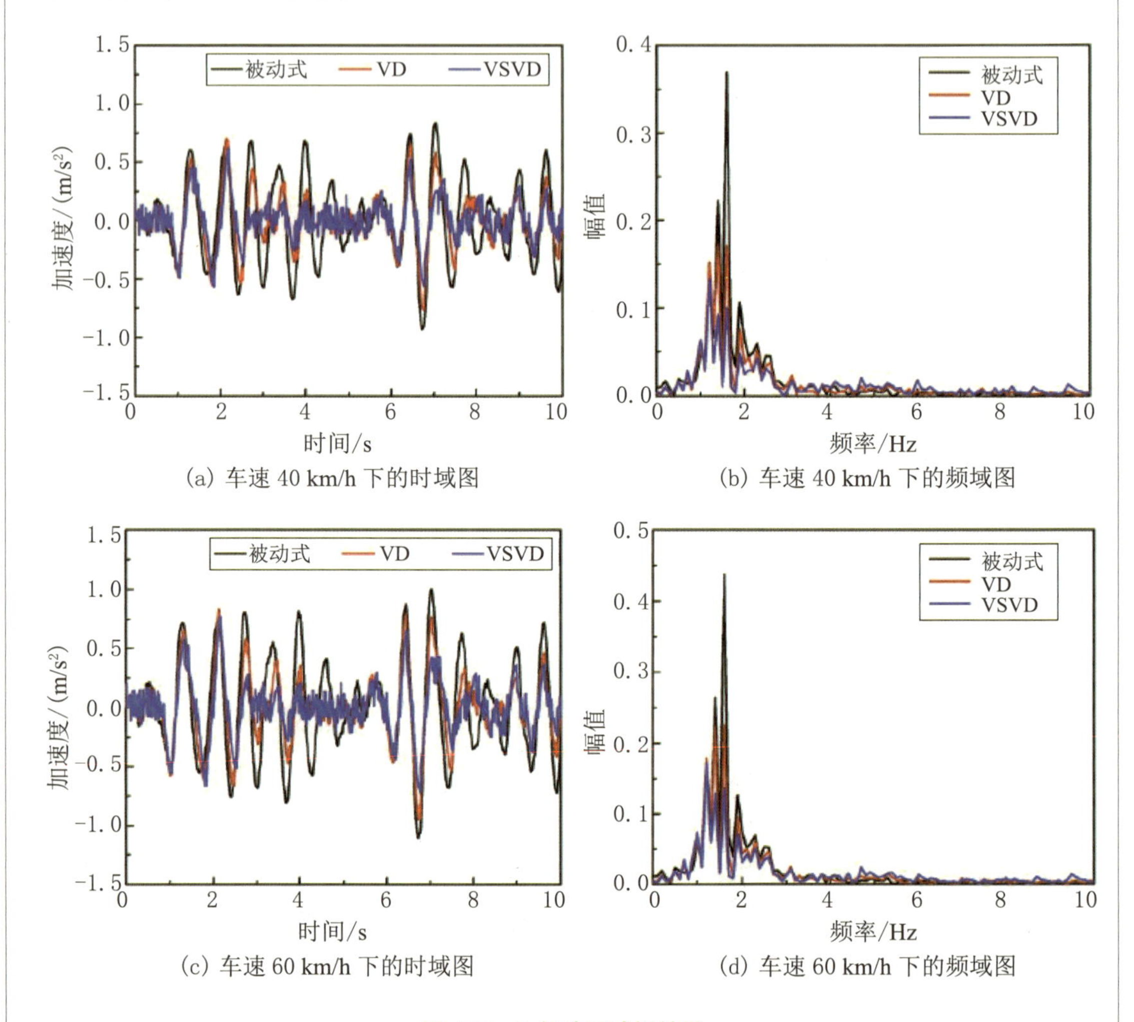

(a) 车速 40 km/h 下的时域图　(b) 车速 40 km/h 下的频域图

(c) 车速 60 km/h 下的时域图　(d) 车速 60 km/h 下的频域图

图 6.55　B 级路面减振结果

将 E 级路面下的座椅激励信号作为上述仿真系统的激励输入信号，对其他仿真参数不做改动，得到三种模式下座椅悬架的加速度响应仿真结果，如图 6.56 所示．从图

6.56(a) 可以看出,相对于被动模式下的座椅悬架来说,VD 控制和 VSVD 控制能够减少加速度响应的幅值,而从图 6.56(b) 可以发现 VD 控制和 VSVD 控制的减振效果集中在共振区及以下的频段,而对于共振区以上的频段作用不明显. E 级路面的仿真结果在趋势上与 B 级路面基本一致,但是两者不同的是 B 级路面上加速度幅值的减小量要明显高于 E 级路面,即 B 级路面的控制效果要比 E 级路面好. 这是因为天棚“on-off”阻尼控制输出的力是固定的,不同路面等级的激励信号是不同的,针对 B 级路面得到的最优阻尼器输出力并不适用于 E 级路面.

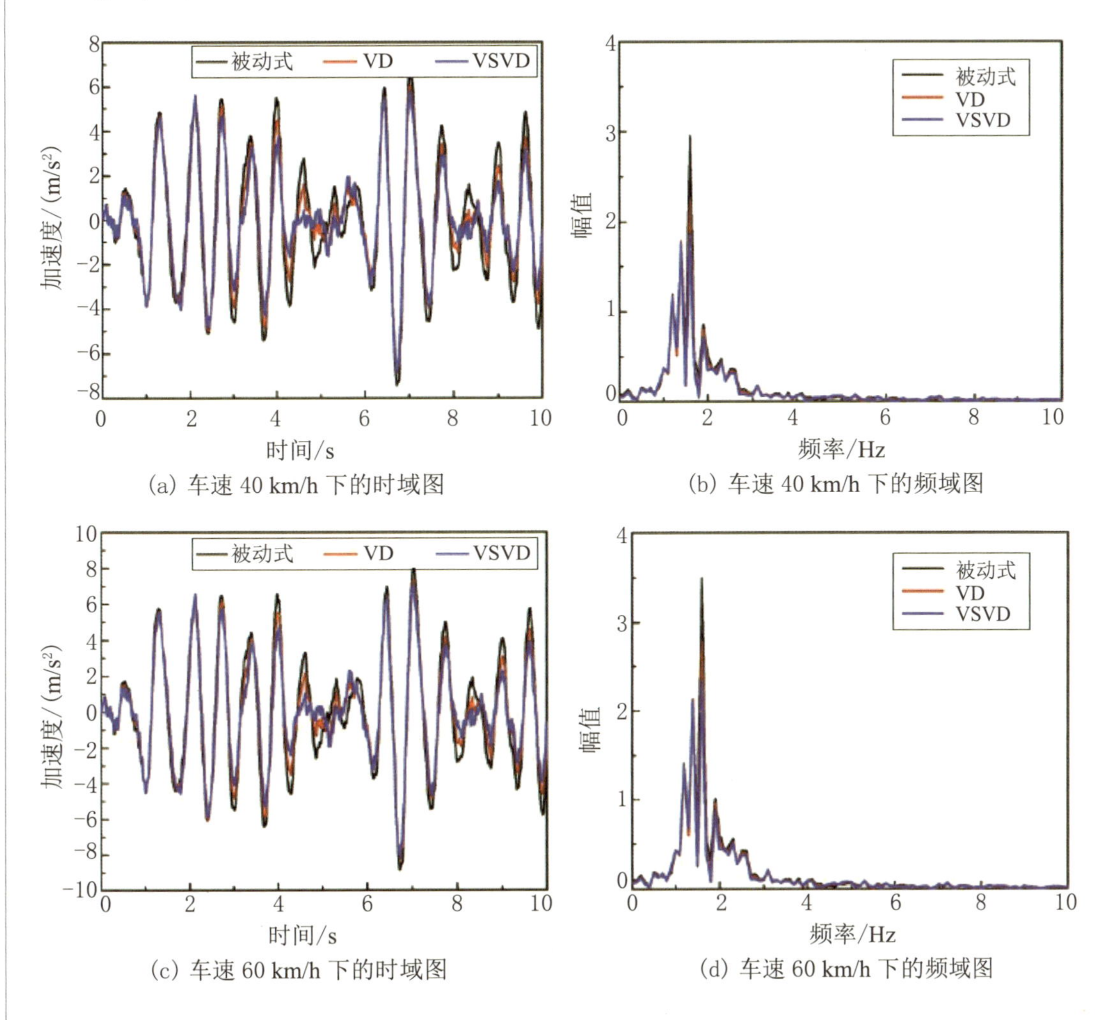

(a) 车速 40 km/h 下的时域图 (b) 车速 40 km/h 下的频域图

(c) 车速 60 km/h 下的时域图 (d) 车速 60 km/h 下的频域图

图 6.56 E 级路面减振结果

通过上述仿真分析可以看出,天棚 “on-off” 阻尼控制对于减少某一特定激励下的座椅悬架的共振峰值具有显著的效果,但对于复杂多变的路面,其适应性较弱,且对于高频激励来说,天棚阻尼控制效果不太显著.

6.5.4 模糊控制策略

天棚“on-off”阻尼控制易于实现，而且针对单一等级的路面不平度具有较高的适应性和鲁棒性．但是天棚“on-off”阻尼控制的输出阻尼力单一，对于不同等级的路面不平度适应性不强，特种车辆的工作路况往往是复杂多变的，不仅仅局限于某一特定路况，因而在将天棚“on-off”阻尼控制应用于磁流变座椅时，需要针对不同的路面不平度选择不同的天棚输出阻尼力．从 20 世纪 70 年代开始，为解决经典控制理论和现代控制理论中存在的一些问题，一些学者提出了智能控制理论，智能控制以专家控制经验为基础，对外界环境进行理解、判断，并做出决策和进行控制．模糊控制是智能控制的一个分支[82]，它通过对模糊化的输入变量进行推理判断，以此得出模糊化的输出变量，再利用求解模糊手段得出精确的输出控制量．模糊控制能够适用于复杂系统，并具有较高的容错能力．[83]

1. *磁流变座椅悬架模糊控制器设计*

由于本节所设计的座椅悬架具有两个不同的阻尼器，因而需要设计两个不同的模糊控制器．对于内筒阻尼器，根据天棚阻尼控制策略，以座椅面加速度、座椅面与激励的相对速度作为控制器输入量，以内筒的阻尼力作为控制器输出量．同理，对于外筒阻尼器，座椅面与外筒的相对位移以及相对速度作为控制器输入量，以外筒的阻尼力作为控制器输出量．所设计的模糊控制器的流程如图 6.57 所示．

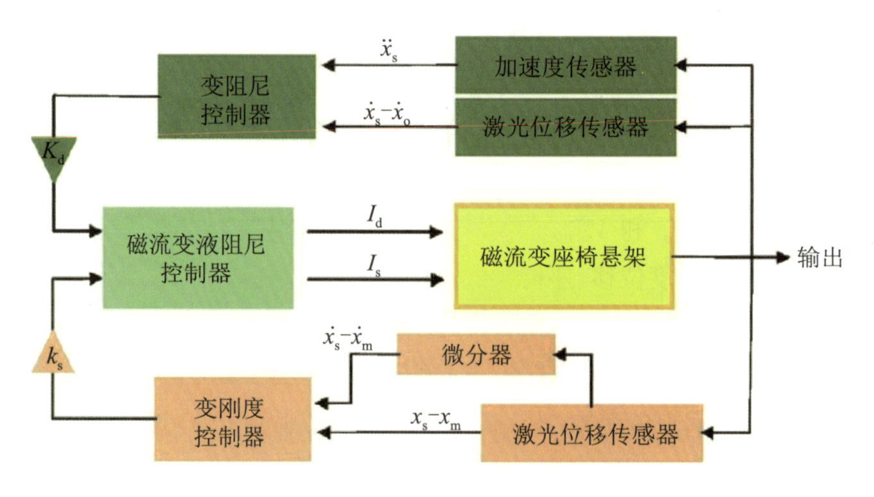

图 6.57　磁流变座椅悬架的控制流程图

通过传感器采集到的振动信号,作为输入信号分别输入变刚度控制器和变阻尼控制器中;经过模糊控制器的推理决策,得出输出的精确量,再乘上输出比例因子 k_s 得到磁流变液阻尼器需要输出的阻尼力;将期望阻尼力输入磁流变液阻尼控制器中,得出期望电流值,最后施加到磁流变座椅悬架上.

经过加速度传感器得到座椅面的绝对加速度 $\ddot{x}_s$,通过激光位移传感器得到座椅面与外筒的相对位移 S_{so} 以及座椅面与激励的相对位移 S_{se},通过微分算法可以分别得到其相对速度 V_{so} 和 V_{se}. 为了提高算法的自适应性,还需对输入量进行归一化处理.

$$\alpha_1=\begin{cases}1, & \dfrac{\ddot{x}_s}{\ddot{x}_{s\max}}>1\\ \dfrac{\ddot{x}_s}{\ddot{x}_{s\max}}, & -1\leqslant\dfrac{\ddot{x}_s}{\ddot{x}_{s\max}}\leqslant 1\\ -1, & \dfrac{\ddot{x}_s}{\ddot{x}_{s\max}}<-1\end{cases}\tag{6.64}$$

$$\beta_1=\begin{cases}1, & \dfrac{V_{se}}{V_{se\max}}>1\\ \dfrac{V_{se}}{V_{se\max}}, & -1\leqslant\dfrac{V_{se}}{V_{se\max}}\leqslant 1\\ -1, & \dfrac{V_{se}}{V_{se\max}}<-1\end{cases}\tag{6.65}$$

$$\alpha_2=\begin{cases}1, & \dfrac{S_{so}}{S_{so\max}}>1\\ \dfrac{S_{so}}{S_{so\max}}, & -1\leqslant\dfrac{S_{so}}{S_{so\max}}\leqslant 1\\ -1, & \dfrac{S_{so}}{S_{so\max}}<-1\end{cases}\tag{6.66}$$

$$\beta_2=\begin{cases}1, & \dfrac{V_{so}}{V_{so\max}}>1\\ \dfrac{V_{so}}{V_{so\max}}, & -1\leqslant\dfrac{V_{so}}{V_{so\max}}\leqslant 1\\ -1, & \dfrac{V_{so}}{V_{so\max}}<-1\end{cases}\tag{6.67}$$

其中 $\ddot{x}_{s\max}$,$S_{so\max}$,$V_{so\max}$ 和 $V_{se\max}$ 为归一化因子,分别表示座椅面最大加速度、座椅与外筒的最大相对运动速度位移、座椅与外筒的最大相对运动速度以及座椅与激励面的最大相对运动速度. 对于 α_1,β_1,α_2 和 β_2,分别在论域上定义五个模糊子集,即负大 (NB)、负小 (NS)、零 (ZE)、正小 (PS)、正大 (PB),隶属度函数见图 6.58;在输出变量 F 上定义七个模糊子集,分别为负大 (NB)、负中 (NM)、负小 (NS)、零 (ZE)、正小 (PS),正中 (PM)、正大 (PB),隶属度函数见图 6.58.

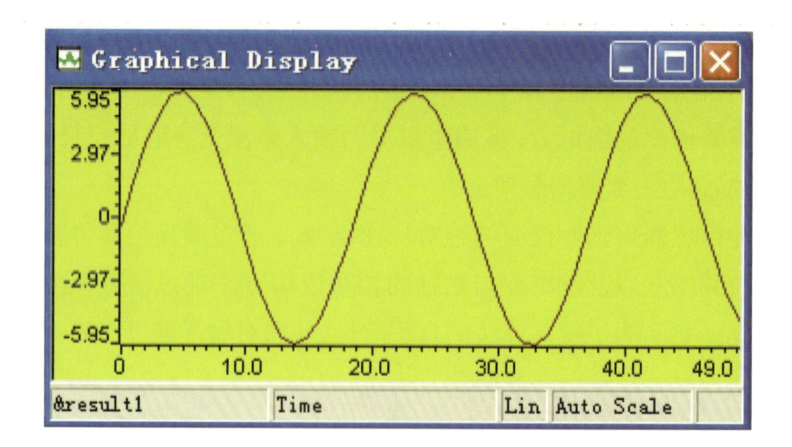

图 6.58　隶属度函数

根据加速度天棚阻尼控制策略的经验，对于阻尼控制，基于上述控制规则，可以归纳表 6.2 所示的控制规则表. 而对于刚度控制，可以基于同样的原理，归纳的控制规则如表 6.3 所示. 图 6.59 给出了模糊推理决策结果.

表 6.2　变阻尼模糊控制规则表

$\ddot{x}_s$	V_{se}				
	NB	NS	ZE	PS	PB
NB	B	M	S	O	O
NS	M	S	O	O	O
ZE	M	S	O	S	M
PS	O	O	O	S	M
PB	O	O	S	M	B

表 6.3　变刚度模糊控制规则表

S_{sc}	V_{so}				
	NB	NS	ZE	PS	PB
NB	B	B	M	O	O
NS	B	M	M	O	O
ZE	M	O	O	O	M
PS	O	O	M	M	B
PB	O	O	M	B	B

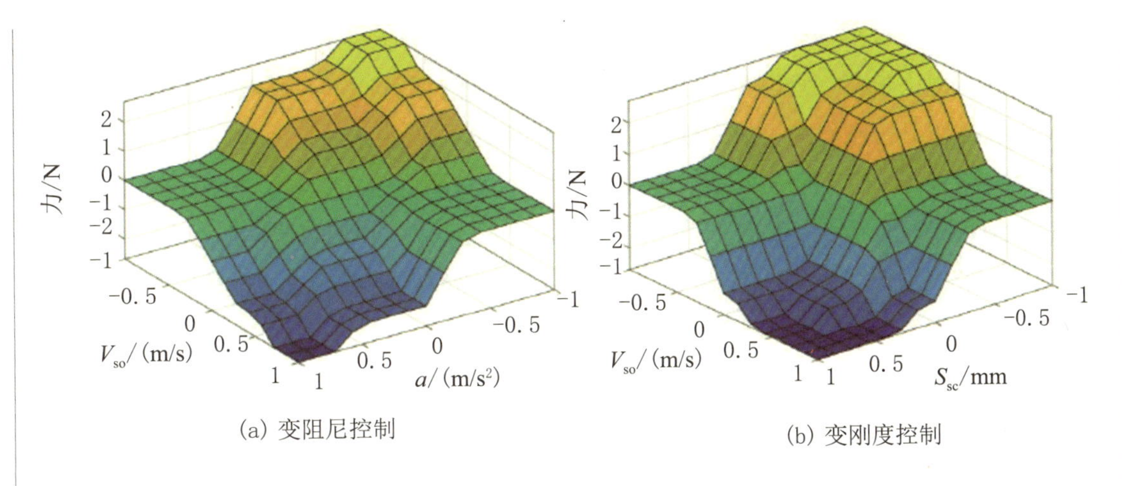

图 6.59 模糊推理结果

2. 计算机仿真和结果分析

在 MATLAB/Simulink 中建立磁流变座椅悬架的模糊控制模型，将车辆分别以 40 和 60 km/h 的速度行驶在 B 级路面上时引发的振动作为磁流变座椅的激励信号，得到座椅悬架在三种模式下的减振结果，如图 6.60 所示. 从控制结果可以看出，模糊控制能够大幅度降低共振区频段的座椅加速度响应幅值，而对于高于共振区的频段效果不明显，而且 VSVD 控制下的控制效果要明显优于 VD 控制.

通过改变路面不平度，得到 E 级路面下的控制结果，如图 6.61 所示，VD 控制和 VSVD 控制下的座椅悬架共振区频段的加速度响应幅值大幅度下降，且 VSVD 控制下的减振效果高于 VD 控制下的. 与 B 级路面下的控制结果相比，基于模糊控制的磁流变座椅悬架在 E 级路面下的控制效果并没有减弱，无论是控制效果的趋势还是幅度都与 B 级路面下的相近.

从图中的控制效果可以看出，在不同的路面状况下，模糊控制器均达到良好的减振效果，这是由于模糊控制器可以根据反馈信号的不同自行选择最优的阻尼器出力.

天棚开关阻尼控制在 B 级路面下的控制效果与模糊控制效果很接近，且对于同一路面不平度下的不同行驶速度的车辆具有很强的适应性；但改变路面不平度之后，天棚开关阻尼的控制效果会显著下降，而对于模糊控制来说，不同路面不平度下均表现出良好的控制效果.[84]

天棚开关阻尼控制算法是磁流变技术应用领域非常经典的算法之一，具有较高的鲁棒性，然而传统的天棚控制算法需要被控对象的绝对速度作为反馈信号，绝对速度信号通常对加速度信号积分获得，如此会造成绝对速度信号的不稳定. 本小节利用加速度信号代替绝对速度信号，使得信号的获取更加易于实现，而且通过对磁流变座椅悬挂及其控制系统的仿真控制研究可以发现，基于加速度信号的天棚开关阻尼控制可以达到较好的振动控制效果. 而天棚开关阻尼控制算法的输出控制力单一，从不同路面不平度输入下的仿真结果可以看出，天棚开关阻尼控制算法对于不同的路面不平度的适应性不强. 在天棚阻尼控制算法思想的基础上，本小节设计了磁流变座椅悬架的模糊控制器，仿真结果表明，相比于天棚开关阻尼控制算法，模糊控制算法对于不同的路面不平度具有更强的适应性. 通过对比两种算法的控制效果可以发现，模糊控制算法具有更强的振动控制效果，对于复杂路况具有更强的适应性.

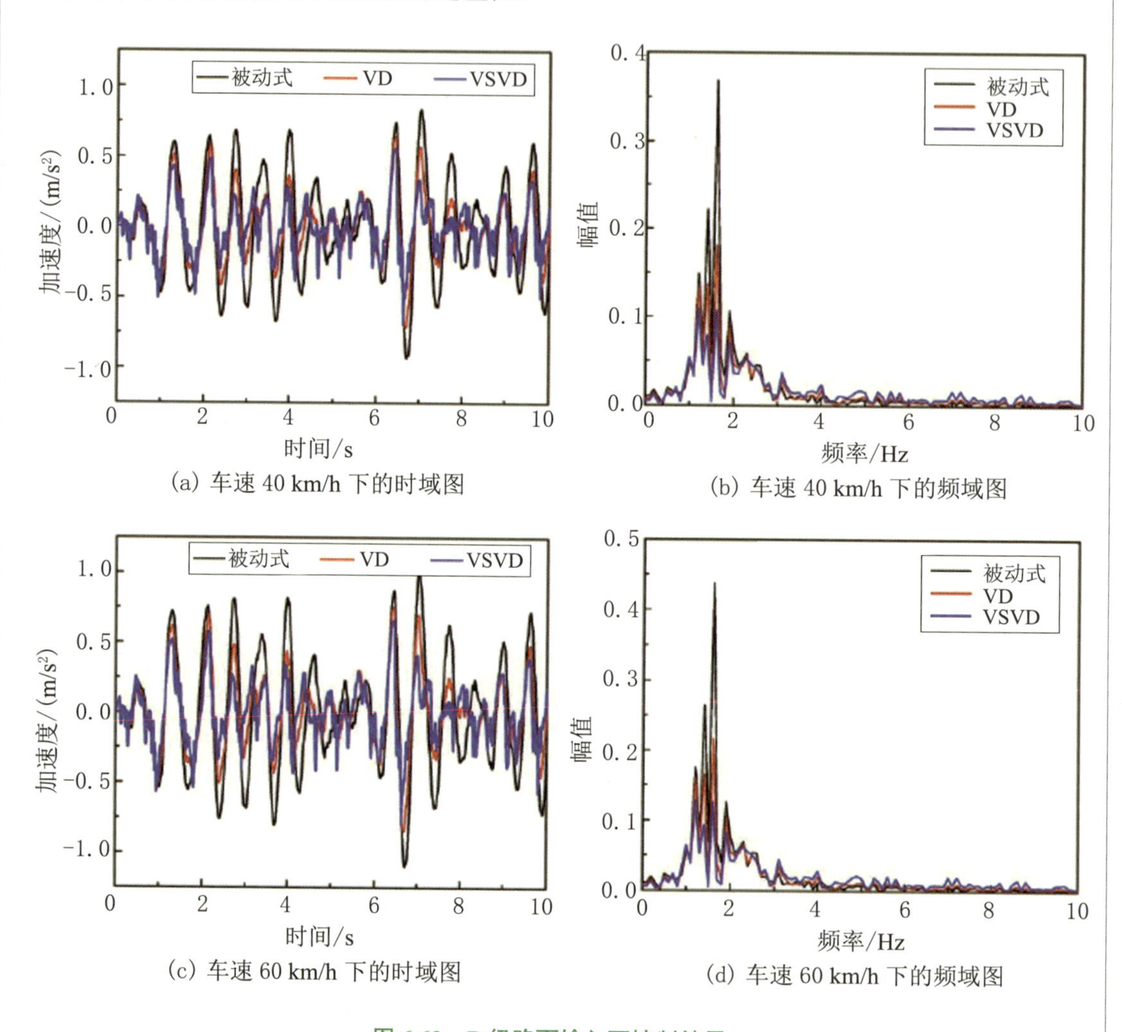

(a) 车速 40 km/h 下的时域图
(b) 车速 40 km/h 下的频域图
(c) 车速 60 km/h 下的时域图
(d) 车速 60 km/h 下的频域图

图 6.60 B 级路面输入下控制结果

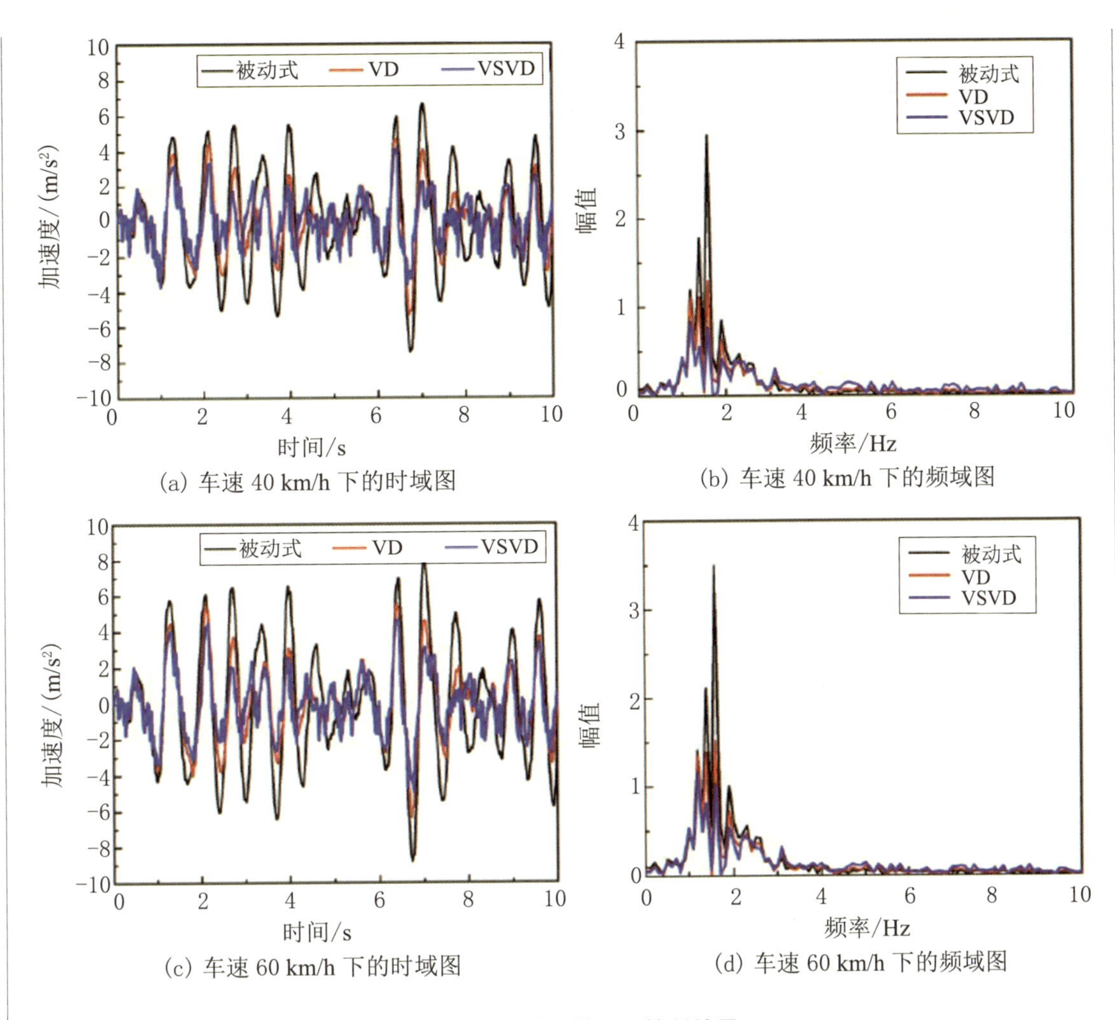

(a) 车速 40 km/h 下的时域图

(b) 车速 40 km/h 下的频域图

(c) 车速 60 km/h 下的时域图

(d) 车速 60 km/h 下的频域图

图 6.61　E 级路面输入下控制结果

参考文献

[1] JIANG W Q, ZHANG Y L, XUAN S H, et al. Dimorphic magnetorheological fluid with improved rheological properties[J]. Journal of Magnetism and Magnetic Materials, 2011, 323(24): 3246-3250.

[2] RUAN X H, PEI L, XUAN S H, et al. The rheological responds of the superparamagnetic fluid based on Fe_3O_4 hollow nanospheres[J]. Journal of Magnetism & Magnetic Materials, 2017, 429: 1-10.

[3] XU Y G, GONG X L, XUAN S H, et al. A high-performance magnetorheological material: preparation, characterization and magnetic-mechanic coupling properties[J]. Soft Matter, 2011, 7(11): 5246-5254.

[4] CAO Z, JIANG W Q, YE X Z, et al. Preparation of superparamagnetic Fe_3O_4/PMMA nano composites and their magnetorheological characteristics[J]. Journal of Magnetism and Magnetic Materials, 2008, 320(8): 1499-1502.

[5] JIANG W Q, ZHU H, GUO C Y, et al. Poly(methyl methacrylate)-coated carbonyl iron particles and their magnetorheological characteristics[J]. Polymer International, 2010, 59(7): 879-883.

[6] PEI L, PANG H M, RUAN X H, et al. Magnetorheology of a magnetic fluid based on Fe_3O_4 immobilized SiO_2 core-shell nanospheres: experiments and molecular dynamics simulations[J]. RSC Advances, 2017, 7(14): 8142-8150.

[7] GONG X L, WANG Y, HU T, et al. Mechanical property and conductivity of a flax fibre weave strengthened magnetorheological elastomer[J]. Smart Materials and Structures, 2017, 26 (7): 075013.

[8] WANG Y, XUAN S H, DONG B, et al. Stimuli dependent impedance of conductive magnetorheological elastomers[J]. Smart Materials and Structures, 2016, 25(2): 025003.

[9] LIU T X, GONG X L, XU Y G, et al. Simulation of magneto-induced rearrangeable microstructure of magnetorheological plastomer[J]. Soft Matter, 2013, 9(42): 10069-10080.

[10] PHILLIPS R W. Engineering applications of fluids with a variable yield stress[D]. Berkeley: University of California, 1969.

[11] CARLSON J D, JOLLY M R. MR fluid, foam and elastomer devices[J]. Mechatronics, 2000, 10 (4/5): 555-569.

[12] STANWAY R, SPROSTON J L, EL-WAHED A K. Applications of electro-rheological fluids in vibration control: a survey[J]. Smart Materials and Structures, 1996, 5(4): 464-482.

[13] WANG X J, GORDANINEJAD F. Flow analysis of field-controllable, electro- and magneto-rheological fluids using Herschel-Bulkley model[J]. Journal of Intelligent Material Systems and Structures, 1999, 10(8): 601-608.

[14] CHOI Y T, CHO J U, CHOI S B, et al. Constitutive models of electrorheological and magnetorheological fluids using viscometers[J]. Smart Materials and Structures, 2005, 14(5): 1025-1036.

[15] JOLLY M R, BENDER J W, CARLSON J D. Properties and applications of commercial magnetorheological fluids[J]. Journal of Intelligent Material Systems and Structures, 1999, 10(1): 5-13.

[16] WANG X J, GORDANINEJAD F. Study of field-controllable, electro- and magneto-rheological fluid dampers in flow mode using Herschel-Bulkley theory[C]//TUPPER H T. Proceedings of SPIE: The International Society for Optical Engineering. Bellingham: SPIE, 2000: 232-243.

[17] WOLFF-JESSE C, FEES G. Examination of flow behaviour of electrorheological fluids in the flow mode[J]. Proceedings of the Institution of Mechanical Engineers: Part I: Journal of Systems and Control Engineering, 1998, 212(3): 159-173.

[18] GONCALVES F D, KOO J H, AHMADIAN M. A review of the state of the art in magnetorheological fluid technologies: Part I: MR fluid and MR fluid models[J]. Shock and Vibration Digest, 2006, 38(3): 203-219.

[19] WILSON S D R. Squeezing flow of a Bingham material[J]. Journal of Non-Newtonian Fluid Mechanics, 1993, 47: 211-219.

[20] SPENCER B F, DYKE S J, SAIN M K, et al. Phenomenological model for magnetorheological damper[J]. Journal of Engineering Mechanics, 1997, 123(3): 230-238.

[21] WANG D H, YUAN G, LIAO W H. Experimental validation of a signum function based damper controller for MR fluid dampers[C]//GORDANINEJAD F, GRAEVE O A, FUCHS A, et al. Proceedings of the 10th International Conference on Electrorheological Fluids and Magnetorheological Suspensions. Singapore: World Scientific, 2006: 793-799.

[22] DIMOCK G A, YOO J H, WERELEY N M. Quasi-steady Bingham biplastic analysis of electrorheological and magnetorheological dampers[J]. Journal of Intelligent Material Systems and Structures, 2002, 13(9): 549-559.

[23] CHOI Y T, WERELEY N M. Nondimensional quasisteady analysis of a magnetorheological dashpot damper[J]. International Journal of Modern Physics B, 2005, 19(7/8/9): 1584-1590.

[24] HONG S R, WERELEY N M, CHOI Y T, et al. Analytical and experimental validation of

a nondimensional Bingham model for mixed-mode magnetorheological dampers[J]. Journal of Sound and Vibration, 2008, 312(3): 399-417.

[25] GAVIN H P, HANSON R D, FILISKO F E. Electrorheological dampers: Part Ⅰ: analysis and design[J]. Journal of Applied Mechanics, 1996, 63(3): 669-675.

[26] GAVIN H P, HANSON R D, FILISKO F E. Electrorheological dampers: Part Ⅱ: testing and modeling[J]. Journal of Applied Mechanics, 1996, 63(3): 676-682.

[27] MAKRIS N, BURTON S A, HILL D, et al. Analysis and design of ER damper for seismic protection of structures[J]. Journal of Engineering Mechanics, 1996, 122(10): 1003-1011.

[28] MAKRIS N, BURTON S A, TAYLOR D P. Electrorheological damper with annular ducts for seismic protection applications[J]. Smart Materials and Structures, 1996, 5(5): 551-564.

[29] WERELEY N M, PANG L. Nondimensional analysis of semi-active electrorheological and magnetorheological dampers using approximate parallel plate models[J]. Smart Materials and Structures, 1998, 7(5): 732-743.

[30] KAMATH G M K, HURT M K, WERELEY N M. Analysis and testing of Bingham plastic behavior in semi-active electrorheological fluid dampers[J]. Smart Materials and Structures, 1996, 5(5): 576-590.

[31] LEE D Y, WERELEY N M. Quasi-steady Herschel-Bulkley analysis of electro- and magneto-rheological flow mode dampers[J]. Journal of Intelligent Material Systems and Structures, 1999, 10(10): 761-769.

[32] LEE D Y, WERELEY N M. Analysis of electro- and magneto-rheological flow mode dampers using Herschel-Bulkley model[C]//TUPPER H T. Proceedings of SPIE: The International Society for Optical Engineering. Bellingham: SPIE, 2000: 244-255.

[33] LEE D Y, CHOI Y T, WERELEY N M. Performance analysis of ER/MR impact damper systems using Herschel-Bulkley model[J]. Journal of Intelligent Material Systems and Structures, 2002, 13(7/8): 525-531.

[34] CHOOI W W, OYADIJI S O. Design, modelling and testing of magnetorheological (MR) dampers using analytical flow solutions[J]. Computers & Structures, 2008, 86(3/4/5): 473-482.

[35] CHOOI W W, OYADIJI S O. Mathematical modeling, analysis, and design of magnetorheological (MR) dampers[J]. Journal of Vibration and Acoustics, 2009, 131(6): 061002.

[36] CHOOI W W, OYADIJI S O. Experimental testing and validation of a magnetorheological (MR) damper model[J]. Journal of Vibration and Acoustics, 2009, 131(6): 061003.

[37] HONG S R, JOHN S, WERELEY N M, et al. A unifying perspective on the quasi-steady analysis of magnetorheological dampers[J]. Journal of Intelligent Material Systems and Structures, 2008, 19(8): 959-976.

[38] EHRGOTT R C, MASRI S F. Modeling the oscillatory dynamic behaviour of electrorheological materials in shear[J]. Smart Materials and Structures, 1992, 1(4): 275-285.

[39] CHOI S-B, LEE S-K, PARK Y-P. A hysteresis model for the field-dependent damping force of a

magnetorheological damper[J]. Journal of Sound and Vibration, 2001, 245(2): 375-383.

[40] KIM K-J, LEE C-W, KOO J-H. Design and modeling of semi-active squeeze film dampers using magneto-rheological fluids[J]. Smart Materials and Structures, 2008, 17(3): 035006.

[41] SONG X B, AHMADIAN M, SOUTHWARD S C. Modeling magnetorheological dampers with application of nonparametric approach[J]. Journal of Intelligent Material Systems and Structures, 2005, 16(5): 421-432.

[42] SONG X B, AHMADIAN M, SOUTHWARD S C, et al. An adaptive semiactive control algorithm for magnetorheological suspension systems[J]. Journal of Vibration and Acoustics, 2005, 127(5): 493-502.

[43] SONG X B, AHMADIAN M, SOUTHWARD S C, et al. Parametric study of nonlinear adaptive control algorithm with magneto-rheological suspension systems[J]. Communications in Nonlinear Science and Numerical Simulation, 2007, 12(4): 584-607.

[44] JIN G, SAIN M K, PHAM K D, et al. Modeling MR-dampers: a nonlinear blackbox approach [C]//Proceedings of the American Control Conference: Vol. 1. 2001: 429-434.

[45] JIN G, SAIN M K, SPENCER B E. Modeling MR-dampers: the ridgenet estimation approach [C]//Proceedings of the American Control Conference: Vol. 3. 2002: 2457-2462.

[46] JIN G, SAIN M K, SPENCER B E. Nonlinear blackbox modeling of MR-dampers for civil structural control[J]. IEEE Transactions on Control Systems Technology, 2005, 13(3): 345-355.

[47] LEVA A, PIRODDI L. NARX-based technique for the modelling of magneto-rheological damping devices[J]. Smart Materials and Structures, 2002, 11(1): 79-88.

[48] SAVARESI S M, BITTANTI S, MONTIGLIO M. Identification of semi-physical and black-box non-linear models: the case of MR-dampers for vehicles control[J]. Automatica, 2005, 41(1): 113-127.

[49] HUANG Y J, LIU X M, CHEN B S. Autoregressive trispectral characteristics of magnetorheological damping device[C]//IEEE International Conference on Intelligent Robots and Systems, 2006: 5878-5882.

[50] MORI M, SANO A. Local modeling approach to vibration control by MR damper[C]// Proceedings of the SICE Annual Conference. 2004: 2459-2464.

[51] KOGA K, SANO A. Query-based approach to prediction of MR damper force with application to vibration control[C]//Proceedings of the American Control Conference: Vol. 2006. 2006: 3259-3265.

[52] WANG D H, LIAO W. Modeling and control of magnetorheological fluid dampers using neural networks[J]. Smart Materials and Structures, 2005, 14(1): 111-126.

[53] BURTON S A, MAKRIS N, KONSTANTOPOULOS I, et al. Modeling the response of ER damper: phenomenology and emulation[J]. Journal of Engineering Mechanics, 1996, 122(9): 897-906.

[54] CHANG C-C, ROSCHKE P. Neural network modeling of a magnetorheological damper[J]. Jour-

nal of Intelligent Material Systems and Structures, 1998, 9(9): 755-764.
[55] KIM B, ROSCHKE P. Linearization of magnetorheological behavior using a neural network[C]// Proceedings of the American Control Conference: Vol. 6. 1999: 4501-4505.
[56] CHANG C-C, ZHOU L. Neural network emulation of inverse dynamics for a magnetorheological damper[J]. Journal of Structural Engineering, 2002, 128(2): 231-239.
[57] WANG X J, CHANG C-C, DU F. Achieving a more robust neural network model for control of a MR damper by signal sensitivity analysis[J]. Neural Computing and Applications, 2002, 10(4): 330-338.
[58] XIA P Q. An inverse model of MR damper using optimal neural network and system identification [J]. Journal of Sound and Vibration, 2003, 266(5): 1009-1023.
[59] DU H P, LAM J, ZHANG N. Modelling of a magneto-rheological damper by evolving radial basis function networks[J]. Engineering Applications of Artificial Intelligence, 2006, 19(8): 869-881.
[60] CAO M, WANG K W, LEE K Y. Scalable and invertible PMNN model for magnetorheological fluid dampers[J]. Journal of Vibration and Control, 2008, 14(5): 731-751.
[61] TSANG H H, SU R K L, CHANDLER A M. Simplified inverse dynamics models for MR fluid dampers[J]. Engineering Structures, 2006, 28(3): 327-341.
[62] ZHU Y S, GONG X L, DANG H, et al. Numerical analysis on magnetic-induced shear modulus of magnetorheological elastomers based on multi-chain model[J]. Chinese Journal of Chemical, 2006, 19(2): 126-130.
[63] BAI L F, PEI L, CAO S S, et al. A high performance magnetic fluid based on carbon modified magnetite (Fe_3O_4) nanospheres[J]. Journal of Magnetism and Magnetic Materials, 2020, 505: 166734.
[64] GUO C Y, LI J F, XUE Q, et al. On an inner-pass magnetorheological damper[J]. Journal of Experimental Mechanics, 2008, 23(6): 485-490.
[65] ZHANG K, CHEN H B, GONG X L. Finite element analysis on application of dynamic vibration absorber on floating raft system[C/OL]. AIP Conference Proceedings, 2010: 584-589. http://doi.org/10.1063/1.3452238.
[66] DENG H X, HAN G H, ZHANG J, et al. Development of a non-piston MR suspension rod for variable mass systems[J]. Smart Materials and Structures, 2018, 27(6): 065014.
[67] SUN S S, YANG J, LI W H, et al. Development of an MRE adaptive tuned vibration absorber with self-sensing capability[J]. Smart Materials and Structures, 2015, 24(9): 095012.
[68] PENG G R, LI W H, DU H, et al. Modelling and identifying the parameters of a magneto-rheological damper with a force-lag phenomenon[J]. Applied Mathematical Modelling, 2014, 38 (15/16): 3763-3773.
[69] ZONG L H, CHEN X M, GUO C Y, et al. Experimental study on the semi-active control strategies of magnetorheological damper[J]. Journal of Experimental Mechanics, 2010(2): 143-150.
[70] 韩光辉. 变参数磁流变减振器的设计与应用[D]. 合肥:合肥工业大学, 2018.

[71] DENG H X, ZHOU L J, ZHAO S Y, et al. The dynamic behavior of high speed train using magnetorheological technology on the curve track[C]//WANG L, WANG C, WANG L Q, et al. Experimental mechanics and effects of intensive loading. Pfaffikon: Trans Tech Publications, 2015: 210-218.
[72] 赵世宇. 高速列车用可变刚度磁流变阻尼器[D]. 合肥: 合肥工业大学, 2015.
[73] DENG H X, WANG M X, HAN G H, et al. Variable stiffness mechanisms of dual parameters changing magnetorheological fluid devices[J]. Smart Materials and Structures, 2017, 26(12): 125014.
[74] SUN S S, DENG H X, DU H P, et al. A compact variable stiffness and damping shock absorber for vehicle suspension[J]. ASME Transactions on Mechatronics, 2015, 20(5): 2621-2629.
[75] SUN S S, DENG H X, LI W H. Variable stiffness and damping suspension system for train[C/OL]//LIAO W-H. Active and passive smart structures and integrated systems 2014: Vol. 9057. International Society for Optics and Photonics, 2014: 90570P. DOI: 10.1117/12.2045023.
[76] 王明娴. 变参数磁流变阻尼器动力学特性与半主动控制研究[D]. 合肥:合肥工业大学, 2018.
[77] WANG Y Y, DENG H X, ZHANG J, et al. Mechanical property analysis of magnetorheological elastomer by taking into account strong bonging interface[J]. Journal of Experimental Mechanics, 2018: 01.
[78] 丁欢. 双弹簧磁流变减振器半主动控制策略研究[D]. 合肥:合肥工业大学, 2020.
[79] ZHAO J, ZHAO Y, RUAN X H, et al. Experimental research on the seismic properties of shear wall reinforced with high-trength bars and magnetorheological dampers[J/OL]. Structural Control and Health Monitoring, 2021: 28(9). http://doiorg/10.1002. 2779.
[80] ZONG L H, GONG X L, XUAN S H, et al. Semi-active H∞ infinity control of high-speed railway vehicle suspension with magnetorheological dampers[J]. Vehicle System Dynamics, 2013, 51(5): 600-626.
[81] DENG H X, DENG J L, YUE R, et al. Design and verification of a seat suspension with variable stiffness and damping[J]. Smart Materials and Structures, 2019, 28(6): 065015.
[82] 岳瑞. 磁流变自适应逆模型的分析与应用[D]. 合肥:合肥工业大学, 2020.
[83] DENG H X, YUE R, LIAN X Y, et al. Self-updating inverse model for magnetorheological dampers[J]. Smart Materials and Structures, 2019, 28(11): 115033.
[84] SUN S S, YANG J, DENG H X, et al. Horizontal vibration reduction of a seat suspension using negative changing stiffness magnetorheological elastomer isolators[J]. International Journal of Vehicle Design, 2015, 68(1/2/3): 104-118.